实战040 平行度量工具	实战041 水平或垂直度量工具	实战042 角度量工具	实战043 线段度量工具
▶ 视频位置：视频\实战040.avi ▶ 难易指数：★☆☆☆☆	▶ 视频位置：视频\实战041.avi ▶ 难易指数：★☆☆☆☆	▶ 视频位置：视频\实战042.avi ▶ 难易指数：★☆☆☆☆	▶ 视频位置：视频\实战043.avi ▶ 难易指数：★☆☆☆☆

 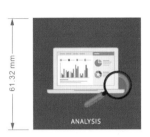 

实战044 3点标注工具	实战045 选择工具	实战046 刻刀工具切割图形	实战047 橡皮擦工具擦除图像
▶ 视频位置：视频\实战044.avi ▶ 难易指数：★☆☆☆☆	▶ 视频位置：视频\实战045.avi ▶ 难易指数：★☆☆☆☆	▶ 视频位置：视频\实战046.avi ▶ 难易指数：★☆☆☆☆	▶ 视频位置：视频\实战047.avi ▶ 难易指数：★☆☆☆☆

实战048 涂抹笔刷工具擦除图像	实战049 粗糙工具制作锯齿	实战050 自由变换工具旋转图形	实战051 虚拟段删除工具
▶ 视频位置：视频\实战048.avi ▶ 难易指数：★☆☆☆☆	▶ 视频位置：视频\实战049.avi ▶ 难易指数：★☆☆☆☆	▶ 视频位置：视频\实战050.avi ▶ 难易指数：★☆☆☆☆	▶ 视频位置：视频\实战051.avi ▶ 难易指数：★☆☆☆☆

实战052 形状工具删除节点	实战053 再制图形	实战054 复制图形属性	实战055 删除图形
▶ 视频位置：视频\实战052.avi ▶ 难易指数：★☆☆☆☆	▶ 视频位置：视频\实战053.avi ▶ 难易指数：★☆☆☆☆	▶ 视频位置：视频\实战054.avi ▶ 难易指数：★☆☆☆☆	▶ 视频位置：视频\实战055.avi ▶ 难易指数：★☆☆☆☆

 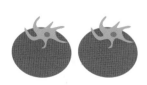 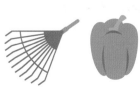 

实战展示

实战056 移动图形位置

▶ 视频位置：视频\实战056.avi
▶ 难易指数：★☆☆☆☆

实战057 旋转图形角度

▶ 视频位置：视频\实战057.avi
▶ 难易指数：★☆☆☆☆

实战058 缩放图形

▶ 视频位置：视频\实战058.avi
▶ 难易指数：★☆☆☆☆

实战059 斜切图形

▶ 视频位置：视频\实战059.avi
▶ 难易指数：★☆☆☆☆

实战060 更改堆叠顺序

▶ 视频位置：视频\实战060.avi
▶ 难易指数：★☆☆☆☆

实战061 组合对象

▶ 视频位置：视频\实战061.avi
▶ 难易指数：★★☆☆☆

实战062 合并对象

▶ 视频位置：视频\实战062.avi
▶ 难易指数：★★☆☆☆

实战063 拆分曲线

▶ 视频位置：视频\实战063.avi
▶ 难易指数：★★☆☆☆

实战064 对齐对象

▶ 视频位置：视频\实战064.avi
▶ 难易指数：★★☆☆☆

实战065 分布对象

▶ 视频位置：视频\实战065.avi
▶ 难易指数：★★☆☆☆

实战066 锁定与解锁对象

▶ 视频位置：视频\实战066.avi
▶ 难易指数：★★☆☆☆

实战067 将对象转换为曲线

▶ 视频位置：视频\实战067.avi
▶ 难易指数：★★☆☆☆

实战068 将轮廓转换为对象

▶ 视频位置：视频\实战068.avi
▶ 难易指数：★★☆☆☆

实战069 修剪功能

▶ 视频位置：视频\实战069.avi
▶ 难易指数：★★☆☆☆

实战070 图形相交

▶ 视频位置：视频\实战070.avi
▶ 难易指数：★★☆☆☆

实战071 图框精确裁剪对象

▶ 视频位置：视频\实战071.avi
▶ 难易指数：★★☆☆☆

实战072 提取内容

▶ 视频位置：视频\实战072.avi
▶ 难易指数：★★☆☆☆

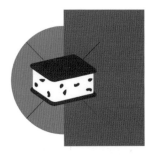

实战073 变形工具

▶ 视频位置：视频\实战073.avi
▶ 难易指数：★★☆☆☆

实战074 创建阴影效果

▶ 视频位置：视频\实战074.avi
▶ 难易指数：★★☆☆☆

实战075 封套工具

▶ 视频位置：视频\实战075.avi
▶ 难易指数：★★☆☆☆

实战076 立体化工具

▶ 视频位置：视频\实战076.avi
▶ 难易指数：★★☆☆☆

实战077 调和工具

▶ 视频位置：视频\实战077.avi
▶ 难易指数：★★☆☆☆

实战078 轮廓图工具

▶ 视频位置：视频\实战078.avi
▶ 难易指数：★★☆☆☆

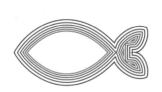

实战079 设置轮廓线颜色

▶ 视频位置：视频\实战079.avi
▶ 难易指数：★☆☆☆☆

实战080 更改轮廓线宽度

▶ 视频位置：视频\实战080.avi
▶ 难易指数：★☆☆☆☆

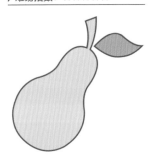

实战084 均匀填充

▶ 视频位置：视频\实战084.avi
▶ 难易指数：★☆☆☆☆

实战085 交互式填充工具

▶ 视频位置：视频\实战085.avi
▶ 难易指数：★☆☆☆☆

实战086 图样填充

▶ 视频位置：视频\实战081.avi
▶ 难易指数：★☆☆☆☆

实战087 智能填充工具

▶ 视频位置：视频\实战087.avi
▶ 难易指数：★☆☆☆☆

实战088 颜色滴管工具

▶ 视频位置：视频\实战088.avi
▶ 难易指数：★☆☆☆☆

实战089 网状填充工具

▶ 视频位置：视频\实战089.avi
▶ 难易指数：★☆☆☆☆

实战090 创建美术字

▶ 视频位置：视频\实战090.avi
▶ 难易指数：★☆☆☆☆

实战091 创建段落文本

▶ 视频位置：视频\实战091.avi
▶ 难易指数：★☆☆☆☆

实战092 导入/粘贴文本

▶ 视频位置：视频\实战092.avi
▶ 难易指数：★☆☆☆☆

实战093 将文本转换为曲线

▶ 视频位置：视频\实战093.avi
▶ 难易指数：★☆☆☆☆

实战094 文本绕排

▶ 视频位置：视频\实战094.avi
▶ 难易指数：★☆☆☆☆

实战095 路径文字

▶ 视频位置：视频\实战094.avi
▶ 难易指数：★☆☆

实战096 创建表格

▶ 视频位置：视频\实战096.avi
▶ 难易指数：★☆☆☆☆

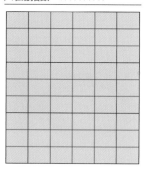

实战100 裁剪位图

▶ 视频位置：视频\实战100.avi
▶ 难易指数：★☆☆☆☆

实战103 将位图转换为矢量图

▶ 视频位置：视频\实战103.avi
▶ 难易指数：★☆☆☆☆

实战104 【高反差】命令

▶ 视频位置：视频\实战104.avi
▶ 难易指数：★★☆☆☆

实战105 【局部平衡】命令

▶ 视频位置：视频\实战105.avi
▶ 难易指数：★★☆☆☆

实战106 【取样/目标平衡】命令

▶ 视频位置：视频\实战106.avi
▶ 难易指数：★★☆☆☆

实战107 【调合曲线】命令

▶ 视频位置：视频\实战107.avi
▶ 难易指数：★★☆☆☆

实战108 【亮度/对比度/强度】命令

▶ 视频位置：视频\实战108.avi
▶ 难易指数：★★☆☆☆

实战109 【颜色平衡】命令

▶ 视频位置：视频\实战109.avi
▶ 难易指数：★★☆☆☆

实战110 【伽玛值】命令

▶ 视频位置：视频\实战110.avi
▶ 难易指数：★★☆☆☆

实战111 【包度/饱和度/亮度】命令

▶ 视频位置：视频\实战111.avi
▶ 难易指数：★★☆☆☆

实战112 【所选颜色】命令

▶ 视频位置：视频\实战112.avi
▶ 难易指数：★★☆☆☆

实战113 【替换颜色】命令

▶ 视频位置：视频\实战113.avi
▶ 难易指数：★★☆☆☆

实战114 【取消饱和】命令

▶ 视频位置：视频\实战114.avi
▶ 难易指数：★★☆☆☆

实战115 【通道混合器】命令

▶ 视频位置：视频\实战115.avi
▶ 难易指数：★★☆☆☆

实战116 【去交错】命令

▶ 视频位置：视频\实战116.avi
▶ 难易指数：★★☆☆☆

实战117 【反转颜色】命令

▶ 视频位置：视频\实战117.avi
▶ 难易指数：★★☆☆☆

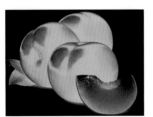

实战118 【极色化】命令

▶ 视频位置：视频\实战118.avi
▶ 难易指数：★★☆☆☆

实战119 【尘埃与刮痕】命令

▶ 视频位置：视频\实战119.avi
▶ 难易指数：★★☆☆☆

实战120 【黑白】命令

▶ 视频位置：视频\实战120.avi
▶ 难易指数：★★☆☆☆

实战121 【灰度】命令

▶ 视频位置：视频\实战121.avi
▶ 难易指数：★★☆☆☆

实战122 【双色】命令

▶ 视频位置：视频\实战122.avi
▶ 难易指数：★★☆☆☆

实战123 【调色板色】命令

▶ 视频位置：视频\实战123.avi
▶ 难易指数：★★☆☆☆

实战124 RGB颜色模式

▶ 视频位置：视频\实战124.avi
▶ 难易指数：★☆☆☆☆

实战125 Lab色模式

▶ 视频位置：视频\实战125.avi
▶ 难易指数：★★☆☆☆

实战126 CMYK色转换印刷颜色

▶ 视频位置：视频\实战126.avi
▶ 难易指数：★☆☆☆☆

实战127 【三维旋转】命令

▶ 视频位置：视频\实战127.avi
▶ 难易指数：★★☆☆☆

实战128 【柱面】命令放大图像
▶ 视频位置：视频\实战128.avi
▶ 难易指数：★★☆☆☆

实战129 【浮雕】命令制作浮雕
▶ 视频位置：视频\实战129.avi
▶ 难易指数：★★☆☆☆

实战130 【卷页】命令制作卷页
▶ 视频位置：视频\实战130.avi
▶ 难易指数：★★☆☆☆

实战131 【透视】命令制作透视
▶ 视频位置：视频\实战131.avi
▶ 难易指数：★★☆☆☆

实战132 【挤远/挤近】命令
▶ 视频位置：视频\实战132.avi
▶ 难易指数：★★☆☆☆

实战133 【球面】命令制作凸出
▶ 视频位置：视频\实战133.avi
▶ 难易指数：★★☆☆☆

实战134 【炭笔画】命令
▶ 视频位置：视频\实战134.avi
▶ 难易指数：★★☆☆☆

实战135 【单色蜡笔画】命令
▶ 视频位置：视频\实战135.avi
▶ 难易指数：★★☆☆☆

实战136 【蜡笔画】命令
▶ 视频位置：视频\实战136.avi
▶ 难易指数：★★☆☆☆

实战137 【立体派】命令
▶ 视频位置：视频\实战137.avi
▶ 难易指数：★★☆☆☆

实战138 【印象派】命令
▶ 视频位置：视频\实战138.avi
▶ 难易指数：★★☆☆☆

实战139 【调色刀】命令
▶ 视频位置：视频\实战139.avi
▶ 难易指数：★★☆☆☆

实战140 【彩色蜡笔画】命令
▶ 视频位置：视频\实战140.avi
▶ 难易指数：★★☆☆☆

实战141 【钢笔画】命令
▶ 视频位置：视频\实战141.avi
▶ 难易指数：★★☆☆☆

实战142 【点彩派】命令
▶ 视频位置：视频\实战142.avi
▶ 难易指数：★★☆☆☆

实战143 【木版画】命令
▶ 视频位置：视频\实战143.avi
▶ 难易指数：★★☆☆☆

实战144 【素描】命令

▶ 视频位置：视频\实战144.avi
▶ 难易指数：★★☆☆☆

实战145 【水彩画】命令

▶ 视频位置：视频\实战145.avi
▶ 难易指数：★★☆☆☆

实战146 【水印画】命令

▶ 视频位置：视频\实战146.avi
▶ 难易指数：★★☆☆☆

实战147 【波纹纸画】命令

▶ 视频位置：视频\实战147.avi
▶ 难易指数：★★☆☆☆

实战148 【定向平滑】命令

▶ 视频位置：视频\实战148.avi
▶ 难易指数：★★☆☆☆

实战149 【高斯式模糊】命令

▶ 视频位置：视频\实战149.avi
▶ 难易指数：★★☆☆☆

实战150 【锯齿状模糊】命令

▶ 视频位置：视频\实战150.avi
▶ 难易指数：★★☆☆☆

实战151 【低通滤波器】命令

▶ 视频位置：视频\实战151.avi
▶ 难易指数：★★☆☆☆

实战152 【动态模糊】命令

▶ 视频位置：视频\实战152.avi
▶ 难易指数：★★☆☆☆

实战153 【放射状模糊】命令

▶ 视频位置：视频\实战153.avi
▶ 难易指数：★★☆☆☆

实战154 【平滑】命令柔和图像

▶ 视频位置：视频\实战154.avi
▶ 难易指数：★★☆☆☆

实战155 【柔和】命令

▶ 视频位置：视频\实战155.avi
▶ 难易指数：★★☆☆☆

实战156 【缩放】命令制作放射

▶ 视频位置：视频\实战156.avi
▶ 难易指数：★★☆☆☆

实战157 【着色】命令定义色彩

▶ 视频位置：视频\实战157.avi
▶ 难易指数：★★☆☆☆

实战158 【扩散】命令制作散光

▶ 视频位置：视频\实战158.avi
▶ 难易指数：★★☆☆☆

实战159 【照片过滤器】命令

▶ 视频位置：视频\实战159.avi
▶ 难易指数：★★☆☆☆

实战160 【棕褐色色调】命令

▶ 视频位置：视频\实战160.avi
▶ 难易指数：★★☆☆☆

实战168 应用图形样式

▶ 视频位置：视频\实战168.avi
▶ 难易指数：★★☆☆☆

实战183 利用矩形工具绘制彩色铅笔

▶ 视频位置：视频\实战183.avi
▶ 难易指数：★★☆☆☆

实战184 用钢笔工具绘制樱花

▶ 视频位置：视频\实战184.avi
▶ 难易指数：★★★☆☆

实战185 利用修剪功能制作西瓜
▶ 视频位置：视频\实战185.avi
▶ 难易指数：★★☆☆☆

实战186 【利用变形制作小花朵
▶ 视频位置：视频\实战186.avi
▶ 难易指数：★★☆☆☆

实战187 使用钢笔工具绘制蝴蝶结
▶ 视频位置：视频\实战187.avi
▶ 难易指数：★★☆☆☆

实战188 利用椭圆形工具绘制气球
▶ 视频位置：视频\实战188.avi
▶ 难易指数：★☆☆☆☆

实战189 使用钢笔工具绘制扩音器
▶ 视频位置：视频\实战189.avi
▶ 难易指数：★★☆☆☆

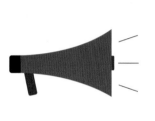

实战190 利用钢笔工具绘制奶瓶
▶ 视频位置：视频\实战190.avi
▶ 难易指数：★★☆☆☆

实战191 使用钢笔工具绘制沙漏
▶ 视频位置：视频\实战191.avi
▶ 难易指数：★★★☆☆

实战192 运用复制功能制作蜂巢
▶ 视频位置：视频\实战192.avi
▶ 难易指数：★☆☆☆☆

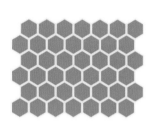

实战193 使用钢笔工具绘制草莓
▶ 视频位置：视频\实战193.avi
▶ 难易指数：★★☆☆☆

实战194 使用钢笔工具绘制商务头像
▶ 视频位置：视频\实战194.avi
▶ 难易指数：★★★☆☆

实战195 使用椭圆形工具绘制煎蛋
▶ 视频位置：视频\实战195.avi
▶ 难易指数：★★☆☆☆

实战196 使用椭圆形工具制作游泳圈
▶ 视频位置：视频\实战196.avi
▶ 难易指数：★★★☆☆

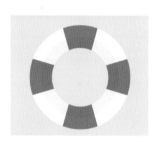

实战197 利用矩形工具绘制相机
▶ 视频位置：视频\实战197.avi
▶ 难易指数：★★★☆☆

实战198 利用矩形工具绘制计算器
▶ 视频位置：视频\实战198.avi
▶ 难易指数：★★☆☆☆

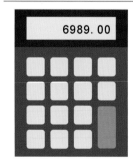

6989.00

实战199 使用矩形工具制作钱包
▶ 视频位置：视频\实战199.avi
▶ 难易指数：★☆☆☆☆

实战200 使用椭圆形工具制作气泡
▶ 视频位置：视频\实战200.avi
▶ 难易指数：★★★☆☆

实战201 利用钢笔工具绘制脚丫	实战202 利用椭圆形工具制作创意图像	实战203 使用矩形工具制作钥匙	实战204 使用2点线工具绘制吉他
▶ 视频位置：视频\实战201.avi ▶ 难易指数：★★★☆☆	▶ 视频位置：视频\实战202.avi ▶ 难易指数：★★★☆☆	▶ 视频位置：视频\实战203.avi ▶ 难易指数：★★★☆☆	▶ 视频位置：视频\实战204.avi ▶ 难易指数：★★★☆☆

实战205 利用椭圆形工具绘制微笑表情	实战206 使用椭圆形工具绘制卡通眼睛	实战207 使用钢笔工具绘制欢乐小人	实战208 利用椭圆形工具绘制卡通笑脸
▶ 视频位置：视频\实战205.avi ▶ 难易指数：★★☆☆☆	▶ 视频位置：视频\实战206.avi ▶ 难易指数：★★★☆☆	▶ 视频位置：视频\实战207.avi ▶ 难易指数：★★★☆☆	▶ 视频位置：视频\实战208.avi ▶ 难易指数：★★☆☆☆

实战209 使用钢笔工具绘制幽灵	实战210 利用钢笔工具制作小火箭	实战211 使用椭圆形工具绘制太阳公公	实战212 使用星形工具制作小星星
▶ 视频位置：视频\实战209.avi ▶ 难易指数：★★☆☆☆	▶ 视频位置：视频\实战210.avi ▶ 难易指数：★★★☆☆	▶ 视频位置：视频\实战211.avi ▶ 难易指数：★★★☆☆	▶ 视频位置：视频\实战212.avi ▶ 难易指数：★☆☆☆☆

 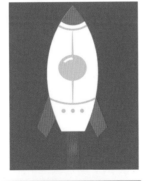 

实战213 使用椭圆形工具制作音乐熊	实战214 运用椭圆形工具制作青蛙	实战215 使用椭圆形工具制作翠鸟	实战216 利用椭圆形工具绘制大熊猫
▶ 视频位置：视频\实战213.avi ▶ 难易指数：★★☆☆☆	▶ 视频位置：视频\实战214.avi ▶ 难易指数：★★☆☆☆	▶ 视频位置：视频\实战215.avi ▶ 难易指数：★★☆☆☆	▶ 视频位置：视频\实战216.avi ▶ 难易指数：★★★☆☆

实战展示

实战217 利用钢笔工具制作叮当猫
▶ 视频位置：视频\实战217.avi
▶ 难易指数：★★★☆☆

实战218 利用椭圆形工具绘制小萌兔
▶ 视频位置：视频\实战218.avi
▶ 难易指数：★★☆☆☆

实战219 使用基本图形制作糖豆娃娃
▶ 视频位置：视频\实战219.avi
▶ 难易指数：★★☆☆☆

实战220 运用变形功能制作太阳图标
▶ 视频位置：视频\实战220.avi
▶ 难易指数：★★☆☆☆

实战221 使用椭圆形工具制作开关机图标
▶ 视频位置：视频\实战221.avi
▶ 难易指数：★★☆☆☆

实战222 使用椭圆形工具制作鸡腿图标
▶ 视频位置：视频\实战222.avi
▶ 难易指数：★★☆☆☆

实战223 利用矩形工具制作日历图标
▶ 视频位置：视频\实战223.avi
▶ 难易指数：★☆☆☆☆

实战224 利用矩形工具制作巧克力图标
▶ 视频位置：视频\实战224.avi
▶ 难易指数：★☆☆☆☆

实战225 利用椭圆形工具制作Wi-Fi图标
▶ 视频位置：视频\实战225.avi
▶ 难易指数：★☆☆☆☆

实战226 使用矩形工具制作插头图标
▶ 视频位置：视频\实战226.avi
▶ 难易指数：★★★☆☆

实战227 利用钢笔工具制作电话图标
▶ 视频位置：视频\实战227.avi
▶ 难易指数：★★☆☆☆

实战228 使用椭圆形工具制作西瓜图标
▶ 视频位置：视频\实战228.avi
▶ 难易指数：★★☆☆☆

实战229 利用椭圆形工具制作树叶图标
▶ 视频位置：视频\实战229.avi
▶ 难易指数：★★☆☆☆

实战230 利用矩形工具制作饮料图标
▶ 视频位置：视视频\实战230.avi
▶ 难易指数：★★★☆☆

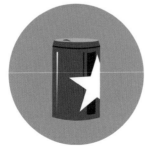

实战231 使用矩形工具制作视频播放图标
▶ 视频位置：视频\实战231.avi
▶ 难易指数：★★★☆☆

实战232 利用矩形工具制作通讯录图标
▶ 视频位置：视频\实战232.avi
▶ 难易指数：★★☆☆☆

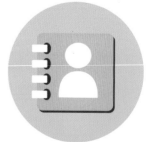

实战233 利用钢笔工具制作棒棒糖图标
▶ 视频位置：视频\实战233.avi
▶ 难易指数：★★★☆☆

实战234 使用钢笔工具制作热气球图案
▶ 视频位置：视频\实战234.avi
▶ 难易指数：★★☆☆☆

实战235 使用矩形工具制作扑克牌图案
▶ 视频位置：视频\实战235.avi
▶ 难易指数：★☆☆☆☆

实战236 使用椭圆形工具制作指南针图案
▶ 视频位置：视频\实战236.avi
▶ 难易指数：★★☆☆☆

实战237 使用矩形工具制作U盘图案
▶ 视频位置：视频\实战237.avi
▶ 难易指数：★☆☆☆☆

实战238 使用钢笔工具制作邮件图案
▶ 视频位置：视视频\实战238.avi
▶ 难易指数：★★☆☆☆

实战239 圆形3等分饼状图设计
▶ 视频位置：视频\实战239.avi
▶ 难易指数：★★★☆☆

实战240 模块式流程图设计
▶ 视频位置：视频\实战240.avi
▶ 难易指数：★★☆☆☆

实战241 步骤流程图设计
▶ 视频位置：视频\实战241.avi
▶ 难易指数：★★★☆☆

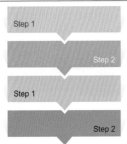

实战242 圆角矩形流程图设计
▶ 视频位置：视频\实战242.avi
▶ 难易指数：★★★☆☆

实战243 标牌式图表设计
▶ 视频位置：视频\实战243.avi
▶ 难易指数：★★★☆☆

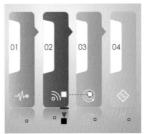

实战244 阵列式水滴图表设计
▶ 视频位置：视频\实战244.avi
▶ 难易指数：★★☆☆☆

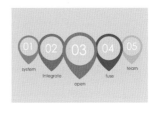

实战245 字母样式图表设计
▶ 视频位置：视频\实战245.avi
▶ 难易指数：★★☆☆☆

实战246 经典时间轴设计
▶ 视频位置：视频\实战246.avi
▶ 难易指数：★★☆☆☆

实战247 分类连线图表设计
▶ 视频位置：视频\实战247.avi
▶ 难易指数：★★☆☆☆

实战248 立体数据饼形图设计
▶ 视频位置：视频\实战248.avi
▶ 难易指数：★★★☆☆

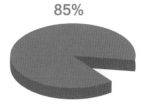

实战249　扁平化立体柱状图设计

▶ 视频位置：视频\实战249.avi
▶ 难易指数：★★☆☆☆

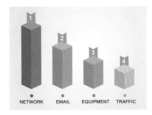

实战250　标签样式图表设计

▶ 视频位置：视频\实战250.avi
▶ 难易指数：★☆☆☆☆

实战251　地理位置标识制作

▶ 视频位置：视频\实战251.avi
▶ 难易指数：★★☆☆☆

实战252　六边形标识制作

▶ 视频位置：视频\实战252.avi
▶ 难易指数：★★☆☆☆

实战253　圆形镂空标识制作

▶ 视频位置：视频\实战253.avi
▶ 难易指数：★★☆☆☆

实战254　封套样式标识制作

▶ 视频位置：视频\实战254.avi
▶ 难易指数：★★☆☆☆

实战255　购物袋标识制作

▶ 视频位置：视频\实战255.avi
▶ 难易指数：★★☆☆☆

实战256　镂空椭圆指向标识制作

▶ 视频位置：视频\实战256.avi
▶ 难易指数：★★★☆☆

实战257　复合燕尾标识制作

▶ 视频位置：视频\实战257.avi
▶ 难易指数：★★☆☆☆

实战258　复合双箭头标识制作

▶ 视频位置：视频\实战258.avi
▶ 难易指数：★★☆☆☆

实战259　双色品牌标识制作

▶ 视频位置：视频\实战259.avi
▶ 难易指数：★★★☆☆

实战260　异形组合标识制作

▶ 视频位置：视频\实战260.avi
▶ 难易指数：★★★☆☆

实战261　多边形复古标识制作

▶ 视频位置：视频\实战261.avi
▶ 难易指数：★★☆☆☆

实战262　双色复合标识制作

▶ 视频位置：视频\实战262.avi
▶ 难易指数：★★★☆☆

实战263　金质花形标识制作

▶ 视频位置：视频\实战263.avi
▶ 难易指数：★★★☆☆

实战264　彩条标识制作

▶ 视频位置：视频\实战264.avi
▶ 难易指数：★★☆☆☆

实战265 复古序号标识制作	实战266 辣椒标识制作	实战267 丝带标识制作	实战268 绘制折扣吊牌标签
▶ 视频位置：视频\实战265.avi ▶ 难易指数：★★☆☆☆	▶ 视频位置：视频\实战266.avi ▶ 难易指数：★★★☆☆	▶ 视频位置：视频\实战267.avi ▶ 难易指数：★★☆☆☆	▶ 视频位置：视频\实战268.avi ▶ 难易指数：★★☆☆☆

实战269 绘制锯齿箭头标签	实战270 绘制方圆组合标签	实战271 绘制椭圆对话标签	实战272 绘制折纸标签
▶ 视频位置：视频\实战269.avi ▶ 难易指数：★★☆☆☆	▶ 视频位置：视频\实战270.avi ▶ 难易指数：★☆☆☆☆	▶ 视频位置：视频\实战271.avi ▶ 难易指数：★☆☆☆☆	▶ 视频位置：视频\实战272.avi ▶ 难易指数：★☆☆☆☆

实战展示

实战273 绘制双色指向标签	实战274 绘制书签式竖向标签	实战275 绘制倾斜样式标签	实战276 绘制圆形卷边标签
▶ 视频位置：视频\实战273.avi ▶ 难易指数：★☆☆☆☆	▶ 视频位置：视频\实战274.avi ▶ 难易指数：★☆☆☆☆	▶ 视频位置：视频\实战275.avi ▶ 难易指数：★☆☆☆☆	▶ 视频位置：视频\实战276.avi ▶ 难易指数：★★☆☆☆

实战277 绘制分类折纸组合标签	实战278 绘制心形标签	实战279 绘制降价标签	实战280 绘制圆形锯齿标签
▶ 视频位置：视频\实战277.avi ▶ 难易指数：★☆☆☆☆	▶ 视频位置：视频\实战278.avi ▶ 难易指数：★☆☆☆☆	▶ 视频位置：视频\实战279.avi ▶ 难易指数：★☆☆☆☆	▶ 视频位置：视频\实战280.avi ▶ 难易指数：★★☆☆☆

实战281 绘制节日喜庆标签

▶ 视频位置：视频\实战281.avi
▶ 难易指数：★★★☆☆

实战282 绘制圆形折纸组合标签

▶ 视频位置：视频\实战282.avi
▶ 难易指数：★☆☆☆☆

实战283 绘制双色燕尾标签

▶ 视频位置：视频\实战283.avi
▶ 难易指数：★★☆☆☆

实战284 绘制水果标签

▶ 视频位置：视频\实战284.avi
▶ 难易指数：★★★☆☆

实战285 绿色饮食标志设计

▶ 视频位置：视频\实战285.avi
▶ 难易指数：★★★☆☆

实战286 绿叶花朵标志制作

▶ 视频位置：视频\实战286.avi
▶ 难易指数：★★★☆☆

实战287 星云联合Logo设计

▶ 视频位置：视频\实战287.avi
▶ 难易指数：★☆☆☆☆

实战288 成长关爱标志设计

▶ 视频位置：视频\实战288.avi
▶ 难易指数：★★☆☆☆

实战289 印刷工厂Logo制作

▶ 视频位置：视频\实战289.avi
▶ 难易指数：★☆☆☆☆

实战290 茶Logo设计

▶ 视频位置：视频\实战290.avi
▶ 难易指数：★☆☆☆☆

实战291 爱情之心标志设计

▶ 视频位置：视频\实战291.avi
▶ 难易指数：★★☆☆☆

实战292 卡利钻石标志设计

▶ 视频位置：视频\实战292.avi
▶ 难易指数：★★★☆☆

实战293 玛岚科技Logo制作

▶ 视频位置：视频\实战293.avi
▶ 难易指数：★☆☆☆☆

实战294 蓝星国际标志制作

▶ 视频位置：视频\实战294.avi
▶ 难易指数：★★☆☆☆

实战295 蝴蝶Logo设计

▶ 视频位置：视频\实战295.avi
▶ 难易指数：★★☆☆☆

实战296 福厦科技Logo设计

▶ 视频位置：视频\实战296.avi
▶ 难易指数：★★★☆☆

实战297 制作SALE镂空艺术字
- ▶ 视频位置：视频\实战297.avi
- ▶ 难易指数：★☆☆☆☆

实战298 制作武侠字
- ▶ 视频位置：视频\实战298.avi
- ▶ 难易指数：★★☆☆☆

实战299 制作狂欢大本营字体
- ▶ 视频位置：视频\实战299.avi
- ▶ 难易指数：★★☆☆☆

实战300 制作爱情物语文字
- ▶ 视频位置：视频\实战300.avi
- ▶ 难易指数：★★☆☆☆

实战301 制作促销优惠文字
- ▶ 视频位置：视频\实战301.avi
- ▶ 难易指数：★★☆☆☆

实战302 制作巨星艺术字
- ▶ 视频位置：视频\实战302.avi
- ▶ 难易指数：★☆☆☆☆

实战303 制作非凡之旅艺术字
- ▶ 视频位置：视频\实战303.avi
- ▶ 难易指数：★★☆☆☆

实战304 制作梦想翅膀艺术字
- ▶ 视频位置：视频\实战304.avi
- ▶ 难易指数：★★★☆☆

实战305 制作超划算艺术字
- ▶ 视频位置：视频\实战305.avi
- ▶ 难易指数：★★★☆☆

实战306 制作意境艺术字
- ▶ 视频位置：视频\实战306.avi
- ▶ 难易指数：★★☆☆☆

实战307 制作铆钉金属字
- ▶ 视频位置：视频\实战307.avi
- ▶ 难易指数：★★★☆☆

实战308 制作俯视投影字
- ▶ 视频位置：视频\实战308.avi
- ▶ 难易指数：★★★☆☆

实战309 制作质感战争字
- ▶ 视频位置：视频\实战309.avi
- ▶ 难易指数：★★★☆☆

实战310 制作欢乐购字体
- ▶ 视频位置：视频\实战310.avi
- ▶ 难易指数：★★☆☆☆

实战311 制作九乐电音文字
- ▶ 视频位置：视频\实战311.avi
- ▶ 难易指数：★★★☆☆

实战312 制作竖条纹背景
- ▶ 视频位置：视频\实战312.avi
- ▶ 难易指数：★☆☆☆☆

实战展示

实战313 制作黄色条纹背景

▶ 视频位置：视频\实战313.avi
▶ 难易指数：★☆☆☆☆

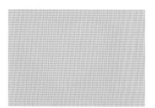

实战314 制作菱形背景

▶ 视频位置：视频\实战314.avi
▶ 难易指数：★★☆☆☆

实战315 制作格子背景

▶ 视频位置：视频\实战315.avi
▶ 难易指数：★☆☆☆☆

实战316 制作放射背景

▶ 视频位置：视频\实战316.avi
▶ 难易指数：★★☆☆☆

实战317 制作立体格子背景

▶ 视频位置：视频\实战317.avi
▶ 难易指数：★★☆☆☆

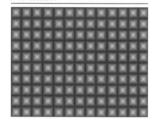

实战318 制作白云背景

▶ 视频位置：视频\实战318.avi
▶ 难易指数：★☆☆☆☆

实战319 制作斜纹背景

▶ 视频位置：视频\实战319.avi
▶ 难易指数：★☆☆☆☆

实战320 制作动感模糊背景

▶ 视频位置：视频\实战320.avi
▶ 难易指数：★☆☆☆☆

实战321 制作金属背景

▶ 视频位置：视频\实战321.avi
▶ 难易指数：★★☆☆☆

实战322 制作立体菱形背景

▶ 视频位置：视频\实战322.avi
▶ 难易指数：★★☆☆☆

实战323 制作VIP金卡

▶ 视频位置：视频\实战323.avi
▶ 难易指数：★★☆☆☆

实战324 卡贴设计

▶ 视频位置：视频\实战324.avi
▶ 难易指数：★★☆☆☆

实战325 制作心意卡片正面

▶ 视频位置：视频\实战325.avi
▶ 难易指数：★★☆☆☆

实战326 制作心意卡片背面

▶ 视频位置：视频\实战326.avi
▶ 难易指数：★★☆☆☆

实战327 制作婚礼请柬封面

▶ 视频位置：视频\实战327.avi
▶ 难易指数：★★★☆☆

实战328 制作相册图标

▶ 视频位置：视频\实战328.avi
▶ 难易指数：★★☆☆☆

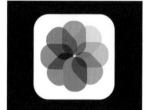

实战329 制作天气图标

▶ 视频位置：视频\实战329.avi
▶ 难易指数：★★☆☆☆

实战330 制作视频图标

▶ 视频位置：视频\实战330.avi
▶ 难易指数：★★☆☆☆

实战331 制作扬声器图标

▶ 视频位置：视频\实战331.avi
▶ 难易指数：★★★☆☆

实战332 制作CD图标

▶ 视频位置：视频\实战332.avi
▶ 难易指数：★★★☆☆

实战333 制作画板图标

▶ 视频位置：视频\实战333. avi
▶ 难易指数：★★☆☆☆

实战334 制作地图图标

▶ 视频位置：视频\实战334. avi
▶ 难易指数：★★☆☆☆

实战335 邮箱登录界面设计

▶ 视频位置：视频\实战335. avi
▶ 难易指数：★☆☆☆☆

实战336 个人信息界面设计

▶ 视频位置：视频\实战336. avi
▶ 难易指数：★☆☆☆☆

实战337 天气界面设计

▶ 视频位置：视频\实战337. avi
▶ 难易指数：★☆☆☆☆

实战338 行程单界面设计

▶ 视频位置：视频\实战338. avi
▶ 难易指数：★★★☆☆

实战339 应用记录界面设计

▶ 视频位置：视频\实战339. avi
▶ 难易指数：★★★☆☆

实战340 折扣商品Banner设计

▶ 视频位置：视频\实战340. avi
▶ 难易指数：★★☆☆☆

实战341 电商促销Banner设计

▶ 视频位置：视频\实战341. avi
▶ 难易指数：★★★☆☆

实战342 影音节Banner设计

▶ 视频位置：视频\实战342. avi
▶ 难易指数：★★★☆☆

实战343 促销优惠Banner设计

▶ 视频位置：视频\实战343. avi
▶ 难易指数：★★☆☆☆

实战344 欢乐春游Banner设计

▶ 视频位置：视频\实战344. avi
▶ 难易指数：★★☆☆☆

实战345 DJ音乐汇Banner设计

▶ 视频位置：视频\实战345. avi
▶ 难易指数：★★★☆☆

实战346 汉堡网页设计

▶ 视频位置：视频\实战346. avi
▶ 难易指数：★★☆☆☆

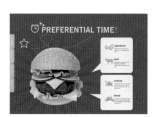

实战347 西餐美食网页设计

▶ 视频位置：视频\实战347. avi
▶ 难易指数：★★☆☆☆

实战348 世纪云数据首页设计

▶ 视频位置：视频\实战348. avi
▶ 难易指数：★★★☆☆

实战展示

实战349 全民运动宣传页设计

▶ 视频位置：视频\实战349.avi
▶ 难易指数：★★★☆☆

实战350 随手拍领红包设计

▶ 视频位置：视频\实战350.avi
▶ 难易指数：★★★★☆

实战351 优惠购促销页设计

▶ 视频位置：视频\实战351.avi
▶ 难易指数：★☆☆☆☆

实战352 旅行宣传页设计

▶ 视频位置：视频\实战352.avi
▶ 难易指数：★☆☆☆☆

实战353 手机购物页设计

▶ 视频位置：视频\实战353.avi
▶ 难易指数：★★★☆☆

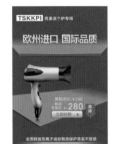

实战354 玛岚科技名片正面设计

▶ 视频位置：视频\实战354.avi
▶ 难易指数：★★☆☆☆

实战355 玛岚科技名片背面设计

▶ 视频位置：视频\实战355.avi
▶ 难易指数：★☆☆☆☆

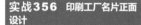

实战356 印刷工厂名片正面设计

▶ 视频位置：视频\实战356.avi
▶ 难易指数：★★★☆☆

实战357 印刷工厂名片背面设计

▶ 视频位置：视频\实战357.avi
▶ 难易指数：★★☆☆☆

实战358 清新绿名片正面设计

▶ 视频位置：视频\实战358.avi
▶ 难易指数：★★☆☆☆

实战359 清新绿名片背面设计

▶ 视频位置：视频\实战359.avi
▶ 难易指数：★☆☆☆☆

实战360 文娱公司名片正面设计

▶ 视频位置：视频\实战360.avi
▶ 难易指数：★☆☆☆☆

实战361 文娱公司名片背面设计

▶ 视频位置：视频\实战361.avi
▶ 难易指数：★★☆☆☆

实战362 城市名片正面设计

▶ 视频位置：视频\实战362.avi
▶ 难易指数：★★★☆☆

实战363 城市名片背面设计

▶ 视频位置：视频\实战363.avi
▶ 难易指数：★★☆☆☆

实战364 设计公司正面设计

▶ 视频位置：视频\实战364.avi
▶ 难易指数：★★☆☆☆

实战365 设计公司名片背面设计

▶ 视频位置: 视频\实战365.avi
▶ 难易指数: ★★☆☆☆

实战366 贸易公司名片正面设计

▶ 视频位置: 视频\实战366.avi
▶ 难易指数: ★★☆☆☆

实战367 贸易公司名片背面设计

▶ 视频位置: 视频\实战367.avi
▶ 难易指数: ★★☆☆☆

实战368 菜品宣传单设计

▶ 视频位置: 视频\实战368.avi
▶ 难易指数: ★★☆☆☆

实战369 足球运动宣传单设计

▶ 视频位置: 视频\实战369.avi
▶ 难易指数: ★★★★☆

实战370 美食宣传单设计

▶ 视频位置: 视频\实战370.avi
▶ 难易指数: ★★★☆☆

实战371 电子音乐节海报设计

▶ 视频位置: 视频\实战371.avi
▶ 难易指数: ★★★☆☆

实战372 新秀时装海报设计

▶ 视频位置: 视频\实战372.avi
▶ 难易指数: ★★★☆☆

实战373 专车服务海报设计

▶ 视频位置: 视频\实战373.avi
▶ 难易指数: ★★★☆☆

实战374 创意策划海报设计

▶ 视频位置: 视频\实战374.avi
▶ 难易指数: ★★★★☆

实战375 全民红包海报设计

▶ 视频位置: 视频\实战375.avi
▶ 难易指数: ★★★☆☆

实战376 手绘鼠标设计

▶ 视频位置: 视频\实战376.avi
▶ 难易指数: ★★★★☆

实战377 一体机设计

▶ 视频位置: 视频\实战377.avi
▶ 难易指数: ★★★☆☆

实战378 精致播放器设计

▶ 视频位置: 视频\实战378.avi
▶ 难易指数: ★★★☆☆

实战379 坚果包装平面设计

▶ 视频位置: 视频\实战379.avi
▶ 难易指数: ★★☆☆☆

实战380 坚果包装立体设计

▶ 视频位置: 视频\实战380.avi
▶ 难易指数: ★★★☆☆

实战381 食品手提袋平面设计
▶ 视频位置：视频\实战381.avi
▶ 难易指数：★☆☆☆☆

实战382 食品手提袋立体设计
▶ 视频位置：视频\实战382.avi
▶ 难易指数：★★★☆☆

实战383 CD包装盒平面设计
▶ 视频位置：视频\实战383.avi
▶ 难易指数：★★☆☆☆

实战384 CD包装盒立体设计
▶ 视频位置：视频\实战384.avi
▶ 难易指数：★★☆☆☆

实战385 茶叶包装平面正面设计
▶ 视频位置：视频\实战385.avi
▶ 难易指数：★★★☆☆

实战386 茶叶包装平面背面设计
▶ 视频位置：视频\实战386.avi
▶ 难易指数：★★★☆☆

实战387 茶叶包装立体设计
▶ 视频位置：视频\实战387.avi
▶ 难易指数：★★★☆

实战388 威化饼干包装平面设计
▶ 视频位置：视频\实战388.avi
▶ 难易指数：★★★☆☆

实战389 威化饼干包装立体设计
▶ 视频位置：视频\实战389.avi
▶ 难易指数：★★★★☆

实战390 华尚集团名片正面设计
▶ 视频位置：视频\实战390.avi
▶ 难易指数：★☆☆☆☆

实战391 华尚集团名片背面设计
▶ 视频位置：视频\实战391.avi
▶ 难易指数：★☆☆☆☆

实战392 华尚集团T恤效果设计
▶ 视频位置：视频\实战392.avi
▶ 难易指数：★★☆☆☆

实战393 华尚集团胸卡设计
▶ 视频位置：视频\实战393.avi
▶ 难易指数：★★☆☆☆

实战394 华尚集团信笺设计
▶ 视频位置：视频\实战394.avi
▶ 难易指数：★★☆☆☆

实战395 华尚集团标志设计
▶ 视频位置：视频\实战395.avi
▶ 难易指数：★★☆☆☆

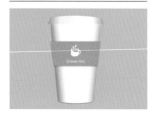

实战396 音乐磁盘装帧
▶ 视频位置：视频\实战396.avi
▶ 难易指数：★★☆☆☆

实战397 潮流城市三折页设计
▶ 视频位置：视频\实战397.avi
▶ 难易指数：★★☆☆☆

实战398 创意口香糖包装设计
▶ 视频位置：视频\实战398.avi
▶ 难易指数：★★★☆☆

实战399 茶水纸杯设计
▶ 视频位置：视频\实战399.avi
▶ 难易指数：★★★☆☆

实战400 樱桃饮料瓶设计
▶ 视频位置：视频\实战400.avi
▶ 难易指数：★★★☆☆

中文版

CorelDRAW X8

实战视频教程

水木居士 编著

人民邮电出版社

北京

图书在版编目（ＣＩＰ）数据

中文版CorelDRAW X8实战视频教程 / 水木居士编著
. -- 北京 : 人民邮电出版社, 2017.8
ISBN 978-7-115-45475-1

Ⅰ. ①中… Ⅱ. ①水… Ⅲ. ①图形软件－教材 Ⅳ.
①TP391.412

中国版本图书馆CIP数据核字(2017)第111478号

内 容 提 要

本书通过 400 个实例全面解读 CorelDRAW 软件在商业设计中的具体应用，主要内容包括 CorelDRAW 快速入门、绘图及编辑功能、颜色及文本工具、位图编辑与特效处理、图层和输出、绘制基本图形、绘制卡通形象、绘制图标与图案、绘制图表图形、特征标识设计、制作醒目标签、Logo 设计与制作、艺术字的设计与表现、制作炫丽多彩的背景、制作实用卡券、绘制潮流 UI 图标、经典 App 界面设计、网站 Banner 设计、视觉网页设计、电商广告页设计、商业名片设计、宣传单设计、海报招贴设计、工业产品设计、产品包装设计及典型商业实战设计等诸多内容。通过对本书全面系统的学习，可以达到举一反三的效果，不仅学会制作，还可以从设计知识层面全面拓展，提升自己的设计技能。

本书以清晰的实例操作讲解为主体，在进行解读的过程中用通俗易懂的语言将设计知识全面呈现，同时提供全部实例的素材文件、效果文件及操作演示视频，无论有无设计基础，都可以通过本书掌握 CorelDRAW 软件的使用。对于从事设计相关工作的从业人员，更是可以通过本书的学习了解实用设计趋势，掌握更多的操作技巧。本书还可以作为大中专院校、计算机培训中心、职业技能学校的辅导教材。

◆ 编　　著　水木居士
　　责任编辑　张丹阳
　　责任印制　陈　犇

◆ 人民邮电出版社出版发行　　北京市丰台区成寿寺路 11 号
　　邮编　100164　　电子邮件　315@ptpress.com.cn
　　网址　http://www.ptpress.com.cn
　　三河市海波印务有限公司印刷

◆ 开本：787×1092　1/16
　　印张：23.5　　　　　　　　　　彩插：10
　　字数：763 千字　　　　　　　　2017 年 8 月第 1 版
　　印数：1—2 500 册　　　　　　　2017 年 8 月河北第 1 次印刷

定价：59.00 元
读者服务热线：(010)81055410　印装质量热线：(010)81055316
反盗版热线：(010)81055315
广告经营许可证：京东工商广登字 20170147 号

前言

本书以真实设计项目为依据，以软件技术、制作流程为主线，全面详细地讲解软件CorelDRAW的使用、基本图形绘制、标识标签制作、Logo设计与制作、UI界面设计和网页设计等方面的专业知识，全面提升读者的设计水平。

• 本书特色 •

特色1：内容全面！本书从软件的基础操作开始讲解，由浅入深、从简至繁，让读者循序渐进地学到软件的使用技能，在保证熟练使用软件之后，以大量实例为主线，从简单的基础类设计到中级设计实例再到高端商业实战，对设计本身进行全面系列解读。

特色2：含金量高！从软件实用技能开始结合真实商业实战项目，以实战形式全面覆盖与设计相关的各类实例，多达400个实例，具有超高含金量，可谓一本巨大的知识宝库，无论是菜鸟还是具有一定基础的新人，都可以在本书中找到需要提升的部分。

特色3：专业性强！本书由具有多年丰富经验的设计从业者根据市场调研，结合设计基础知识与当下流行设计趋势编写而成，将每一个设计详细系统解读，从而在阅读并操作之后能自信面对各类设计。

特色4：全视频教学！随书赠送书中400个实例的高清语音教学视频，以易懂的语言再次重现书中所有的实例操作，清晰的设计过程，一对一的讲解。在学习过程中读者可以将视频与本书进行结合，快速消化所学知识。同时，易读取的视频格式可以复制到笔记本电脑、手机或平板电脑等便携移动设备中进行观看，随时随地学习。

• 本书内容 •

本书分为5篇，软件入门篇、基础绘制篇、元素制作篇、流行设计篇，商业实战篇，具体章节内容如下。

软件入门篇：第1~5章，讲解了CorelDRAW软件的基础知识，从启动软件开始至基础操作，再到高级软件使用技能，对软件的应用进行全方位解读。

基础绘制篇：第6~9章，讲解了基础类图形的绘制，从基本图形到卡通形象、图标与图案，再到图表图形，案例从简单至复杂，读者可以进行系统学习。

元素制作篇：第10~15章，讲解了设计实例中常用的设计元素，包括标识标签、Logo设计、艺术字制作、炫丽背景制作及卡券类制作等知识。

流行设计篇：第16~20章，讲解了当下流行的商业设计趋势与风格，内容包括UI图标制作、App界面设计、网站Banner设计、网页设计及电商装修，这一篇是本书中比较新颖的部分。

商业实战篇：第21~26章，讲解了平面设计中最为火热的设计知识，包括名片制作、宣传单设计、海报招贴设计、工业产品设计、产品包装设计以及精心挑选的几个最具代表性的商业实战案例。

本书随书附赠资源，其中包括书中所有案例的素材文件、效果文件，以及400个案例的视频文件，读者扫描"资源下载"二维码，即可获得下载方式。

资源下载

• 读者服务 •

本书由水木居士主编，在此感谢所有创作人员对本书付出的艰辛。在创作的过程中，由于时间仓促，不足之处在所难免，希望广大读者批评指正。如果在学习过程中发现问题，或有更好的建议，欢迎发邮件到bookshelp@163.com与我们联系。

编者
2017年6月

目录

软件入门篇

第1章
CorelDRAW快速入门

第2章
绘图及编辑功能

第3章
颜色及文本工具

第4章
位图编辑与特效处理

第 5 章
图层和输出

基础绘制篇

第 6 章
绘制基本图形

第 7 章
绘制卡通形象

第 8 章
绘制图标与图案

第 9 章
绘制图表图形

元素制作篇

第 10 章
特征标识设计

第 23 章
海报招贴设计

第 24 章
工业产品设计

第 25 章
产品包装设计

第 26 章
典型商业实战设计

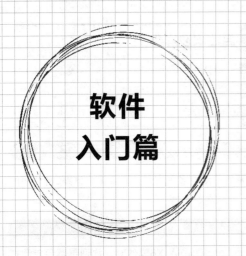

软件
入门篇

第 1 章

CorelDRAW快速入门

本章介绍

本章讲解CorelDRAW 极速入门，从基础的功能开始，通过详细讲解使读者快速学会基础功能的应用，很好地掌握操作方法，为日后更深层次的学习打下扎实基础。

要点索引

- 学习如何启动CorelDRAW X8
- 认识标题栏
- 学会使用贴齐功能
- 学会创建新文档
- 学会插入页面
- 熟悉CorelDRAW X8工作界面
- 学会自定义属性栏
- 认识泊坞窗
- 学习如何打开文件

关于欢迎屏幕

欢迎屏幕是CorelDRAW X8启动时显示的一个欢迎界面，利用这个欢迎屏幕，可以快速进行CorelDRAW X8的一些基本设置。

实战 001 启动CorelDRAW X8

▶ 素材位置：无
▶ 案例位置：无
▶ 视频位置：视频\实战001.avi
▶ 难易指数：★☆☆☆☆

● 实例介绍 ●

CorelDRAW X8的启动和其他软件的启动方法一样，下面来讲解它的启动方法。

● 操作步骤 ●

方法1：执行电脑【开始】|【所有程序】|【CorelDraw Graphics Suite X8】|【CorelDRAW X8】命令，如图1.1所示。

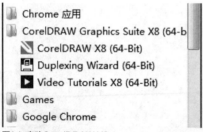

图1.1 启动CorelDRAW X8

方法2：如果桌面上有CorelDRAW X8的快捷启动图标，双击该图标也可以打开软件，启动的软件界面效果如图1.2所示。

图1.2 软件界面

实战 002 启动欢迎屏幕

▶ 素材位置：无
▶ 案例位置：无
▶ 视频位置：视频\实战002.avi
▶ 难易指数：★☆☆☆☆

● 实例介绍 ●

欢迎屏幕的启动有多种方法，这里重点讲解2种常用的方法。

● 操作步骤 ●

初次启动CorelDRAW X8软件时，欢迎屏幕会自动打开，即启动CorelDRAW X8就会启动欢迎屏幕，如图1.3所示。

图1.3 欢迎屏幕

提示

如果在CorelDRAW界面中没有找到【标准】工具栏，可以执行菜单栏中的【窗口】|【工具栏】|【标准】命令，即可打开【标准】工具栏。

实战 003 设置欢迎屏幕

▶ 素材位置：无
▶ 案例位置：无
▶ 视频位置：视频\实战003.avi
▶ 难易指数：★☆☆☆☆

● 实例介绍 ●

欢迎屏幕在默认状态下是随软件启动的，当熟练操作CorelDRAW软件后，可能并不需要欢迎屏幕，下面就来讲解欢迎屏幕是否随软件启动的设置方法。

● 操作步骤 ●

STEP 01 执行菜单栏中的【工具】|【选项】命令，打开【选项】对话框，如图1.4所示。

图1.4 【选项】对话框

STEP 02 在对话框左侧展开【工作区】选项组，选择【常规】选项，在对话框的右侧将显示【常规】选项设置区，在【入门指南】选项组中，可以看到【CorelDRAW X8启动】选项，在右侧的下拉菜单中，即可设置【欢迎屏幕】是否显示，如图1.5所示。

图1.5 下拉菜单

STEP 03 如果不想在软件启动时打开【欢迎屏幕】，可以在菜单中选择1个其他的选项，如选择【开始一个新文档】，则在启动软件时就不会启动【欢迎屏幕】，而是直接新建1个文档。

实战 004

解读欢迎屏幕

▶ 素材位置：无
▶ 案例位置：无
▶ 视频位置：视频\实战004.avi
▶ 难易指数：★☆☆☆☆

● **实例介绍** ●

欢迎屏幕对初学者来说还是非常实用的，利用它可以快速新建文档或查看帮助等。

● **操作步骤** ●

STEP 01 打开欢迎屏幕后，在屏幕的左侧显示了多个选项，如【立即开始】、【工作区】、【新增功能】等，选择不同的选项在右侧将显示这些选项的相关内容。

STEP 02 如选择【立即开始】选项，右侧将显示其相关设置选项，如【新建文档】、【从模板新建】、【打开最近用过的文件】等，通过单击这些选项，即可进行相关的设置，如图1.6所示。

图1.6 【立即开始】选项

STEP 03 同样，选择其他的选项，也可以显示与之相关的设置，这样就可以通过欢迎界面，快速进行软件的相关操作了。

提示

在【欢迎屏幕】的左下角有个【启动时始终显示欢迎屏幕】复选框，如果勾选该复选框，即可在启动软件时显示欢迎屏幕。

熟悉CorelDRAW X8的工作界面

要学习CorelDRAW X8，首先要熟悉该软件的工作界面，了解软件工作界面能更好地学习基本的操作与使用。

实战 005

标题栏

▶ 素材位置：无
▶ 案例位置：无
▶ 视频位置：视频\实战005.avi
▶ 难易指数：★☆☆☆☆

● **实例介绍** ●

标题栏位于工作窗口的顶部，用来查看软件名称、文档名称与用户设置等信息。

● **操作步骤** ●

标题栏位于CorelDraw工作窗口的顶部，显示了当前的软件名、文件名，用户图标及用于关闭窗口、放大和缩小窗口的几个快捷按钮。此外，选择标题栏最左侧的图标，单击鼠标左键，将弹出1个快捷菜单，通过选择其中相应的命令也可对应用程序进行移动、最小化▬、最大化□、关闭✕等操作，如图1.7所示。

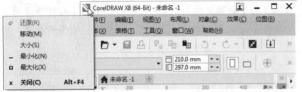

图1.7 标题栏

实战 006

菜单栏

▶ 素材位置：无
▶ 案例位置：无
▶ 视频位置：视频\实战006.avi
▶ 难易指数：★☆☆☆☆

● 实例介绍 ●

CorelDraw的菜单栏是软件操作的命令集合，除了工具箱中的工具操作外，其他的大部分图像编辑均来源于此。

● 操作步骤 ●

CorelDraw的菜单栏由【文件】、【编辑】、【视图】、【布局】、【对象】、【效果】、【位图】、【文本】、【表格】、【工具】、【窗口】和【帮助】12个菜单组成。在每一个菜单之下又有若干子菜单项，如图1.8所示。

文件(F) 编辑(E) 视图(V) 布局(L) 对象(C) 效果(C) 位图(B) 文本(X) 表格(T) 工具(O) 窗口(W) 帮助(H)

图1.8 菜单栏

实战 007

标准工具栏

▶ 素材位置：无
▶ 案例位置：无
▶ 视频位置：视频\实战007.avi
▶ 难易指数：★☆☆☆☆

● 实例介绍 ●

标准工具栏是非常常用的工具栏，集合了新建、打开、保存、撤销和打印等常用命令按钮，通过这些按钮可以快速进行相关操作。

● 操作步骤 ●

标准工具栏集合了一些常用的命令按钮。标准工具栏为用户节省了从菜单中选择命令的时间，使操作过程一步完成，方便快捷，如图1.9所示。

图1.9 标准工具栏

实战 008

属性栏

▶ 素材位置：无
▶ 案例位置：无
▶ 视频位置：视频\实战008.avi
▶ 难易指数：★☆☆☆☆

● 实例介绍 ●

属性栏是CorelDRAW软件相当重要的一个工具栏，它的内容并不是固定的，而是根据选择的工具或对象的不同而有所改变。

● 操作步骤 ●

STEP 01 属性栏用于显示选择对象的属性，可以随时在上面设置各项参数，单击要使用的工具后，属性栏中会显示该工具的属性设置，选择的工具不同，属性栏的选项也不同。

STEP 02 如选择【缩放工具】，选择【透明度工具】，其属性栏的显示如图1.10所示。

图1.10 【透明度工具】的属性栏

实战 009

自定义属性栏

▶ 素材位置：无
▶ 案例位置：无
▶ 视频位置：视频\实战009.avi
▶ 难易指数：★☆☆☆☆

● 实例介绍 ●

属性栏中的内容是可以自定义的，如【矩形工具】的自定义效果。

● 操作步骤 ●

STEP 01 属性栏的自定义主要通过属性栏最右侧的【快速自定义】按钮来操作，不管选择哪个工具或对象，在属性栏的最右侧都有这个按钮，单击该按钮，将打开1个选项框，通过选择不同的选项，可以将其在属性栏中显示或隐藏。

STEP 02 如选择【矩形工具】后，在属性栏的右侧单击【快速自定义】按钮，从选项框中选择不同的选项即可设置属性栏，如图1.11所示。

图1.11【矩形工具】的属性栏

图1.13【阴影工具】工具组

实战 010

工具箱

▶ 素材位置：无
▶ 案例位置：无
▶ 视频位置：视频\实战010.avi
▶ 难易指数：★☆☆☆☆

● 实例介绍 ●

【工具箱】是绘图、编辑、填充等命令的集合，包括选择工具组、形状工具组、裁剪工具华服、缩放工具组、手绘工具组、艺术笔工具、矩形工具组、椭圆形工具组、多边形工具组、文本工具组、平行度量工具组、直线连接器工具组、阴影工具组、透明度工具、颜色滴管工具组、交互式填充工具组和智能填充工具。

● 操作步骤 ●

STEP 01 工具箱位于工作窗口的左侧，包含了一系列常用的绘图、编辑工具，可用来绘制或修改对象的外形，修改轮廓及填充颜色，和属性栏一样，通过单击并拖动工具箱顶部的手柄控制梯形即可把工具箱拖动到工具界面中的任意位置，并以浮动窗口的形式显示，如图1.12所示。

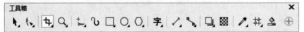

图1.12【工具箱】

STEP 02 有些工具按钮的右下角有1个小三角形，代表这是1个工具组，里面包含多个工具按钮，在有小三角形按钮的工具上按住鼠标左键不放，将打开该工具的同位工具组，看到更多功能各不相同的工具按钮。如在带有小三角形按钮的【阴影工具】图标上按住鼠标左键不放显示的工具组，如图1.13所示。

实战 011

标尺

▶ 素材位置：无
▶ 案例位置：无
▶ 视频位置：视频\实战011.avi
▶ 难易指数：★☆☆☆☆

● 实例介绍 ●

标尺是一种辅助工具，通过执行菜单栏中的【视图】|【标尺】命令，或单击标准工具栏中的【显示标尺】按钮，可以快速打开或关闭标尺。

● 操作步骤 ●

STEP 01 标尺可以帮助用户准确地绘制、缩放和对齐对象。

STEP 02 执行菜单栏中的【视图】|【标尺】命令，即可显示或隐藏标尺，当【标尺】命令上显示黑色线时，表示标尺已显示，反之则被关闭。标尺显示与隐藏效果如图1.14所示。

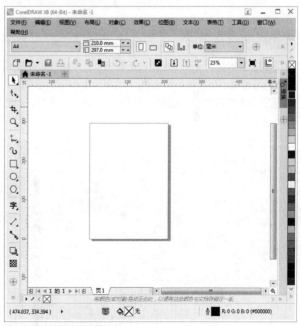

图1.14 标尺显示与隐藏效果

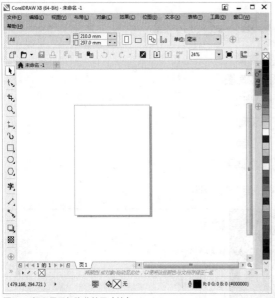

图1.14 标尺显示与隐藏效果（续）

图1.15 显示及隐藏网格（续）

实战
012

网格

▶ **素材位置**：无
▶ **案例位置**：无
▶ **视频位置**：视频\实战012.avi
▶ **难易指数**：★ ☆ ☆ ☆ ☆

实战
013

辅助线

▶ **素材位置**：无
▶ **案例位置**：无
▶ **视频位置**：视频\实战013.avi
▶ **难易指数**：★ ☆ ☆ ☆ ☆

● 实例介绍 ●

网格是由均匀分布的水平和垂直线组成的，使用网格可以在绘图窗口精确地对齐和定位对象。通过指定频率或间隔，可以设置网格线或点之间的距离，从而使定位更加精确。

● 实例介绍 ●

辅助线是设置在页面上用来帮助用户准确定位对象的虚线。它可以帮助用户快捷、准确地调整对象的位置，以及对齐对象等。

● 操作步骤 ●

STEP 01 与标尺功能带来的便利功能相似，网格可以帮助用户准确地绘制、缩放和对齐对象。

STEP 02 单击属性栏中▦图标即可显示或者隐藏网格，如图1.15所示。

● 操作步骤 ●

STEP 01 在左侧标尺上按住鼠标左键向右侧拖动即可添加垂直辅助线，在顶部标尺上按住鼠标左键向下方拖动即可添加水平辅助线，如图1.16所示。

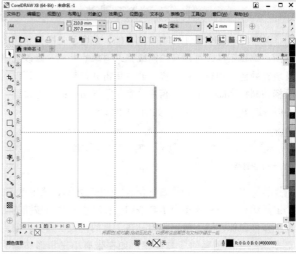

图1.16 添加辅助线

STEP 02 将光标移至参考线上按住鼠标左键向标尺方向拖动即可将辅助线删除，执行菜单栏中的【视图】|【辅助线】命令同样可以将其清除，如图1.17所示。

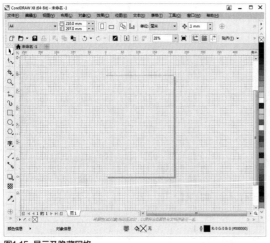

图1.15 显示及隐藏网格

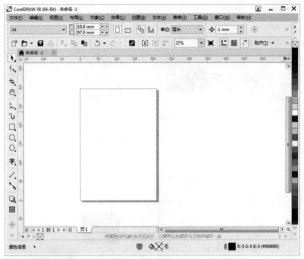

图1.17　删除辅助线

贴齐功能

实战 014

▶ 素材位置：无
▶ 案例位置：无
▶ 视频位置：视频\实战014.avi
▶ 难易指数：★☆☆☆☆

● 实例介绍 ●

在移动或绘制对象时，通过设置贴齐功能，可以将该对象与绘图中的另一个对象贴齐，也可以与目标对象中的多个贴齐点贴齐。当光标移动到贴齐点时，贴齐点会突出显示，表示该贴齐点就是光标要贴齐的目标。

● 操作步骤 ●

STEP 01 贴齐功能可以将对象与像素、文档网格、基线网格、辅助线、页面及对象贴齐。

STEP 02 如选中图形或者图像，将其向辅助线边缘上拖动即可自动吸附在辅助线并与之贴齐，如图1.18所示。

图1.18　贴齐辅助线

绘图页面

实战 015

▶ 素材位置：无
▶ 案例位置：无
▶ 视频位置：视频\实战015.avi
▶ 难易指数：★☆☆☆☆

● 实例介绍 ●

绘图页面即是指文档中带有阴影显示的矩形框，是绘图

的主要区域。

● 操作步骤 ●

绘图页面是进行绘图的关键位置，因为最终的输出打印都是以此为基础的，对象必须放置在页面范围之内，否则可能无法完全输出，CorelDRAW X8绘图页面如图1.19所示。

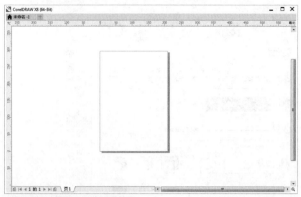

图1.19　CorelDRAW X8绘图页面

状态栏

实战 016

▶ 素材位置：无
▶ 案例位置：无
▶ 视频位置：视频\实战016.avi
▶ 难易指数：★☆☆☆☆

● 实例介绍 ●

状态栏位于工作界面的最下方，分为上下2条信息栏，主要提供用户在绘图过程中的相应提示，帮助用户了解对象信息，以及熟悉各种功能的使用方法和操作技巧。

● 操作步骤 ●

单击界面底部状态栏上的▶按钮，在弹出的选项中可以选择想要查看的信息，如图1.20所示。

图1.20　状态栏

泊坞窗

实战 017

▶ 素材位置：无
▶ 案例位置：无
▶ 视频位置：视频\实战017.avi
▶ 难易指数：★☆☆☆☆

● 实例介绍 ●

泊坞窗是放置CorelDRAW X8各种管理器和编辑命令的工作面板。执行菜单栏中的【窗口】|【泊坞窗】命令，然后选择各种管理器和命令选项，即可将其激活并显示在页面上。

● 操作步骤 ●

STEP 01 执行菜单栏中的【窗口】|【泊坞窗】命令，然后选择各种管理器和命令选项，即可将其激活并显示在页面上。

STEP 02 如选择【对象属性】及【造型】面板，如图1.21所示。

图1.21【对象属性】及【造型】面板

实战 018

调色板编辑器

▶ 素材位置：无
▶ 案例位置：无
▶ 视频位置：视频\实战018.avi
▶ 难易指数：★☆☆☆☆

● 实例介绍 ●

调色板中放置了CorelDRAW X8中默认的各种颜色色标。它被默认放在工作界面的右侧，默认的色彩模式为CMYK模式，在【调色板编辑器】中可以对调色板进行编辑。

● 操作步骤 ●

执行菜单栏中的【窗口】|【调色板】|【调色板编辑器】命令，在弹出的【调色板编辑器】对话框中可以对调色板属性进行设置，包括修改默认色彩模式、编辑颜色、添加颜色、删除颜色、将颜色排序和重置调色板等，【调色板编辑器】对话框如图1.22所示。

图1.22【调色板编辑器】对话框

实战 019

创建新文档

▶ 素材位置：无
▶ 案例位置：无
▶ 视频位置：视频\实战019.avi
▶ 难易指数：★☆☆☆☆

● 实例介绍 ●

在CorelDRAW X8中，新建文件的方式有2种，即新建文件和从模板新建文件。

● 操作步骤 ●

执行菜单栏中的【文件】|【新建】命令，或是单击工具栏中的【新建】按钮，也可以按Ctrl+N组合键，在弹出的【创建新文档】中设置，即可创建1个新的绘图页面，如图1.23所示。

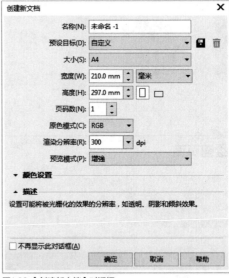

图1.23【创建新文档】对话框

实战 020　打开文件

▶ 素材位置：无
▶ 案例位置：无
▶ 视频位置：视频\实战020.avi
▶ 难易指数：★☆☆☆☆

● 实例介绍 ●

在CorelDRAW X8中，无论使用哪种方式，系统都将弹出【打开绘图】对话框，需要说明的是，使用打开功能只能打开CorelDraw文件，如要打开其他非CorelDraw文件，则必须执行菜单栏中的【文件】|【导入】命令。

● 操作步骤 ●

执行菜单栏中的【文件】|【打开】命令，在打开的【打开绘图】对话框中选择想要打开的文件，单击【打开】按钮，即可看到打开的文档，如图1.24所示。

图1.24 打开文件

实战 021　保存文件

▶ 素材位置：无
▶ 案例位置：无
▶ 视频位置：视频\实战021.avi
▶ 难易指数：★☆☆☆☆

● 实例介绍 ●

在绘图过程中，为避免文件意外丢失，需要及时将编辑

好的文件保存到磁盘中。

● 操作步骤 ●

STEP 01 执行菜单栏中的【文件】|【保存】命令，在打开的【保存绘图】对话框中选择想要保存的位置及类型后单击【保存】按钮，如图1.25所示。

图1.25【保存绘图】对话框

STEP 02 如果要将文件改名、改换路径或改换格式保存，执行菜单栏中的【文件】|【另存为】命令，此时系统仍会打开【保存绘图】对话框。

实战 022　关闭文件

▶ 素材位置：无
▶ 案例位置：无
▶ 视频位置：视频\实战022.avi
▶ 难易指数：★☆☆☆☆

● 实例介绍 ●

如果要关闭当前文件，则执行菜单栏中的【文件】|【关闭】命令。

● 操作步骤 ●

执行菜单栏中的【文件】|【关闭】命令，即可弹出下方对话框，可以选择是否保存，如图1.26所示。

图1.26 关闭文件

实战 023 文档信息的查看

▶ 素材位置：无
▶ 案例位置：无
▶ 视频位置：视频\实战023.avi
▶ 难易指数：★☆☆☆☆

● 实例介绍 ●

在CorelDraw X8中，可以查看当前打开文件的相关信息，如文件名称、页面数、层数、页面尺寸、页面方向、分辨率、图形对象数量、点数以及其他相关信息。

● 操作步骤 ●

执行菜单栏中的【文件】|【文档属性】命令，在弹出的对话框中可以查看当前文档属性，如图1.27所示。

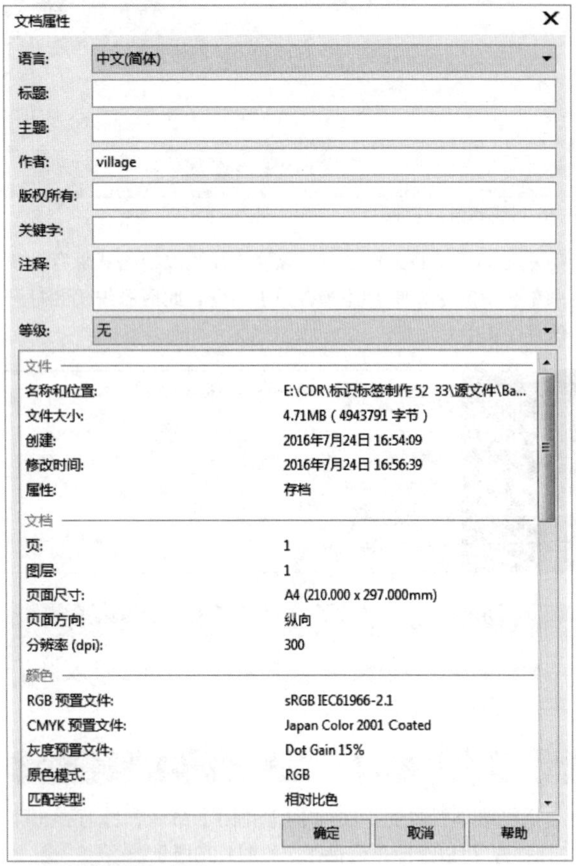

图1.27【文档属性】对话框

实战 024 插入页面

▶ 素材位置：无
▶ 案例位置：无
▶ 视频位置：视频\实战024.avi
▶ 难易指数：★☆☆☆☆

● 实例介绍 ●

在CorelDraw中进行绘图工作时，可以随时插入页面。

● 操作步骤 ●

STEP 01 执行菜单栏中的【布局】|【插入页面】命令，在弹出的【插入页面】命令对话框中设置参数即可插入页面，如图1.28所示。

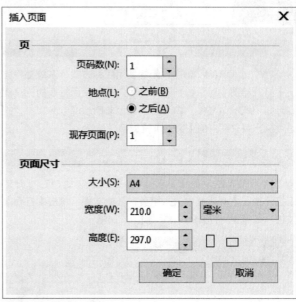

图1.28【插入页面】对话框

STEP 02 在状态栏位置即可观察到插入的页面，在其名称上单击鼠标右键，可以执行重命名页面、再制页面及删除页面等操作，如图1.29所示。

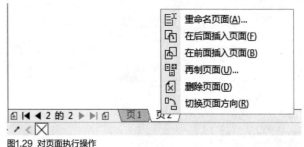

图1.29 对页面执行操作

实战 025 缩放工具

▶ 素材位置：无
▶ 案例位置：无
▶ 视频位置：视频\实战025.avi
▶ 难易指数：★☆☆☆☆

● 实例介绍 ●

在绘图工作中经常需要将绘图页面放大与缩小，以便查看个别对象或整个绘图的结构。使用工具箱中的【缩放工具】 🔍，即可控制图形显示。此外，也可以借助该工具的属性栏来改变图像的显示情况。

● 操作步骤 ●

STEP 01 单击工具箱中的【缩放工具】🔍按钮，在页面中对象位置滚动鼠标滚轮，或者按住鼠标左键在对象上拖动框选择想要放大的区域，即可以放大模式查看图形或者图像。

STEP 02 缩小则与放大的操作模式相反，放大查看效果如图1.30所示。

 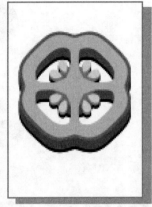

图1.30　放大与缩小查看

第 2 章

绘图及编辑功能

本章介绍

CorelDRAW X8提供强大的图形绘制工具和曲线编辑工具，通过编辑节点、切割图形、修饰图形、编辑轮廓线等操作对图形的外形进行精确而随意的调整，以获得完美的造型。本章主要讲解基本绘图工具、编辑图形、切割图形、选择图形、变换图形、组合对象、拆分曲线、对齐对象、锁定与解锁对象等知识。

要点索引

- 学习使用螺纹工具
- 学习基本形状绘制图形
- 学习使用选择工具
- 掌握组合对象方法
- 学会图纸工具的使用
- 了解手绘工具的使用
- 学会变形图形
- 了解锁定与解锁对象

基本绘图工具应用

CorelDRAW X8提供了多种绘制基本图形的工具，使用这些工具，可以轻松地绘制出矩形、圆形、多边形、星形等多种图形。

螺纹工具

实战 026

▶ 素材位置：无
▶ 案例位置：无
▶ 视频位置：视频\实战026.avi
▶ 难易指数：★★☆☆☆

● 实例介绍 ●

螺纹图形包括对称式螺纹和对数式螺纹。对称式螺纹的特点是螺纹均匀扩展，每个回圈之间的间距相等；对数式螺纹的特点是螺纹扩展时，回圈之间的距离从内向外不断增大。

● 操作步骤 ●

STEP 01 单击工具箱中的【螺纹工具】◎按钮，在属性栏中可以设置对称式螺纹或者对数式螺纹及其他参数，如图2.1所示。

图2.1【螺纹工具】属性栏

STEP 02 在页面中按住鼠标左键，按对角方向拖曳鼠标指针，即可绘制出螺纹，如图2.2所示。

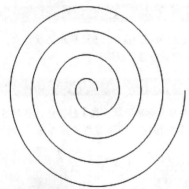

图2.2 绘制螺纹

图纸工具

实战 027

▶ 素材位置：无
▶ 案例位置：无
▶ 视频位置：视频\实战027.avi
▶ 难易指数：★★☆☆☆

● 实例介绍 ●

【图纸工具】⊞可以绘制出各种不同大小和不同行列数的图纸图形。

● 操作步骤 ●

STEP 01 单击工具箱中的【图纸工具】⊞按钮，在属性栏中设置行数和列数及轮廓宽度及样式，如图2.3所示。

图2.3【图纸工具】属性栏

STEP 02 在页面中按下鼠标左键，向另一方向拖曳鼠标指针，即可绘制出默认状态下的三行四列的图纸图形，如图2.4所示。

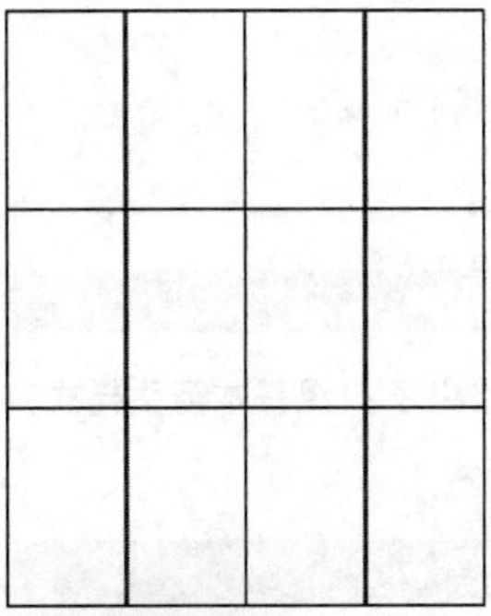

图2.4 绘制图纸图形

基本形状工具

实战 028

▶ 素材位置：无
▶ 案例位置：无
▶ 视频位置：视频\实战028.avi
▶ 难易指数：★★☆☆☆

● 实例介绍 ●

【基本形状工具】♣为用户提供了15组形状样式，在属性栏中可以选择所需扩展图形。

● 操作步骤 ●

STEP 01 在工具箱中单击【基本形状工具】♣按钮，在属性栏中单击【完美形状】▱按钮，即可查看系列扩展图形，如图2.5所示。

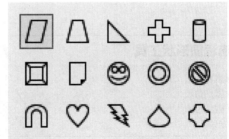

图2.5 扩展图形

STEP 02 选择不同的扩展图形后，在页面中绘制的图形如图2.6所示。

 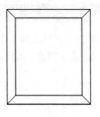 

图2.6 绘制图形

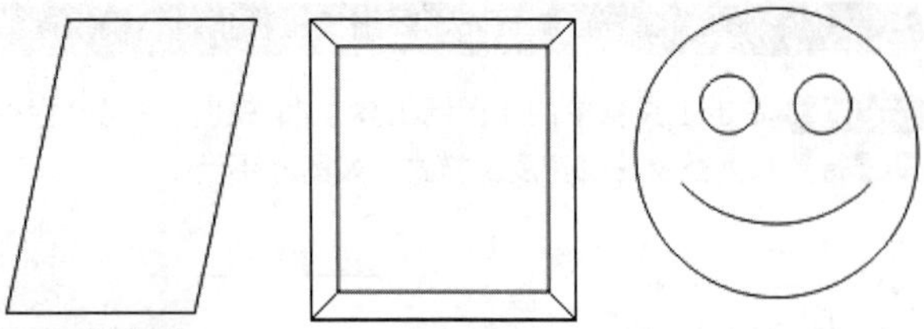

式，在属性栏中可以选择所需流程图图形。

箭头形状工具

▶ 素材位置：无
▶ 案例位置：无
▶ 视频位置：视频\实战029.avi
▶ 难易指数：★★☆☆☆

● 实例介绍 ●

【箭头形状工具】⇨为用户提供了21组基本箭头样式，在属性栏中可以选择所需箭头图形。

● 操作步骤 ●

STEP 01 单击工具箱中的【箭头形状工具】⇨按钮，在属性栏中单击【完美形状】⇨按钮，即可查看扩展图形，如图2.7所示。

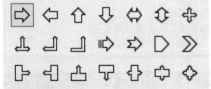

图2.7 完美形状

STEP 02 选择不同的扩展图形后，在页面中绘制的箭头如图2.8所示。

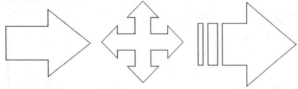

图2.8 绘制箭头

流程图形状工具

▶ 素材位置：无
▶ 案例位置：无
▶ 视频位置：视频\实战030.avi
▶ 难易指数：★☆☆☆☆

● 实例介绍 ●

【流程图形状工具】⅋为用户提供了23组基本箭头样

● 操作步骤 ●

STEP 01 单击工具箱中的【流程图形状工具】⅋按钮，在属性栏中单击【完美形状】▢按钮，即可查看扩展图形，如图2.9所示。

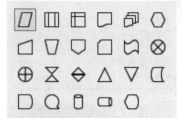

图2.9 完美形状

STEP 02 选择不同的扩展图形后，在页面中绘制的箭头如图2.10所示。

图2.10 流程图图形

标题形状工具

▶ 素材位置：无
▶ 案例位置：无
▶ 视频位置：视频\实战031.avi
▶ 难易指数：★☆☆☆☆

● 实例介绍 ●

【标题形状工具】⅋为用户提供了5组标题形状样式，在属性栏中可以选择所需的标题形状图形。

● 操作步骤 ●

STEP 01 单击工具箱中的【标题形状工具】⅋按钮，在属性栏中单击【完美形状】⅋按钮，即可查看扩展图形，如图2.11所示。

图2.11 完美形状

STEP 02 选择不同的标题图形后，在页面中绘制的图形效果如图2.12所示。

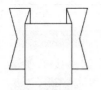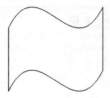

图2.12　绘制标题图形

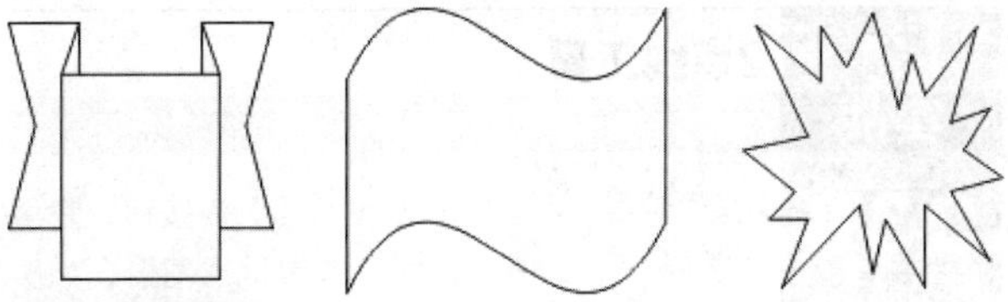

实战 032　手绘工具

- ▶ 素材位置：无
- ▶ 案例位置：无
- ▶ 视频位置：视频\实战032.avi
- ▶ 难易指数：★☆☆☆☆

● 实例介绍 ●

【手绘工具】不仅可以绘制非封闭的直线、连续折线和曲线等线段类型，还可以绘制出各种规则和不规则的封闭图形。

● 操作步骤 ●

STEP 01　单击工具箱中的【手绘工具】按钮。

STEP 02　在所绘制线段的起始位置和终点位置各单击一下，即可在两点之间绘制出一条直线，如图2.13所示。

STEP 03　在所绘制线段终点处双击鼠标左键，然后在拖动鼠标，则可以产生带有转折点的连续折线，最后在终点处单击鼠标左键即可，如图2.14所示。

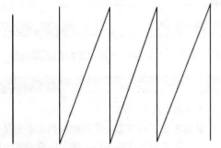

图2.13　绘制直线　　图2.14　绘制折线

实战 033　贝塞尔工具

- ▶ 素材位置：无
- ▶ 案例位置：无
- ▶ 视频位置：视频\实战033.avi
- ▶ 难易指数：★☆☆☆☆

● 实例介绍 ●

【贝塞尔工具】可以绘制平滑、精确的曲线，通过改变节点和控制点的位置，控制曲线的弯曲度。绘制完曲线以后，通过调整控制点，可以调节直线和曲线的形状。

● 操作步骤 ●

STEP 01　单击工具箱中的【贝塞尔工具】按钮。

STEP 02　在页面中按住鼠标左键并拖曳鼠标指针，确定起始节点，将光标移到适当的位置按住鼠标左键并拖曳鼠标指针，调整好曲线形态以后，释放鼠标左键，再确定第3个节点位置后即可拖曳鼠标指针即可，如图2.15所示。

图2.15　绘制弯曲线段

实战 034　艺术笔工具

- ▶ 素材位置：无
- ▶ 案例位置：无
- ▶ 视频位置：视频\实战034.avi
- ▶ 难易指数：★☆☆☆☆

● 实例介绍 ●

【艺术笔工具】可以绘制出类似钢笔、毛笔笔触线条的封闭路径，其绘制方法与使用【手绘工具】绘制曲线相似，不同的是，【艺术笔工具】绘制的是一条封闭路径，因此可以对其填充颜色。

● 操作步骤 ●

STEP 01　单击工具箱中的【艺术笔工具】按钮。

STEP 02　在页面中按下鼠标左键，拖动鼠标指针至适当位置，松开鼠标左键后即可得到所需要的毛笔线条图形，如图2.16所示。

图2.16　绘制线条毛笔图形

实战 035　利用钢笔工具绘制曲线

- ▶ 素材位置：无
- ▶ 案例位置：无
- ▶ 视频位置：视频\实战035.avi
- ▶ 难易指数：★☆☆☆☆

● 实例介绍 ●

【钢笔工具】绘制图形的方法与【贝塞尔工具】类似，也是通过节点和手柄来达到绘制图形的目的，区别在于使用【钢笔工具】绘制的过程中，可以在确定下一个节点之前预览到曲线的状态。

● 操作步骤 ●

STEP 01　单击工具箱中的【钢笔工具】按钮。

STEP 02　在页面中单击鼠标左键，移动鼠标指针到指定位置，按下鼠标左键并拖动，再确定第3个节点位置按下鼠标左键并拖动即可，如图2.17所示。

图2.17 绘制曲线

实战 036　3点曲线工具

▶ 素材位置：无
▶ 案例位置：无
▶ 视频位置：视频\实战036.avi
▶ 难易指数：★☆☆☆☆

● 实例介绍 ●

【3点曲线工具】△可以绘制出各种样式的弧线或者近似圆弧的曲线。

● 操作步骤 ●

STEP 01 单击工具箱中的【3点曲线工具】△按钮。

STEP 02 在起始点按住鼠标左键不放，向另一方向拖曳鼠标指针，指定曲线的起点和终点的位置和间距，松开鼠标左键移动光标指定曲线弯曲的方向，在适当位置单击鼠标左键，如图2.18所示。

图2.18 绘制曲线

实战 037　折线工具

▶ 素材位置：无
▶ 案例位置：无
▶ 视频位置：视频\实战037.avi
▶ 难易指数：★☆☆☆☆

● 实例介绍 ●

【折线工具】△可以方便地创建多个节点连接成的折线。

● 操作步骤 ●

STEP 01 单击工具箱中的【折线工具】△按钮。

STEP 02 单击鼠标左键，确定折线的起始点，并拖出任意方向线段后单击鼠标左键确定，再拖动鼠标指针，双击鼠标结束绘制，如图2.19所示。

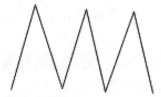

图2.19 绘制折线

实战 038　2点线工具

▶ 素材位置：无
▶ 案例位置：无
▶ 视频位置：视频\实战038.avi
▶ 难易指数：★☆☆☆☆

● 实例介绍 ●

【2点线工具】✐可以用多种方式绘制逐条相连或与图形边缘相连的连接线，组合成需要的图形。

● 操作步骤 ●

STEP 01 单击工具箱中的【2点线工具】✐按钮。

STEP 02 单击并按下鼠标左键，向任意方向拖动后再次单击鼠标左键结束绘制，如图2.20所示。

图2.20 绘制线段

提示

按住Shift键可以绘制水平或垂直线段。

实战 039　B样条工具

▶ 素材位置：无
▶ 案例位置：无
▶ 视频位置：视频\实战039.avi
▶ 难易指数：★☆☆☆☆

● 实例介绍 ●

【B样条工具】╲可以绘制出指定走向的弧形线段。

● 操作步骤 ●

STEP 01 单击工具箱中的【B样条工具】╲按钮。

STEP 02 单击鼠标左键，向任意方向拖动后再次单击鼠标确定弧度顶端位置，再次拖曳鼠标指针至指定位置后双击鼠标左键结束绘制，如图2.21所示。

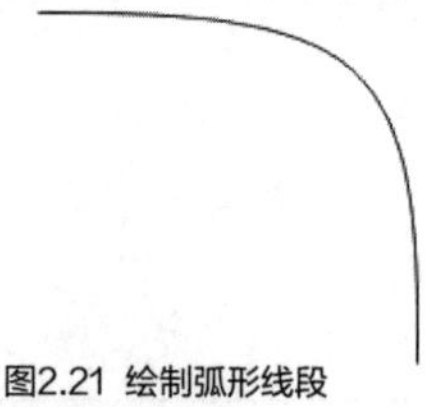

图2.21 绘制弧形线段

实战 040　平行度量工具

▶ 素材位置：素材\第2章\图表.jpg
▶ 案例位置：无
▶ 视频位置：视频\实战040.avi
▶ 难易指数：★☆☆☆☆

● 实例介绍 ●

【平行度量工具】✐可以为对象添加任意的距离标注。

● 操作步骤 ●

STEP 01 执行菜单栏中的【文件】|【导入】命令，导入"图表.jpg"文件，如图2.22所示。

STEP 02 单击工具箱中的【平行度量工具】 按钮，在测量图形的边缘位置上按住鼠标左键并移动至另一边缘点松开鼠标左键，向一侧移动后再次单击鼠标左键，系统将自动添加两点之间的距离标注，如图2.23所示。

图2.22 导入素材

图2.23 添加标注

实战 041　水平或垂直度量工具

- ▶ 素材位置：素材\第2章\电脑图表.jpg
- ▶ 案例位置：无
- ▶ 视频位置：视频\实战041.avi
- ▶ 难易指数：★☆☆☆☆

● 实例介绍 ●

【水平或垂直度量工具】 可以为对象添加水平或垂直距离标注，它的使用方法与【平行度量工具】类似，区别在于它可以测量任意的水平或者垂直距离。

● 操作步骤 ●

STEP 01 执行菜单栏中的【文件】|【导入】命令，导入"电脑图表.jpg"文件，如图2.24所示。

STEP 02 单击工具箱中的【水平或垂直度量工具】 按钮，在测量图形的边缘位置上按住鼠标左键并移动至另一边缘点松开鼠标左键，向一侧移动后再次单击鼠标左键，系统将自动添加两点之间的距离标注，如图2.25所示。

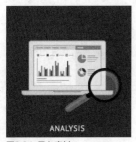
图2.24 导入素材

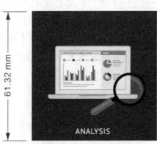
图2.25 添加标注

实战 042　角度量工具

- ▶ 素材位置：素材\第2章\钟表.jpg
- ▶ 案例位置：无
- ▶ 视频位置：视频\实战042.avi
- ▶ 难易指数：★☆☆☆☆

● 实例介绍 ●

【角度量工具】 可以测量圆形或者弧形对象的角度。

● 操作步骤 ●

STEP 01 执行菜单栏中的【文件】|【导入】命令，导入"钟表.jpg"文件，如图2.26所示。

STEP 02 单击工具箱中的【角度量工具】 按钮，在被测量对象的中心点单击将鼠标指针移至对象外侧后再次单击即可得到当前角度值，如图2.27所示。

图2.26 导入素材

图2.27 添加标注

实战 043　线段度量工具

- ▶ 素材位置：素材\第2章\临时证.cdr
- ▶ 案例位置：无
- ▶ 视频位置：视频\实战043.avi
- ▶ 难易指数：★☆☆☆☆

● 实例介绍 ●

【线段度量工具】 可以测量线段的长度值。

● 操作步骤 ●

STEP 01 执行菜单栏中的【文件】|【导入】命令，导入"临时证.cdr"文件，如图2.28所示。

STEP 02 单击工具箱中的【线段度量工具】 按钮，在线段上单击向外侧移动鼠标指针后再次单击即可确定线段长度值，如图2.29所示。

图2.28 导入素材

图2.29 添加标注

实战 044 3点标注工具

▶ 素材位置：素材\第2章\彩条.jpg
▶ 案例位置：无
▶ 视频位置：视频\实战044.avi
▶ 难易指数：★☆☆☆☆

● 实例介绍 ●

【3点标注工具】╱可以为图形添加对应的数值标注。

● 操作步骤 ●

STEP 01 执行菜单栏中的【文件】|【导入】命令，导入"彩条.jpg"文件，如图2.30所示。

STEP 02 单击工具箱中的【3点标注工具】╱按钮，在被测量对象的边缘一侧单击按住鼠标左键拖动至另一侧后输入数值即可，如图2.31所示。

图2.30 导入素材

图2.31 添加标注

图形的基础编辑

CorelDraw X8提供了多样化的编辑功能，包括对图形的切割、擦除图像、旋转图形、选择工具、删除图形等多种基础编辑功能。

实战 045 选择工具

▶ 素材位置：素材\第2章\盆景.cdr
▶ 案例位置：无
▶ 视频位置：视频\实战045.avi
▶ 难易指数：★☆☆☆☆

● 实例介绍 ●

【选择工具】▶可以选择单一图形或者多个图形。

● 操作步骤 ●

STEP 01 执行菜单栏中的【文件】|【打开】命令，打开"盆景.cdr"文件，如图2.32所示。

STEP 02 单击工具箱中的【选择工具】▶按钮，在要选取的图形上单击一下，该图形周围出现一些黑色的控制点，则表示该图形已经被选中，如图2.33所示。

图2.32 打开素材

图2.33 选择对象

实战 046 利用刻刀工具切割图形

▶ 素材位置：素材\第2章\箭头.cdr
▶ 案例位置：无
▶ 视频位置：视频\实战046.avi
▶ 难易指数：★☆☆☆☆

● 实例介绍 ●

【刻刀工具】◤可以切割路径、矢量图形以及位图，使用【刻刀工具】◤不是删除图形而是将图形分割。

● 操作步骤 ●

STEP 01 执行菜单栏中的【文件】|【打开】命令，打开"箭头.cdr"文件，如图2.34所示。

STEP 02 单击工具箱中的【刻刀工具】◤按钮，在属性栏中单击【剪切跨度】按钮，在弹出的选项中选择【间隙】，将【宽度】更改为5，在箭头上按住鼠标左键拖动将其切割，如图2.35所示。

图2.34 打开素材　　　　　　图2.35 切割图形

实战 047 利用橡皮擦工具擦除图像

▶ 素材位置：素材\第2章\玩具.jpg
▶ 案例位置：无
▶ 视频位置：视频\实战047.avi
▶ 难易指数：★☆☆☆☆

● 实例介绍 ●

【橡皮擦工具】▤可以将图形图像部分区域擦除。

● 操作步骤 ●

STEP 01 执行菜单栏中的【文件】|【导入】命令，导入"玩具.jpg"文件，如图2.36所示。

STEP 02 单击工具箱中的【橡皮擦工具】▤按钮，在属性栏中将【橡皮擦厚度】更改为5，对图像中左侧部分进行涂抹将其擦除，如图2.37所示。

图2.36 打开素材

图2.37 擦除图像

图2.41 制作锯齿效果

实战 048　利用涂抹工具擦除图像

- ▶素材位置：素材\第2章\心形.cdr
- ▶案例位置：无
- ▶视频位置：视频\实战048.avi
- ▶难易指数：★☆☆☆☆

● 实例介绍 ●

【涂抹工具】 可以在矢量图形边缘或内部任意涂抹，以达到变形图形的目的。

● 操作步骤 ●

STEP 01 执行菜单栏中的【文件】|【打开】命令，打开"心形.cdr"文件，如图2.38所示。

STEP 02 单击工具箱中的【涂抹工具】 按钮，在心形边缘涂抹可以将其变形，如图2.39所示。

图2.38 打开素材　　　　　图2.39 涂抹图形

实战 049　利用粗糙工具制作锯齿

- ▶素材位置：素材\第2章\字母标签.cdr
- ▶案例位置：无
- ▶视频位置：视频\实战049.avi
- ▶难易指数：★☆☆☆☆

● 实例介绍 ●

【粗糙工具】 是一种多变的扭曲变形工具，它可以改变矢量图形的平滑度，从而产生粗糙的边缘变形效果。

● 操作步骤 ●

STEP 01 执行菜单栏中的【文件】|【打开】命令，打开"字母标签.cdr"文件，如图2.40所示。

图2.40 打开素材

STEP 02 单击工具箱中的【粗糙工具】 按钮，在属性栏中将【笔尖半径】更改为5，沿图形左侧边缘从上至下涂抹制作出锯齿效果，如图2.41所示。

实战 050　利用自由变换工具旋转图形

- ▶素材位置：无
- ▶案例位置：无
- ▶视频位置：视频\实战050.avi
- ▶难易指数：★☆☆☆☆

● 实例介绍 ●

【自由变换工具】 提供了4种变形功能，包括【自由旋转】、【自由角度反射】、【自由缩放】及【自由倾斜】。

● 操作步骤 ●

STEP 01 单击工具箱中的【自由变换工具】 按钮，在属性栏中单击【自由旋转】 按钮。

STEP 02 在图形上任意位置单击并按住鼠标左键进行拖曳即可以单击位置为中心点进行旋转，如图2.42所示。

图2.42 旋转图形

实战 051　虚拟段删除工具

- ▶素材位置：素材\第2章\小花朵.cdr
- ▶案例位置：无
- ▶视频位置：视频\实战051.avi
- ▶难易指数：★☆☆☆☆

● 实例介绍 ●

【虚拟段删除工具】 可以删除相交图形中2个交叉点之间的线段，从而产生新的图形。

● 操作步骤 ●

STEP 01 执行菜单栏中的【文件】|【打开】命令，打开"小花朵.cdr"文件，如图2.43所示。

STEP 02 单击工具箱中的【虚拟段删除工具】 按钮，将光标移至不想要的线段位置单击将其删除，如图2.44所示。

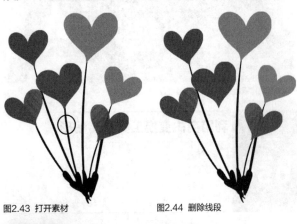

图2.43 打开素材　　　　图2.44 删除线段

实战 052 形状工具删除节点

▶ 素材位置：素材\第2章\手套.cdr
▶ 案例位置：无
▶ 视频位置：视频\实战052.avi
▶ 难易指数：★☆☆☆☆

● 实例介绍 ●

利用【形状工具】 ，可以选中节点并将其删除。

● 操作步骤 ●

STEP 01 执行菜单栏中的【文件】|【打开】命令，打开"手套.cdr"文件，如图2.45所示。

STEP 02 单击工具箱中的【形状工具】 按钮，选中想要删除的节点，在属性栏中单击【删除节点】 按钮即可，如图2.46所示。

图2.45 打开素材　　　　图2.46 删除节点

实战 053 再制图形

▶ 素材位置：素材\第2章\番茄.cdr
▶ 案例位置：无
▶ 视频位置：视频\实战053.avi
▶ 难易指数：★☆☆☆☆

● 实例介绍 ●

【选择工具】 不但可以选择图形，还可以再制图形。

● 操作步骤 ●

STEP 01 执行菜单栏中的【文件】|【打开】命令，打开"番茄.cdr"文件，如图2.47所示。

STEP 02 单击工具箱中的【选择工具】 按钮，执行菜单栏中的【编辑】|【再制】命令，可以将该图形再复制一份，如图2.48所示。

图2.47 打开素材　　　　图2.48 再制图形

实战 054 复制图形属性

▶ 素材位置：素材\第2章\工具和蔬菜.cdr
▶ 案例位置：无
▶ 视频位置：视频\实战054.avi
▶ 难易指数：★☆☆☆☆

● 实例介绍 ●

复制图形属性可以方便快捷地将指定图形中的轮廓笔、轮廓色、填充和文本属性通过复制的方法应用到所选图形中。

● 操作步骤 ●

STEP 01 执行菜单栏中的【文件】|【打开】命令，打开"工具和蔬菜.cdr"文件，如图2.49所示。

图2.49 打开文件

STEP 02 单击工具箱中的【选择工具】 按钮，选中工具的手柄部分，执行菜单栏中的【编辑】|【复制属性至】命令，在弹出的对话框中勾选【填充】复选框，单击【确定】按钮，如图2.50所示。

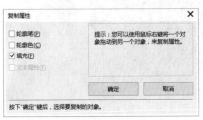

图2.50 勾选【填充】复选框

STEP 03 将箭头光标移至蔬菜图形位置单击即可完成属性复制，如图2.51所示。

置，然后释放鼠标左键，即可移动图形，如图2.55所示。

图2.54 打开文件

图2.55 移动图形

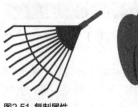
图2.51 复制属性

实战 055 删除图形

▶ 素材位置：素材\第2章\双星.cdr
▶ 案例位置：无
▶ 视频位置：视频\实战055.avi
▶ 难易指数：★☆☆☆☆

实战 057 旋转图形角度

▶ 素材位置：素材\第2章\标签.cdr
▶ 案例位置：无
▶ 视频位置：视频\实战057.avi
▶ 难易指数：★☆☆☆☆

● 实例介绍 ●

旋转图形的方法有2种，一种是直接使用鼠标手动旋转，另一种是通过设置数值使图形精确旋转。

● 操作步骤 ●

STEP 01 执行菜单栏中的【文件】|【打开】命令，打开"标签.cdr"文件，如图2.56所示。
STEP 02 双击要旋转的图形，使其处于旋转模式，此时图形周围将出现8个双向箭头。将光标移至箭头位置按住鼠标左键旋转即可，效果如图2.57所示。

● 实例介绍 ●

如果要删除某个图形，只需将该图形选中后，执行菜单栏中的【编辑】|【删除】命令或按键盘上的Delete键。

● 操作步骤 ●

STEP 01 执行菜单栏中的【文件】|【打开】命令，打开"双星.cdr"文件，如图2.52所示。
STEP 02 单击工具箱中的【选择工具】按钮，选中黄色星星按键盘上的Delete键即可将其删除，如图2.53所示。

图2.52 打开文件

图2.53 删除图形

图2.56 打开文件

图2.57 旋转图形

实战 056 移动图形位置

▶ 素材位置：素材\第2章\铲车.cdr
▶ 案例位置：无
▶ 视频位置：视频\实战056.avi
▶ 难易指数：★☆☆☆☆

实战 058 缩放图形

▶ 素材位置：素材\第2章\小狗.cdr
▶ 案例位置：无
▶ 视频位置：视频\实战058.avi
▶ 难易指数：★☆☆☆☆

● 实例介绍 ●

在编辑图形时，如果需要移动图形的位置，可直接使用鼠标单击并拖动来移动图形，也可以通过设置数值将图形移动到精确位置。

● 操作步骤 ●

STEP 01 执行菜单栏中的【文件】|【打开】命令，打开"铲车.cdr"文件，如图2.54所示。
STEP 02 选中右侧图形，将鼠标指针移至图形的中心位置，鼠标指针变为✛状，按住鼠标左键，同时移动到适合的位

● 实例介绍 ●

缩放功能用于调整图形在水平或垂直方向上的缩放比例。

● 操作步骤 ●

STEP 01 执行菜单栏中的【文件】|【打开】命令，打开"小狗.cdr"文件，如图2.58所示。
STEP 02 选中小狗左眼图形，将光标移至右上角控制点向外侧拖动即可放大图形，如图2.59所示。

图2.58 打开文件

图2.59 放大图形

实战 059

斜切图形

▶ 素材位置：素材\第2章\英文标签.cdr
▶ 案例位置：无
▶ 视频位置：视频\实战059.avi
▶ 难易指数：★☆☆☆☆

● 实例介绍 ●

斜切功能可以将图形进行斜切变形，与其他命令相组合使用可以得到所需图形效果。

● 操作步骤 ●

STEP 01 执行菜单栏中的【文件】|【打开】命令，打开"英文标签.cdr"文件，如图2.60所示。

MEAT

图2.60 打开文件

STEP 02 双击图形进入旋转模式，将光标移至控制框四个边边缘中间位置，鼠标指针将变为⇄或↕形状，按住鼠标左键并拖动，即可将图形沿着某个方向斜切，如图2.61所示。

MEAT

图2.61 斜切图形

实战 060

更改堆叠顺序

▶ 素材位置：素材\第2章\小鸡.cdr
▶ 案例位置：无
▶ 视频位置：视频\实战060.avi
▶ 难易指数：★☆☆☆☆

● 实例介绍 ●

在编辑多个堆叠在一起的图形时，通常要考虑图形前后

的层次顺序，可以通过【排列】|【顺序】中的命令进行顺序的更改。

● 操作步骤 ●

STEP 01 执行菜单栏中的【文件】|【打开】命令，打开"小鸡.cdr"文件，如图2.62所示。

STEP 02 选中尾巴图形，执行菜单栏中的【排列】|【顺序】|【向前一层】命令，可以将选中的图形向前移动一层，执行【排列】|【顺序】|【向后一层】命令，可以将选中的图形向后移动一层，如图2.63所示。

图2.62 打开文件　　　　　　　图2.63 更改顺序

提示

执行菜单栏中的【排列】|【清除变换】命令，可以清除使用【变换】泊坞窗中各种操作所得到的变换效果，使所选图形恢复到变换操作之前的状态。

图形的高级应用技能

在CorelDRAW X8中，图形的群组、对齐与锁定、查找与替换、造型和剪裁，这些功能十分常用，几乎涉及所有的设计作品。图形的高级应用中通常建立作为进阶阶段的学习内容，可以说必不可少。

实战 061

组合对象

▶ 素材位置：素材\第2章\葡萄.cdr
▶ 案例位置：无
▶ 视频位置：视频\实战061.avi
▶ 难易指数：★★☆☆☆

● 实例介绍 ●

组合对象就是将多个选中的对象或1个对象的各部分组合成一个整体。

● 操作步骤 ●

STEP 01 执行菜单栏中的【文件】|【打开】命令，打开"葡萄.cdr"文件，如图2.64所示。

STEP 02 同时选中所有对象，执行菜单栏中的【对象】|【组合】|【组合对象】命令，如图2.65所示。

并，恢复各个对象原来的状态。

图2.64 打开文件 图2.65 群组对象

实战 062 合并对象

▶ 素材位置：素材\第2章\青苹果.cdr
▶ 案例位置：无
▶ 视频位置：视频\实战062.avi
▶ 难易指数：★★☆☆☆

● 实例介绍 ●

　　【合并】命令与【群组】命令的区别在于【合并】是指把多个对象合并成1个新的对象，其对象属性也随之发生变化，而【群组】只是将多个不同的对象组成1个新的对象，其对象属性不会发生变化。

● 操作步骤 ●

STEP 01 执行菜单栏中的【文件】|【打开】命令，打开"青苹果.cdr"文件，如图2.66所示。

STEP 02 同时选中所有对象，执行菜单栏中的【对象】|【合并】命令，或者单击属性栏中的【合并】按钮，即可将所选图形合并，如图2.67所示。

图2.66 打开文件 图2.67 合并对象

实战 063 拆分曲线

▶ 素材位置：素材\第2章\双心.cdr
▶ 案例位置：无
▶ 视频位置：视频\实战063.avi
▶ 难易指数：★★☆☆☆

● 实例介绍 ●

　　使用【拆分曲线】命令，可以将合并后的对象取消合

STEP 01 执行菜单栏中的【文件】|【打开】命令，打开"双心.cdr"文件，如图2.68所示。

STEP 02 选中图形，执行菜单栏中的【对象】|【拆分曲线】命令，即可将图形拆分开，如图2.69所示。

图2.68 打开文件 图2.69 拆分对象

实战 064 对齐对象

▶ 素材位置：素材\第2章\图标.cdr
▶ 案例位置：无
▶ 视频位置：视频\实战064.avi
▶ 难易指数：★★☆☆☆

● 实例介绍 ●

　　使用对齐功能，可以将原本散乱的对象对齐，达到整齐美观的视觉效果，对齐包括【左对齐】、【水平居中对齐】、【右对齐】、【顶端对齐】、【垂直居中对齐】及【底端对齐】6种对齐形式。

● 操作步骤 ●

STEP 01 执行菜单栏中的【文件】|【打开】命令，打开"图标.cdr"文件，如图2.70所示。

STEP 02 同时选中所有对象，执行菜单栏中的【窗口】|【泊坞窗】|【对齐与分布】命令，在弹出的面板中单击【垂直居中对齐】按钮即可将对象垂直居中对齐，如图2.71所示。

图2.70 打开文件 图2.71 垂直居中对齐

实战 065 分布对象

▶ 素材位置：素材\第2章\水果图标.cdr
▶ 案例位置：无
▶ 视频位置：视频\实战065.avi
▶ 难易指数：★★☆☆☆

● 实例介绍 ●

　　分布与对齐功能相似，不同的是分布可以将多个散乱

的图形以相同的间距进行分布，通常两者搭配使用会得到比较好的效果，分布包括【左分散排列】、【水平分散排列中心】、【右分散排列】、【水平分散排列间距】、【顶部分散排列】、【垂直分散排列中心】、【底部分散排列】及【垂直分散排列间距】8种分布形式。

STEP 01 执行菜单栏中的【文件】|【打开】命令，打开"水果图标.cdr"文件，如图2.72所示。

图2.72 打开文件

STEP 02 同时选择所有对象，执行菜单栏中的【窗口】|【泊坞窗】|【对齐与分布】命令，在弹出的面板中单击【水平分散排列中心】按钮即可将对象水平分散分布，如图2.73所示。

图2.73 将图形水平分散分布

实战 066 锁定与解锁对象

▶ 素材位置：素材\第2章\多边形和心.cdr
▶ 案例位置：无
▶ 视频位置：视频\实战066.avi
▶ 难易指数：★★☆☆☆

● 实例介绍 ●

在编辑对象时，如果需要将得到的效果固定，可以使用CorelDraw的【锁定对象】功能，将所得到的效果对象进行锁定，这样可以避免对象被意外修改，编辑完毕后可以解除锁定。

● 操作步骤 ●

STEP 01 执行菜单栏中的【文件】|【打开】命令，打开"多边形和心.cdr"文件，如图2.74所示。

STEP 02 选中心形，执行菜单栏中的【对象】|【锁定】|【锁定对象】命令即可将当前对象锁定，如图2.75所示。

STEP 03 执行菜单栏中的【对象】|【锁定】|【解锁对象】命令即可将当前对象解锁。

图2.74 打开文件　　　　　　图2.75 锁定对象

实战 067 将对象转换为曲线

▶ 素材位置：无
▶ 案例位置：无
▶ 视频位置：视频\实战067.avi
▶ 难易指数：★★☆☆☆

● 实例介绍 ●

将对象转换为曲线，即可对图像进行随意变形编辑等操作。

● 操作步骤 ●

STEP 01 单击工具箱中的【矩形工具】按钮，绘制1个矩形，如图2.76所示。

STEP 02 单击工具箱中的【形状工具】按钮，拖动矩形右上角节点可将其转换为圆角矩形，如图2.77所示。

图2.76 绘制矩形　　　　　　图2.77 转换为圆角矩形

STEP 03 单击鼠标右键，从弹出的快捷菜单中选择【转换为曲线】命令，单击工具箱中的【形状工具】按钮，拖动矩形节点即可将其变形，如图2.78所示。

图2.78 转换为曲线变形效果

实战 068 将轮廓转换为对象

▶ 素材位置：无
▶ 案例位置：无
▶ 视频位置：视频\实战068.avi
▶ 难易指数：★★☆☆☆

● 实例介绍 ●

将轮廓转换为对象，即可对轮廓执行变形操作。

STEP 01 单击工具箱中的【矩形工具】□按钮，绘制1个矩形，设置【填充】为无，【轮廓】为任意颜色，如图2.79所示。

STEP 02 单击工具箱中的【形状工具】按钮，拖动轮廓右上角节点可将其变形，如图2.80所示。

图2.79 绘制轮廓　　　　　图2.80 将轮廓变形

实战 069

修剪功能

▶ 素材位置：素材\第2章\红球.cdr
▶ 案例位置：无
▶ 视频位置：视频\实战069.avi
▶ 难易指数：★★☆☆☆

● 实例介绍 ●

使用【修剪】功能，可以从目标对象上剪掉与其他对象重叠的部分，目标对象仍保留原有的填充和轮廓属性。

● 操作步骤 ●

STEP 01 执行菜单栏中的【文件】|【打开】命令，打开"红球.cdr"文件，如图2.81所示。

STEP 02 执行菜单栏中的【窗口】|【泊坞窗】|【造型】命令，在出现的面板中选择【修剪】，如图2.82所示。

图2.81 打开文件　　　　　图2.82 造型面板

STEP 03 同时选择2个对象，在【造型】面板中单击修剪，将光标移至星形位置向圆球方向拖动修剪图形，将星形删除后即可看到修剪的效果，如图2.83所示。

图2.83 修剪图形

实战 070

图形相交

▶ 素材位置：素材\第2章\杨桃.cdr
▶ 案例位置：无
▶ 视频位置：视频\实战070.avi
▶ 难易指数：★★☆☆☆

● 实例介绍 ●

使用【相交】功能，可以将2个或多个重叠对象的交集部分创建成1个新对象，该对象的填充和轮廓属性以指定作为目标对象的属性为依据。

● 操作步骤 ●

STEP 01 执行菜单栏中的【文件】|【打开】命令，打开"杨桃.cdr"文件，如图2.84所示。

STEP 02 执行菜单栏中的【窗口】|【泊坞窗】|【造型】命令，在出现的面板中选择【相交】，如图2.85所示。

图2.84 打开文件　　　　　图2.85 造型面板

STEP 03 同时选择2个对象，在【造型】面板中单击修剪，将光标移至内部星形位置，向果肉方向拖曳得到相交图形，如图2.86所示。

图2.86 相交图形

实战 071

图框精确裁剪对象

▶ 素材位置：素材\第2章\橙子.cdr
▶ 案例位置：无
▶ 视频位置：视频\实战071.avi
▶ 难易指数：★★☆☆☆

● 实例介绍 ●

【图框精确剪裁】命令是经常用到的一项很重要的功能，此项命令可以将对象置入目标对象的内部，使对象按目标对象的外形进行精确的裁剪。

● 操作步骤 ●

STEP 01 执行菜单栏中的【文件】|【打开】命令，打开"橙子.cdr"文件，如图2.87所示。

图2.87 打开文件

STEP 02 选择黄色图像，执行菜单栏中的【对象】|【Power clip】|【置于图文框内部】命令，将出现的➡移至橙子本身位置单击即可，注意所要移动的目标区域不要与原图像重叠，如图2.88所示。

图2.88 置于图文框内部

实战 072

提取内容

▶ 素材位置：素材\第2章\蛋糕图标.cdr
▶ 案例位置：无
▶ 视频位置：视频\实战072.avi
▶ 难易指数：★★☆☆☆

● 实例介绍 ●

【提取内容】命令可以提取置于图框中每一级的内容，方便对其再编辑等操作。

● 操作步骤 ●

STEP 01 执行菜单栏中的【文件】|【打开】命令，打开"蛋糕图标.cdr"文件，如图2.89所示。

STEP 02 在图标圆形上单击鼠标右键，从弹出的快捷菜单中选择【提取内容】命令即可提取图形，如图2.90所示。

图2.89 打开文件　　图2.90 提取内容

实战 073

变形工具

▶ 素材位置：无
▶ 案例位置：无
▶ 视频位置：视频\实战073.avi
▶ 难易指数：★★☆☆☆

● 实例介绍 ●

【变形工具】包括【推拉变形】、【拉链变形】及【扭曲变形】3种变形模式，通过将图形向不同的方向拖曳，可以将图形边缘推进或拉出。

● 操作步骤 ●

STEP 01 单击工具箱中的【椭圆形工具】○按钮，按住Ctrl键绘制1个圆形，如图2.91所示。

图2.91 绘制圆

STEP 02 选择图形，单击工具箱中的【变形】按钮，分别单击属性栏中的【推拉变形】⊕、【拉链变形】✿及【扭曲变形】✍按钮，将光标移动到图形上按住左键并拖曳即可看到3种变形效果，如图2.92所示。

图2.92 3种变形效果

实战 074

创建阴影效果

▶ 素材位置：素材\第2章\奶牛.cdr
▶ 案例位置：无
▶ 视频位置：视频\实战074.avi
▶ 难易指数：★★☆☆☆

● 实例介绍 ●

【阴影工具】□可以为对象创建光线照射的阴影效果，使对象产生较强的立体感。

● 操作步骤 ●

STEP 01 执行菜单栏中的【文件】|【打开】命令，导入"奶牛.cdr"文件，如图2.93所示。

STEP 02 选中奶牛，从奶牛身上向右侧拖动即可为其创建阴影，如图2.94所示。

图2.93 打开文件　　　　　　图2.94 创建阴影

图2.96 不同模式变形效果（续）

封套工具

实战 075

▶ 素材位置：素材\第2章\叉子.cdr
▶ 案例位置：无
▶ 视频位置：视频\实战075.avi
▶ 难易指数：★★☆☆☆

● 实例介绍 ●

　　【封套工具】⊠包括【非强制模式】、【直线模式】、【单弧模式】及【双弧模式】4种模式，可以在图形或文字的周围添加带有控制点的蓝色虚线框，通过调整控制点的位置，可以很容易地对图形或文字变形。

● 操作步骤 ●

STEP 01 执行菜单栏中的【文件】|【打开】命令，导入"叉子.cdr"文件，如图2.95所示。

图2.95 打开文件

STEP 02 单击工具箱中的【封套工具】⊠按钮，分别单击属性栏中的【非强制模式】✎、【直线模式】◺、【单弧模式】◿及【双弧模式】◹按钮，拖动图形节点将其变形，如图2.96所示。

图2.96 不同模式变形效果

立体化工具

实战 076

▶ 素材位置：素材\第2章\桃心.cdr
▶ 案例位置：无
▶ 视频位置：视频\实战076.avi
▶ 难易指数：★★☆☆☆

● 实例介绍 ●

　　【立体化工具】⬡可以通过图形的形状向设置的消失点延伸，从而使二维图形产生逼真的三维立体效果。

● 操作步骤 ●

STEP 01 执行菜单栏中的【文件】|【打开】命令，导入"桃心.cdr"文件，如图2.97所示。

STEP 02 单击工具箱中的【封套工具】⊠按钮，在图形上从内侧向外侧拖动即可生成立体化效果，如图2.98所示。

图2.97 打开文件　　　　　　图2.98 立体化效果

调和工具

实战 077

▶ 素材位置：无
▶ 案例位置：无
▶ 视频位置：视频\实战077.avi
▶ 难易指数：★★☆☆☆

● 实例介绍 ●

　　【调和工具】✑可以在2个或多个对象之间产生形状和颜色上的过渡。在2个不同对象之间应用调和效果时，对象上的填充方式、排列顺序和外形轮廓等都会直接影响调和效果。

● 操作步骤 ●

STEP 01 同时选择需要调和的对象，如图2.99所示。

图2.99 选择对象

STEP 02 在工具箱中单击【调和工具】❦按钮，在属性栏中设置调和对象的数量及调和形式，在起始对象上按住鼠标左键不放，向另一方向拖曳鼠标指针，在2个对象之间会出现起始控制柄和结束控制柄，即可实现调和效果，如图2.100所示。

图2.100 调和效果

> **实战**
> **078**
>
> ### 轮廓图工具
>
> ▶ 素材位置：无
> ▶ 案例位置：无
> ▶ 视频位置：视频\实战078.avi
> ▶ 难易指数：★★☆☆☆

● 实例介绍 ●

　　【轮廓图工具】◎可以在2个轮廓对象之间创建调和效果，可以更改调色的颜色过渡及数量等。

● 操作步骤 ●

STEP 01 选择想要创建轮廓的对象，如图2.101所示。

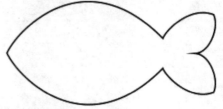

图2.101 创建轮廓

STEP 02 单击工具箱中的【轮廓图工具】◎按钮，在属性栏中设置【轮廓图步长】和【轮廓色】，从对象边缘开始向内侧拖动创建轮廓图效果，如图2.102所示。

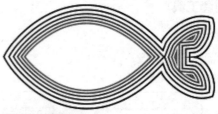

图2.102 轮廓图效果

第 **3** 章

颜色及文本工具

本章介绍

本章主要讲解轮廓、颜色控制及文本和表格工具的使用，图形绘制完成后，需要对图形进行描边或填充，CorelDraw支持Office的Doc格式和XLS格式的文件。另外，还可以绘制和编辑各种表格。通过本章的学习，可掌握颜色设置与图案填充的应用技巧，为以后的设计制作打下坚实的基础。

要点索引

- 学会设置轮廓线颜色
- 学会选择调色板
- 了解不同的填充方式
- 掌握文本编辑方法
- 了解如何更改轮廓线宽度
- 学会编辑调色板
- 学会创建美术字
- 学会创建表格

颜色控制及轮廓

图形绘制完成后，需要对图形进行描边或填充。图形轮廓的操作包括轮廓的颜色、宽度等控制，图形的填充包括均匀填充、智能填充、颜色滴管、网状填充等。

实战 079 设置轮廓线颜色

▶ 素材位置：素材\第3章\苹果.cdr
▶ 案例位置：无
▶ 视频位置：视频\实战079.avi
▶ 难易指数：★☆☆☆☆

● 实例介绍 ●

CorelDRAW X8中设置轮廓颜色的方法有多种，可以使用【调色板】、【轮廓笔】对话框、【轮廓颜色】对话框和【颜色】泊坞窗来完成轮廓线颜色设置。

● 操作步骤 ●

STEP 01 执行菜单栏中的【文件】|【打开】命令，打开"苹果.cdr"文件，如图3.1所示。

STEP 02 单击工具箱中的【选择工具】按钮，选中苹果，在调色板中所需颜色上单击鼠标右键即可完成轮廓线颜色更改，在属性栏中可以设置轮廓线的宽度及样式等，如图3.2所示。

图3.1 打开文件　　　　图3.2 更改轮廓线颜色

实战 080 更改轮廓线宽度

▶ 素材位置：素材\第3章\梨子.cdr
▶ 案例位置：无
▶ 视频位置：视频\实战080.avi
▶ 难易指数：★☆☆☆☆

● 实例介绍 ●

CorelDRAW X8中可以随时更改轮廓线的宽度。

● 操作步骤 ●

STEP 01 执行菜单栏中的【文件】|【打开】命令，打开"梨子.cdr"文件，如图3.3所示。

STEP 02 单击工具箱中的【选择工具】按钮，选中梨子，

在属性栏中单击【轮廓宽度】后方按钮，在弹出的选项中即可选择轮廓宽度，如图3.4所示。

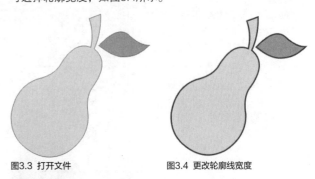

图3.3 打开文件　　　　图3.4 更改轮廓线宽度

实战 081 选择调色板

▶ 素材位置：无
▶ 案例位置：无
▶ 视频位置：视频\实战081.avi
▶ 难易指数：★☆☆☆☆

● 实例介绍 ●

CorelDRAW X8中颜色的应用非常重要，需要正确地应用和设置颜色。

● 操作步骤 ●

执行菜单栏中的【窗口】|【调色板】命令，在出现的列表中可以选择所需要的调色板，如图3.5所示。

图3.5 调色板列表

实战 082 从对象创建调色板

▶ 素材位置：素材\第3章\小人.cdr
▶ 案例位置：无
▶ 视频位置：视频\实战082.avi
▶ 难易指数：★☆☆☆☆

● 实例介绍 ●

CorelDRAW X8中可以随时创建所需要的调色板。

● 操作步骤 ●

STEP 01 执行菜单栏中的【文件】|【打开】命令，打开"小

人.cdr"文件，如图3.6所示。

STEP 02 执行菜单栏中的【窗口】|【调色板】|【从选定内容中添加颜色】命令即可在底部状态栏上方看到创建的调色板，如图3.7所示。

图3.6 打开文件

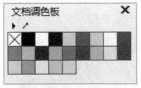

图3.7 文档调色板

编辑调色板

实战 083

▶ 素材位置：无
▶ 案例位置：无
▶ 视频位置：视频\实战083.avi
▶ 难易指数：★☆☆☆☆

● 实例介绍 ●

CorelDRAW X8中可以随时编辑调色板。

● 操作步骤 ●

STEP 01 执行菜单栏中的【窗口】|【调色板】|【调色板编辑器】命令，即可打开【调色板编辑器】对话框，如图3.8所示。

图3.8 调色板编辑器

STEP 02 在对话框中单击【编辑颜色】按钮，即可打开【选择颜色】对话框，在对话框中可以选择颜色，如图3.9所示。

图3.9 选择颜色

均匀填充

实战 084

▶ 素材位置：无
▶ 案例位置：无
▶ 视频位置：视频\实战084.avi
▶ 难易指数：★☆☆☆☆

● 实例介绍 ●

【均匀填充】就是在封闭路径的对象内填充单一的颜色，这是最基本的填充方式。

● 操作步骤 ●

STEP 01 单击工具箱中的【星形工具】☆，绘制1个星形，如图3.10所示。

STEP 02 在调色板中单击任意色块即可为其均匀填充颜色，如图3.11所示。

图3.10 绘制星形　　　　图3.11 均匀填充颜色

交互式填充工具

实战 085

▶ 素材位置：素材\第3章\樱桃.cdr
▶ 案例位置：无
▶ 视频位置：视频\实战085.avi
▶ 难易指数：★☆☆☆☆

● 实例介绍 ●

【交互式填充工具】◇包括【均匀填充】、【渐变填充】、【向量图样填充】、【位图图样填充】及【双色图样填充】，它可以为图形填充纯色、渐变等多种效果。

STEP 01 执行菜单栏中的【文件】|【打开】命令，打开"樱桃.cdr"文件，如图3.12所示。

STEP 02 选中樱桃果肉部分图形，单击工具箱中的【交互式填充工具】◆，在属性栏中单击【渐变填充】▓图标，在图形上拖动即可为其填充渐变，分别双击渐变填充控制杆的2个色块可以更改颜色，如图3.13所示。

图3.12 打开文件　　　　图3.13 填充渐变

图样填充

实战 086

▶ 素材位置：素材\第3章\绿叶.cdr
▶ 案例位置：无
▶ 视频位置：视频\实战086.avi
▶ 难易指数：★☆☆☆☆

● 实例介绍 ●

图样填充是指使用预先产生的、对称的图像进行填充。

● 操作步骤 ●

STEP 01 执行菜单栏中的【文件】|【打开】命令，打开"绿叶.cdr"文件，如图3.14所示。

STEP 02 选中绿叶图形，单击工具箱中的【交互式填充工具】◆，在属性栏中单击【向量图样填充】▦按钮，在图形上拖动即可为其填充图样效果，如图3.15所示。

图3.14 打开文件　　　　图3.15 填充图样

智能填充工具

实战 087

▶ 素材位置：素材\第3章\西瓜.cdr
▶ 案例位置：无
▶ 视频位置：视频\实战087.avi
▶ 难易指数：★☆☆☆☆

● 实例介绍 ●

【智能填充工具】除了可以实现普通的颜色填充外，还可以自动识别多个图形重叠的交叉区域，对其进行复制然后进行颜色填充。

● 操作步骤 ●

STEP 01 执行菜单栏中的【文件】|【打开】命令，打开"西瓜.cdr"文件，如图3.16所示。

STEP 02 选中西瓜图形，单击工具箱中的【智能填充工具】▲，在属性栏中单击【向量图样填充】▦按钮，在属性栏中单击【填充色】按钮在弹出的选项中指定1种颜色，在西瓜上的花纹位置单击即可自动为其他区域填充颜色，如图3.17所示。

图3.16 打开文件　　　　图3.17 智能填充效果

颜色滴管工具

实战 088

▶ 素材位置：素材\第3章\小乌龟.cdr
▶ 案例位置：无
▶ 视频位置：视频\实战088.avi
▶ 难易指数：★☆☆☆☆

● 实例介绍 ●

【颜色滴管工具】✎可以吸取选择当前图形的颜色，填充给其他图形。

● 操作步骤 ●

STEP 01 执行菜单栏中的【文件】|【打开】命令，打开"小乌龟.cdr"文件，如图3.18所示。

STEP 02 单击工具箱中的【颜色滴管】✎工具，在乌龟壳上单击吸取颜色，再将光标移至眼睛位置单击更改颜色，如图3.19所示。

图3.18 打开文件　　　　图3.19 更改颜色

实战 089

网状填充工具

▶ 素材位置: 无
▶ 案例位置: 无
▶ 视频位置: 视频\实战089.avi
▶ 难易指数: ★☆☆☆☆

● 实例介绍 ●

【网状填充工具】拼可以为当前图形创建网状化节点,选择这些节点可以为其填充颜色。

● 操作步骤 ●

STEP 01 单击工具箱中的【基本形状工具】凸按钮,单击属性栏中的【完美形状】囗,在出现的面板中选择心形,在面板中绘制1个心形,如图3.20所示。

STEP 02 单击工具箱中的【网状填充工具】拼按钮,在属性栏中可以设置网格大小,如图3.21所示。

图3.20 绘制心形

图3.21 设置网格大小

STEP 03 选择网格之间的节点,单击调色板中的颜色即可分别为选中的节点添加颜色,如图3.22所示。

图3.22 添加颜色

创建文本

在CorelDRAW X8中,文本分为美术文本和段落文本2种类型,它们都是使用工具箱中的【文本工具】字,并结合键盘创建的,两者之间可以互相转换。

实战 090

创建美术字

▶ 素材位置: 素材\第3章\心心相印.jpg
▶ 案例位置: 无
▶ 视频位置: 视频\实战090.avi
▶ 难易指数: ★☆☆☆☆

● 实例介绍 ●

创建美术字需要用到【文本工具】字,它适合于文字应

用较少或需要制作特殊文字效果的文件。在输入时,行的长度会随着文字的编辑而增加或缩短,且不能自动换行。美术文本的特点是每行文字都是独立的,方便修改和编辑。

● 操作步骤 ●

STEP 01 执行菜单栏中的【文件】|【导入】命令,导入"心心相印.jpg"文件,如图3.23所示。

STEP 02 单击工具箱中的【文本工具】字,在图像上单击即可输入文字,如图3.24所示。

图3.23 导入图像

图3.24 输入文字

实战 091

创建段落文本

▶ 素材位置: 素材\第3章\幸福之家.jpg
▶ 案例位置: 无
▶ 视频位置: 视频\实战091.avi
▶ 难易指数: ★☆☆☆☆

● 实例介绍 ●

段落文本以【句】为单位,它应用了排版系统常见的框架概念,以段落文本方式输入的文字,都会包含在框架内,用户可以移动、缩放文本框,使它符合版面的要求。

● 操作步骤 ●

STEP 01 执行菜单栏中的【文件】|【导入】命令,导入"幸福之家.jpg"文件,如图3.25所示。

图3.25 导入图像

STEP 02 单击工具箱中的【文本工具】字,在图像的适当区

域按住鼠标左键向右下角方向拖动即可创建1个文本框，输入文字即可创建段落文本，如图3.26所示。

图3.26 创建段落文本

图3.27 打开文件

STEP 02 执行菜单栏中的【文件】|【导入】命令，导入"花.txt"文件，即可弹出【导入/粘贴文本】对话框选项，如图3.28所示。

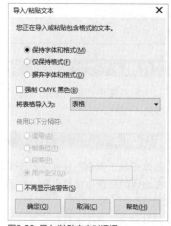

图3.28 导入/粘贴文本对话框

STEP 03 在想要添加文本的区域单击后调整文本框即可完成导入文本"花.txt"，如图3.29所示。

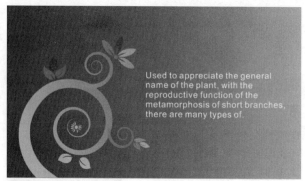

图3.29 导入文本

实战 092 导入/粘贴文本

▶ 素材位置：素材\第3章\蓝色花纹.cdr、花.txt
▶ 案例位置：无
▶ 视频位置：视频\实战092.avi
▶ 难易指数：★☆☆☆☆

● 实例介绍 ●

无论是创建美术文本、段落文本还是沿路径文本，使用导入/粘贴文本的方法都可以大大节省时间。

● 操作步骤 ●

STEP 01 执行菜单栏中的【文件】|【打开】命令，打开"蓝色花纹.cdr"文件，如图3.27所示。

实战 093 将文本转换为曲线

▶ 素材位置：素材\第3章\标识.cdr
▶ 案例位置：无
▶ 视频位置：视频\实战093.avi
▶ 难易指数：★☆☆☆☆

● 实例介绍 ●

在编辑文字时，虽然系统中提供的字体非常多，但都是规范的，有时候不能满足用户的创意需要，此时可以将文本转换为曲线，可任意改变其形状，使创意得到更大的发挥。

● 操作步骤 ●

STEP 01 执行菜单栏中的【文件】|【打开】命令，打开"标识.cdr"文件，如图3.30所示。
STEP 02 在文字上单击鼠标右键，从弹出的快捷菜单中选择【转换为曲线】命令，如图3.31所示。

图3.30 打开文件

图3.31 转换为曲线

文本绕排

实战 094

▶ 素材位置：素材\第3章\爱神之心.cdr
▶ 案例位置：无
▶ 视频位置：视频\实战094.avi
▶ 难易指数：★☆☆☆☆

● 实例介绍 ●

将段落文本围绕图形、图像进行排列，使画面更加美观，段落文本围绕图形排列称为文本绕排。

● 操作步骤 ●

STEP 01 执行菜单栏中的【文件】|【打开】命令，打开"爱神之心.cdr"文件，如图3.32所示。

STEP 02 单击工具箱中的【文本工具】字，在心形区域创建1个文本框并输入段落文字将心形覆盖，如图3.33所示。

图3.32 打开文件　　　　图3.33 创建段落文字

STEP 03 选中心形，单击属性栏中的【文本换行】▤按钮，在弹出的选项中即可看到换行样式，选择样式后更改【文本换行偏移】即可调整文本与图像之间的绕排形式，如图3.34所示。

图3.34 文本绕排样式

路径文字

实战 095

▶ 素材位置：无
▶ 案例位置：无
▶ 视频位置：视频\实战095.avi
▶ 难易指数：★☆☆☆☆

● 实例介绍 ●

使文本适合路径是指将所输入的美术文本按指定的路径进行编辑，使其达到意想不到的艺术效果，路径文字在日常设计中经常用到。

● 操作步骤 ●

STEP 01 单击工具箱中的【钢笔工具】按钮，在页面中绘制1条曲线，如图3.35所示。

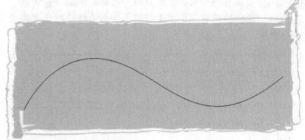
图3.35 绘制曲线

STEP 02 单击工具箱中的【文本工具】字按钮，在曲线左侧端点位置单击输入文字，如图3.36所示。

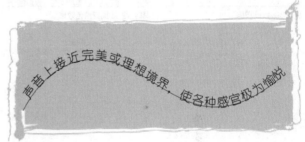
图3.36 输入文字

STEP 03 将刚才绘制的曲线【轮廓】更改为"无"，即可完成路径文字的创建，如图3.37所示。

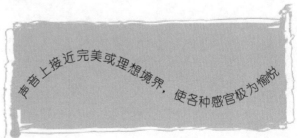
图3.37 路径文字效果

实战 096 创建表格

▶ 素材位置：无
▶ 案例位置：无
▶ 视频位置：视频\实战096.avi
▶ 难易指数：★☆☆☆☆

● 实例介绍 ●

和Word中的表格工具类似，在CorelDRAW X8中绘制的表格主要用于设计一些绘图版面，使用起来非常方便，还可以对创建的表格进行各种编辑、添加背景及文字等。

● 操作步骤 ●

STEP 01 单击工具箱中的【表格工具】田按钮，在页面中按住鼠标左键拖动绘制表格，如图3.38所示。

STEP 02 在属性栏中可以更改表格的行数、列数、背景色、边框值、轮廓颜色等，单击【背景】后方按钮可以为表格添加背景色，如图3.39所示。

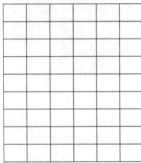

图3.38 绘制表格

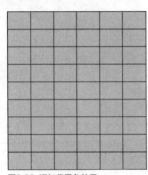

图3.39 添加背景色效果

实战 097 导入表格

▶ 素材位置：素材\第3章\人员名单.xls
▶ 案例位置：无
▶ 视频位置：视频\实战097.avi
▶ 难易指数：★☆☆☆☆

● 实例介绍 ●

不仅可以在CorelDRAW中绘制表格，还可以把在其他应用程序中制作的表格导入CorelDRAW中，如在Excel中绘制的表格。

● 操作步骤 ●

STEP 01 执行菜单栏中的【文件】|【导入】命令，导入"人员名单.xls"文件，如图3.40所示。

图3.40 导入表格

STEP 02 在弹出的【导入/粘贴文本】对话框中设置选项完成之后单击【确定】按钮，在页面中单击即可导入表格，如图3.41所示。

三十九	第一周	
	第二周	
李四	2	
宋大江	3	
李春丽	4	
李X海	5	
王小明	6	
张三	7	

图3.41 导入表格

第 **4** 章

位图编辑与特效处理

本章介绍

CorelDraw X8除了强大的绘制与编辑矢量图形的功能之外，还可以对位图进行处理或编辑，如矢量图与位图之间转换、调整位图色彩、位图颜色模式、对位图进行描摹等操作，以及如何利用强大的滤镜功能制作各类特效。通过本章的学习可以掌握位图的处理手法及一些小技巧，还可以学会如何创建特效。

要点索引

- 掌握导入与编辑位图的方法
- 学会矢量图与位图的转换
- 学习利用调色命令对位图进行调色
- 学会更改位图颜色模式
- 学会利用滤镜命令制作特效

导入与编辑位图

在CorelDRAW X8中，可以导入位图进行编辑或者处理，达到所需要的图像效果。该操作可与矢量图形结合或者单独使用。

实战 098　导入位图

▶ 素材位置：素材\第4章\气球与小女孩.jpg
▶ 案例位置：无
▶ 视频位置：视频\实战098.avi
▶ 难易指数：★☆☆☆☆

● 实例介绍 ●

导入位图是一种十分常用的功能，可以在日常制作海报、广告等商业用品图像时进行位图素材添加。

● 操作步骤 ●

STEP 01 执行菜单栏中的【文件】|【导入】命令，导入"气球与小女孩.jpg"文件，如图4.1所示。

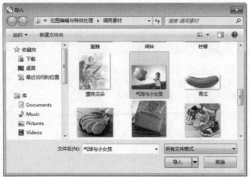

图4.1【导入】对话框

STEP 02 单击【导入】按钮，此时光标变成┏的状态。

STEP 03 在页面上按住鼠标左键拖出1个红色的虚线框，松开鼠标左键后图片将以虚线框的大小被导入进来，如图4.2所示。

图4.2 导入位图

实战 099　链接位图

▶ 素材位置：素材\第4章\蜜蜂.jpg
▶ 案例位置：无
▶ 视频位置：视频\实战099.avi
▶ 难易指数：★☆☆☆☆

● 实例介绍 ●

链接位图可以将对象插入到其他应用程序中，链接的对象与其源文件之间始终保持链接关系。

● 操作步骤 ●

STEP 01 执行菜单栏中的【文件】|【导入】命令，导入"蜜蜂.jpg"文件，如图4.3所示。

STEP 02 单击【导入】旁边的▼按钮，在下拉列表中选择【导入为外部链接的图像】，如图4.3所示。

图4.3【导入】对话框

STEP 03 在页面上按住鼠标左键拖出1个红色的虚线框，松开鼠标左键后即可导入所需要的位图，如图4.4所示。

图4.4 链接位图

实战 100　裁剪位图

▶ 素材位置：素材\第4章\洋娃娃.jpg
▶ 案例位置：无
▶ 视频位置：视频\实战100.avi
▶ 难易指数：★☆☆☆☆

● 实例介绍 ●

裁剪位图可以将不需要的图像部分裁剪掉，操作比较方便，具有较强的实用性。

● 操作步骤 ●

STEP 01 执行菜单栏中的【文件】|【导入】命令，导入"洋娃娃.jpg"，将图像导入，如图4.5所示。

STEP 02 单击工具箱中的【形状工具】按钮，选择位图图像，此时在图像边角上将出现4个控制节点，拖动节点即可将不需要的图像部分裁剪掉，如图4.6所示。

图4.5 导入图像

图4.6 裁剪图像

实战 101　重新取样位图

▶ 素材位置：素材\第4章\饼干.jpg
▶ 案例位置：无
▶ 视频位置：视频\实战101.avi
▶ 难易指数：★☆☆☆☆

● 实例介绍 ●

对位图重新取样，可以增加像素以保留原始图像的更多细节。

● 操作步骤 ●

STEP 01 执行菜单栏中的【文件】|【导入】命令，导入"饼干.jpg"文件。

STEP 02 单击【导入】旁边的▼按钮，在下拉列表中选择【重新取样并装入】，如图4.7所示。

图4.7 【导入】对话框

STEP 03 在弹出的对话框中可以更改图像的尺寸大小、解析度，以及消除缩放对象后产生的锯齿现象等，从而达到控制文件大小和图像质量的目的，如图4.8所示。

图4.8 重新取样图像

实战 102　将矢量图转换为位图

▶ 素材位置：素材\第4章\小人.cdr
▶ 案例位置：无
▶ 视频位置：视频\实战102.avi
▶ 难易指数：★☆☆☆☆

● 实例介绍 ●

CorelDraw X8可以将矢量图像转换为位图，通过把含有图样填充背景的矢量图转换为位图，图像的复杂程度会显著降低，并且可以运用各种位图效果。

● 操作步骤 ●

STEP 01 执行菜单栏中的【文件】|【导入】命令，导入"小人.cdr"文件，单击【打开】按钮。

STEP 02 执行菜单栏中的【位图】|【转换为位图】命令，弹出【转换为位图】对话框，在对话框中可以设置分辨率、颜色模式等，如图4.9所示。

图4.9 转换为位图

实战 103　将位图转换为矢量图

▶ 素材位置：素材\第4章\枫叶.jpg
▶ 案例位置：无
▶ 视频位置：视频\实战103.avi
▶ 难易指数：★☆☆☆☆

● 实例介绍 ●

CorelDraw X8不但可以将矢量图像转换为位图，还可以将位图转换为矢量图。

● 操作步骤 ●

STEP 01 执行菜单栏中的【文件】|【导入】命令，弹出【导入】对话框，导入"枫叶.jpg"文件，如图4.10所示。

STEP 02 在枫叶上单击鼠标右键，从弹出的快捷菜单中选择【快速描摹】命令，即可快速将位图转换为矢量图，如图4.11所示。

图4.10 导入素材　　图4.11 转换为矢量图

调整位图的颜色和色调

在CorelDRAW X8中，通过执行菜单栏中的【效果】|【调整】的相应子菜单，可以对位图进行色彩亮度、光度和暗度等方面的调整，通过应用颜色和色调效果，可以恢复阴影或高光中丢失的细节，清除色块，校正曝光不足或曝光过度，全面提高图像的质量。

实战 104

【高反差】命令

▶ 素材位置：素材\第4章\黄昏海面.jpg
▶ 案例位置：无
▶ 视频位置：视频\实战104.avi
▶ 难易指数：★★☆☆☆

● 实例介绍 ●

【高反差】命令可以调整位图输出颜色的浓度，可以通过从最暗区域到最亮区域重新分布颜色的浓淡来调整阴影区域、中间区域和高光区域。

● 操作步骤 ●

STEP 01 执行菜单栏中的【文件】|【导入】命令，导入"黄昏海面.jpg"文件，如图4.12所示。

STEP 02 执行菜单栏中的【效果】|【调整】|【高反差】命令，在弹出的对话框中通过调整伽玛值来更改图像亮度，如图4.13所示。

图4.12 导入素材

图4.13 调整高反差

实战 105

【局部平衡】命令

▶ 素材位置：素材\第4章\肉排.jpg
▶ 案例位置：无
▶ 视频位置：视频\实战105.avi
▶ 难易指数：★★☆☆☆

● 实例介绍 ●

【局部平衡】命令可以用来提高边缘附近的对比度，以显示明亮区域和暗色区域中的细节；也可以在此区域周围设置高度和宽度来强化对比度。

● 操作步骤 ●

STEP 01 执行菜单栏中的【文件】|【导入】命令，导入"肉排.jpg"文件，如图4.14所示。

STEP 02 执行菜单栏中的【效果】|【调整】|【局部平衡】命令，在弹出的对话框中调整【宽度】值更改效果与原图反差，如图4.15所示。

图4.14 导入素材

图4.15 调整局部平衡

实战 106

【取样/目标平衡】命令

▶ 素材位置：素材\第4章\玩具小车.jpg
▶ 案例位置：无
▶ 视频位置：视频\实战106.avi
▶ 难易指数：★★☆☆☆

● 实例介绍 ●

【取样/目标平衡】命令可以从图像中选取的色样来调整位图中的颜色值，可以从图像的暗色调、中间色调及浅色部分选取色样，并将目标颜色应用于每个色样中。

● 操作步骤 ●

STEP 01 执行菜单栏中的【文件】|【导入】命令，导入"玩具小车.jpg"文件，如图4.16所示。

图4.16 导入素材

STEP 02 执行菜单栏中的【效果】|【调整】|【取样/目标平衡】命令，在弹出的对话框中分别单击 、 及 图标，分别在图像上阴影、中间色调及高光区域单击吸取颜色来进行取样，如图4.17所示。

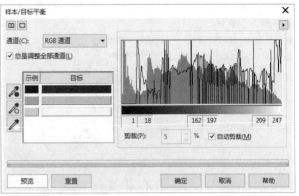
图4.17 调整图像色调

图4.17 调整图像色调（续）

图4.19 提升图像亮度（续）

实战 107

【调合曲线】命令

▶ 素材位置：*素材\第4章\瓷杯.jpg*
▶ 案例位置：*无*
▶ 视频位置：*视频\实战107.avi*
▶ 难易指数：★★☆☆☆

实战 108

【亮度/对比度/强度】命令

▶ 素材位置：*素材\第4章\蓝天.jpg*
▶ 案例位置：*无*
▶ 视频位置：*视频\实战108.avi*
▶ 难易指数：★★☆☆☆

● 实例介绍 ●

【调合曲线】命令可以改变图像中单个像素的值，包括改变阴影、中间色调和高光等方面，以精确地调整图像局部的颜色。

● 实例介绍 ●

【亮度/对比度/强度】命令可以调整所有颜色的亮度及明亮区域与暗色区域之间的差异。

● 操作步骤 ●

STEP 01 执行菜单栏中的【文件】|【导入】命令，导入"瓷杯.jpg"文件，如图4.18所示。

● 操作步骤 ●

STEP 01 执行菜单栏中的【文件】|【导入】命令，导入"蓝天.jpg"文件，如图4.20所示。

图4.18 导入素材

图4.20 导入素材

STEP 02 执行菜单栏中的【效果】|【调整】|【调合曲线】命令，在弹出的对话框中拖动曲线提升图像亮度，如图4.19所示。

STEP 02 执行菜单栏中的【效果】|【调整】|【亮度/对比度/强度】命令，在弹出的对话框中通过更改【亮度】及【对比度】值大小来提升图像亮度及对比度，如图4.21所示。

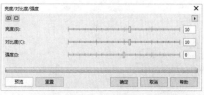

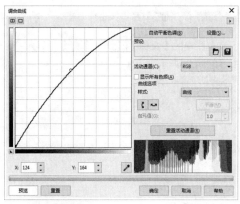

图4.19 提升图像亮度

图4.21 提升图像亮度及对比度

实战 109 【颜色平衡】命令

▶ 素材位置：素材\第4章\柠檬.jpg
▶ 案例位置：无
▶ 视频位置：视频\实战109.avi
▶ 难易指数：★★☆☆☆

● 实例介绍 ●

　　【颜色平衡】命令可以将青色或红色、品红或绿色、黄色或蓝色添加到位图中选定的色调中。

● 操作步骤 ●

STEP 01 执行菜单栏中的【文件】|【导入】命令，导入"柠檬.jpg"文件，如图4.22所示。

图4.22 导入素材

STEP 02 执行菜单栏中的【效果】|【调整】|【颜色平衡】命令，在弹出的对话框中可以勾选范围中的图像区域选项，如阴影、高光，更改【颜色通道】中的颜色数值来调整偏色图像，如图4.23所示。

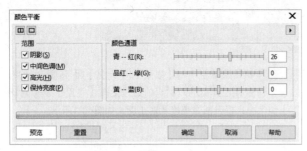

图4.23 校正色彩

实战 110 【伽玛值】命令

▶ 素材位置：素材\第4章\毛毛兔公仔.jpg
▶ 案例位置：无
▶ 视频位置：视频\实战110.avi
▶ 难易指数：★★☆☆☆

● 实例介绍 ●

　　【伽玛值】命令可以在较低对比度区域中强化细节而不会影响阴影或高光。

● 操作步骤 ●

STEP 01 执行菜单栏中的【文件】|【导入】命令，导入"毛毛兔公仔.jpg"文件，如图4.24所示。

STEP 02 执行菜单栏中的【效果】|【调整】|【伽玛值】命令，在弹出的对话框中通过调整伽玛值大小来强化或者减弱图像柔化程度，如图4.25所示。

图4.24 导入素材　　　　图4.25 柔化图像

实战 111 【包度/饱和度/亮度】命令

▶ 素材位置：素材\第4章\童鞋.jpg
▶ 案例位置：无
▶ 视频位置：视频\实战111.avi
▶ 难易指数：★★☆☆☆

● 实例介绍 ●

　　【色度/饱和度/亮度】命令可以调整位图中的色频通道，并更改色谱中颜色的位置。这种效果可以更改对象的颜色和浓度，以及对象中白色所占的百分比。

● 操作步骤 ●

STEP 01 执行菜单栏中的【文件】|【导入】命令，导入"童鞋.jpg"文件，如图4.26所示。

图4.26 导入素材

STEP 02 执行菜单栏中的【效果】|【调整】|【色度/饱和度/亮度】命令，在弹出的对话框中勾选所要更改的颜色【通道】，再调整【饱和度】值达到所需效果，如图4.27所示。

图4.27 调整饱和度

实战 112

【所选颜色】命令

▶ 素材位置：素材\第4章\春卷.jpg
▶ 案例位置：无
▶ 视频位置：视频\实战112.avi
▶ 难易指数：★★☆☆☆

● 实例介绍 ●

　　【所选颜色】命令用于通过改变图像中的红、黄、绿、青、蓝和品红色谱的CMYK百分比来改变颜色。

● 操作步骤 ●

STEP 01 执行菜单栏中的【文件】|【导入】命令，导入"春卷.jpg"文件，如图4.28所示。

STEP 02 执行菜单栏中的【效果】|【调整】|【所选颜色】命令，在弹出的对话框中勾选【色谱】，在调整项中更改颜色数值，如图4.29所示。

图4.28 导入素材

图4.29 调整颜色

实战 113

【替换颜色】命令

▶ 素材位置：素材\第4章\花纹.jpg
▶ 案例位置：无
▶ 视频位置：视频\实战113.avi
▶ 难易指数：★★☆☆☆

● 实例介绍 ●

　　【替换颜色】命令会创建1个颜色遮罩来定义要替换的颜色。根据设置的范围，可以替换一种颜色或将整个位图从一种颜色范围变换到另一种颜色范围，还可以为新颜色设置色度、饱和度和亮度。

● 操作步骤 ●

STEP 01 执行菜单栏中的【文件】|【导入】命令，导入"花纹.jpg"文件，如图4.30所示。

图4.30 导入素材

STEP 02 执行菜单栏中的【效果】|【调整】|【替换颜色】命令，在弹出的对话框中分别单击【原颜色】和【新建颜色】后方吸管按钮，分别吸取原颜色及想要替换的颜色，如图4.31所示。

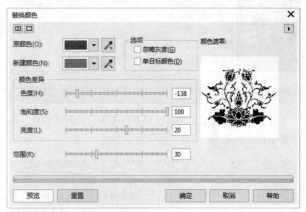

图4.31 替换颜色

实战 114

【取消饱和】命令

▶ 素材位置：素材\第4章\烤肉.jpg
▶ 案例位置：无
▶ 视频位置：视频\实战114.avi
▶ 难易指数：★★☆☆☆

● 实例介绍 ●

　　【取消饱和】命令可以将位图中每种颜色的饱和度降到零，移除色度组件，并将每种压缩转换为与其相对应的灰度。

● 操作步骤 ●

STEP 01 执行菜单栏中的【文件】|【导入】命令,导入"烤肉.jpg"文件,如图4.32所示。

STEP 02 执行菜单栏中的【效果】|【调整】|【取消饱和】命令,即可将图像的饱和取消,如图4.33所示。

图4.32 导入素材　　　　图4.33 取消饱和

提示

在CorelDRAW X8中执行某些命令是不会打开对话框的。

实战 115

【通道混合器】命令

▶ 素材位置:素材\第4章\草莓.jpg
▶ 案例位置:无
▶ 视频位置:视频\实战115.avi
▶ 难易指数:★★☆☆☆

● 实例介绍 ●

【通道混合器】命令可以调整所选通道的颜色参数从而改变图像的颜色。

● 操作步骤 ●

STEP 01 执行菜单栏中的【文件】|【导入】命令,导入"草莓.jpg"文件,如图4.34所示。

STEP 02 执行菜单栏中的【效果】|【调整】|【通道混合器】命令,在弹出的对话框中调整所需要的颜色值达到想要的图像效果,如图4.35所示。

图4.34 导入素材　　　　图4.35 图像更鲜艳

实战 116

【去交错】命令

▶ 素材位置:素材\第4章\帽子.jpg
▶ 案例位置:无
▶ 视频位置:视频\实战116.avi
▶ 难易指数:★★☆☆☆

● 实例介绍 ●

【去交错】命令可以提升图像的锐度,使细节更加丰富,质感更强。

● 操作步骤 ●

STEP 01 执行菜单栏中的【文件】|【导入】命令,导入"帽子.jpg"文件,如图4.36所示。

图4.36 导入素材

STEP 02 执行菜单栏中心【效果】|【变换】|【去交错】命令,在弹出的对话框中分别勾选【偶数行】及【复制】单选按钮,提升锐度,如图4.37所示。

图4.37 提升锐度效果

实战 117

【反转颜色】命令

▶ 素材位置:素材\第4章\李子.jpg
▶ 案例位置:无
▶ 视频位置:视频\实战117.avi
▶ 难易指数:★★☆☆☆

● 实例介绍 ●

【反转颜色】命令可以使图像的颜色反显,形成冲印照片中的负片效果。

● 操作步骤 ●

STEP 01 执行菜单栏中的【文件】|【导入】命令,导入"李子.jpg"文件,如图4.38所示。

STEP 02 执行菜单栏中的【效果】|【变换】|【反转颜色】命令,即可将颜色进行反转,如图4.39所示。

图4.38 导入素材

图4.39 反转颜色效果

<table>
</table>

实战 118	【极色化】命令

- 素材位置：素材\第4章\猫咪.jpg
- 案例位置：无
- 视频位置：视频\实战118.avi
- 难易指数：★★☆☆☆

● 实例介绍 ●

【极色化】命令，可以将图像中的颜色范围调整成纯色色块、使图像简单化，常用于减少图像中的色调值数量。

● 操作步骤 ●

STEP 01 执行菜单栏中的【文件】|【导入】命令，导入"猫咪.jpg"文件，如图4.40所示。

STEP 02 执行菜单栏中的【效果】|【变换】|【极色化】命令，在弹出的对话框中通过调整【层次】值大小生成想要的极色化效果，如图4.41所示。

图4.40 导入素材

图4.41 极色化效果

实战 119	【尘埃与刮痕】命令

- 素材位置：素材\第4章\小熊.jpg
- 案例位置：无
- 视频位置：视频\实战119.avi
- 难易指数：★★☆☆☆

● 实例介绍 ●

【尘埃与刮痕】命令可以通过更改图像中的相异像素来减少杂色，使图像更加平滑。

● 操作步骤 ●

STEP 01 执行菜单栏中的【文件】|【导入】命令，导入"小熊.jpg"文件，如图4.42所示。

STEP 02 执行菜单栏中的【效果】|【校正】|【尘埃与刮痕】

命令，在弹出的对话框中分别更改【阈值】及【半径】值大小来增强或者减弱校正的程度，如图4.43所示。

图4.42 导入素材

图4.43 校正效果

更改位图的颜色模式

颜色模式是指图像在显示与打印时定义颜色的方式。根据其构成色彩方式的不同，其显示也有所不同。常见的色彩模式包括CMYK、RGB、灰度、HSB和Lab模式等。

实战 120	【黑白】命令

- 素材位置：素材\第4章\小猴.jpg
- 案例位置：无
- 视频位置：视频\实战120.avi
- 难易指数：★★☆☆☆

● 实例介绍 ●

位图的黑白与灰度不同，应用黑白命令后，图像只显示为黑白色，可以清楚地显示位图的线条和轮廓图，适用于艺术线条和一些简单的图形。

● 操作步骤 ●

STEP 01 执行菜单栏中的【文件】|【导入】命令，导入"小猴.jpg"文件，如图4.44所示。

图4.44 导入素材

STEP 02 执行菜单栏中的【位图】|【模式】|【黑白】命令，在弹出【转换为1位】的对话框中可以选择【转换方法】，选择之后通过调整强度值来确定调出的效果，同时还可以对当前选项进行细化调整，如图4.45所示。

图4.46 导入素材   图4.47 灰度效果

可将图像转换为灰度，如图4.47所示。

实战 122

【双色】命令

▶ 素材位置：素材\第4章\手包.jpg
▶ 案例位置：无
▶ 视频位置：视频\实战122.avi
▶ 难易指数：★★☆☆☆

● 实例介绍 ●

双色包括单色调、双色调、三色调和四色调4种类型，可以使用1~4种色调构建图像色彩，使用双色可以为图像构建统一的色调效果。

● 操作步骤 ●

STEP 01 执行菜单栏中的【文件】|【导入】命令，导入"手包.jpg"文件，如图4.48所示。

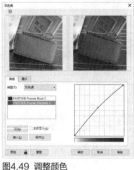

图4.48 导入素材

图4.45 黑白效果

实战 121

【灰度】命令

▶ 素材位置：素材\第4章\绿色鞋子.jpg
▶ 案例位置：无
▶ 视频位置：视频\实战121.avi
▶ 难易指数：★★☆☆☆

● 实例介绍 ●

应用灰度命令后，可以去掉图像中的色彩信息，只保留0~255的不同级别的灰度颜色，因此图像中只有黑、白、灰的颜色显示。

● 操作步骤 ●

STEP 01 执行菜单栏中的【文件】|【导入】命令，导入"绿色鞋子.jpg"文件，如图4.46所示。

STEP 02 执行菜单栏中的【位图】|【模式】|【灰度】命令即

STEP 02 执行菜单栏中的【位图】|【模式】|【双色】命令，在弹出的对话框中选择【类型】为双色调后拖动曲线调整颜色，切换到【叠印】选项还可以使用套印模糊，如图4.49所示。

图4.49 调整颜色

实战 123 【调色板色】命令

▶ 素材位置：素材\第4章\小玩偶.jpg
▶ 案例位置：无
▶ 视频位置：视频\实战123.avi
▶ 难易指数：★★☆☆☆

● 实例介绍 ●

调色板色最多能够使用256种颜色来保存和显示图像。位图转换为调色板模式后，可以减小文件。系统提供了不同的曲线类型，也可以根据位图中的颜色来创建自定义调色板。

● 操作步骤 ●

STEP 01 执行菜单栏中的【文件】|【导入】命令，导入"小玩偶.jpg"文件，如图4.50所示。

图4.50　导入素材

STEP 02 执行菜单栏中的【位图】|【模式】|【调色板色】命令，在弹出的对话框中的【选项】选项卡中调整平滑及颜色等，如图4.51所示。

图4.51　调出特殊颜色

实战 124 RGB颜色模式

▶ 素材位置：素材\第4章\海鲜面.jpg
▶ 案例位置：无
▶ 视频位置：视频\实战124.avi
▶ 难易指数：★☆☆☆☆

● 实例介绍 ●

RGB颜色模式的图像应用于电视、网络、幻灯和多媒体等领域，通过使用RGB颜色命令可以将其他颜色模式的图像转换为RGB颜色模式。

● 操作步骤 ●

STEP 01 执行菜单栏中的【文件】|【导入】命令，导入"海鲜面.jpg"文件，如图4.52所示。

STEP 02 执行菜单栏中的【位图】|【模式】|【RGB颜色】命令即可将图像转换为RGB颜色模式，如图4.53所示。

图4.52　导入素材　　　　　图4.53　转换为RGB颜色模式

实战 125 Lab色模式

▶ 素材位置：素材\第4章\闹钟.jpg
▶ 案例位置：无
▶ 视频位置：视频\实战125.avi
▶ 难易指数：★★☆☆☆

● 实例介绍 ●

Lab色能产生与各种设备匹配的颜色（如监视器、印刷机、扫描仪、打印机等的颜色），还可以作为中间色实现各种设备颜色之间的转换。

● 操作步骤 ●

STEP 01 执行菜单栏中的【文件】|【导入】命令，导入"闹钟.jpg"文件，如图4.54所示。

STEP 02 执行菜单栏中的【位图】|【模式】|【Lab色】命令即可将图像转换为Lab色模式，如图4.55所示。

图4.54　导入素材　　　　　图4.55　转换为Lab色模式

实战 126 CMYK色转换印刷颜色

▶ 素材位置：素材\第4章\小女孩.jpg
▶ 案例位置：无
▶ 视频位置：视频\实战126.avi
▶ 难易指数：★☆☆☆☆

● 实例介绍 ●

CMYK色是彩色印刷时采用的一种套色模式，利用色料的三原色混色原理，加上黑色油墨，共计四种颜色混合叠加，形成全彩印刷。

● 操作步骤 ●

STEP 01 执行菜单栏中的【文件】|【导入】命令，导入"小女孩.jpg"文件，如图4.56所示。

STEP 02 执行菜单栏中的【位图】|【模式】|【CMYK色】命令即可将图像转换为CMYK色模式，如图4.57所示。

图4.56 导入素材　　　　　图4.57 转换为CMYK色模式

提示

颜色转换是不可逆的，将RGB模式转换为CMYK模式后高光部分可能会变暗，这些改变无法恢复。

应用滤镜效果

在CorelDrawX8中提供了多种类型的滤镜效果，包括三维效果、艺术笔触效果、模糊效果、相机效果、颜色变换效果、轮廓图效果、创造性效果、扭曲效果、杂点效果和鲜明化效果等，通过这些滤镜效果可以制作出丰富的特殊效果。

实战 127

【三维旋转】命令

▶ 素材位置：素材\第4章\小提琴.jpg
▶ 案例位置：无
▶ 视频位置：视频\实战127.avi
▶ 难易指数：★★☆☆☆

● 实例介绍 ●

【三维旋转】命令可以改变位图水平或垂直方向的角度，以模拟三维空间的方式来旋转位图，产生出立体透视的效果。

● 操作步骤 ●

STEP 01 执行菜单栏中的【文件】|【导入】命令，导入"小提琴.jpg"文件，如图4.58所示。

STEP 02 执行菜单栏中的【位图】|【三维效果】|【三维旋转】命令，在弹出的对话框中分别更改垂直和水平数值可以

调整对应的透视程度，如图4.59所示。

图4.58 导入素材　　　　　图4.59 透视效果

实战 128

【柱面】命令放大图像

▶ 素材位置：素材\第4章\青瓜.jpg
▶ 案例位置：无
▶ 视频位置：视频\实战128.avi
▶ 难易指数：★★☆☆☆

● 实例介绍 ●

【柱面】命令可以使用图像产生缠绕在柱面内侧或柱面外侧的变形效果。

● 操作步骤 ●

STEP 01 执行菜单栏中的【文件】|【导入】命令，导入"青瓜.jpg"文件，如图4.60所示。

图4.60 导入素材

STEP 02 执行菜单栏中的【位图】|【三维效果】|【柱面】命令，在弹出的对话框中可以分别调整水平及垂直的柱面效果，如图4.61所示。

图4.61 放大图像

实战 129

【浮雕】命令制作浮雕

▶ 素材位置：素材\第4章\热气球.jpg
▶ 案例位置：无
▶ 视频位置：视频\实战129.avi
▶ 难易指数：★★☆☆☆

● 实例介绍 ●

【浮雕】命令可以设置深度和光线的方向，在平面图像上建立一种三维浮雕效果。

STEP 01 执行菜单栏中的【文件】|【导入】命令，导入"热气球.jpg"文件，如图4.62所示。

图4.62 导入素材

STEP 02 执行菜单栏中的【位图】|【三维效果】|【柱面】命令，在弹出的对话框中分别更改【深度】、【层次】及【方向】值，可以设置浮雕的明显程度，勾选【浮雕色】可以更改浮雕的背景颜色，如图4.63所示。

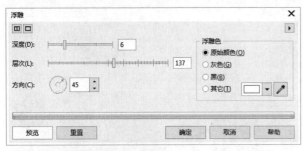

图4.63 浮雕效果

实战 130

【卷页】命令制作卷页

▶ 素材位置：素材\第4章\咖啡.jpg
▶ 案例位置：无
▶ 视频位置：视频\实战130.avi
▶ 难易指数：★★☆☆☆

● 实例介绍 ●

　　【卷页】命令可以从图像的4个角落开始，将位图的部分区域像纸一样卷起来，在一些特殊的应用场景下可以制作出胶片卷页效果。

STEP 01 执行菜单栏中的【文件】|【导入】命令，导入"咖啡.jpg"文件，如图4.64所示。

图4.64 导入素材

STEP 02 执行菜单栏中的【位图】|【三维效果】|【卷页】命令，在弹出的对话框中勾选【定向】中的选项可以设置卷页的垂直或者水平，纸张可以设置为"不透明"或者"透明的"，如图4.65所示。

图4.65 卷页效果

实战 131

【透视】命令制作透视

▶ 素材位置：素材\第4章\大路.jpg
▶ 案例位置：无
▶ 视频位置：视频\实战131.avi
▶ 难易指数：★★☆☆☆

● 实例介绍 ●

　　【透视】命令可以使用图像产生三维透视效果。

STEP 01 执行菜单栏中的【文件】|【导入】命令，导入"大路.jpg"文件，如图4.66所示。

图4.66 导入素材

STEP 02 执行菜单栏中的【位图】|【三维效果】|【透视】命令，在弹出的对话框中拖动左侧变形框区域可以将图像透视，在【类型】中可以设置图像以透视或者切变样式呈现，如图4.67所示。

图4.67 透视效果

实战
132

【挤远/挤近】命令

▶ 素材位置：素材\第4章\建筑.jpg
▶ 案例位置：无
▶ 视频位置：视频\实战132.avi
▶ 难易指数：★★☆☆☆

● 实例介绍 ●

【挤远/挤近】命令可使图像相对于某个点弯曲，产生拉近或拉远的效果。

● 操作步骤 ●

STEP 01 执行菜单栏中的【文件】|【导入】命令，导入"建筑.jpg"文件，如图4.68所示。

图4.68 导入素材

STEP 02 执行菜单栏中的【位图】|【三维效果】|【挤远/挤近】命令，在弹出的对话框中更改【挤远/挤近】的值调整变形程度，如图4.69所示。

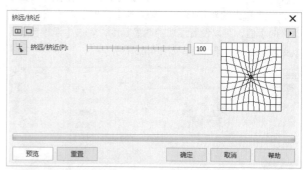

图4.69 变形效果

实战
133

【球面】命令制作凸出

▶ 素材位置：素材\第4章\咖啡杯.jpg
▶ 案例位置：无
▶ 视频位置：视频\实战133.avi
▶ 难易指数：★★☆☆☆

● 实例介绍 ●

【球面】命令可以使图像产生凹凸的球面效果。

● 操作步骤 ●

STEP 01 执行菜单栏中的【文件】|【导入】命令，导入"咖

啡杯.jpg"文件,如图4.70所示。

图4.70 导入素材

STEP 02 执行菜单栏中的【位图】|【三维效果】|【球面】命令,在弹出的对话框中通过勾选【速度】和【质量】单选按钮可以指定优化方式,更改【百分比】值调整优化程度,如图4.71所示。

STEP 02 执行菜单栏中的【位图】|【艺术笔触】|【炭笔画】命令,在弹出的对话框中通过更改【大小】数值可以调整笔触的明显程度,更改【边缘】值可以调整图像边缘的炭笔痕迹效果,如图4.73所示。

图4.72 导入素材

图4.73 炭笔画效果

实战 135

【单色蜡笔画】命令

▶ 素材位置:素材\第4章\蝴蝶.jpg
▶ 案例位置:无
▶ 视频位置:视频\实战135.avi
▶ 难易指数:★★☆☆☆

● 实例介绍 ●

【单色蜡笔画】命令可以将图像制作成类似于粉笔画的图像效果。

● 操作步骤 ●

STEP 01 执行菜单栏中的【文件】|【导入】命令,导入"蝴蝶.jpg"文件,如图4.74所示。

STEP 02 执行菜单栏中的【位图】|【艺术笔触】|【单色蜡笔画】命令,在弹出的对话框中可以设置指定的颜色,单击【纸张颜色】后方按钮可以更改模拟纸张的颜色,分别调整【压力】和【底纹】可以设置笔触或者底纹的压力,如图4.75所示。

图4.71 制作凸出效果

实战 134

【炭笔画】命令

▶ 素材位置:素材\第4章\日出.jpg
▶ 案例位置:无
▶ 视频位置:视频\实战134.avi
▶ 难易指数:★★☆☆☆

● 实例介绍 ●

【炭笔画】命令可以使位图图像具有类似于炭笔绘制的画面效果。

● 操作步骤 ●

STEP 01 执行菜单栏中的【文件】|【导入】命令,导入"日出.jpg"文件,如图4.72所示。

图4.74 导入素材
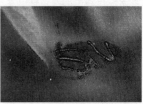
图4.75 单色蜡笔画效果

实战 136

【蜡笔画】命令

▶ 素材位置:素材\第4章\美女画像.jpg
▶ 案例位置:无
▶ 视频位置:视频\实战136.avi
▶ 难易指数:★★☆☆☆

● 实例介绍 ●

【蜡笔画】命令可以将图像制作成类似于蜡笔画的图像效果。

STEP 01 执行菜单栏中的【文件】|【导入】命令，导入"美女画像.jpg"文件，如图4.76所示。

STEP 02 执行菜单栏中的【位图】|【艺术笔触】|【蜡笔画】命令，在弹出的对话框中分别更改【大小】和【轮廓】值可以调整蜡笔画的明显程度，如图4.77所示。

图4.76 导入素材

图4.77 蜡笔画效果

实战 137

【立体派】命令

▶ 素材位置：素材\第4章\晨曦.jpg
▶ 案例位置：无
▶ 视频位置：视频\实战137.avi
▶ 难易指数：★★☆☆☆

【立体派】命令可以将图像中相同的像素组合成颜色块，形成类似于立体派的绘画风格。

STEP 01 执行菜单栏中的【文件】|【导入】命令，导入"晨曦.jpg"文件，如图4.78所示。

STEP 02 执行菜单栏中的【位图】|【艺术笔触】|【立体派】命令，在弹出的对话框中分别更改【大小】和【亮度】值可以调整效果的明显程度，而纸张色可以设置效果的底色，如图4.79所示。

图4.78 导入素材

图4.79 立体派绘画风格

实战 138

【印象派】命令

▶ 素材位置：素材\第4章\草原.jpg
▶ 案例位置：无
▶ 视频位置：视频\实战138.avi
▶ 难易指数：★★☆☆☆

【印象派】命令是划时代的艺术流派，它可以将图像制作成类似印象派的绘画风格。

STEP 01 执行菜单栏中的【文件】|【导入】命令，导入"草原.jpg"文件，如图4.80所示。

STEP 02 执行菜单栏中的【位图】|【艺术笔触】|【印象派】命令，在弹出的对话框中【样式】中可以选择笔触或者色块，在【技术】选项中可以分别调整生成效果的笔触、着色及亮度，如图4.81所示。

图4.80 导入素材

图4.81 印象派绘画效果

实战 139

【调色刀】命令

▶ 素材位置：素材\第4章\向日葵.jpg
▶ 案例位置：无
▶ 视频位置：视频\实战139.avi
▶ 难易指数：★★☆☆☆

【调色刀】命令可以将图像制作成类似调色刀绘制的效果。

STEP 01 执行菜单栏中的【文件】|【导入】命令，导入"向日葵.jpg"文件，如图4.82所示。

STEP 02 执行菜单栏中的【位图】|【艺术笔触】|【调色刀】命令，在弹出的对话框中通过更改【刀片尺寸】和【柔软边缘】数值分别调整模拟的刀片尺寸和图像色彩的边缘柔化程度，如图4.83所示。

图4.82 导入素材

图4.83 调色刀绘画效果

实战 140

【彩色蜡笔画】命令

▶ 素材位置：素材\第4章\日落.jpg
▶ 案例位置：无
▶ 视频位置：视频\实战140.avi
▶ 难易指数：★★☆☆☆

【彩色蜡笔画】命令可以使图像产生彩色蜡笔绘画的效果。

● 操作步骤 ●

STEP 01 执行菜单栏中的【文件】|【导入】命令，导入"日落.jpg"文件，如图4.84所示。

STEP 02 执行菜单栏中的【位图】|【艺术笔触】|【彩色蜡笔画】命令，在弹出的对话框中分别勾选【柔性】和【油性】单选按钮可以设置蜡笔类型，如图4.85所示。

图4.84 导入素材　　　　图4.85 彩色蜡笔画效果

【钢笔画】命令

实战 141

▶ 素材位置：素材\第4章\城堡.jpg
▶ 案例位置：无
▶ 视频位置：视频\实战141.avi
▶ 难易指数：★★☆☆☆

● 实例介绍 ●

　　【钢笔画】命令可以使图像产生钢笔和水墨绘画的效果。

● 操作步骤 ●

STEP 01 执行菜单栏中的【文件】|【导入】命令，导入"城堡.jpg"文件，如图4.86所示。

STEP 02 执行菜单栏中的【位图】|【艺术笔触】|【钢笔画】命令，在弹出的对话框中分别勾选【交叉阴影】及【点画】复选框可以设置钢笔画的样式，如图4.87所示。

图4.86 导入素材　　　　图4.87 钢笔墨画效果

【点彩派】命令

实战 142

▶ 素材位置：素材\第4章\码头.jpg
▶ 案例位置：无
▶ 视频位置：视频\实战142.avi
▶ 难易指数：★★☆☆☆

● 实例介绍 ●

　　【点彩派】命令可以制作出由大量颜色点组成的图像效果。

● 操作步骤 ●

STEP 01 执行菜单栏中的【文件】|【导入】命令，导入"码头.jpg"文件，如图4.88所示。

STEP 02 执行菜单栏中的【位图】|【艺术笔触】|【点彩派】命令，在弹出的对话框中更改【大小】的值可以设置图像中色块大小，更改【亮度】的值则可以调整图像的亮度，如图4.89所示。

图4.88 导入素材　　　　图4.89 点彩派效果

【木版画】命令

实战 143

▶ 素材位置：素材\第4章\狗狗.jpg
▶ 案例位置：无
▶ 视频位置：视频\实战143.avi
▶ 难易指数：★★☆☆☆

● 实例介绍 ●

　　【木版画】命令可以使图像本身的彩色和黑白色产生鲜明的对比。

● 操作步骤 ●

STEP 01 执行菜单栏中的【文件】|【导入】命令，导入"狗狗.jpg"文件，如图4.90所示。

STEP 02 执行菜单栏中的【位图】|【艺术笔触】|【木版画】命令，在弹出的对话框中可以将【刮痕至】设置为彩色或者白色，通过更改【密度】及【大小】值来调整木版画的效果，如图4.91所示。

图4.90 导入素材　　　　图4.91 木版画效果

实战 144

【素描】命令

▶ 素材位置： 素材\第4章\汽车.jpg
▶ 案例位置： 无
▶ 视频位置： 视频\实战144.avi
▶ 难易指数： ★★☆☆☆

● 实例介绍 ●

【素描】命令可以模拟出素描图像的效果，将原本的位图转换为素描图像。

● 操作步骤 ●

STEP 01 执行菜单栏中的【文件】|【导入】命令，导入"汽车.jpg"文件，如图4.92所示。

STEP 02 执行菜单栏中的【位图】|【艺术笔触】|【素描】命令，在弹出的对话框中分别勾选【碳色】和【颜色】可以设置笔触的颜色，拖动【笔芯】滑块设置铅笔颜色的深浅，拖动【轮廓】滑块设置轮廓的清晰度，如图4.93所示。

图4.92 导入素材

图4.93 素描效果

实战 145

【水彩画】命令

▶ 素材位置： 素材\第4章\大树.jpg
▶ 案例位置： 无
▶ 视频位置： 视频\实战145.avi
▶ 难易指数： ★★☆☆☆

● 实例介绍 ●

【水彩画】命令可以将图像转换为水彩画效果。

● 操作步骤 ●

STEP 01 执行菜单栏中的【文件】|【导入】命令，导入"大树.jpg"文件，如图4.94所示。

STEP 02 执行菜单栏中的【位图】|【艺术笔触】|【水彩画】命令，在弹出的对话框中拖动【画刷大小】滑块设置笔刷的大，拖动【粒状】滑块设置纸张底纹的粗糙程度，拖动【水量】滑块设置笔刷中的水分值，拖动【出血】滑块设置笔刷的速度值，拖动【亮度】滑块设置画面的亮度，如图4.95所示。

图4.94 导入素材

图4.95 水彩画效果

实战 146

【水印画】命令

▶ 素材位置： 素材\第4章\企鹅.jpg
▶ 案例位置： 无
▶ 视频位置： 视频\实战146.avi
▶ 难易指数： ★★☆☆☆

● 实例介绍 ●

【水印画】命令可以将图像转换为水印画效果。

● 操作步骤 ●

STEP 01 执行菜单栏中的【文件】|【导入】命令，导入"企鹅.jpg"文件，如图4.96所示。

STEP 02 执行菜单栏中的【位图】|【艺术笔触】|【水印画】命令，在弹出的对话框中可以在【变化】下方选择效果的变化顺序，选择之后通过调整【大小】及【颜色变化】修改效果的色块及颜色，如图4.97所示。

图4.96 导入素材

图4.97 水印画效果

实战 147

【波纹纸画】命令

▶ 素材位置： 素材\第4章\弹吉他的小女孩.jpg
▶ 案例位置： 无
▶ 视频位置： 视频\实战147.avi
▶ 难易指数： ★★☆☆☆

● 实例介绍 ●

【波纹纸画】命令可以把图像制作成在带有纹理的纸张上绘制出的画面效果。

● 操作步骤 ●

STEP 01 执行菜单栏中的【文件】|【导入】命令，导入"弹吉他的小女孩.jpg"文件，如图4.98所示。

STEP 02 执行菜单栏中的【位图】|【艺术笔触】|【波纹纸画】命令，在【笔刷颜色模式】选项区域中选择一种颜色类型，拖动【笔刷压力】滑块，设置波浪线条的颜色深浅，如图4.99所示。

图4.98 导入素材

图4.99 波纹纸效果

实战 148 【定向平滑】命令

▶ 素材位置：素材\第4章\魔方.jpg
▶ 案例位置：无
▶ 视频位置：视频\实战148.avi
▶ 难易指数：★★☆☆☆

● 实例介绍 ●

【定向平滑】命令可以为图像添加细微的模糊效果，使图像的颜色过渡更加平滑。

● 操作步骤 ●

STEP 01 执行菜单栏中的【文件】|【导入】命令，导入"魔方.jpg"文件，如图4.100所示。

STEP 02 执行菜单栏中的【位图】|【模糊】|【定向平滑】命令，在弹出的对话框中通过设置百分比值来调整模糊程度，如图4.101所示。

图4.100 导入素材　　　　　图4.101 平滑物体

实战 149 【高斯式模糊】命令

▶ 素材位置：素材\第4章\抱枕.jpg
▶ 案例位置：无
▶ 视频位置：视频\实战149.avi
▶ 难易指数：★★☆☆☆

● 实例介绍 ●

【高斯式模糊】命令可以使图像按照高斯分布变化产生模糊效果。

● 操作步骤 ●

STEP 01 执行菜单栏中的【文件】|【导入】命令，导入"抱枕.jpg"文件，如图4.102所示。

图4.102 导入素材

STEP 02 执行菜单栏中的【位图】|【模糊】|【高斯式模糊】命令，在弹出的对话框中通过调整【半径】值更改模糊程度，如图4.103所示。

图4.103 模糊物体

实战 150 【锯齿状模糊】命令

▶ 素材位置：素材\第4章\小猴摆件.jpg
▶ 案例位置：无
▶ 视频位置：视频\实战150.avi
▶ 难易指数：★★☆☆☆

● 实例介绍 ●

【锯齿状模糊】可以在相邻颜色的一定高度和宽度范围内产生锯齿状波动的模糊效果。

● 操作步骤 ●

STEP 01 执行菜单栏中的【文件】|【导入】命令，导入"小猴摆件.jpg"文件，如图4.104所示。

STEP 02 执行菜单栏中的【位图】|【模糊】|【锯齿式模糊】命令，在弹出的对话框中通过更改【宽度】和【高度】调整锯齿模糊大小，如图4.105所示。

图4.104 导入素材　　　　　图4.105 锯齿状模糊

实战 151 【低通滤波器】命令

▶ 素材位置：素材\第4章\啤酒.jpg
▶ 案例位置：无
▶ 视频位置：视频\实战151.avi
▶ 难易指数：★★☆☆☆

● 实例介绍 ●

【低通滤波器】命令通过降低图像中像素之间的对比度来达到模糊效果。

● 操作步骤 ●

STEP 01 执行菜单栏中的【文件】|【导入】命令，导入"啤酒.jpg"文件，如图4.106所示。

STEP 02 执行菜单栏中的【位图】|【模糊】|【低通滤波器】命令，在弹出的对话框中通过更改【百分比】修改效果与原

图的差异化，更改【半径】调整模糊的半径值，如图4.107所示。

图4.106 导入素材

图4.107 模糊效果

实战 152 【动态模糊】命令

▶ 素材位置：素材\第4章\越野车.jpg
▶ 案例位置：无
▶ 视频位置：视频\实战152.avi
▶ 难易指数：★★☆☆☆

● 实例介绍 ●

【动态模糊】命令可以将图像沿一定方向创建镜头运动，从而产生动态模糊效果。

● 操作步骤 ●

STEP 01 执行菜单栏中的【文件】|【导入】命令，导入"越野车.jpg"文件，如图4.108所示。

图4.108 导入素材

STEP 02 执行菜单栏中的【位图】|【模糊】|【动态模糊】命令，在弹出的对话框中拖动【间隔】滑块，设置动态模糊效果图像和图像之间的距离，在【方向】文本框中输入图像运动的角度，在【图像外围取样】选项区域中选择运动图像的取样模式，如图4.109所示。

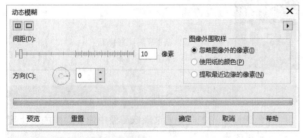

图4.109 动态模糊效果

实战 153 【放射状模糊】命令

▶ 素材位置：素材\第4章\彩色气球.jpg
▶ 案例位置：无
▶ 视频位置：视频\实战153.avi
▶ 难易指数：★★☆☆☆

● 实例介绍 ●

【放射状模糊】命令可以使图像从指定的圆心处产生旋转模糊效果。

● 操作步骤 ●

STEP 01 执行菜单栏中的【文件】|【导入】命令，导入"彩色气球.jpg"文件，如图4.110所示。

STEP 02 执行菜单栏中的【位图】|【模糊】|【放射状模糊】命令，在弹出的对话框中单击按钮，在图像中单击确定旋转中心点，修改【数量】值可以调整模糊程度，如图4.111所示。

图4.110 导入素材

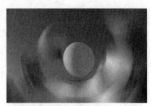
图4.111 放射状模糊效果

实战 154 【平滑】命令

▶ 素材位置：素材\第4章\速度.jpg
▶ 案例位置：无
▶ 视频位置：视频\实战154.avi
▶ 难易指数：★★☆☆☆

● 实例介绍 ●

【平滑】命令可以减小图像中相邻像素之间的色调差别。

● 操作步骤 ●

STEP 01 执行菜单栏中的【文件】|【导入】命令，导入"速度.jpg"文件，如图4.112所示。

STEP 02 执行菜单栏中的【位图】|【模糊】|【平滑】命令，在弹出的对话框中调整【数值】大小，修改平滑程度，如图4.113所示。

图4.112 导入素材

图4.113 平滑效果

实战 155 【柔和】命令

▶ 素材位置：素材\第4章\牡丹.jpg
▶ 案例位置：无
▶ 视频位置：视频\实战155.avi
▶ 难易指数：★★☆☆☆

● 实例介绍 ●

　　【柔和】命令可以使图像产生轻微的模糊效果，从而达到柔和画面的目的。

● 操作步骤 ●

STEP 01 执行菜单栏中的【文件】|【导入】命令，导入"牡丹.jpg"文件，如图4.114所示。

STEP 02 执行菜单栏中的【位图】|【模糊】|【柔和】命令，在弹出的对话框中更改【数值】调整柔和程度，单击【确定】按钮，如图4.115所示。

图4.114 导入素材

图4.115 柔和图像

实战 156 【缩放】命令制作放射

▶ 素材位置：素材\第4章\桃子.jpg
▶ 案例位置：无
▶ 视频位置：视频\实战156.avi
▶ 难易指数：★★☆☆☆

● 实例介绍 ●

　　【缩放】命令可以从图像的某个点往外扩散，产生爆炸的视觉冲击效果。

● 操作步骤 ●

STEP 01 执行菜单栏中的【文件】|【导入】命令，导入"桃子.jpg"文件，如图4.116所示。

STEP 02 执行菜单栏中的【位图】|【模糊】|【缩放】命令，在弹出的对话框中修改【数量】值调整缩放程度，如图4.117所示。

图4.116 导入素材

图4.117 缩放图像

实战 157 【着色】命令定义色彩

▶ 素材位置：素材\第4章\教堂.jpg
▶ 案例位置：无
▶ 视频位置：视频\实战157.avi
▶ 难易指数：★★☆☆☆

● 实例介绍 ●

　　【着色】命令可以为图像重新定义色彩，调整图像的色调。

● 操作步骤 ●

STEP 01 执行菜单栏中的【文件】|【导入】命令，导入"教堂.jpg"文件，如图4.118所示。

图4.118 导入素材

STEP 02 执行菜单栏中的【位图】|【相机】|【着色】命令，在弹出的对话框中将【色度】更改为256、【饱和度】更改为6，如图4.119所示。

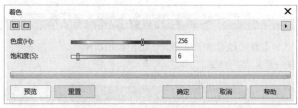

图4.119 调整色调效果

实战 158 【扩散】命令制作散光

▶ 素材位置：素材\第4章\雪景.jpg
▶ 案例位置：无
▶ 视频位置：视频\实战158.avi
▶ 难易指数：★★☆☆☆

● 实例介绍 ●

【扩散】命令通过模仿照相机原理，使原始图像产生散光等效果。

● 操作步骤 ●

STEP 01 执行菜单栏中的【文件】|【导入】命令，导入"雪景.jpg"文件，如图4.120所示。

STEP 02 执行菜单栏中的【位图】|【相机】|【扩散】命令，在弹出的对话框中将【层次】更改为100像素，单击【确定】按钮，如图4.121所示。

图4.120 导入素材

图4.121 散光效果

实战 159 【照片过滤器】命令

▶ 素材位置：素材\第4章\粉红钱包.jpg
▶ 案例位置：无
▶ 视频位置：视频\实战159.avi
▶ 难易指数：★★☆☆☆

● 实例介绍 ●

【照片过滤器】命令通过模仿照相机原理，将图像中的某一色彩进行过滤。

● 操作步骤 ●

STEP 01 执行菜单栏中的【文件】|【导入】命令，导入"粉红钱包.jpg"文件，如图4.122所示。

图4.122 导入素材

STEP 02 执行菜单栏中的【位图】|【相机】|【照片过滤器】命令，在弹出的对话框中单击【颜色】后方按钮，在弹出的面板中单击 图标，在图像中钱包区域单击吸取颜色，通过【密度】值调整颜色深浅，如图4.123所示。

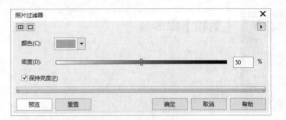

图4.123 照片过滤器调色效果

实战 160 【棕褐色色调】命令

▶ 素材位置：素材\第4章\雪山.jpg
▶ 案例位置：无
▶ 视频位置：视频\实战160.avi
▶ 难易指数：★★☆☆☆

● 实例介绍 ●

【棕褐色色调】命令通过模仿相机的成像原理，将图像色调转换为棕褐色，具有很高的实用性。

● 操作步骤 ●

STEP 01 执行菜单栏中的【文件】|【导入】命令，导入"雪山.jpg文件，如图4.124所示。

图4.124 导入素材

STEP 02 执行菜单栏中的【位图】|【相机】|【棕褐色色调】命令，在弹出的对话框中调整【老化量】更改图像中的棕褐色色调深浅，单击【确定】按钮，如图4.125所示。

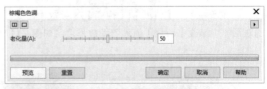

图4.125 转换色调效果

第**5**章

图层和输出

本章介绍

在CorelDRAW X8中，用户可以将图形对象组织在不同的图层中，以便更灵活地编辑这些对象，对于相似的属性可以利用样式和模板控制绘图布局、页面布局和外观等，必要时可将图形打印和输出。通过本章的学习可以掌握图层功能的使用、创建图形或文本样式、编辑图形或文本样式、编辑颜色样式、创建模板、应用模板、导入文件、导出文件、发布到Web、导出到Office、发布至PDF等知识。

要点索引

- 掌握利用图层管理对象
- 学习如何创建与编辑样式
- 学会创建与应用模版
- 学习导入与导出文件
- 学会发布文件
- 学习打印设置项
- 学会收集与输出信息

使用图层控制对象

在CorelDraw X8中绘制的图形都是由多个对象堆叠组成的，通过调整这些对象叠放的顺序，可以改变绘图的最终效果。在CorelDraw X8中，控制对象和管理图层的操作都是通过【对象管理器】的泊坞窗完成的。

实战 161

在图层中添加对象

▶ 素材位置：无
▶ 案例位置：无
▶ 视频位置：视频\实战161.avi
▶ 难易指数：★★☆☆☆

● 实例介绍 ●

要在指定的图层中添加对象，首先需要保证该图层处于未锁定状态，如果图层被锁定，可在【对象管理器】面板中单击图层名称前的🔒按钮，将其解锁。

● 操作步骤 ●

STEP 01 在【对象管理器】面板中，选择需要添加对象的图层，如图5.1所示。

STEP 02 在当前页面中绘制、导入和粘贴到CorelDRAW中的对象，都会被放置在该图层中，如图5.2所示。

图5.1 选择图层　　　　图5.2 在图层中添加对象

实战 162

在新建的主图层中添加对象

▶ 素材位置：无
▶ 案例位置：无
▶ 视频位置：视频\实战162.avi
▶ 难易指数：★★☆☆☆

● 实例介绍 ●

在新建主图层时，主图层始终都将添加到主页面上，并且添加到主图层上的内容在文档的所有页面上都可见，用户可以将1个或多个图层添加到主页面，以保证这些页面具有相同的页眉、页脚或者静态背景等内容。

● 操作步骤 ●

STEP 01 单击【对象管理器】面板左下角的【新建主图层(所有页)】按钮，新建1个主图层为【图层1】，如图5.3所示。

STEP 02 在页面标签中单击按钮，为当前文件插入一个新的页面，得到【页面2】，此时可以发现页面2具有与页面1相同的背景，如图5.4所示。

图5.3 新建图层　　　　图5.4 插入页面对象

STEP 03 执行菜单栏中的【视图】|【页面排序器视图】命令，可以同时查看2个页面的内容，如图5.5所示。

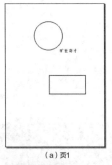

（a）页1　　　　（b）页2

图5.5 查看添加的页面

实战 163

在图层中更改对象顺序

▶ 素材位置：无
▶ 案例位置：无
▶ 视频位置：视频\实战163.avi
▶ 难易指数：★★☆☆☆

● 实例介绍 ●

在图层中更改对象的顺序可以调整优先级，方便对图形图像进一步编辑。

● 操作步骤 ●

STEP 01 在【对象管理器】面板中，选择需要更改顺序的图层，如图5.6所示。

STEP 02 按住鼠标左键将该图层拖动到新的图层位置会显示出一条黑色线段，松开鼠标左键即可，如图5.7所示。

图5.6 选择中图层　　　　图5.7 更改顺序

实战 164　在图层中复制对象

▶ 素材位置：无
▶ 案例位置：无
▶ 视频位置：视频\实战164.avi
▶ 难易指数：★★☆☆☆

● 实例介绍 ●

在图层中复制对象，可以方便将对象进行重复编辑，同时保留源对象。

● 操作步骤 ●

STEP 01　在【对象管理器】面板中，选择需要复制的对象所在的子图层，然后按Ctrl+C快捷键进行复制，如图5.8所示。

STEP 02　选择目标图层，按Ctrl+V快捷键进行粘贴，即可将选取的对象复制到新的图层中，如图5.9所示。

图5.8 选择对象并复制　　　图5.9 粘贴对象

实战 165　删除图层

▶ 素材位置：无
▶ 案例位置：无
▶ 视频位置：视频\实战165.avi
▶ 难易指数：★★☆☆☆

● 实例介绍 ●

在绘图过程中，如果遇到不需要的图层，可以将其删除。

● 操作步骤 ●

STEP 01　在【对象管理器】面板中，选择需要删除的图层对象，如图5.10所示。

STEP 02　单击面板底部的【删除】🗑按钮，或者直接按下Delete键即可将其删除，如图5.11所示。

图5.10 选择图层　　　图5.11 删除图层

实战 166　创建样式

▶ 素材位置：无
▶ 案例位置：无
▶ 视频位置：视频\实战166.avi
▶ 难易指数：★★☆☆☆

● 实例介绍 ●

在CorelDraw中，可以根据现有对象的属性创建图形或文本样式，也可以重新创建图形或文本样式，通过这2种方式创建的样式都可以被保存下来。

● 操作步骤 ●

STEP 01　选择需要创建图形样式的对象，如图5.12所示。

STEP 02　选择对象后单击鼠标右键，在弹出的快捷菜单中选择【对象样式】I【从以下项新建样式集】命令。

STEP 03　在弹出的【从以下项新建样式集】对话框中，输入样式的名称，并勾选【打开"对象样式"泊坞窗】复选框，单击【确定】按钮，即可按该对象的填充和轮廓属性创建为新的图形样式集，如图5.13所示。

图5.12 选择对象　　　图5.13 创建样式

STEP 04　在弹出的对话框中即可看到创建的轮廓样式，如图5.14所示。

图5.14 轮廓样式

实战 167

编辑样式

▶ 素材位置：无
▶ 案例位置：无
▶ 视频位置：视频\实战167.avi
▶ 难易指数：★★☆☆☆

• 实例介绍 •

图形样式包括填充设置和轮廓设置，可应用于曲线、椭圆或矩形等图形对象，通过对这些样式进行编辑等操作可以更加方便地使用样式。

• 操作步骤 •

STEP 01 选择需要创建新样式的对象，如图5.15所示。

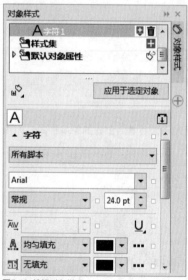

图5.15 选择对象

STEP 02 在对象上单击鼠标右键，在弹出的快捷菜单中选择【对象样式】|【编辑样式】命令，在弹出的【对象样式】面板中设置对象样式，如图5.16所示。

图5.16 编辑对象样式

实战 168

应用图形样式

▶ 素材位置：无
▶ 案例位置：无
▶ 视频位置：视频\实战168.avi
▶ 难易指数：★★☆☆☆

• 实例介绍 •

在创建新的图形或文本样式后，新绘制的对象不会自动应用该样式，这时需要手动对其应用新样式。

• 操作步骤 •

STEP 01 单击工具箱中的【选择工具】按钮，选择需要应用图形样式的对象。

STEP 02 单击鼠标右键，在弹出的快捷菜单中选择【对象样式】|【应用样式】命令，并在展开的下一级子菜单中选择所需要的样式即可，如图5.17所示。

图5.17 应用图形样式

实战 169

查找和删除样式

▶ 素材位置：无
▶ 案例位置：无
▶ 视频位置：视频\实战169.avi
▶ 难易指数：★★☆☆☆

• 实例介绍 •

如果已经将图形或者文本样式应用到当前文件中，就可以通过查找命令快速查找相应的图形样式。

• 操作步骤 •

STEP 01 打开【对象样式】面板，如图5.18所示。

STEP 02 选择需要删除的图形或者文本样式，然后单击所选对象后面的【删除样式集】按钮，即可删除选择的样式，如图5.19所示。

图5.18 打开【对象样式】面板

图5.19 删除样式

实战 170

从对象创建颜色样式

▶ 素材位置：无
▶ 案例位置：无
▶ 视频位置：视频\实战170.avi
▶ 难易指数：★★☆☆☆

• 实例介绍 •

创建颜色样式时，新样式将被保存到活动绘图中，同时可将它应用于绘图中的对象。

● 操作步骤 ●

STEP 01 单击工具箱中的【选择工具】按钮，需要创建颜色样式的对象，如图5.20所示。

图5.20 选择对象

STEP 02 执行菜单栏中的【窗口】|【泊坞窗】|【颜色样式】命令，将对象拖入弹出的【颜色样式】面板中指定区域即可创建颜色样式，如图5.21所示。

图5.21 创建颜色样式

实战 171

编辑颜色样式

▶ 素材位置：无
▶ 案例位置：无
▶ 视频位置：视频\实战171.avi
▶ 难易指数：★★☆☆☆

● 实例介绍 ●

创建颜色样式时，新样式将被保存到活动绘图中，同时可将它应用于绘图中的对象。

● 操作步骤 ●

STEP 01 在【颜色样式】面板中，选择需要编辑的颜色，在色块上单击，如图5.22所示。

STEP 02 在下方的【颜色编辑器】设置区域即可设置颜色数值，如图5.23所示。

图5.22 单击色块

图5.23 修改颜色数值

实战 172

删除颜色样式

▶ 素材位置：无
▶ 案例位置：无
▶ 视频位置：视频\实战172.avi
▶ 难易指数：★★☆☆☆

● 实例介绍 ●

对于【颜色样式】泊坞窗中不需要的颜色样式，可以将其删除，当删除应用于对象上的颜色样式后，对象的外观不会受到影响。

● 操作步骤 ●

STEP 01 在【颜色样式】面板中，选择需要编辑的颜色，在色块上单击，如图5.24所示。

STEP 02 单击面板右下角【删除样式集】按钮，即可删除选择的颜色，如图5.25所示。

图5.24 选中颜色　　　　　　图5.25 删除颜色

实战 173

创建模板

▶ 素材位置：无
▶ 案例位置：无
▶ 视频位置：视频\实战173.avi
▶ 难易指数：★★☆☆☆

● 实例介绍 ●

CorelDRAW X8中提供了多种预设模板，用户可以按照自己的需要进行选择，如果预设模板不能满足绘图要求，还可以根据创建的样式或采用其他的模板样式创建模板，在保存模板时，可以添加模板参考信息，如页码、折叠、类别、行业等。

● 操作步骤 ●

STEP 01 在当前文件中设置好页面属性，并在页面中绘制出模板的基本图形或添所需的文本对象。

STEP 02 执行菜单栏中的【文件】|【另存为模板】命令，在弹出的对话框中指定保存位置，再输入文件名及保存类型后单击【保存】按钮，如图5.26所示。

STEP 03 在弹出的【模板属性】对话框中添加相应的模板参考信息，单击【确定】按钮，即可将当前文件保存为模板，如图5.27所示。

图5.26 保存绘图

图5.27 模板属性

实战
174

应用模板

▶ 素材位置：无
▶ 案例位置：无
▶ 视频位置：视频\实战174.avi
▶ 难易指数：★★☆☆☆

● 实例介绍 ●

在CorelDRAW X8中，系统提供了多种类型的模板，用户可以从这些模板中创建新的绘图页面，也可以从中选择一种适合的模板载入到绘制的图形文件中。

● 操作步骤 ●

STEP 01 执行菜单栏中的【文件】|【从模板新建】命令，打开【从模板新建】对话框，如图5.28所示。

图5.28 【从模板新建】对话框

STEP 02 在【过滤器】列的【查看方式】下拉列表中，可以选择按【类型】或【行业】方式对预设模板进行分类，单击对应的分类组，可以在【模板】列中查看该组中的所有模板文件。

STEP 03 单击【从模板新建】对话框左下角的【浏览】按钮，可以打开其他目录中保存的更多的模板文件。

STEP 04 在【模板】列中选择需要打开的模板文件，然后单击【打开】按钮，即可从该模板新建1个绘图页面，如图5.29所示。

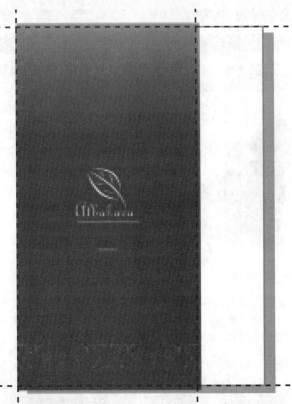
图5.29 打开的模板

管理文件

在CorelDRAW X8中可以将多种格式的文件应用到当前文件中，还可以将当前文件导出为多种指定格式的文件，还可以将创建的CorelDRAW文档输出为网络格式，以便将图形文件发布到互联网。

实战
175

导入文件

▶ 素材位置：无
▶ 案例位置：无
▶ 视频位置：视频\实战175.avi
▶ 难易指数：★★☆☆☆

● 实例介绍 ●

一个复杂项目的编辑需要配合多个图像处理软件才能完成，这就需要在CorelDRAWX8中导入其他格式的图像文件。

● 操作步骤 ●

STEP 01 执行菜单栏中的【文件】|【导入】命令，弹出【导入】对话框，如图5.30所示。

STEP 02 在【文件类型】下拉列表中选择需要导入文件的格式，并选择好需要导入的文件。

STEP 03 单击【导入】按钮，即可将该文件导入到当前CorelDRAW文件中，用户也可以将CorelDRAW文件导入到当前文件，以便于进一步编辑，如图5.31所示。

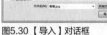

图5.30 【导入】对话框

图5.31 导入图片

导出文件

实战 176

▶ 素材位置：无
▶ 案例位置：无
▶ 视频位置：视频\实战176.avi
▶ 难易指数：★★☆☆☆

● 实例介绍 ●

将绘制好的CorelDRAW图形导出为其他指定格式的文件，从而可以被其他软件导入或打开。

● 操作步骤 ●

STEP 01 执行菜单栏中的【文件】|【导出】命令，弹出【导出】对话框。

STEP 02 在该对话框中设置好导出文件的【保存路径】和【文件名】，并在【保存类型】下拉列表中选择需要导出的文件格式，如图5.32所示。

图5.32 【导出】对话框

STEP 03 单击【导出】按钮，在弹出的【转换为位图】对话框中设置好图像大小，颜色模式等参数，即可将文件以此种格式导出在指定的目录，如图5.33所示。

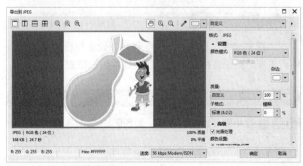

图5.33 【转换为位图】对话框

导入为HTML

实战 177

▶ 素材位置：无
▶ 案例位置：无
▶ 视频位置：视频\实战177.avi
▶ 难易指数：★★☆☆☆

● 实例介绍 ●

HTML文件为纯文本（也称为ASCH）文件，可以使用任何文本编辑器创建，包括SimpleText和Text Edit，HTML文件是特意为在Web浏览器显示用的。

● 操作步骤 ●

STEP 01 选中需要导入的图像图形，如图5.34所示。

图5.34 选中图形

STEP 02 执行菜单栏中的【文件】|【导出HTML】命令，即可弹出【导出HTML】对话框，如图5.35所示。

图5.35 【导出HTML】对话框

实战 178 导出为Web

▶素材位置：无
▶案例位置：无
▶视频位置：视频\实战178.avi
▶难易指数：★★☆☆☆

• 实例介绍 •

用户在将文件输出为HTML格式之前，可以对文件中的图像进行优化，以减少文件的大小，提高图像在网络中的下载速度。

• 操作步骤 •

STEP 01 选中需要导出的图像图形，如图5.36所示。

图5.36 选中图形

STEP 02 执行菜单栏中的【文件】|【导出为】|【HTML】命令，即可弹出【导出到网页】对话框，如图5.37所示。

导出到网页
GIF 256 递色
格式: GIF
设置
调色板:
优化
原始
GIF
102 KB | 15.0 秒
256 种颜色 | 优化 调色板
100% Floyd-Steinberg
R: 154 G: 75 B: 67
Hex: #9A4B43
索引: 171
速度: 56 kbps Modem/ISDN
另存为...
关闭
取消

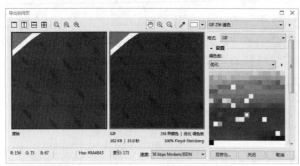

图5.37【导出到网页】对话框

实战 179 导出到Office

▶素材位置：无
▶案例位置：无
▶视频位置：视频\实战179.avi
▶难易指数：★★☆☆☆

• 实例介绍 •

与将图像应用到网络的优化导出相似，在CorelDRAW X8中还可以将图像进行应用到Office办公文档的优化输出，方便用户根据用途需要选择合适的质量导出图像。

• 操作步骤 •

STEP 01 选中需要导入的图像图形，如图5.38所示。

STEP 02 执行菜单栏中的【文件】|【导出到Office】命令，弹出【导出到Office】对话框，如图5.39所示。

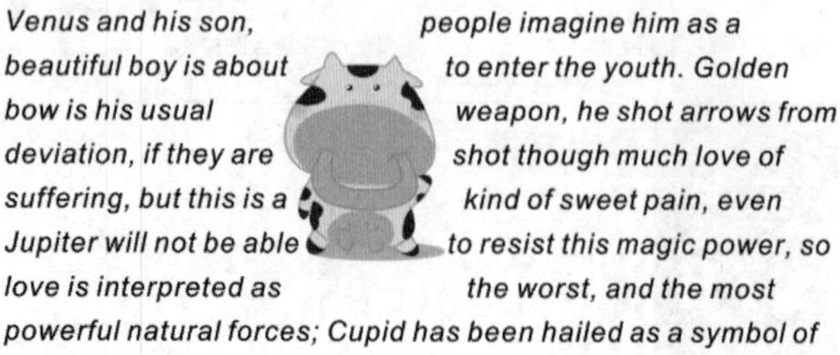

Venus and his son,
people imagine him as a
beautiful boy is about
to enter the youth. Golden
bow is his usual
weapon, he shot arrows from
deviation, if they are
shot though much love of
suffering, but this is a
kind of sweet pain, even
Jupiter will not be able
to resist this magic power, so
love is interpreted as
the worst, and the most
powerful natural forces; Cupid has been hailed as a symbol of

图5.38 选择对象

导出到 Office
导出到(E):
Microsoft Office
图形最佳适合(G):
兼容性
优化(P):
演示文稿
估计文件大小: 98.86 KB
确定
取消
帮助

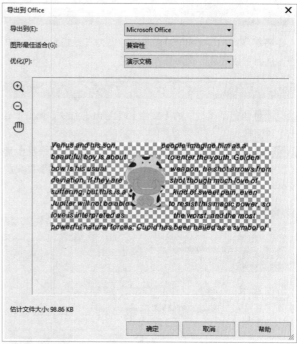

图5.39【导出到Office】对话框

实战 180 发布至PDF

▶素材位置：无
▶案例位置：无
▶视频位置：视频\实战180.avi
▶难易指数：★★☆☆☆

• 实例介绍 •

PDF是一种文件格式，用于保存原始应用程序文件的字体、图像、图形及格式，它也是一种常用的格式。

• 操作步骤 •

STEP 01 选中需要发布的对象，如图5.40所示。

图5.40 选择对象

STEP 02 执行菜单栏中的【文件】|【发布至PDF】命令，弹出【发布至PDF】对话框，设置好保存文件的位置和文件名，然后单击【保存】按钮即可，如图5.41所示。

图5.41 发布至PDF

打印与输出信息

将设计好的作品打印或印刷出来后，整个设计制作过程才算彻底完成，要成功地打印作品，还需要对打印选项进行设置，以得到更好的打印效果，CorelDraw X8可以收集用户的配置信息用于输出。

实战 181

打印预览

▶ 素材位置：无
▶ 案例位置：无
▶ 视频位置：视频\实战181.avi
▶ 难易指数：★★☆☆☆

● 实例介绍 ●

通过打印预览可以在打印前检查打印页面内的图形效果是否满意。

● 操作步骤 ●

STEP 01 选择需要打印的页面及页面中的对象，如图5.42所示。

STEP 02 执行菜单栏中的【文件】|【打印预览】命令，打开【打印预览】窗口，如图5.43所示。

图5.42 选中对象

图5.43 【打印预览】窗口

实战 182

合并打印

▶ 素材位置：无
▶ 案例位置：无
▶ 视频位置：视频\实战182.avi
▶ 难易指数：★★☆☆☆

● 实例介绍 ●

在CorelDRAW X8中，可以使用【合并打印】功能来组合文本和绘图。例如，可以在不同的请柬上打印不同的接收方姓名来注明请柬。

● 操作步骤 ●

STEP 01 执行菜单栏中的【文件】|【合并打印】|【创建/装入合并域】命令，弹出【合并打印向导】对话框，如图5.44所示。

STEP 02 在弹出的对话框中添加域，如图5.45所示。

图5.44 【合并打印向导】对话框

图5.45 添加域

STEP 03 设置完成之后再添加或者编辑记录并选择是否保存这些设置，如图5.46所示。

图5.46 设置合并打印

基础
绘制篇

第 **6** 章

绘制基本图形

本章介绍

本章讲解基本图形的创建与绘制，如绘制铅笔、花朵、气球等基础类图形。本章所讲解的内容主要为基础知识，只有将基础知识掌握牢固才可以继续深入地学习高等级的操作，这也是为设计之路做好铺垫。通过本章的学习可以掌握基本类图形的绘制。

要点索引

- 学会绘制彩色铅笔
- 了解半个西瓜的绘制方法
- 学习如何绘制奶瓶
- 了解气泡的绘制方法

- 学习绘制美丽樱花
- 学会绘制彩色气球
- 学会绘制计算器

实战 183 利用矩形工具绘制彩色铅笔

▶ 素材位置：无
▶ 案例位置：效果\第6章\利用矩形工具绘制彩色铅笔.cdr
▶ 视频位置：视频\实战183.avi
▶ 难易指数：★★☆☆☆

● 实例介绍 ●

本例讲解利用矩形工具绘制彩色铅笔。本例的绘制过程比较简单，在绘制过程中注意铅笔各部分的颜色。

● 操作步骤 ●

STEP 01 单击工具箱中的【矩形工具】□按钮，绘制1个矩形，设置【填充】为红色（R：255，G：50，B：70），【轮廓】为无，如图6.1所示。

STEP 02 单击工具箱中的【钢笔工具】按钮，在矩形底部绘制1个三角形图形，设置【填充】为黄色（R：230，G：214，B：180），【轮廓】为无，如图6.2所示。

图6.1 绘制矩形　　图6.2 绘制图形

STEP 03 单击工具箱中的【钢笔工具】按钮，在红色矩形底部绘制1个波浪形图形，设置【填充】为红色（R：255，G：50，B：70），【轮廓】为无，如图6.3所示。

STEP 04 单击工具箱中的【矩形工具】□按钮，绘制1个矩形，设置【填充】为深灰色（R：58，G：53，B：60），【轮廓】为无，如图6.4所示。

图6.3 绘制图形　　图6.4 绘制矩形

STEP 05 选择刚才绘制的轮廓图，执行菜单栏中的【对象】|【PowerClip】|【置于图文框内部】命令，将图形放置到矩形内部，如图6.5所示。

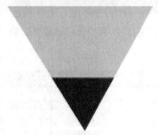

图6.5 置于图文框内部

STEP 06 选择红色矩形，按Ctrl+C组合键复制，按Ctrl+V组合键粘贴，将粘贴的图形【填充】更改为粉红色（R：255，G：153，B：204），如图6.6所示。

STEP 07 单击工具箱中的【形状工具】按钮，拖动矩形节点将其变形，这样这就完成了效果制作，最终效果如图6.7所示。

图6.6 复制并　　图6.7 最终效果
粘贴图形

实战 184 利用钢笔工具绘制樱花

▶ 素材位置：无
▶ 案例位置：效果\第6章\利用钢笔工具绘制樱花.cdr
▶ 视频位置：视频\实战184.avi
▶ 难易指数：★★★☆☆

● 实例介绍 ●

本例讲解利用钢笔工具绘制樱花。花朵图像在绘制过程中常用到的方法是旋转复制，因此在本例中注意整个旋转复制的灵活运用。

● 操作步骤 ●

STEP 01 单击工具箱中的【钢笔工具】按钮，绘制1个不规则图形，设置【填充】为浅红色（R：234，G：120，B：147），【轮廓】为无，如图6.8所示。

STEP 02 选中图形，按Ctrl+C组合键复制，按Ctrl+V组合键粘贴，将粘贴的图形【填充】更改为红色（R：230，G：85，B：118），再将其等比例缩小，如图6.9所示。

图6.8 绘制图形　　图6.9 复制并变换图形

STEP 03 单击工具箱中的【形状工具】按钮，同时选择红色图形右侧节点将其删除，再同时选中顶部和底部节点，单击属性栏中【转换为线条】按钮，如图6.10所示。

图6.10 转换为线条

STEP 04 同时选择2个图形，按Ctrl+G组合键组合对象，再单击之后将中心点移至顶部位置。

STEP 05 选中图形，按住鼠标左键同时旋转图形到一定角度按下鼠标右键，在属性栏中【旋转角度】文本框中输入72，如图6.11所示。

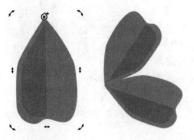

图6.11 复制图形

提示

　　花瓣一周共360度，单个花瓣为72（360/5）度，因此在后面的旋转过程中以72度为基准，阶梯相加即可得到下1个花瓣所需要旋转的角度。

STEP 06 以同样方法将图形再次旋转复制3份，如图6.12所示。

STEP 07 单击工具箱中的【椭圆形工具】○按钮，按住Ctrl键绘制1个圆，设置【填充】为红色（R：230，G：85，B：118），【轮廓】为浅红色（R：234，G：120，B：147），【轮廓宽度】为3，这样就完成了效果制作，最终效果如图6.13所示。

图6.12 旋转复制图形　　　　图6.13 最终效果

实战 185
利用修剪功能制作西瓜
- 素材位置：无
- 案例位置：效果\第6章\利用修剪功能制作西瓜.cdr
- 视频位置：视频\实战185.avi
- 难易指数：★★☆☆☆

● **实例介绍** ●

　　本例讲解利用修剪功能制作西瓜。本例的绘制十分简单，将图形进行修剪，同时制作出西瓜的瓜瓤和瓜皮部分即可。

● **操作步骤** ●

STEP 01 单击工具箱中的【椭圆形工具】○按钮，绘制1个椭

圆，设置【填充】为绿色（R：84，G：128，B：50），【轮廓】为无，如图6.14所示。

STEP 02 将椭圆向上移动复制，将【填充】更改为红色（R：239，G：62，B：68），如图6.15所示。

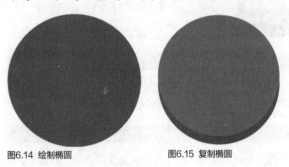

图6.14 绘制椭圆　　　　图6.15 复制椭圆

STEP 03 选择2个椭圆，单击属性栏中的【修剪】 按钮，对图形进行修剪，将红色椭圆向上移动。

STEP 04 单击工具箱中的【形状工具】 按钮，拖动椭圆节点将其变形成1个半圆，如图6.16所示。

STEP 05 单击工具箱中的【钢笔工具】 按钮，绘制1个瓜籽图形，设置【填充】为深深黄色（R：50，G：37，B：32），【轮廓】为无，如图6.17所示。

图6.16 修剪图形　　　　图6.17 绘制瓜子

STEP 06 选择瓜籽图形，将其复制数份，这样就完成了效果制作，最终效果如图6.18所示。

图6.18 最终效果

实战 186
利用变形制作小花朵
- 素材位置：无
- 案例位置：效果\第6章\利用变形制作小花朵.cdr
- 视频位置：视频\实战186.avi
- 难易指数：★★☆☆☆

● **实例介绍** ●

　　本例讲解利用变形制作小花朵。本例的绘制过程比较简单，重点在于对变形的运用。

● **操作步骤** ●

STEP 01 单击工具箱中的【椭圆形工具】○按钮，按住Ctrl键绘制1个圆，设置【填充】为粉色（R：255，G：237，B：246），【轮廓】为无，如图6.19所示。

图6.19 绘制圆

STEP 02 单击工具箱中的【变形】按钮，在圆中心从内向外拖动将其变形，如图6.20所示。

STEP 03 选择图形，按Ctrl+C组合键复制，按Ctrl+V组合键粘贴，在属性栏中【旋转角度】文本框中输入45，将图形旋转，如图6.21所示。

图6.20 变形　　　　　图6.21 复制并旋转图形

STEP 04 单击工具箱中的【椭圆形工具】按钮，在图形中心位置按住Ctrl键绘制1个圆，设置【填充】为橙色（R：255，G：102，B：0），【轮廓】为无，如图6.22所示。

STEP 05 单击工具箱中的【钢笔工具】按钮，在花朵底部绘制1条弯曲线段，设置【填充】为无，【轮廓】为粉色（R：255，G：237，B：246），【轮廓宽度】为5，这样就完成了效果制作，最终效果如图6.23所示。

图6.22 绘制圆　　　　　图6.23 最终效果

实战 187 利用钢笔工具绘制蝴蝶结

▶ 素材位置：无
▶ 案例位置：效果\第6章\利用钢笔工具绘制蝴蝶结.cdr
▶ 视频位置：视频\实战187.avi
▶ 难易指数：★★☆☆☆

● 实例介绍 ●

本例讲解利用钢笔工具绘制蝴蝶结。本例的绘制十分简

单，只需要把握好蝴蝶结的造型即可。

● 操作步骤 ●

STEP 01 单击工具箱中的【钢笔工具】按钮，绘制1个不规则图形，设置【填充】为红色（R：210，G：46，B：50），【轮廓】为无，如图6.24所示。

STEP 02 选择图形将其复制1份，单击属性栏中的【水平镜像】按钮，将图形水平镜像向右侧平移，如图6.25所示。

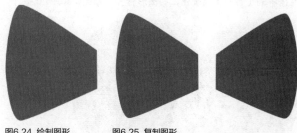

图6.24 绘制图形　　　　　图6.25 复制图形

STEP 03 单击工具箱中的【矩形工具】按钮，在2个图形之间位置绘制1个矩形，设置【填充】为红色（R：210，G：46，B：50），【轮廓】为无，如图6.26所示。

STEP 04 单击工具箱中的【形状工具】按钮，拖动矩形右上角节点，将其转换为圆角矩形，如图6.27所示。

图6.26 绘制矩形　　　　　图6.27 转换为圆角矩形

STEP 05 单击工具箱中的【阴影工具】按钮，在圆角矩形上拖动添加阴影，这样就完成了效果制作，最终效果如图6.28所示。

图6.28 最终效果

实战 188 利用椭圆形工具绘制气球

▶ 素材位置：无
▶ 案例位置：效果\第6章\利用椭圆形工具绘制气球.cdr
▶ 视频位置：视频\实战188.avi
▶ 难易指数：★☆☆☆☆

● 实例介绍 ●

本例讲解利用椭圆形工具绘制气球。本例中的彩色气球十分漂亮，其绘制过程比较简单。

● 操作步骤 ●

STEP 01 单击工具箱中的【椭圆形工具】○按钮，绘制1个椭圆，设置【填充】为橙色（R：255，G：137，B：97），【轮廓】为无，如图6.29所示。

STEP 02 单击工具箱中的【钢笔工具】◑按钮，在椭圆底部绘制1个不规则图形，设置【填充】为橙色（R：255，G：137，B：97），【轮廓】为无，同时选择2个图形，单击属性栏中的【合并】⤵按钮，将图形合并，如图6.30所示。

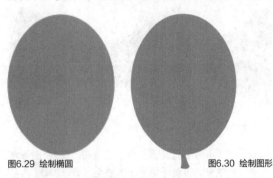

图6.29 绘制椭圆　　　　　图6.30 绘制图形

STEP 03 单击工具箱中的【钢笔工具】◑按钮，分别在气球左下角及右上角绘制2个不规则图形，设置【填充】为白色，【轮廓】为无，如图6.31所示。

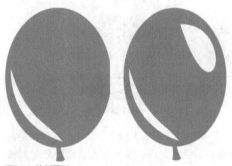

图6.31 绘制图形

STEP 04 同时选择2个图形，单击工具箱中的【透明度工具】▒按钮，将【透明度】更改为50，如图6.32所示。

STEP 05 单击工具箱中的【钢笔工具】◑按钮，在气球底部绘制1条弯曲线段，设置【填充】为无，【轮廓】为黑色，【轮廓宽度】为默认，这样就完成了效果制作，最终效果如图6.33所示。

图6.32 更改透明度　　　　图6.33 最终效果

实战 189 利用钢笔工具绘制扩音器

▶ 素材位置：无
▶ 案例位置：效果\第6章\利用钢笔工具绘制扩音器.cdr
▶ 视频位置：视频\实战189.avi
▶ 难易指数：★★★☆☆

● 实例介绍 ●

　　本例讲解利用钢笔工具绘制扩音器。扩音器图形的绘制比较简单，在绘制过程中要注意图形轮廓的变化。

● 操作步骤 ●

STEP 01 单击工具箱中的【钢笔工具】◑按钮，绘制1个不规则图形，设置【填充】为红色（R：232，G：52，B：55），【轮廓】为无，如图6.34所示。

STEP 02 单击工具箱中的【矩形工具】□按钮，在图形左侧绘制1个矩形，设置【填充】为浅红色（R：34，G：30，B：33），【轮廓】为无，如图6.35所示。

图6.34 绘制图形　　　　　图6.35 绘制矩形

STEP 03 单击工具箱中的【形状工具】↖按钮，拖动矩形节点将其转换为圆角矩形，如图6.36所示。

STEP 04 单击工具箱中的【矩形工具】□按钮，在图形下方绘制1个矩形并适当旋转，设置【填充】为深红色（R：180，G：40，B：44），【轮廓】为无，如图6.37所示。

图6.36 转换为圆角矩形　　图6.37 绘制矩形

STEP 05 单击工具箱中的【形状工具】↖按钮，拖动矩形节点将其转换为圆角矩形，如图6.38所示。

STEP 06 单击工具箱中的【矩形工具】□按钮，在喇叭图形右侧绘制1个矩形，设置【填充】为深红色（R：180，G：40，B：44），【轮廓】为无，如图6.39所示。

图6.38 转换圆角矩形　　　图6.39 绘制矩形

STEP 07 以同样的方法将矩形转换为圆角矩形，如图6.40所示。

STEP 08 单击工具箱中的【2点线工具】✒按钮，在喇叭图形右上角位置绘制1条线段，设置【填充】为无，【轮廓】为黑色，【轮廓宽度】为0.5，如图6.41所示。

STEP 09 选择线段将其复制2份，这样就完成了效果制作，最终效果如图6.42所示。

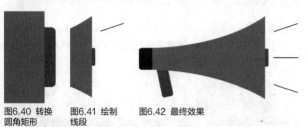

图6.40 转换　　图6.41 绘制　　图6.42 最终效果
圆角矩形　　　　线段

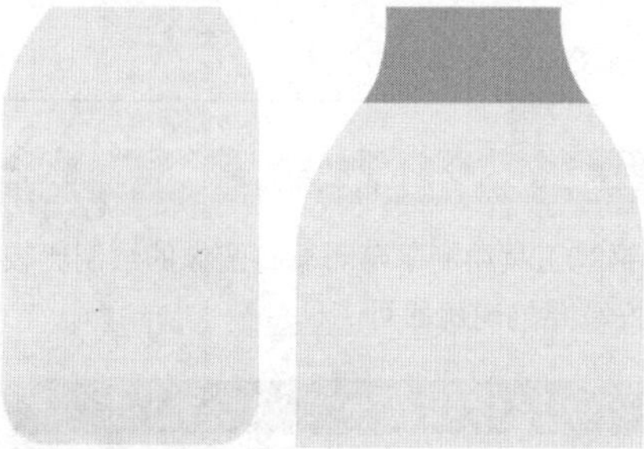

图6.43 绘制图形

STEP 06 单击工具箱中的【椭圆形工具】○按钮，在瓶身底部绘制1个椭圆，设置【填充】为灰色（R：230，G：230，B：230），【轮廓】为无，这样就完成了效果制作，最终效果如图6.47所示。

图6.44 绘制矩形　　　　图6.45 转换为圆角矩形

图6.46 绘制图形　　　　图6.47 最终效果

实战 190

利用钢笔工具绘制奶瓶

▶ 素材位置：无
▶ 案例位置：效果\第6章\利用钢笔工具绘制奶瓶.cdr
▶ 视频位置：视频\实战190.avi
▶ 难易指数：★★★☆☆

● 实例介绍 ●

本例讲解利用钢笔工具绘制奶瓶。本例的瓶子外观形象，图形绘制比较简单。

● 操作步骤 ●

STEP 01 单击工具箱中的【钢笔工具】✎按钮，绘制1个不规则图形，设置【填充】为黄色（R：255，G：240，B：204），【轮廓】为无。

STEP 02 在图形顶部位置再次绘制1个不规则图形，设置【填充】为深黄色（R：220，G：184，B：142），【轮廓】为无，如图6.43所示。

STEP 03 单击工具箱中的【矩形工具】□按钮，绘制1个矩形，设置【填充】为深黄色（R：150，G：96，B：52），【轮廓】为无，如图6.44所示。

STEP 04 单击工具箱中的【形状工具】♦按钮，拖动图形节点，将其转换为圆角矩形，如图6.45所示。

STEP 05 单击工具箱中的【钢笔工具】✎按钮，在瓶身左侧绘制1个不规则图形，设置【填充】为白色，【轮廓】为无，如图6.46所示。

实战 191

利用钢笔工具绘制沙漏

▶ 素材位置：无
▶ 案例位置：效果\第6章\利用钢笔工具绘制沙漏.cdr
▶ 视频位置：视频\实战191.avi
▶ 难易指数：★★★☆☆

● 实例介绍 ●

本例讲解利用钢笔工具绘制沙漏。沙漏图形的绘制重点在于突出图形的特征，通过绘制拟物化沙漏轮廓，可以十分直观地表现出时间概念。

● 操作步骤 ●

STEP 01 单击工具箱中的【钢笔工具】✎按钮，绘制1个不规则图形，设置【填充】为浅黄色（R：242，G：230，B：166），【轮廓】为无，如图6.48所示。

STEP 02 选择图形将其复制1份，单击属性栏中的【垂直镜像】按钮，将图形垂直镜像后向下移动，如图6.49所示。

图6.48 绘制图形　　　　图6.49 复制并镜像图形

STEP 03 单击工具箱中的【矩形工具】□按钮，在图形顶部绘制1个矩形，设置【填充】为橙色（R：255，G：102，B：0，【轮廓】为无，如图6.50所示。

STEP 04 单击工具箱中的【形状工具】⟨按钮，拖动矩形节点将其变形，如图6.51所示。

图6.50 绘制矩形　　　图6.51 转换为圆角矩形

STEP 05 选择图形将其复制1份并移至底部相对位置，如图6.52所示。

STEP 06 单击工具箱中的【钢笔工具】◊按钮，在图形内部绘制1个不规则图形，设置【填充】为青色（R：35，G：199，B：200），【轮廓】为无，这样就完成了效果制作，最终效果如图6.53所示。

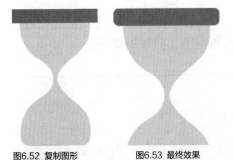

图6.52 复制图形　　　图6.53 最终效果

実战 192

利用复制功能制作蜂巢

▶ 素材位置：无
▶ 案例位置：效果\第6章\利用复制功能制作蜂巢.cdr
▶ 视频位置：视频\实战192.avi
▶ 难易指数：★☆☆☆☆

● 实例介绍 ●

本例讲解利用复制功能制作蜂巢。蜂巢图形通常由多边形组合而成，其绘制过程比较简单。

● 操作步骤 ●

STEP 01 单击工具箱中的【多边形工具】○按钮，绘制1个6边形，设置【填充】为蓝色（R：102，G：153，B：255），【轮廓】为无，如图6.54所示。

STEP 02 将图形向右上角移动复制，如图6.55所示。

图6.54 绘制图形　　　图6.55 复制图形

STEP 03 同时选择2个图形，向右侧移动复制1份。

STEP 04 按Ctrl+D组合键将图形复制多份，如图6.56所示。

图6.56 复制图形

STEP 05 同时选择所有图形，以同样的方法将其向下移动复制，这样就完成了效果制作，最终效果如图6.57所示。

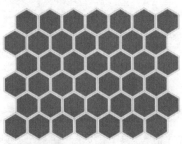

图6.57 最终效果

実战 193

利用钢笔工具绘制草莓

▶ 素材位置：无
▶ 案例位置：效果\第6章\利用钢笔工具绘制草莓.cdr
▶ 视频位置：视频\实战193.avi
▶ 难易指数：★★☆☆☆

● 实例介绍 ●

本例讲解利用钢笔工具绘制草莓。草莓图像的绘制比较简单，只需要掌握好草莓的轮廓即可。

● 操作步骤 ●

STEP 01 单击工具箱中的【钢笔工具】◊按钮，绘制1个不规则图形，设置【填充】为粉色（R：240，G：67，B：136），【轮廓】为无，如图6.58所示。

STEP 02 单击工具箱中的【椭圆形工具】○按钮，绘制1个小圆，设置【填充】为深红色（R：147，G：14，B：67），【轮廓】为无，如图6.59所示。

图6.58　绘制图形

图6.59　绘制小圆

STEP 03 选择小圆将其复制多份，将部分图形等比例放大，如图6.60所示。

图6.60　复制图形

STEP 04 单击工具箱中的【钢笔工具】 按钮，绘制1个不规则图形，设置【填充】为绿色（R：20，G：138，B：104），【轮廓】为无，如图6.61所示。

STEP 05 在绿色图形顶部位置再次绘制1个类似根茎图形，这样就完成了效果制作，最终效果如图6.62所示。

图6.61　绘制图形

图6.62　最终效果

实战 194

利用钢笔工具绘制商务头像

▶ **素材位置：** 无
▶ **案例位置：** 效果\第6章\利用钢笔工具绘制商务头像.cdr
▶ **视频位置：** 视频\实战194.avi
▶ **难易指数：** ★★★☆☆

● **实例介绍** ●

本例讲解利用钢笔工具绘制商务头像。本例中的头像绘制稍微有些复杂，在绘制过程中注意人物轮廓的走向及变化，最终效果如图6.63所示。

图6.63　最终效果

● **操作步骤** ●

1．绘制头部轮廓

STEP 01 单击工具箱中的【钢笔工具】 按钮，绘制1个不规则图形，设置【填充】为黄色（R：255，G：228，B：198），【轮廓】为无。

STEP 02 在脸部上方位置再次绘制1个不规则图形制作头发，设置【填充】为黄色（R：133，G：90，B：60），【轮廓】为无，如图6.64所示。

图6.64　绘制图形

提示

在绘制图形时注意脸部轮廓的走向。

2．制作眼镜

STEP 01 单击工具箱中的【钢笔工具】 按钮，在脸部靠左侧位置绘制1个不规则图形，设置【填充】为无，【轮廓】为黄色（R：50，G：44，B：43），【轮廓宽度】为1.5，如图6.65所示。

STEP 02 选择图形，将其复制1份并向右侧平移，单击属性栏中的【垂直镜像】 按钮，将图形垂直镜像，如图6.66所示。

图6.65　绘制图形　　　　图6.66　复制图形

STEP 03 单击工具箱中的【2点线工具】 按钮，在2个眼镜框之间位置绘制1条线段，如图6.67所示。

STEP 04 单击工具箱中的【钢笔工具】 按钮，在头像底部绘制1个不规则图形，设置【填充】为蓝色（R：102，G：153，B：255），【轮廓】为无，这样就完成了效果制作，最终效果如图6.68所示。

图6.67　绘制线段　　　　图6.68　最终效果

实战 195

利用椭圆形工具绘制煎蛋

▶ 素材位置：无
▶ 案例位置：效果\第6章\利用椭圆形工具绘制煎蛋.cdr
▶ 视频位置：视频\实战195.avi
▶ 难易指数：★★☆☆☆

● 实例介绍 ●

本例讲解利用椭圆形工具绘制煎蛋。煎蛋图形的绘制注重图形的拟物及形象化，其绘制过程主要分为煎蛋和锅2部分，在绘制过程中要注意两者各自的特征，最终效果如图6.69所示。

图6.69 最终效果

● 操作步骤 ●

1. 设计煎锅

STEP 01 单击工具箱中的【椭圆形工具】○按钮，按住Ctrl键绘制1个正圆，设置【填充】为深蓝色（R：80，G：96，B：109），【轮廓】为深蓝色（R：52，G：66，B：79），【轮廓宽度】为3，如图6.70所示。

STEP 02 单击工具箱中的【矩形工具】□按钮，在圆形的右下角绘制1个矩形并适当旋转，设置【填充】为深蓝色（R：80，G：96，B：109），【轮廓】为无，如图6.71所示。

图6.70 绘制圆　　　　　　图6.71 绘制矩形

STEP 03 在矩形右下角位置再次绘制1个矩形，设置【填充】为深蓝色（R：52，G：66，B：79），【轮廓】为无，如图6.72所示。

STEP 04 单击工具箱中的【形状工具】↖按钮，拖动矩形节点，将其转换为圆角矩形，如图6.73所示。

图6.72 绘制矩形　　　　　图6.73 转换为圆角矩形

2. 绘制煎蛋

STEP 01 单击工具箱中的【钢笔工具】◊按钮，在圆形中心绘制1个不规则图形，设置【填充】为白色，【轮廓】为无，如图6.74所示。

STEP 02 单击工具箱中的【椭圆形工具】○按钮，按住Ctrl键在图形中心位置绘制1个圆，设置【填充】为黄色（R：247，G：182，B：45），【轮廓】为无，如图6.75所示。

图6.74 绘制图形　　　　　图6.75 绘制圆

STEP 03 选择黄色圆形，按Ctrl+C组合键复制，按Ctrl+V组合键粘贴，将粘贴的圆形等比缩小后向右下角方向移动，如图6.76所示。

STEP 04 单击工具箱中的【钢笔工具】◊按钮，在黄色圆形的左下角位置绘制1个不规则图形制作高光，设置【填充】为白色，【轮廓】为无，这样就完成了效果制作，最终效果如图6.77所示。

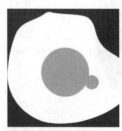 

图6.76 复制并粘贴图形　　图6.77 最终效果

实战 196

利用椭圆形工具制作游泳圈

▶ 素材位置：无
▶ 案例位置：效果\第6章\利用椭圆形工具制作游泳圈.cdr
▶ 视频位置：视频\实战196.avi
▶ 难易指数：★★★☆☆

● 实例介绍 ●

本例讲解利用椭圆形工具制作游泳圈。本例中的游泳圈结构比较简单，外观十分形象，在绘制过程中注意花纹的配色，最终效果如图6.78所示。

图6.78 最终效果

● 操作步骤 ●

1. 绘制泳圈

STEP 01 单击工具箱中的【椭圆形工具】◯按钮，按住Ctrl键绘制1个圆环，设置【填充】为无，【轮廓】为白色，【轮廓宽度】为30，如图6.79所示。

STEP 02 选择圆环，按Ctrl+C组合键复制，按Ctrl+V组合键粘贴，将粘贴的圆环【轮廓宽度】更改为15，【轮廓】更改为灰色（R：234，G：234，B：234）。

STEP 03 选择粘贴的圆环，单击工具箱中的【透明度工具】▨按钮，将其【透明度】更改为45，再按住Ctrl键将其等比例缩小，如图6.80所示。

图6.79 绘制圆环　　　图6.80 缩小图形

2. 制作花纹

STEP 01 单击工具箱中的【矩形工具】□按钮，绘制1个矩形，设置【填充】为橙色（R：255，G：102，B：0），【轮廓】为无，如图6.81所示。

图6.81 绘制矩形

STEP 02 选择矩形执行菜单栏中的【效果】|【添加透视】命令，按住Ctrl+Shift组合键将矩形透视变形，如图6.82所示。

STEP 03 单击工具箱中的【透明度工具】▨按钮，在选项栏中将【合并模式】更改为乘，如图6.83所示。

图6.82 将矩形变形　　　图6.83 更改合并模式

STEP 04 选择经过变形的矩形，将其复制1份并向下移动，单击属性栏中的【垂直镜像】🔁按钮，将图形垂直镜像，如图6.84所示。

STEP 05 同时选择2个图形，按Ctrl+G组合键组合对象，按Ctrl+C组合键复制，按Ctrl+V组合键粘贴，在属性栏中【旋转角度】文本框中输入90，再同时选择所有橙色图形，按Ctrl+G组合键组合对象，如图6.85所示。

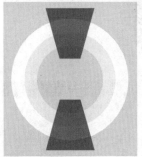
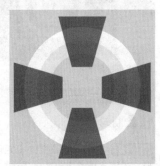

图6.84 复制图形　　　图6.85 复制并旋转图形

STEP 06 选择最大圆环，执行菜单栏中的【对象】|【将轮廓转换为对象】命令，再按Ctrl+C组合键复制，按Ctrl+V组合键粘贴，单击工具箱中的【透明度工具】▨按钮，将其【透明度】更改为0，如图6.86所示。

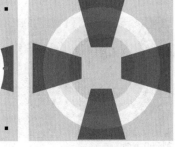

图6.86 变换图形

STEP 07 选择橙色图形，执行菜单栏中的【对象】|【PowerClip】|【置于图文框内部】命令，将图形放置到圆环内部，这样就完成了效果制作，最终效果如图6.87所示。

图6.87 最终效果

实战 197	利用矩形工具绘制相机
	▶ 素材位置：无
	▶ 案例位置：效果\第6章\利用矩形工具绘制相机.cdr
	▶ 视频位置：视频\实战197.avi
	▶ 难易指数：★★★☆☆

● 实例介绍 ●

本例讲解利用矩形工具绘制相机。相机图像的结构比较复杂，而本例所讲解的是一款简洁扁平化的相机绘制，整个绘制过程比较简单，最终效果如图6.88所示。

图6.88 最终效果

● 操作步骤 ●

1. 绘制轮廓

STEP 01 单击工具箱中的【矩形工具】□按钮，绘制1个矩形，设置【填充】为蓝色（R：0，G：52，B：102），【轮廓】为无，如图6.89所示。

STEP 02 单击工具箱中的【形状工具】，按钮，拖动矩形右上角节点，将其转换为圆角矩形。

STEP 03 单击工具箱中的【矩形工具】□按钮，在右上角位置再次绘制1个稍小矩形，设置【填充】为蓝色（R：0，G：52，B：102），【轮廓】为无，如图6.90所示。

图6.89 绘制矩形　　　　图6.90 转换为圆角矩形并绘制图形

STEP 04 选择稍小矩形，执行菜单栏中的【效果】|【添加透视】命令，按住Ctrl+Shift组合键将其透视变形，如图6.91所示。

STEP 05 单击工具箱中的【矩形工具】□按钮，在经过变形的矩形内部绘制1个矩形，设置【填充】为任意颜色，【轮廓】为无，如图6.92所示。

图6.91 将矩形变形　　　　图6.92 绘制图形

STEP 06 单击工具箱中的【形状工具】，按钮，拖动矩形右上角节点，将其转换为圆角矩形，如图6.93所示。

STEP 07 同时选择经过变形的矩形及其下方图形，单击属性栏中的【修剪】按钮，对图形进行修剪。

STEP 08 选择修剪后的圆角矩形，将其移至机身左上角位置并将【填充】更改为深蓝色（R：0，G：30，B：60），再将其等比例缩小，如图6.94所示。

图6.93 将图形变形　　　　图6.94 缩小图形

STEP 09 单击工具箱中的【钢笔工具】按钮，在机身左侧位置绘制1个不规则图形，设置【填充】为浅紫色（R：204，G：204，B：255），【轮廓】为无，如图6.95所示。

STEP 10 选择刚才绘制的图形，执行菜单栏中的【对象】|【PowerClip】|【置于图文框内部】命令，将图形放置到机身内部，如图6.96所示。

图6.95 绘制图形　　　　图6.96 置于图文框内部

2. 制作镜头

STEP 01 单击工具箱中的【椭圆形工具】○按钮，在机身靠右侧位置按住Ctrl键绘制1个圆，设置【填充】为深蓝色（R：0，G：30，B：60），【轮廓】为白色，【轮廓宽度】为5，如图6.97所示。

STEP 02 选择圆形，按Ctrl+C组合键复制，按Ctrl+V组合键粘贴，将粘贴的图形【轮廓】更改为无，【填充】为青色（R：165，G：218，B：232），再将其等比例缩小，如图6.98所示。

图6.97 绘制图形　　　　图6.98 变形图形

STEP 03 单击工具箱中的【椭圆形工具】◯按钮，在青色圆形的左上角位置按住Ctrl键绘制1个圆，设置【填充】为白色，【轮廓】为无，如图6.99所示。

STEP 04 选择白色圆形，按Ctrl+C组合键复制，按Ctrl+V组合键粘贴，将粘贴的圆形向左下角方向适当移动并等比例缩小，这样就完成了效果制作，最终效果如图6.100所示。

图6.99 绘制圆

图6.100 最终效果

实战 198 利用矩形工具制作计算器

▶ 素材位置：无
▶ 案例位置：效果\第6章\利用矩形工具制作计算器.cdr
▶ 视频位置：视频\实战198.avi
▶ 难易指数：★★☆☆☆

● 实例介绍 ●

本例讲解利用矩形工具制作计算器。本例的图像绘制过程并不复杂，只需要把握好图形的复制即可，最终效果如图6.101所示。

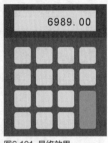

图6.101 最终效果

● 操作步骤 ●

1. 绘制计算器轮廓

STEP 01 单击工具箱中的【矩形工具】□按钮，绘制1个矩形，设置【填充】为深灰色（R：77，G：77，B：77），【轮廓】为无，如图6.102所示。

STEP 02 选择矩形，按Ctrl+C组合键复制，按Ctrl+V组合键粘贴，将粘贴的矩形高度缩小，并将其【填充】更改为深灰色（R：50，G：50，B：50），如图6.103所示。

图6.102 绘制矩形

图6.103 复制并粘贴矩形

STEP 03 单击工具箱中的【矩形工具】□按钮，在顶部矩形位置再次绘制1个矩形，设置【填充】为浅蓝色（R：224，G：234，B：255），【轮廓】为无，如图6.104所示。

图6.104 绘制矩形

2. 制作按键

STEP 01 单击工具箱中的【矩形工具】□按钮，在刚才绘制的矩形左下角位置按住Ctrl键绘制1个矩形，设置【填充】为浅灰色（R：230，G：230，B：230），【轮廓】为无，如图6.105所示。

STEP 02 单击工具箱中的【形状工具】⬙按钮，拖动矩形右上角节点将其转换为圆角矩形，如图6.106所示。

图6.105 绘制矩形

图6.106 转换为圆角矩形

STEP 03 选择圆角矩形，向右侧平移复制1份，如图6.107所示。

STEP 04 按Ctrl+D组合键将图形再次复制2份，如图6.108所示。

图6.107 复制图形

图6.108 多重复制

STEP 05 以同样的方法将圆角矩形复制多份，并将右下角的2个矩形删除，如图6.109所示。

图6.109 复制并删除图形

STEP 06 单击工具箱中的【矩形工具】□按钮，在刚才删除图形后的空缺位置绘制1个矩形，设置【填充】为橙色（R：240，G：140，B：72），【轮廓】为无，如图6.110所示。

STEP 07 单击工具箱中的【形状工具】↖按钮，拖动矩形右上角节点将其转换为圆角矩形，如图6.111所示。

图6.110 绘制矩形　　　图6.111 转换为圆角矩形

STEP 08 单击工具箱中的【文本工具】字按钮，在适当位置输入文字"6989.00"（字体设置为LastResort），这样就完成了效果制作，最终效果如图6.112所示。

图6.112 最终效果

实战 199　利用矩形工具制作钱包

▶ **素材位置：** 无
▶ **案例位置：** 效果\第6章\利用矩形工具制作钱包.cdr
▶ **视频位置：** 视频\实战199.avi
▶ **难易指数：** ★★☆☆☆

● **实例介绍** ●

本例讲解利用矩形工具制作钱包。本例中的钱包比较简洁，其绘制过程也比较简单，注意细节图形的处理，最终效果如图6.113所示。

图6.113 最终效果

● **操作步骤** ●

1. 设计钱包轮廓

STEP 01 单击工具箱中的【矩形工具】□按钮，绘制1个矩形，设置【填充】为深黄色（R：165，G：124，B：82），【轮廓】为无，如图6.114所示。

STEP 02 单击工具箱中的【形状工具】↖按钮，拖动矩形右上角节点将其转换为圆角矩形，如图6.115所示。

图6.114 绘制矩形　　　图6.115 转换为圆角矩形

STEP 03 选择圆角矩形，按Ctrl+C组合键复制，按Ctrl+V组合键粘贴，将粘贴的图形更改为稍浅的黄色（R：196，G：154，B：109）并等比例缩小，如图6.116所示。

图6.116 变换图形

STEP 04 按Ctrl+V组合键将图形再次粘贴，将粘贴的图形【填充】更改为无，【轮廓】更改为白色，在【轮廓笔】对话框中选择1种虚线样式并等比例缩小，如图6.117所示。

图6.117 复制并粘贴图形

2. 处理卡扣

STEP 01 单击工具箱中的【矩形工具】□按钮，在钱包靠右侧中间位置绘制1个矩形，设置【填充】为深黄色（R：138，G：98，B：56），【轮廓】为无，如图6.118所示。

STEP 02 单击工具箱中的【形状工具】↖按钮，拖动矩形右上角节点将其转换为圆角矩形，如图6.119所示。

图6.118 绘制矩形　　　图6.119 转换为圆角矩形

STEP 03 单击工具箱中的【形状工具】▷ 按钮，同时选择图形右侧2个节点将其删除，如图6.120所示。

STEP 04 同时选中图形右上角及右下角节点，单击属性栏中单击属性栏中【转换为线条】✐ 按钮，如图6.121所示。

图6.120 删除节点　　　图6.121 转换为线条

STEP 05 单击工具箱中的【椭圆形工具】○ 按钮，在刚才绘制的图形位置按住Ctrl键绘制1个圆，设置【填充】为深黄色（R：97，G：62，B：25），【轮廓】为无，这样就完成了效果制作，最终效果如图6.122所示。

图6.122 最终效果

实战 200	利用椭圆形工具制作气泡
	▸ 素材位置：无 ▸ 案例位置：效果\第6章\利用椭圆形工具制作气泡.cdr ▸ 视频位置：视频\实战200.avi ▸ 难易指数：★★★☆☆

● 实例介绍 ●

本例讲解利用椭圆形工具制作气泡。本例中的透明气泡十分逼真，其绘制过程也比较简单，注意在添加高光效果时的位置，最终效果如图6.123所示。

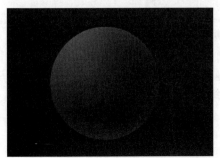

图6.123 最终效果

● 操作步骤 ●

1. 绘制气泡主体

STEP 01 单击工具箱中的【椭圆形工具】○ 按钮，按住Ctrl键绘制1个圆，设置【填充】为白色，【轮廓】为无，按Ctrl+C组合键复制，如图6.124所示。

STEP 02 单击工具箱中的【透明度工具】▨ 按钮，在图形上拖动降低其不透明度，如图6.125所示。

 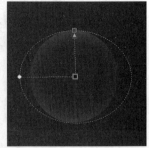

图6.124 绘制圆　　　图6.125 更改不透明度

2. 处理高光

STEP 01 按Ctrl+V组合键将圆形粘贴，将粘贴的圆形【填充】更改为浅紫色（R：100，G：103，B：160），并等比例缩小后移至气泡左上角位置，如图6.126所示。

STEP 02 执行菜单栏中的【位图】|【转换为位图】命令，在弹出的对话框中分别勾选【光滑处理】及【透明背景】复选框，完成之后单击【确定】按钮。

STEP 03 执行菜单栏中的【位图】|【模糊】|【高斯式模糊】命令，在弹出的对话框中将【半径】更改为110像素，完成之后单击【确定】按钮，如图6.127所示。

图6.126 变换图形　　　图6.127 添加高斯式模糊

STEP 04 选中高斯模糊图像，执行菜单栏中的【对象】|【PowerClip】|【置于图文框内部】命令，将图像放置到气泡内部，这样就完成了效果制作，最终效果如图6.128所示。

图6.128 最终效果

实战 201 利用钢笔工具绘制脚丫

▶ 素材位置：无
▶ 案例位置：效果\第6章\利用钢笔工具绘制脚丫.cdr
▶ 视频位置：视频\实战201.avi
▶ 难易指数：★★★☆☆

● 实例介绍 ●

本例讲解利用钢笔工具绘制脚丫。本例中脚丫十分可爱，以动物的脚掌为参考，整体的画面效果相当可爱，最终效果如图6.129所示。

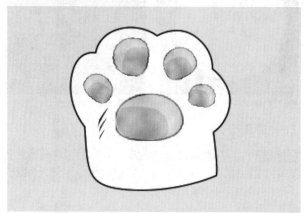

图6.129 最终效果

● 操作步骤 ●

1. 设计脚丫轮廓

单击工具箱中的【钢笔工具】 按钮，绘制2个不规则图形，分别设置【填充】为白色和粉色（R：255，G：180，B：194），【轮廓】为深黄色（R：92，G：45，B：32），如图6.130所示。

图6.130 绘制图形

2. 绘制脚掌

STEP 01 选择内部小图形，执行菜单栏中的【位图】|【转换为位图】命令，在弹出的对话框中分别勾选【光滑处理】及【透明背景】复选框，完成之后单击【确定】按钮。

STEP 02 执行菜单栏中的【位图】|【创造性】|【天气】命令，在弹出的对话框中勾选【雾】单选按钮，将【浓度】更改为1，【大小】更改为10，单击【随机化】按钮，完成之后单击确定按钮，如图6.131所示。

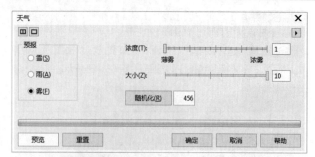

图6.131 设置天气

STEP 03 单击工具箱中的【钢笔工具】 按钮，在小图形位置绘制1个不规则图形，设置【填充】为红色（R：255，G：0，B：0），【轮廓】为无，如图6.132所示。

STEP 04 选择红色图形，单击工具箱中的【透明度工具】 按钮，在属性栏中将【合并模式】更改为柔光，如图6.133所示。

图6.132 绘制图形　　　　图6.133 更改合并模式

STEP 05 同时选择2个图形，将其移动复制4份并将其缩小，如图6.134所示。

STEP 06 单击工具箱中的【钢笔工具】 按钮，在刚才绘制的图像靠左侧位置绘制1不规则图形，设置【填充】为深黄色（R：92，G：45，B：32），【轮廓】为无，如图6.135所示。

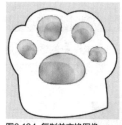 

图6.134 复制并变换图像　　　图6.135 绘制图形

STEP 07 将绘制的图形向下移动复制2份，这样就完成了效果制作，最终效果如图6.136所示。

图6.136 最终效果

实战 202 利用椭圆形工具制作灯泡创意图形

▶ 素材位置：无
▶ 案例位置：效果\第6章\利用椭圆形工具制作灯泡创意图形.cdr
▶ 视频位置：视频\实战202.avi
▶ 难易指数：★★★☆☆

● 实例介绍 ●

本例讲解利用椭圆形工具制作灯泡创意图像。灯泡创意图像的外观十分形象，在绘制过程中注意元素的组合，最终效果如图6.137所示。

图6.137 最终效果

● 操作步骤 ●

1. 制作灯泡轮廓

STEP 01 单击工具箱中的【椭圆形工具】○按钮，按住Ctrl键绘制1个圆，设置【填充】为黄色（R：244，G：200，B：60），【轮廓】为无，如图6.138所示。

STEP 02 单击工具箱中的【钢笔工具】◊按钮，在圆形的底部位置绘制1个不规则图形，设置【填充】为黄色（R：244，G：200，B：60），【轮廓】为无，如图6.139所示。

图6.138 绘制圆　　　　　图6.139 绘制图形

2. 绘制底座

STEP 01 单击工具箱中的【矩形工具】□按钮，在图形底部绘制1个矩形，设置【填充】为蓝色（R：8，G：35，B：60），【轮廓】为无，如图6.140所示。

STEP 02 单击工具箱中的【形状工具】◣按钮，拖动矩形节点将其转换为圆角矩形，如图6.141所示。

图6.140 绘制矩形　　　　图6.141 转换为圆角矩形

STEP 03 选择圆角矩形将图形复制2份并向下移动，如图6.142所示。

STEP 04 单击工具箱中的【椭圆形工具】○按钮，在图形底部绘制1个椭圆，设置【填充】为蓝色（R：8，G：35，B：60），【轮廓】为无，如图6.143所示。

图6.142 复制图形　　　　图6.143 绘制椭圆

3. 绘制细节图形

STEP 01 单击工具箱中的【钢笔工具】◊按钮，绘制1个不规则图形，设置【填充】为无，【轮廓】为白色，【轮廓宽度】为0.5，如图6.144所示。

STEP 02 在灯泡左上角位置绘制1个弧形线段，设置【填充】为无，【轮廓】为白色，【轮廓宽度】为10，在【轮廓笔】面板中，将【线条端头】更改为圆形端头，如图6.145所示。

图6.144 绘制线条　　　　图6.145 绘制弧形线段

STEP 03 选择弧形线段，单击工具箱中的【透明度工具】▩按钮，将【透明度】更改为70，如图6.146所示。

STEP 04 单击工具箱中的【2点线工具】✐按钮，在灯泡左上角绘制1条线段，设置【填充】为无，【轮廓】为黄色（R：244，G：200，B：60），【轮廓宽度】为5，如图6.147所示。

图6.146 更改透明度　　　图6.147 绘制线段

STEP 05 将黄色线段复制2份，这样就完成了效果制作，最终效果如图6.148所示。

图6.148 最终效果

实战
203

利用矩形工具制作钥匙

▶ 素材位置：无
▶ 案例位置：效果\第6章\利用矩形工具制作钥匙.cdr
▶ 视频位置：视频\实战203.avi
▶ 难易指数：★★★☆☆

● 实例介绍 ●

本例讲解利用矩形工具制作钥匙。本例中的钥匙绘制过程虽然简单，但整体的效果相当出色，在视觉上十分精致，最终效果如图6.149所示。

图6.149 最终效果

● 操作步骤 ●

1. 制作钥匙头

STEP 01 单击工具箱中的【矩形工具】□按钮，绘制1个矩形，设置【填充】为深灰色（R：26，G：26，B：26），【轮廓】为无，如图6.150所示。

STEP 02 单击工具箱中的【形状工具】╲按钮，拖动矩形右上角节点将其转换为圆角矩形，如图6.151所示。

图6.150 绘制矩形　　　　　图6.151 转换为圆角矩形

STEP 03 单击工具箱中的【矩形工具】□按钮，在圆角矩形靠顶部位置绘制1个矩形，设置【填充】为任意颜色，【轮廓】为无，如图6.152所示。

STEP 04 单击工具箱中的【形状工具】╲按钮，拖动节点将其转换为圆角矩形，如图6.153所示。

图6.152 绘制图形　　　　　图6.153 转换为圆角矩形

STEP 05 同时选择2个图形，单击属性栏中的【修剪】✂按钮，对图形进行修剪，将稍小的圆角矩形删除，如图6.154所示。

STEP 06 单击工具箱中的【矩形工具】□按钮，在图形下方绘制1个矩形，设置【填充】为灰色（R：202，G：202，B：202），【轮廓】为无，如图6.155所示。

图6.154 修剪图形　　　　　图6.155 绘制矩形

2. 绘制金属图形

STEP 01 单击工具箱中的【钢笔工具】✒按钮，在矩形底部靠中间位置单击2次添加2个节点，如图6.156所示。

STEP 02 单击工具箱中的【形状工具】╲按钮，分别拖动添加的节点将其变形，如图6.157所示。

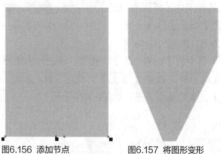

图6.156 添加节点　　　　　图6.157 将图形变形

STEP 03 单击工具箱中的【矩形工具】□按钮，在经过变形的图形中间绘制1个细长矩形，设置【填充】为灰色（R：177，G：177，B：177），【轮廓】为无，如图6.158所示。

STEP 04 单击工具箱中的【钢笔工具】✒按钮，在刚才绘制的矩形右侧绘制1个不规则图形，设置【填充】为任意颜色，【轮廓】为无，如图6.159所示。

STEP 05 同时选择刚才绘制的不规则图形及其下方图形，单击属性栏中的【修剪】✂按钮，对图形进行修剪，将右侧图形删除，如图6.160所示。

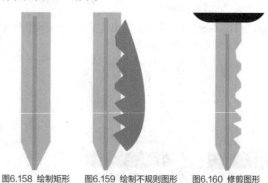

图6.158 绘制矩形　　　图6.159 绘制不规则图形　　　图6.160 修剪图形

3．制作挂环

STEP 01 单击工具箱中的【椭圆形工具】〇按钮，在钥匙顶部位置按住Ctrl键绘制1个圆，设置【填充】为无，【轮廓】为灰色（R：202，G：202，B：202），【轮廓宽度】为2，如图6.161所示。

STEP 02 单击工具箱中的【钢笔工具】 ◊ 按钮，在椭圆与深灰色图形交叉的左侧区域绘制1个图形选择不需要的圆环，设置【填充】为无，【轮廓】为黑色，【轮廓宽度】为细线，如图6.162所示。

STEP 03 同时选中刚才绘制的图形及圆环，单击属性栏中的【修剪】 ㄅ 按钮，对图形进行修剪，将不需要的圆环图形删除，如图6.163所示。

图6.161 绘制圆环　　图6.162 绘制图形　　图6.163 修剪图形

STEP 04 同时选择所有图形，按Ctrl+G组合对象，在属性栏中【旋转角度】文本框中输入90，这样就完成了效果制作，最终效果如图6.164所示。

图6.164 最终效果

<table>
<tr><td rowspan="2">实战
204</td><td>利用2点线工具绘制吉他</td></tr>
<tr><td>
▶ 素材位置：无
▶ 案例位置：效果\第6章\利用2点线工具绘制吉他.cdr
▶ 视频位置：视频\实战204.avi
▶ 难易指数：★★★☆☆
</td></tr>
</table>

● 实例介绍 ●

本例讲解利用2点线工具绘制吉他，本例中的吉他图像十分形象，其绘制过程稍微有些繁琐，注意图形之间的结合协调程度，最终效果如图6.165所示。

图6.165 最终效果

● 操作步骤 ●

1．制作吉他轮廓

STEP 01 单击工具箱中的【钢笔工具】 ◊ 按钮，绘制半个吉他图形，设置【填充】为深黄色（R：102，G：102，B：102），【轮廓】为无，如图6.166所示。

STEP 02 选中图形将其复制1份并右侧移动，单击属性栏中的【水平镜像】 шㅁ 按钮，将图形水平镜像，同时选中2个图形，单击属性栏中的【合并】 ㄅ 按钮将其合并，如图6.167所示。

图6.166 绘制图形　　图6.167 复制并变换图形

STEP 03 单击工具箱中的【椭圆形工具】〇按钮，在靠上半部分位置按住Ctrl键绘制1个圆，设置【填充】为深黄色（R：80，G：52，B：38），【轮廓】为无，如图6.168所示。

STEP 04 单击工具箱中的【矩形工具】□按钮，在圆形的下方位置绘制1个矩形，设置【填充】为黄色（R：158，G：118，B：56），【轮廓】为无，如图6.169所示。

图6.168 绘制圆　　图6.169 绘制矩形

2．处理细节

STEP 01 选择矩形，按Ctrl+C组合键复制，按Ctrl+V组合键粘贴，将粘贴的矩形缩小后将其【填充】更改为黄色（R：200，G：154，B：82），如图6.170所示。

图6.170 复制并变换图形

STEP 02 单击工具箱中的【椭圆形工具】○按钮，在靠上半部分位置按住Ctrl键绘制1个圆，设置【填充】为白色，【轮廓】为无，如图6.171所示。

STEP 03 选择圆形，向右侧平移复制1份，如图6.172所示。

图6.171 绘制圆　　　　　　图6.172 复制图形

STEP 04 按Ctrl+D组合键将圆形复制多份，如图6.173所示。

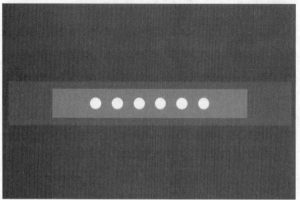

图6.173 复制图形

3. 绘制琴颈

STEP 01 单击工具箱中的【矩形工具】□按钮，绘制1个矩形，设置【填充】为黄色（R：158，G：118，B：56），【轮廓】为无，如图6.174所示。

STEP 02 选中矩形，执行菜单栏中的【效果】|【添加透视】命令，按Ctrl+Shift组合键将矩形透视变形，如图6.175所示。

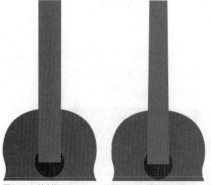

图6.174 绘制矩形　　　　图6.175 将矩形变形

STEP 03 同时选择图形及其下方圆形，单击属性栏中的【修剪】□按钮，对图形进行修剪，再将图形向上适当移动，如图

6.176所示。

STEP 04 单击工具箱中的【矩形工具】□按钮，在经过变形的矩形靠顶部位置绘制1个矩形，设置【填充】为白色，【轮廓】为无，如图6.177所示。

图6.176 修剪图形　　　　图6.177 绘制矩形

STEP 05 选择矩形向下方移动并复制1份，按Ctrl+D组合键将圆形复制多份，如图6.178所示。

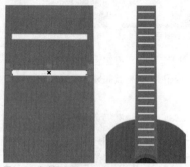

图6.178 复制图形

4. 绘制琴头

STEP 01 单击工具箱中的【矩形工具】□按钮，在图形顶部绘制1个矩形，设置【填充】为黄色（R：102，G：102，B：102），【轮廓】为无，如图6.179所示。

STEP 02 单击工具箱中的【形状工具】按钮，拖动矩形右上角节点，将其转换为圆角矩形，如图6.180所示。

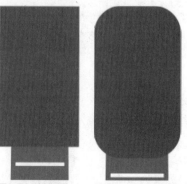

图6.179 绘制矩形　　　　图6.180 转换为圆角矩形

STEP 03 单击工具箱中的【矩形工具】□按钮，在圆角矩形靠左侧位置绘制1个矩形，设置【填充】为白色，【轮廓】为无，如图6.181所示。

STEP 04 以同样的方法将矩形转换为圆角矩形，如图6.182所示。

图6.181 绘制矩形　　图6.182 转换为圆角矩形

STEP 05 选择圆角矩形向右侧平移复制1份，如图6.183所示。

STEP 06 同时选择2个图形及其下方圆角矩形，单击属性栏中的【修剪】按钮，对图形进行修剪，如图6.184所示。

图6.183 复制图形　　图6.184 修剪图形

STEP 07 单击工具箱中的【矩形工具】□按钮，在左上角位置绘制1个矩形，设置【填充】为黄色（R：150，G：94，B：53），【轮廓】为无，如图6.185所示。

STEP 08 单击工具箱中的【椭圆形工具】○按钮，在矩形左侧位置绘制1个椭圆，设置【填充】为黄色（R：150，G：94，B：53），【轮廓】为无，如图6.186所示。

图6.185 绘制矩形　　图6.186 绘制椭圆

STEP 09 同时选择椭圆及其右侧矩形，单击属性栏中的【合并】按钮，将图形合并。

STEP 10 将经过合并的图形复制数份，如图6.187所示。

图6.187 复制图形

5. 制作琴弦

STEP 01 单击工具箱中的【2点线工具】按钮，在适当位置绘制1条线段将图形元素相连接，设置【轮廓】为白色，【轮廓宽度】为0.5，如图6.188所示。

STEP 02 在其他需要连接的位置再次绘制数条线段，这样这就完成了效果制作，最终效果如图6.189所示。

图6.188 绘制线段　　　　图6.189 最终效果

第 **7** 章

绘制卡通形象

本章介绍

本章讲解卡通形象的绘制。卡通设计表现是指利用相对写实的图形，用夸张和提炼的手法将想要表现的原型再现出来。卡通形象的绘制需要创作者具有成熟扎实的美术功底，本章中选取了不同风格的卡通形象，对其进行刻画，通过本章的学习可以打下扎实的基础，对图形轮廓、造型有一个正确的认识，学会多种风格下的卡通形象绘制。

要点索引

- 学会绘制微笑表情
- 学习绘制欢乐小人
- 学习如何绘制叮当猫
- 了解卡通眼睛的绘制
- 学会绘制小火箭
- 学会绘制糖豆娃娃

图7.5 复制图形　　　　　　　　图7.6 绘制椭圆

实战 205　利用椭圆形工具绘制微笑表情

▶ 素材位置：无
▶ 案例位置：效果\第7章\利用椭圆形工具绘制微笑表情.cdr
▶ 视频位置：视频\实战205.avi
▶ 难易指数：★★☆☆☆

● 实例介绍 ●

本例讲解利用椭圆形工具绘制微笑表情。本例的表情绘制十分简单，在圆的基础之上添加眼睛和嘴巴特征即可。

● 操作步骤 ●

STEP 01 单击工具箱中的【椭圆形工具】○按钮，按住Ctrl键绘制1个圆，设置【填充】为黄色（R：242，G：220，B：160），【轮廓】为无，如图7.1所示。

STEP 02 在圆形的左上角位置绘制1个椭圆，设置【填充】为白色，【轮廓】为无，如图7.2所示。

图7.1 绘制圆　　　　　　　　　图7.2 绘制椭圆

STEP 03 在白色椭圆靠底部位置按住Ctrl键绘制1个黑色圆形，设置【填充】为深灰色（R：26，G：26，B：26），【轮廓】为无，如图7.3所示。

STEP 04 选择刚才绘制的圆形，执行菜单栏中的【对象】|【PowerClip】|【置于图文框内部】命令，将图形放置到下方白色椭圆内部制作眼睛效果，如图7.4所示。

图7.3 绘制圆 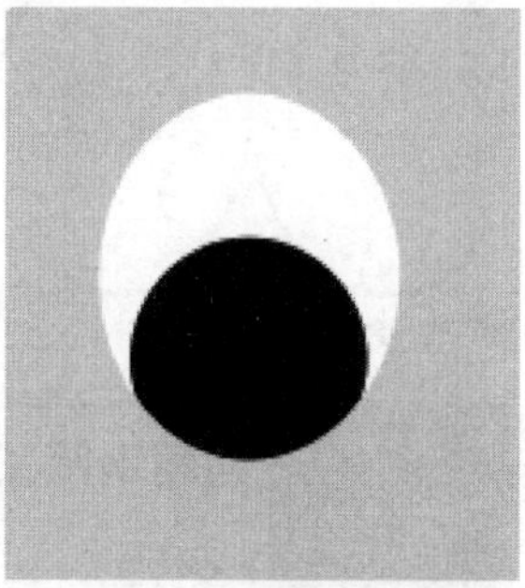　　　　　　　　　图7.4 置于图文框内部制作眼睛

STEP 05 选择眼睛按住Shift键同时再按住鼠标左键，向右侧平移并按下鼠标右键，将图形复制，如图7.5所示。

STEP 06 在2个眼睛下方位置绘制1个椭圆图形，设置【填充】为深灰色（R：26，G：26，B：26），【轮廓】为无，如图7.6所示。

STEP 07 选择刚才绘制的深灰色椭圆，按Ctrl+C组合键复制，按Ctrl+V组合键粘贴，将粘贴的椭圆更改为其他任意1种颜色后适当缩小其高度，如图7.7所示。

STEP 08 同时选择2个椭圆图形，单击属性栏中的【修剪】按钮，对图形进行修剪，将上方图形删除，这样就完成了效果制作，最终效果如图7.8所示。

图7.7 复制并粘贴图形 　　　　　图7.8 最终效果

实战 206　利用椭圆形工具绘制卡通眼睛

▶ 素材位置：无
▶ 案例位置：效果\第7章\利用椭圆形工具绘制卡通眼睛.cdr
▶ 视频位置：视频\实战206.avi
▶ 难易指数：★★★☆☆

● 实例介绍 ●

本例讲解利用椭圆形工具绘制卡通眼睛。卡通眼睛图形的绘制重点在于突出眼睛的神色，整个绘制过程比较简单，最终效果如图7.9所示。

图7.9 最终效果

● 操作步骤 ●

1. 制作眼球

STEP 01 单击工具箱中的【椭圆形工具】○按钮，绘制1个椭圆，设置【填充】为深灰色（R：56，G：58，B：65），【轮

廓】为无，如图7.10所示。

STEP 02 按Ctrl+C组合键复制，按Ctrl+V组合键粘贴，再将粘贴的椭圆更改为其他任意颜色后比例缩小，再单击鼠标右键，从弹出的快捷菜单中选择【转换为曲线】命令，单击工具箱中的【形状工具】 按钮，拖动节点将其变形，如图7.11所示。

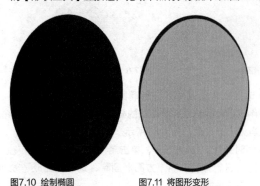

图7.10 绘制椭圆　　　　图7.11 将图形变形

STEP 03 同时选择2个椭圆，单击属性栏中的【修剪】 按钮，对图形进行修剪，完成之后将内部椭圆删除，如图7.12所示。

STEP 04 单击工具箱中的【钢笔工具】 按钮，在椭圆靠左侧位置绘制1个不规则图形，设置【填充】为浅灰色（R：237，G：238，B：239），【轮廓】为无，如图7.13所示。

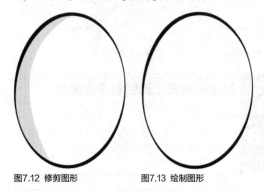

图7.12 修剪图形　　　　图7.13 绘制图形

STEP 05 同时选择所有图形按住Shift键同时再按住鼠标左键，向右侧平移并按下鼠标右键，将图形复制，再单击属性栏中的【垂直镜像】 按钮，将图形垂直镜像，如图7.14所示。

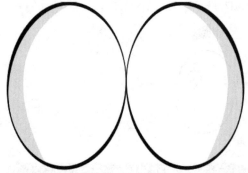

图7.14 复制图形

STEP 06 单击工具箱中的【椭圆形工具】 按钮，在左侧眼睛位置绘制1个椭圆，设置【填充】为深青色（R：102，G：153，B：153），【轮廓】为无，如图7.15所示。

STEP 07 选择椭圆，按Ctrl+C组合键复制，按Ctrl+V组合键粘贴，再将粘贴的椭圆更改为其他任意颜色后等比缩小，如图7.16所示。

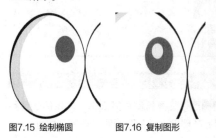

图7.15 绘制椭圆　　　　图7.16 复制图形

STEP 08 同时选择2个椭圆，单击属性栏中的【修剪】 按钮，对图形进行修剪，完成之后将内部椭圆删除，如图7.17所示。

STEP 09 选择眼睛图形，按住Shift键同时再按住鼠标左键，向右侧平移并按下鼠标右键，将图形复制，如图7.18所示。

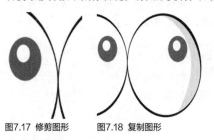

图7.17 修剪图形　　　　图7.18 复制图形

2．绘制眉毛

STEP 01 单击工具箱中的【钢笔工具】 按钮，在左侧眼睛上方绘制1个不规则图形，设置【填充】为深灰色（R：56，G：58，B：65），【轮廓】为无，如图7.19所示。

STEP 02 选择图形，向右侧平移复制并适当缩小，这样就完成了效果制作，最终效果如图7.20所示。

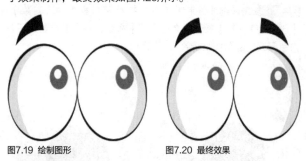

图7.19 绘制图形　　　　图7.20 最终效果

实战 207	利用钢笔工具绘制欢乐小人
	▶ 素材位置：无
	▶ 案例位置：效果\第7章\利用钢笔工具绘制欢乐小人.cdr
	▶ 视频位置：视频\实战207.avi
	▶ 难易指数：★★★☆☆

● 实例介绍 ●

本例讲解使用钢笔工具绘制欢乐小人。本例中的小人形象十分可爱，在绘制过程中要注意图形颜色搭配，最终效果如图7.21所示。

图7.21 最终效果

● 操作步骤 ●

1. 绘制头部

STEP 01 单击工具箱中的【椭圆形工具】○按钮，绘制1个椭圆，设置【填充】为黄色（R：254，G：216，B：180），【轮廓】为无，如图7.22所示。

STEP 02 单击工具箱中的【钢笔工具】◊按钮，在椭圆图形顶部位置绘制1个不规则图形，设置【填充】为深黄色（R：128，G：84，B：20），【轮廓】为无，如图7.23所示。

图7.22 绘制椭圆　　　　　图7.23 绘制图形

STEP 03 单击工具箱中的【钢笔工具】◊按钮，在椭圆图形靠底部位置绘制1个不规则图形，设置【填充】为橙色（R：187，G：50，B：16），【轮廓】为无，如图7.24所示。

STEP 04 单击工具箱中的【椭圆形工具】○按钮，绘制1个椭圆，设置【填充】为黄色（R：254，G：133，B：104），【轮廓】为无，如图7.25所示。

图7.24 绘制图形　　　　　图7.25 绘制椭圆

STEP 05 选择刚才绘制的椭圆，执行菜单栏中的【对象】|

【PowerClip】|【置于图文框内部】命令，将图形放置到下方图形内部，如图7.26所示。

STEP 06 单击工具箱中的【钢笔工具】◊按钮，在橙色图形靠顶部位置绘制1个不规则图形，设置【填充】为白色，【轮廓】为无，如图7.27所示。

图7.26 置于图文框内部　　　图7.27 绘制图形

STEP 07 单击工具箱中的【钢笔工具】◊按钮，在嘴巴图形左上角位置绘制1条线段，设置【填充】为无，【轮廓】为黑色，【轮廓宽度】为0.5，如图7.28所示。

STEP 08 选择线段，向右侧平移复制，再单击属性栏中的【水平镜像】◖▮按钮，将线段水平镜像，如图7.29所示。

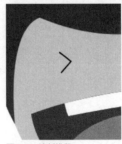 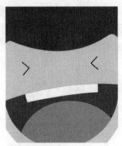

图7.28 绘制线段　　　　　图7.29 复制线段

2. 制作身体

STEP 01 单击工具箱中的【钢笔工具】◊按钮，在头像底部位置绘制1个不规则图形，设置【填充】为蓝色（R：110，G：173，B：250）、、如图7.30所示。

STEP 02 在图形左侧位置绘制1个手形图形，设置【填充】为黄色（R：254，G：216，B：180），如图7.31所示。

图7.30 绘制图形　　　　　图7.31 绘制手形

STEP 03 选择手形图形，向右侧平移复制，再单击属性栏中的【水平镜像】◖▮按钮，将手形图形水平镜像后适当旋转，如图7.32所示。

STEP 04 单击工具箱中的【钢笔工具】◊按钮，在身体底部位置绘制1个不规则图形，设置【填充】为红色（R：232，G：72，B：77），这样这就完成了效果制作，最终效果如图7.33所示。

图7.32 复制图形　　　　图7.33 最终效果

实战 208 利用椭圆形工具绘制卡通笑脸

- ▶ 素材位置：无\
- ▶ 案例位置：效果\第7章\利用椭圆形工具绘制卡通笑脸.cdr
- ▶ 视频位置：视频\实战208.avi
- ▶ 难易指数：★★☆☆☆

● 实例介绍 ●

本例讲解利用椭圆形工具绘制卡通笑脸。本例的笑脸效果比较可爱，其绘制过程也比较简单，注意阴影、高光的变化，最终效果如图7.34所示。

图7.34 最终效果

● 操作步骤 ●

1. 制作头部轮廓

STEP 01　单击工具箱中的【椭圆形工具】◯按钮，按住Ctrl键绘制1个圆，设置【轮廓】为橙色（R：230，G：132，B：35）。

STEP 02　单击工具箱中的【交互式填充工具】◈按钮，再单击属性栏中的【渐变填充】◢按钮，在图形上拖动填充黄色（R：255，G：147，B：152）到橙色（R：247，G：177，B：82）的椭圆形渐变，如图7.35所示。

STEP 03　以同样的方法在绘制的圆形左上角位置再次绘制1个椭圆，设置【填充】为深橙色（R：130，G：50，B：25），【轮廓】为无，如图7.36所示。

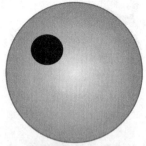

图7.35 绘制圆　　　　图7.36 绘制椭圆

STEP 04　选择椭圆图形按住Shift键同时再按住鼠标左键，向下方拖动并按下鼠标右键，将图形复制，再更改其颜色后适当增加宽度，如图7.37所示。

STEP 05　同时选择2个图形，单击属性栏中的【移除前面对象】◻按钮，将多余图形去除制作眉毛，如图7.38所示。

图7.37 复制并变换图形　　　　图7.38 去除多余图形

STEP 06　选择眉毛按住Shift键同时再按住鼠标左键，向右侧拖动并按下鼠标右键，将图形复制，如图7.39所示。

图7.39 复制图形

2. 处理嘴巴

STEP 01　单击工具箱中的【钢笔工具】♠按钮，在表情靠下半部分位置绘制1个嘴巴图形，设置【填充】为白色，【轮廓】为橙色（R：237，G：150，B：94），【轮廓宽度】为1，如图7.40所示。

STEP 02　单击工具箱中的【基本形状】♞按钮，再单击属性栏中的【完美形状】按钮，在弹出的面板中选择心形，在刚才绘制的嘴巴图形中间位置绘制1个心形，设置【轮廓】为无。

STEP 03　单击工具箱中的【交互式填充工具】◈按钮，再单击属性栏中的【渐变填充】◢按钮，在图形上拖动填充浅红色（R：242，G：95，B：92）到红色（R：237，G：28，

B：17）的线性渐变，这样就完成了效果制作，最终效果如图7.41所示。

图7.40　绘制嘴巴　　　　图7.41　最终效果

实战 209

利用钢笔工具绘制幽灵

▶ 素材位置：无
▶ 案例位置：效果\第7章\利用钢笔工具绘制幽灵.cdr
▶ 视频位置：视频\实战209.avi
▶ 难易指数：★★☆☆☆

● 实例介绍 ●

　　本例讲解利用钢笔工具绘制幽灵。本例中的幽灵图像在绘制过程中打破了传统的可怕形象，以大笑的视觉让整个幽灵图像更具观赏性，最终效果如图7.42所示。

图7.42　最终效果

● 操作步骤 ●

1. 设计轮廓

STEP 01 单击工具箱中的【椭圆形工具】○按钮，按住Ctrl键绘制1个正圆，设置【填充】为任意颜色，【轮廓】为无，如图7.43所示。

STEP 02 单击工具箱中的【矩形工具】□按钮，在圆形的底部绘制1个与圆形相同颜色的矩形，设置【轮廓】为无，如图7.44所示。

图7.43　绘制圆　　　　图7.44　绘制矩形

STEP 03 同时选择2个图形，单击属性栏中的【合并】按钮，将图形合并。

STEP 04 单击工具箱中的【钢笔工具】按钮，在图形底部绘制1个不规则图形，设置【填充】为任意颜色，【轮廓】为无，如图7.45所示。

STEP 05 同时选择2个图形，单击属性栏中的【修剪】按钮，对图形进行修剪，完成之后将不需要图形删除，如图7.46所示。

图7.45　绘制图形　　　　图7.46　修剪图形

STEP 06 选择图形，单击工具箱中的【交互式填充工具】按钮，再单击属性栏中的【渐变填充】按钮，在图形上拖动填充白色到灰色（R：178，G：178，B：178）的椭圆渐变，如图7.47所示。

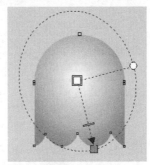

图7.47　填充渐变

2. 处理表情

STEP 01 单击工具箱中的【钢笔工具】按钮，在上半部分位置绘制1条弯曲线段，设置【填充】为无，【轮廓】为灰色（R：77，G：77，B：77），【轮廓宽度】为1，如图7.48所示。

图7.48　绘制线段

STEP 02 选择弯曲线段，向右侧平移复制，如图7.49所示。

STEP.03 单击工具箱中的【椭圆形工具】○按钮，在2只眼睛下方位置绘制1个椭圆，设置【填充】为任意颜色，【轮廓】为无，如图7.50所示。

图7.49 绘制线段

图7.50 绘制椭圆

STEP 04 在椭圆上单击鼠标右键，从弹出的快捷菜单中选择【转换为曲线】命令。

STEP 05 单击工具箱中的【形状工具】 按钮，拖动椭圆节点将其变形，如图7.51所示。

STEP 06 选择图形，单击工具箱中的【交互式填充工具】◇按钮，再单击属性栏中的【渐变填充】 按钮，在图形上拖动填充白色到灰色（R：178，G：178，B：178）的椭圆渐变，如图7.52所示。

图7.51 将图形变形

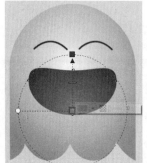

图7.52 填充渐变

STEP 07 单击工具箱中的【椭圆形工具】○按钮，幽灵图像下方位置绘制1个椭圆，设置【填充】为灰色（R：204，G：204，B：204），【轮廓】为无，如图7.53所示。

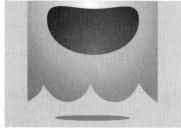

图7.53 绘制椭圆

STEP 08 执行菜单栏中的【位图】|【转换为位图】命令，在弹出的对话框中分别勾选【光滑处理】及【透明背景】复选框，完成之后单击【确定】按钮。

STEP 09 执行菜单栏中的【位图】|【模糊】|【高斯式模糊】命令，在弹出的对话框中将【半径】更改为15像素，完成之后

单击【确定】按钮，这样就完成了效果制作，最终效果如图7.54所示。

图7.54 最终效果

实战
210

利用钢笔工具制作小火箭

▶ 素材位置：无
▶ 案例位置：效果\第7章\利用钢笔工具制作小火箭.cdr
▶ 视频位置：视频\实战210.avi
▶ 难易指数：★★★☆☆

● 实例介绍 ●

本例讲解利用钢笔工具制作小火箭。小火箭的绘制比较简单，在绘制过程中要注意图形结合的协调性，最终效果如图7.55所示。

图7.55 最终效果

● 操作步骤 ●

1. 绘制火箭轮廓

STEP 01 单击工具箱中的【钢笔工具】 按钮，绘制1个不规则图形，设置【填充】为白色，【轮廓】为无，如图7.56所示。

STEP 02 单击工具箱中的【椭圆形工具】○按钮，在图形顶部按住Ctrl键绘制1个圆，设置【填充】为橙色（R：255，G：102，B：0），【轮廓】为无，按Ctrl+C组合键将圆形复制，如图7.57所示。

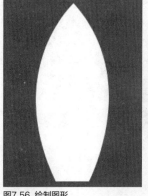

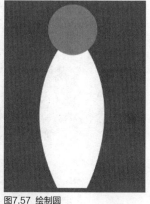

图7.56 绘制图形   图7.57 绘制圆

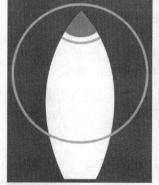 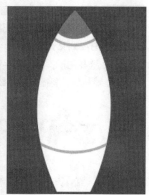

图7.61 置于图文框内部

STEP 03 选择刚才绘制的轮廓图，执行菜单栏中的【对象】|【PowerClip】|【置于图文框内部】命令，将椭圆放置到下方图形内部，如图7.58所示。

图7.58 置于图文框内部

STEP 04 按Ctrl+V组合键将圆形粘贴，将粘贴后的圆形的【填充】更改为无，【轮廓】为青色（R：153，G：204，B：204），如图7.59所示。

STEP 05 选中圆环，按Ctrl+C组合键将其复制，再执行菜单栏中的【对象】|【PowerClip】|【置于图文框内部】命令，将圆环放置到下方图形内部，如图7.60所示。

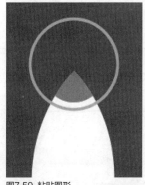 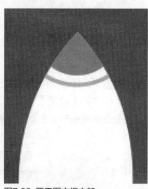

图7.59 粘贴图形   图7.60 置于图文框内部

STEP 06 按Ctrl+V组合键将圆环粘贴，将粘贴后的圆环等比例放大，再执行菜单栏中的【对象】|【PowerClip】|【置于图文框内部】命令，将圆环放置到下方图形内部，如图7.61所示。

STEP 07 单击工具箱中的【椭圆形工具】◯按钮，在图形中间位置绘制1个扁长椭圆，设置【填充】为青色（R：153，G：204，B：204），【轮廓】为无。

STEP 08 在扁长椭圆中间位置绘制1个颜色相同的椭圆，如图7.62所示。

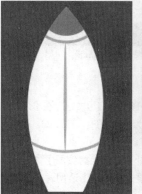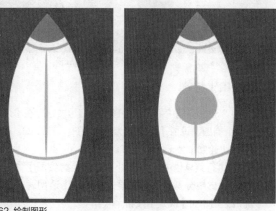

图7.62 绘制图形

STEP 09 单击工具箱中的【钢笔工具】◊按钮，在青色椭圆左上角绘制1个不规则图形，设置【填充】为白色，【轮廓】为无，如图7.63所示。

图7.63 绘制图形

STEP 10 单击工具箱中的【椭圆形工具】◯按钮，在图形适当位置按住Ctrl键绘制1个圆，设置【填充】为青色（R：153，G：204，B：204），【轮廓】为无，如图7.64所示。

STEP 11 将绘制的小圆形复制2份，如图7.65所示。

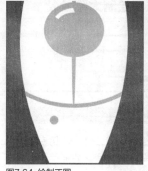 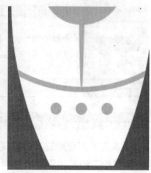

图7.64 绘制正圆   图7.65 复制图形

STEP 12 单击工具箱中的【钢笔工具】 按钮，在小火箭左下角位置绘制1个不规则图形，设置【填充】为橙色（R：255，G：102，B：0），【轮廓】为无，如图7.66所示。

STEP 13 选择图形，向右侧平移复制，再单击属性栏中的【水平镜像】 按钮，将图形水平镜像，如图7.67所示。

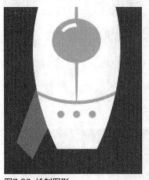

图7.66 绘制图形　　　　　图7.67 复制图形

2．制作喷火特效

STEP 01 单击工具箱中的【椭圆形工具】 按钮，在小火箭底部绘制1个椭圆，设置【填充】为橙色（R：255，G：102，B：0），【轮廓】为无，如图7.68所示。

STEP 02 执行菜单栏中的【位图】|【转换为位图】命令，在弹出的对话框中分别勾选【光滑处理】及【透明背景】复选框，完成之后单击【确定】按钮。

STEP 03 执行菜单栏中的【位图】|【模糊】|【动态模糊】命令，在弹出的对话框中将【间距】更改为200，【方向】更改为90，完成之后单击【确定】按钮，这样这就完成了效果制作，最终效果如图7.69所示。

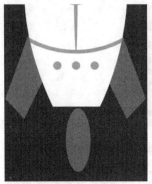

图7.68 绘制椭圆　　　　　图7.69 最终效果

实战
211

利用椭圆形工具绘制太阳公公

▶ 素材位置：无
▶ 案例位置：效果\第7章\利用椭圆形工具绘制太阳公公.cdr
▶ 视频位置：视频\实战211.avi
▶ 难易指数：★★★☆☆

● 实例介绍 ●

本例讲解利用椭圆形工具绘制太阳公公。本例中太阳公公的笑脸在绘制过程中以星形与椭圆相结合的形式，同时利

用拟物化手法为太阳添加五官，整体的视觉效果十分可爱，最终效果如图7.70所示。

图7.70 最终效果

● 操作步骤 ●

1．制作太阳

STEP 01 单击工具箱中的【星形工具】☆按钮，绘制1个星形，设置【填充】为黄色（R：247，G：233，B：124），【轮廓】为无，在属性栏中将【边数】更改为13，【锐度】更改为30，如图7.71所示。

STEP 02 单击工具箱中的【椭圆形工具】 按钮，在星形位置绘制1个椭圆，设置【填充】为橙色（R：253，G：205，B：12），【轮廓】为无，如图7.72所示。

图7.71 绘制星形　　　　　图7.72 绘制圆

STEP 03 同时选择2个图形，按Ctrl+G组合键组合对象，再执行菜单栏中的【效果】|【添加透视】命令，按住Ctrl+Shift组合键将图形透视变形，如图7.73所示。

图7.73 将图形透视变形

2．添加表情

STEP 01 单击工具箱中的【椭圆形工具】 按钮，在图形靠上

方再次绘制1个椭圆，设置【填充】为橙色（R：255，G：102，B：0），【轮廓】为无，如图7.74所示。

STEP 02 选择椭圆，按Ctrl+C组合键复制，按Ctrl+V组合键粘贴，将粘贴后的图形更改为任意颜色后适当增加其宽度，如图7.75所示。

图7.74 绘制椭圆　　　　　图7.75 复制并变换图形

STEP 03 同时选择2个椭圆，单击属性栏中的【修剪】按钮，对图形进行修剪，完成之后将上方图形删除，制作完成的嘴巴效果如图7.76所示。

STEP 04 在嘴巴上方以同样的方法制作眼睛，如图7.77所示。

图7.76 制作嘴巴　　　　　图7.77 制作眼睛

STEP 05 单击工具箱中的【椭圆形工具】按钮，在适当位置按住Ctrl键绘制1个圆，设置【填充】为橙色（R：255，G：102，B：0），【轮廓】为无，将绘制的圆形复制，这样就完成了效果制作，最终效果如图7.78所示。

图7.78 最终效果

实战 212 利用星形工具制作小星星

▸ 素材位置：无
▸ 案例位置：效果\第7章\利用星形工具制作小星星.cdr
▸ 视频位置：视频\实战212.avi
▸ 难易指数：★☆☆☆☆

● 实例介绍 ●

本例讲解利用星形工具制作小星星。卡通小星星的绘制比较简单，重点在于对图形修剪的运用，最终效果如图7.79所示。

图7.79 最终效果

● 操作步骤 ●

1. 制作星星

STEP 01 单击工具箱中的【星形工具】☆按钮，按住Ctrl键绘制1个星形，在属性栏中将【锐度】更改为30，设置【轮廓】为无。

STEP 02 单击工具箱中的【交互式填充工具】◇按钮，再单击属性栏中的【渐变填充】■按钮，在图形上拖动填充黄色（R：253，G：202，B：3）到橙色（R：242，G：120，B：10）的线性渐变，如图7.80所示。

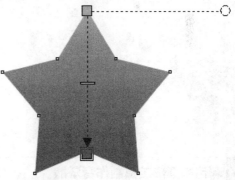

图7.80 绘制图形

2. 处理五官

STEP 01 单击工具箱中的【椭圆形工具】○按钮，在星星左上角绘制1个椭圆，设置【填充】为白色，【轮廓】为无，如图7.81所示。

STEP 02 选择椭圆按住Shift键同时再按住鼠标左键，向右侧平移并按下鼠标右键，将图形复制，如图7.82所示。

图7.81 绘制椭圆　　　　图7.82 复制图形

STEP 03 单击工具箱中的【椭圆形工具】○按钮，在2个椭圆下方位置再次绘制1个椭圆，设置【填充】为白色，【轮廓】为无，如图7.83所示。

STEP 04 选择刚才绘制的椭圆，按Ctrl+C组合键复制，按Ctrl+V组合键粘贴，将粘贴后的椭圆更改为其他任意1种颜色后适当缩小其高度及增加宽度，如图7.84所示。

图7.83 绘制图形　　　　图7.84 复制并粘贴图形

STEP 05 同时选择刚才绘制的2个椭圆图形，单击属性栏中的【修剪】┗┛按钮，对图形进行修剪，将上方图形删除，如图7.85所示。

STEP 06 同时选择所有图形，单击属性栏中的【修剪】┗┛按钮，对图形进行修剪，将除小星星之外的所有图形删除，这样就完成了效果制作，最终效果如图7.86所示。

图7.85 修剪图形　　　　图7.86 最终效果

实战 213

利用椭圆形工具制作音乐熊

▶ 素材位置：无
▶ 案例位置：效果\第7章\利用椭圆形工具制作音乐熊.cdr
▶ 视频位置：视频\实战213.avi
▶ 难易指数：★★☆☆☆

● 实例介绍 ●

本例讲解利用椭圆形工具制作音乐熊，本例在绘制过

程中线条的部分较多，要注意线条宽度，最终效果如图7.87所示。

图7.87 最终效果

● 操作步骤 ●

1. 绘制面部

STEP 01 单击工具箱中的【椭圆形工具】○按钮，绘制1个椭圆，设置【填充】为白色，【轮廓】为黑色，【轮廓宽度】为0.75，如图7.88所示。

STEP 02 单击鼠标右键，从弹出的快捷菜单中选择【转换为曲线】命令，单击工具箱中的【形状工具】↖按钮，拖动节点将其变形，如图7.89所示。

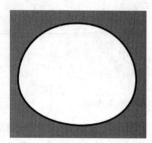

图7.88 绘制图形　　　　图7.89 将图形变形

STEP 03 单击工具箱中的【钢笔工具】◊按钮，在图形左上角绘制1条稍短线段，设置【填充】为无，【轮廓】为黑色，【轮廓宽度】为0.5，如图7.90所示。

STEP 04 选择线段，将其复制3份，如图7.91所示。

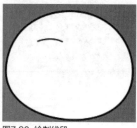

图7.90 绘制线段　　　　图7.91 复制线段

2. 制作耳机

STEP 01 单击工具箱中的【椭圆形工具】○按钮，在椭圆位置再次绘制1个椭圆，设置【填充】为无，【轮廓】为黑色，【轮廓宽度】为2，如图7.92所示。

图7.92 绘制线框图形

STEP 02 单击工具箱中的【形状工具】 按钮，将刚才绘制的线框图形底部线段删除，如图7.93所示。

STEP 03 单击工具箱中的【钢笔工具】 按钮，在线框左侧位置绘制1个不规则图形，设置【填充】为黑色，【轮廓】为无，如图7.94所示。

图7.93 删除线段   图7.94 绘制图形

STEP 04 选择刚才绘制的图形，按住Shift键的同时再按住鼠标左键，向右侧平移并按下鼠标右键，将图形复制，单击属性栏中的【水平镜像】 按钮，将图形水平镜像，如图7.95所示。

图7.95 复制图形

3．绘制身体

STEP 01 单击工具箱中的【钢笔工具】 按钮，在靠下位置绘制1个不规则图形，设置【填充】为白色，【轮廓】为黑色，【轮廓宽度】为0.75，如图7.96所示。

图7.96 绘制身体

STEP 02 在身体与头部交叉左下角位置绘制1个不规则图形并移至身体图形下方，设置【填充】为白色，【轮廓】为黑色，【轮廓宽度】为0.75，制作胳膊，如图7.97所示。

STEP 03 选中胳膊，按住Shift键同时再按住鼠标左键，向右侧平移并按下鼠标右键，将图形复制，单击属性栏中的【水平镜像】 按钮，将图形水平镜像，如图7.98所示。

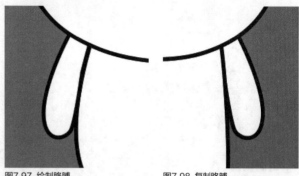

图7.97 绘制胳膊   图7.98 复制胳膊

STEP 04 单击工具箱中的【钢笔工具】 按钮，在身体靠底部位置绘制2条线段，设置【填充】为无，【轮廓】为黑色，【轮廓宽度】为0.75，如图7.99所示。

STEP 05 单击工具箱中的【椭圆形工具】 按钮，在身体底部绘制1个椭圆，设置【填充】为黑色，【轮廓】为无，这样就完成了效果制作，最终效果如图7.100所示。

图7.99 绘制线段   图7.100 最终效果

实战 214 利用椭圆形工具制作青蛙

▶ 素材位置：无
▶ 案例位置：效果\第7章\利用椭圆形工具制作青蛙.cdr
▶ 视频位置：视频\实战214.avi
▶ 难易指数：★★☆☆☆

● 实例介绍 ●

本例讲解利用椭圆形工具制作青蛙，绘制过程中以多个椭圆相结合的形式表现出青蛙的特征，最终效果如图7.101所示。

图7.101 最终效果

1. 绘制脸部

单击工具箱中的【椭圆形工具】○按钮，绘制1个椭圆，设置【填充】为浅绿色（R：200，G：227，B：110），【轮廓】为无，如图7.102所示。

图7.102 绘制椭圆

2. 绘制眼睛

STEP 01 在椭圆左上角位置按住Ctrl键绘制1个圆，设置【填充】为白色，【轮廓】为黑色，【轮廓宽度】为0.2，如图7.103所示。

STEP 02 单击工具箱中的【基本形状】⌷按钮，再单击属性栏中的【完美形状】按钮，在弹出的面板中选择心形，在圆形位置绘制1个心形并适当旋转，设置【填充】为红色（R：237，G：83，B：17），【轮廓】为无，如图7.104所示。

图7.103 绘制圆　　　　　　图7.104 绘制心形

STEP 03 同时选中圆形及心形，按住Shift键同时再按住鼠标左键，向右侧平移并按下鼠标右键，将图形复制，单击属性栏中的【垂直镜像】⌷按钮，将图形垂直镜像，如图7.105所示。

STEP 04 单击工具箱中的【钢笔工具】◊按钮，在眼睛下方绘制1条线段，设置【填充】为无，【轮廓】为黑色，【轮廓宽度】为0.5，如图7.106所示。

图7.105 复制图形　　　　　　图7.106 绘制线段

3. 制作领结

STEP 01 单击工具箱中的【钢笔工具】◊按钮，在左下角位置绘制1个不规则图形，设置【填充】为粉红色（R：255，G：200，B：228），【轮廓】为无，如图7.107所示。

STEP 02 选择图形，按住Shift键同时再按住鼠标左键，向右侧平移并按下鼠标右键，将图形复制，单击属性栏中的【垂直镜像】⌷按钮，将图形垂直镜像，这样就完成了效果制作，最终效果如图7.108所示。

图7.107 绘制图形

图7.108 最终效果

提示

复制并镜像图形之后可以同时选择2个粉红色图形，单击属性栏中的【合并】⌷按钮，将图形合并。

实战 215

利用椭圆形工具制作翠鸟

▶ 素材位置：无
▶ 案例位置：效果\第7章\利用椭圆形工具制作翠鸟.cdr
▶ 视频位置：视频\实战215.avi
▶ 难易指数：★★☆☆☆

● 实例介绍 ●

本例讲解利用椭圆形工具制作翠鸟，翠鸟是一种十分可爱的鸟类，它的长相十分乖巧，本例在制作过程中围绕翠鸟的形象进行绘制，整体效果十分不错，最终效果如图7.109所示。

图7.109 最终效果

● 操作步骤 ●

1．绘制脸部轮廓

STEP 01 单击工具箱中的【椭圆形工具】○按钮，绘制1个椭圆，设置【填充】为青色（R：153，G：204，B：204），【轮廓】为无，如图7.110所示。

STEP 02 在椭圆上单击鼠标右键，从弹出的快捷菜单中选择【转换为曲线】命令，单击工具箱中的【形状工具】按钮，拖动椭圆节点将其变形，如图7.111所示。

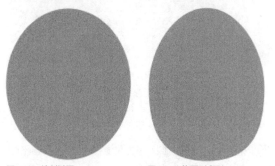

图7.110 绘制椭圆　　　　　图7.111 将图形变形

2．制作五官

STEP 01 单击工具箱中的【椭圆形工具】○按钮，在图形左上角绘制1个椭圆，设置【填充】为白色，【轮廓】为青色（R：87，G：137，B：164），如图7.112所示。

STEP 02 选择椭圆，按Ctrl+C组合键复制，按Ctrl+V组合键粘贴，设置【填充】为青色（R：50，G：77，B：77），【轮廓】为无，将其向右侧平移，如图7.113所示。

图7.112 绘制椭圆　　　　　图7.113 复制图形

STEP 03 选择椭圆，执行菜单栏中的【对象】|【PowerClip】|【置于图文框内部】命令，将图形放置到下方椭圆内部制作眼睛，如图7.114所示。

STEP 04 选择眼睛，向右侧平移复制，再单击属性栏中的【水平镜像】按钮，将图形水平镜像，如图7.115所示。

图7.114 置于图文框内部　　　图7.115 复制图形

STEP 05 单击工具箱中的【钢笔工具】按钮，绘制1个三角形，设置【填充】为青色（R：50，G：77，B：77），【轮廓】为无，如图7.116所示。

图7.116 绘制图形

3．添加身体元素

STEP 01 单击工具箱中的【椭圆形工具】○按钮，在靠左侧位置绘制1个椭圆，设置【填充】为蓝色（R：87，G：137，B：164），【轮廓】为无，如图7.117所示。

STEP 02 选择椭圆，向右侧平移复制，再单击属性栏中的【水平镜像】按钮，将椭圆水平镜像后适当移动至与左侧图形相对位置，如图7.118所示。

图7.117 绘制椭圆　　　　　图7.118 复制图形

STEP 03 单击工具箱中的【2点线工具】按钮，设置【填充】为无，【轮廓】为青色（R：87，G：137，B：164），【轮廓宽度】为1。

111

STEP 04 在线段左下角位置再次绘制1条线段，将【轮廓宽度】设置为0.5，如图7.119所示。

图7.119 绘制线段

STEP 05 选择绘制的线段，将其复制2份并移至原线段右侧位置制作爪子，如图7.120所示。

STEP 06 同时选中所有线段，向右侧平移复制，再单击属性栏中的【水平镜像】按钮，将图形水平镜像，这样就完成了效果制作，最终效果如图7.121所示。

图7.120 制作爪子　　　　　图7.121 最终效果

实战 216　**利用椭圆形工具绘制大熊猫**

▶ 素材位置：无
▶ 案例位置：效果\第7章\利用椭圆形工具绘制大熊猫.cdr
▶ 视频位置：视频\实战216.avi
▶ 难易指数：★★★☆☆

● 实例介绍 ●

　　本例讲解利用椭圆形工具绘制大熊猫。本例中的大熊猫形态可掬，其制作过程比较简单，要注意图形的结合及各图形大小，最终效果如图7.122所示。

图7.122 最终效果

● 操作步骤 ●

1．制作面部

STEP 01 单击工具箱中的【椭圆形工具】〇按钮，绘制1个椭圆，设置【填充】为灰色（R：237，G：240，B：240），【轮廓】为灰色（R：186，G：187，B：186），【轮廓宽度】为1，如图7.123所示。

STEP 02 在椭圆上单击鼠标右键，从弹出的快捷菜单中选择【转换为曲线】命令，单击工具箱中的【形状工具】〻按钮，拖动图形节点将其变形，如图7.124所示。

图7.123 绘制椭圆　　　　　图7.124 将椭圆变形

STEP 03 单击工具箱中的【椭圆形工具】〇按钮，绘制1个椭圆，设置【填充】为深灰色（R：90，G：90，B：90），【轮廓】为无，如图7.125所示。

STEP 04 以同样的方法将椭圆转曲后变形，如图7.126所示。

图7.125 绘制椭圆　　　　　图7.126 将椭圆变形

STEP 05 以同样的方法在右侧及下方位置再次绘制图形制作右眼及鼻子，如图7.127所示。

图7.127 制作右眼及鼻子

STEP 06 单击工具箱中的【椭圆形工具】〇按钮，在左眼位置按住Ctrl键绘制1个圆，设置【填充】为白色，【轮廓】为无，如图7.128所示。

STEP 07 选中图形，将其复制2份分别放在适当位置，如图7.129所示。

图7.128 绘制圆　　　　　图7.129 复制图形

STEP 08 单击工具箱中的【椭圆形工具】○按钮，在左眼下方位置绘制1个椭圆，设置【填充】为粉色（R：244，G：220，B：234），【轮廓】为无，如图7.130所示。

图7.130 绘制椭圆

STEP 09 选择粉红椭圆，执行菜单栏中的【位图】|【转换为位图】命令，在弹出的对话框中分别勾选【光滑处理】及【透明背景】复选框，完成之后单击【确定】按钮。

STEP 10 执行菜单栏中的【位图】|【模糊】|【高斯式模糊】命令，在弹出的对话框中将【半径】更改为30像素，完成之后单击【确定】按钮，如图7.131所示。

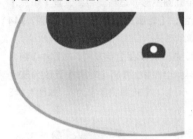

图7.131 设置高斯式模糊

STEP 11 选择模糊图像，向右侧移动复制，如图7.132所示。

图7.132 复制图像

STEP 12 单击工具箱中的【钢笔工具】◊按钮，在左上角位置绘制1个不规则图形，设置【填充】为深灰色（R：90，G：90，B：90），【轮廓】为无，如图7.133所示。

STEP 13 选择耳朵图形，向右侧移动复制，再单击属性栏中的【水平镜像】◖◗按钮，将图形水平镜像，如图7.134所示。

图7.133 绘制耳朵　　　图7.134 复制图形

2．绘制身体

STEP 01 单击工具箱中的【钢笔工具】◊按钮，在刚才绘制的图形底部位置绘制1个不规则图形，设置【填充】为灰色（R：237，G：240，B：240），【轮廓】为灰色（R：187，G：187，B：187），【轮廓宽度】为1，如图7.135所示。

图7.135 绘制图形

STEP 02 单击工具箱中的【钢笔工具】◊按钮，在刚才绘制的图形位置绘制数个不规则图形制作爪和脚，设置【填充】为深灰色（R：90，G：90，B：90），【轮廓】为无，如图7.136所示。

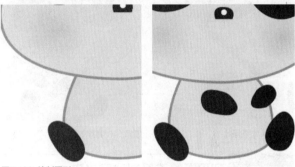

图7.136 绘制图形

STEP 03 单击工具箱中的【椭圆形工具】○按钮，在图像底部绘制1个椭圆，设置【填充】为浅红色（R：217，G：217，B：217），【轮廓】为无，如图7.137所示。

图7.137 绘制椭圆

3．绘制竹子

STEP 01 单击工具箱中的【钢笔工具】◊按钮，在爪和脚的位置绘制1条线段，设置【填充】为无，【轮廓】为绿色（R：134，G：178，B：53），【轮廓宽度】为1.5，如图7.138所示。

图7.138 绘制线段

STEP 02 单击工具箱中的【钢笔工具】按钮，在刚才绘制的线段位置绘制1个绿叶图形，设置【填充】为绿色（R：134，G：178，B：53），【轮廓】为无，如图7.139所示。

STEP 03 选中绿叶图形，将其复制数份，这样就完成了效果制作，最终效果如图7.140所示。

图7.139 绘制绿叶

图7.140 最终效果

实战 217　利用钢笔工具制作叮当猫

▶ 素材位置：无
▶ 案例位置：效果\第7章\利用钢笔工具制作叮当猫.cdr
▶ 视频位置：视频\实战217.avi
▶ 难易指数：★★★☆☆

● 实例介绍 ●

本例讲解利用钢笔工具制作叮当猫。此款头像的结构相对有些复杂，在绘制过程中要注意面部元素的组合，最终效果如图7.141所示。

图7.141 最终效果

● 操作步骤 ●

1. 绘制大脸

STEP 01 单击工具箱中的【钢笔工具】按钮，绘制1个不规

则图形，设置【填充】为深灰色（R：122，G：150，B：212），【轮廓】为黑色，【轮廓宽度】为0.5，如图7.142所示。

STEP 02 选择图形，按Ctrl+C组合键复制，按Ctrl+V组合键粘贴，将粘贴的图形【填充】更改为白色，再将图形适当缩小，如图7.143所示。

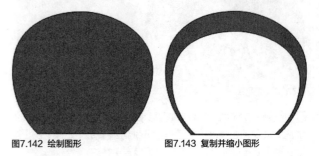
图7.142 绘制图形　　　　图7.143 复制并缩小图形

2. 制作眼鼻

STEP 01 单击工具箱中的【椭圆形工具】按钮，在左上角2个图形之间位置绘制1个椭圆图形并适当旋转，设置【填充】为白色，【轮廓】为黑色，【轮廓宽度】为0.75，如图7.144所示。

STEP 02 选择椭圆图形，按Ctrl+C组合键复制，按Ctrl+V组合键粘贴，将粘贴的图形等比例缩小并将【轮廓】更改为灰色（R：50，G：50，B：50），【轮廓宽度】为2，如图7.145所示。

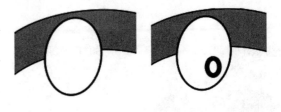
图7.144 绘制椭圆　　　　图7.145 复制并变换图形

STEP 03 同时选择2个图形按住Shift键同时再按住鼠标左键，向右侧拖动并按下鼠标右键，将图形复制，再单击属性栏中的【水平镜像】按钮，将图形水平镜像，如图7.146所示。

STEP 04 单击工具箱中的【椭圆形工具】按钮，2个图形中间底部位置按住Shift键绘制1个圆形，设置【填充】为浅紫色（R：208，G：165，B：212），【轮廓】为灰色（R：50，G：50，B：50），【轮廓宽度】为1，如图7.147所示。

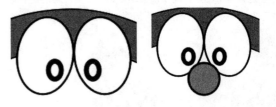
图7.146 复制并变换图形　　　　图7.147 绘制圆

STEP 05 选择圆形，按Ctrl+C组合键复制，按Ctrl+V组合键粘

贴，将粘贴的图形等比例缩小并将【填充】更改为白色，【轮廓】为无，如图7.148所示。

STEP 06 单击工具箱中的【钢笔工具】 ◊ 按钮，在嘴巴位置绘制1条半弧线段，设置【轮廓】为黑色，【轮廓宽度】为1，如图7.149所示。

图7.148 复制并变换图形　　　图7.149 绘制线段

3. 绘制嘴舌

STEP 01 单击工具箱中的【钢笔工具】 ◊ 按钮，在嘴巴底部位置绘制1个嘴巴图形，设置【填充】为黄色（R：252，G：195，B：111），【轮廓宽度】为0.5，如图7.150所示。

STEP 02 单击工具箱中的【2点线工具】 ✐ 按钮，在鼻子左下角位置按住Shift键绘制一条水平线段，设置【轮廓】为黑色，【轮廓宽度】为0.5，如图7.151所示。

图7.150 绘制图形　　　图7.151 绘制线段

STEP 03 选择线段按住鼠标左键，向上方拖动并按下鼠标右键，将线段复制并适当旋转。

STEP 04 以同样的方法将其再复制1份并向下移动后单击属性栏中的【垂直镜像】 ▤ 按钮，将图形垂直镜像，如图7.152所示。

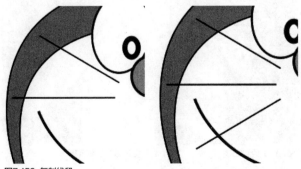

图7.152 复制线段

STEP 05 同时选择3个线段按住鼠标左键，向右侧拖动并按下鼠标右键，将线段复制，再单击属性栏中的【水平镜像】 ▥ 按

钮，将其水平镜像，如图7.153所示。

STEP 06 单击工具箱中的【矩形工具】 □ 按钮，在头像底部位置绘制1个矩形，设置【填充】为浅紫色（R：208，G：165，B：212），【轮廓】为无，如图7.154所示。

图7.153 复制线段并镜像　　　图7.154 绘制矩形

STEP 07 单击工具箱中的【形状工具】 ◥ 按钮，拖动刚才绘制的矩形左上角将其转换为圆角矩形，这样就完成了效果制作，最终效果如图7.155所示。

图7.155 最终效果

<table>
<tr><td rowspan="5">实战
218</td><td colspan="2">利用椭圆形工具绘制小萌兔</td></tr>
<tr><td>▶ 素材位置：</td><td>无</td></tr>
<tr><td>▶ 案例位置：</td><td>效果\第7章\利用椭圆形工具绘制小萌兔.cdr</td></tr>
<tr><td>▶ 视频位置：</td><td>视频\实战218.avi</td></tr>
<tr><td>▶ 难易指数：</td><td>★★☆☆☆</td></tr>
</table>

● 实例介绍 ●

本例讲解利用椭圆形工具绘制小萌兔，小萌兔的绘制过程比较简单，以简化的手法将图形相结合，整个形象即萌又可爱，最终效果如图7.156所示。

图7.156 最终效果

● 操作步骤 ●

1. 绘制脸及耳朵

STEP 01 单击工具箱中的【椭圆形工具】○按钮，绘制1个椭圆，设置【填充】为白色，【轮廓】为无，如图7.157所示。

STEP 02 在椭圆上单击鼠标右键，从弹出的快捷菜单中选择【转换为曲线】命令，单击工具箱中的【形状工具】↖按钮，拖动椭圆节点将其变形，如图7.158所示。

图7.157 绘制椭圆　　　　图7.158 将椭圆变形

STEP 03 单击工具箱中的【矩形工具】□按钮，绘制1个矩形，设置【填充】为白色，【轮廓】为无，如图7.159所示。

STEP 04 单击工具箱中的【形状工具】↖按钮，拖动矩形节点将其转换为圆角矩形，如图7.160所示。

图7.159 绘制矩形　　　　图7.160 转换为圆角矩形

STEP 05 选择圆角矩形，执行菜单栏中的【效果】|【添加透视】命令，按住Ctrl+Shift组合键将矩形透视变形后适当旋转制作耳朵，如图7.161所示。

STEP 06 选择耳朵，按Ctrl+C组合键复制，按Ctrl+V组合键粘贴，将粘贴的图形等比例缩小后将【填充】更改为灰色（R：230，G：230，B：230），如图7.162所示。

图7.161 将图形变形　　　　图7.162 复制图形

STEP 07 选择灰色图形，单击工具箱中的【透明度工具】▨按钮，在图形上拖动降低底部区域不透明度，如图7.163所示。

STEP 08 同时选择2个耳朵图形，按Ctrl+G组合键组合对象。

STEP 09 向右侧平移复制，再单击属性栏中的【水平镜像】按钮，将图形水平镜像，如图7.164所示。

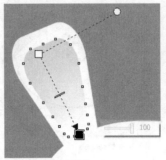

图7.163 降低不透明度　　　　图7.164 复制图形

2. 制作身体

STEP 01 单击工具箱中的【钢笔工具】♠按钮，在靠下方位置绘制1个不规则图形制作身体，设置【填充】为白色，【轮廓】为无，如图7.165所示。

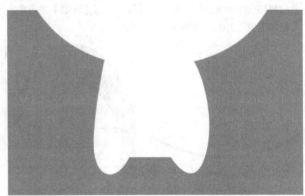

图7.165 绘制身体

STEP 02 在身体左上角位置绘制1个不规则图形制作胳膊，如图7.166所示。

STEP 03 选择胳膊图形，向右侧平移复制，再单击属性栏中的【水平镜像】按钮，将图形水平镜像，如图7.167所示。

图7.166 绘制图形　　　　图7.167 复制图形

3. 添加五官

STEP 01 单击工具箱中的【椭圆形工具】○按钮，在头部位置按住Ctrl键绘制1个小圆，设置【填充】为深灰色（R：50，

G：50，B：50），【轮廓】为无，如图7.168所示。

STEP 02 选择小圆形，向右侧平移复制，如图7.169所示。

图7.168 绘制圆　　　　　　　图7.169 复制图形

STEP 03 单击工具箱中的【钢笔工具】按钮，在2只眼睛下方绘制1条弯曲线段，设置【填充】为无，【轮廓】为黑色，【轮廓宽度】为1。

STEP 04 在弯曲线段底部再次绘制1条相似线段制作鼻子，如图7.170所示。

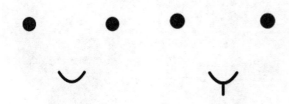

图7.170 绘制线段制作鼻子

STEP 05 单击工具箱中的【钢笔工具】按钮，在鼻子左侧绘制1条弯曲线段，设置【填充】为无，【轮廓】为粉色（R：255，G：153，B：204），【轮廓宽度】为0.5，如图7.171所示。

STEP 06 选择弯曲线段，向右侧平移复制，如图7.172所示。

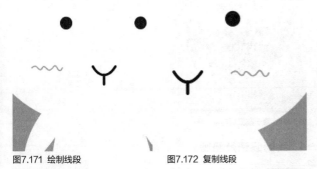

图7.171 绘制线段　　　　　　图7.172 复制线段

4. 绘制眼镜

STEP 01 单击工具箱中的【椭圆形工具】按钮，在左侧眼睛位置按住Ctrl键绘制1个线框，设置【填充】为无，【轮廓】为灰色（R：50，G：50，B：50），【轮廓宽度】为3，如图7.173所示。

STEP 02 选择圆形，向右侧平移复制，这样就完成了效果制作，最终效果如图7.174所示。

图7.173 绘制线框　　　　　　图7.174 最终效果

实战 219　利用基本图形制作糖豆娃娃

▶ 素材位置：无
▶ 案例位置：效果\第7章\利用基本图形制作糖豆娃娃.cdr
▶ 视频位置：视频\实战219.avi
▶ 难易指数：★★☆☆☆

● 实例介绍 ●

本例讲解利用基本图形制作糖豆娃娃，糖豆娃娃的形象十分可爱，色彩讨人喜欢，在绘制过程中注意元素的结合，最终效果如图7.175所示。

图7.175 最终效果

● 操作步骤 ●

1. 绘制主体

STEP 01 单击工具箱中的【椭圆形工具】按钮，绘制1个椭圆，设置【填充】为浅红色（R：250，G：185，B：206），【轮廓】为无，如图7.176所示。

STEP 02 单击鼠标右键，从弹出的快捷菜单中选择【转换为曲线】命令，单击工具箱中的【形状工具】按钮，拖动节点将其变形，如图7.177所示。

图7.176 绘制椭圆   图7.177 将图形变形

STEP 03 按Ctrl+C组合键将图形复制，按Ctrl+V组合键粘贴，将粘贴后的图形【填充】更改为白色，再适当缩小，如图7.178所示。

STEP 04 单击工具箱中的【透明度工具】▨按钮，将图形透明度更改为90，执行菜单栏中的【对象】|【PowerClip】|【置于图文框内部】命令，将白色图形放置到下方图形内部，如图7.179所示。

图7.178 复制图形   图7.179 更改透明度并置于图文框内部

2．制作腿脚

STEP 01 单击工具箱中的【钢笔工具】✑按钮，在图形左下角位置绘制1条线段，设置【填充】为无，【轮廓】为浅红色（R：250，G：185，B：206），【轮廓宽度】为3，如图7.180所示。

STEP 02 在线段右下角位置再次绘制1个不规则图形，设置【填充】为浅红色（R：250，G：185，B：206），【轮廓】为无，如图7.181所示。

图7.180 绘制线段   图7.181 绘制图形

STEP 03 同时选择刚才绘制的2个图形，按住Shift键同时再按住鼠标左键，向右侧平移并按下鼠标右键，将图形复制，如图7.182所示。

STEP 04 单击工具箱中的【椭圆形工具】◯按钮，在图形右侧位置绘制1个椭圆，设置【填充】为深红色（R：150，G：92，B：110），【轮廓】为无，如图7.183所示。

图7.182 复制图形   图7.183 绘制椭圆

3．处理嘴巴

STEP 01 在椭圆上单击鼠标右键，从弹出的快捷菜单中选择【转换为曲线】命令，单击工具箱中的【形状工具】⬦按钮，拖动节点将其变形，如图7.184所示。

STEP 02 单击工具箱中的【椭圆形工具】◯按钮，在经过变形的图形底部位置再次绘制1个椭圆，设置【填充】为深红色（R：200，G：133，B：154），【轮廓】为无，如图7.185所示。

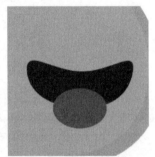

图7.184 将椭圆变形   图7.185 绘制椭圆

STEP 03 选择刚才绘制的椭圆，执行菜单栏中的【对象】|【PowerClip】|【置于图文框内部】命令，将图形放置到下方图形内部，如图7.186所示。

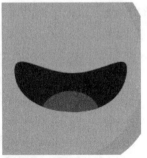

图7.186 置于图文框内部

4．绘制眼睛及胳膊

STEP 01 单击工具箱中的【基本形状工具】⬚按钮，再单击属性栏中的【完美形状】▱，在弹出的面板中选择心形，在图形靠上方绘制1个心形，设置【填充】为红色（R：235，G：90，B：90），【轮廓】为无，如图7.187所示。

STEP 02 选择心形，按住Shift键同时再按住鼠标左键，向右侧平移并按下鼠标右键，将图形复制，如图7.188所示。

STEP 04 以同样的方法在右侧相对位置再次绘制1条稍短线段，这样就完成了效果制作，最终效果如图7.190所示。

图7.187 绘制心形　　　　　　图7.188 复制图形　　　　　　图7.189 绘制线段　　　　　　图7.190 最终效果

STEP 03 单击工具箱中的【钢笔工具】 按钮，在左侧心形下方位置绘制1条线段，设置【填充】为无，【轮廓】为浅红色（R：255，G：217，B：228），【轮廓宽度】为2，如图7.189所示。

第  章

绘制图标与图案

本章介绍

本章讲解图标与图案的绘制。在本章中将图标与图案分为2类进行介绍。图标在日常设计工作中十分常见，通过学习可以应对图标元素的绘制与应用工作。而图案则是与图标相对应的一种形式上的补充，通过对图案绘制的学习，可以很好地掌握图案的造型，并在很多设计作品中加以利用。通过本章的学习可以掌握大多数图标与图案的绘制。

要点索引

- 学习绘制太阳图标
- 学习绘制鸡腿图标
- 了解插头图标的绘制
- 学会绘制U盘图案
- 学会绘制开关机图标
- 学会绘制日历图标
- 掌握绘制树叶图标的方法
- 学习邮件图案的绘制

实战 220 利用变形功能制作太阳图标

▶ 素材位置: 无
▶ 案例位置: 效果\第8章\利用变形功能制作太阳图标.cdr
▶ 视频位置: 视频\实战220.avi
▶ 难易指数: ★★☆☆☆

● 实例介绍 ●

本例讲解利用变形功能制作太阳图标。此款图标的制作方法十分简单，只需要变形工具直接将图形变形即可制作出太阳效果。

● 操作步骤 ●

STEP 01 单击工具箱中的【椭圆形工具】○按钮，按住Ctrl键绘制1个圆，设置【填充】为黄色（R：230，G：214，B：188），【轮廓】为无，如图8.1所示。

STEP 02 单击工具箱中的【星形工具】☆按钮，在圆形位置绘制1个星形，在属性栏中将【边数】更改为20，【锐度】更改为10，如图8.2所示。

图8.1 绘制圆　　　　　　图8.2 绘制星形

STEP 03 单击工具箱中的【变形】♡按钮，在星形上从内向外拖动将其变形，如图8.3所示。

STEP 04 单击工具箱中的【椭圆形工具】○按钮，按住Ctrl键绘制1个圆形，设置【填充】为橙色（R：255，G：177，B：22），【轮廓】为无，如图8.4所示。

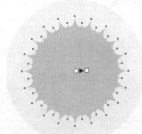

图8.3 将图形变形　　　　图8.4 最终效果

实战 221 利用椭圆形工具制作开关机图标

▶ 素材位置: 无
▶ 案例位置: 效果\第8章\利用椭圆形工具制作开关机图标.cdr
▶ 视频位置: 视频\实战221.avi
▶ 难易指数: ★★☆☆☆

● 实例介绍 ●

本例讲解利用椭圆形工具制作开关机图标，开关机图标的绘制比较简单，将圆形与线段结合即可。

● 操作步骤 ●

STEP 01 单击工具箱中的【椭圆形工具】○按钮，绘制1个圆，设置【填充】为蓝色（R：45，G：152，B：214），【轮廓】为无，如图8.5所示。

STEP 02 选择圆形，按Ctrl+C组合键复制，按Ctrl+V组合键粘贴，将【填充】更改为无，【轮廓】为白色，【轮廓宽度】为4，如图8.6所示。

图8.5 绘制圆　　　　　　图8.6 复制并变换图形

STEP 03 单击工具箱中的【形状工具】↖按钮，拖动圆形顶部节点将其断开并旋转，如图8.7所示。

STEP 04 在【轮廓笔】面板中，将【线条端头】更改为圆形端头，如图8.8所示。

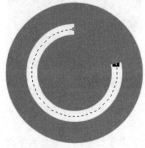

图8.7 断开线段　　　　　图8.8 更改端头

STEP 05 单击工具箱中的【2点线工具】✐按钮，在断开的位置绘制1条线段，在【轮廓笔】面板中，设置【轮廓】为白色，【轮廓宽度】为4，这样就完成了效果制作，最终效果如图8.9所示。

图8.9 最终效果

实战
222

利用椭圆形工具制作鸡腿图标

▶ 素材位置：无
▶ 案例位置：效果\第8章\利用椭圆形工具制作鸡腿图标.cdr
▶ 视频位置：视频\实战222.avi
▶ 难易指数：★★☆☆☆

● 实例介绍 ●

本例讲解利用椭圆形工具制作鸡腿图标，用鸡腿作为原形，以拟物化手法进行绘制，视觉效果十分形象，逼真同时绘制过程比较简单。

● 操作步骤 ●

STEP 01 单击工具箱中的【椭圆形工具】○按钮，按住Ctrl键绘制1个圆形，设置【填充】为橙色（R：234，G：136，B：45），【轮廓】为无，如图8.10所示。

STEP 02 单击工具箱中的【矩形工具】□按钮，在圆形的右下角绘制1个矩形，设置【填充】为橙色（R：234，G：136，B：45），【轮廓】为无，如图8.11所示。

STEP 03 同时选择2个图形，单击属性栏中的【合并】按钮，将图形合并。

图8.10 绘制正圆

图8.11 绘制矩形

STEP 04 单击工具箱中的【钢笔工具】按钮，在右下角位置单击添加2个节点，如图8.12所示。

STEP 05 单击工具箱中的【形状工具】按钮，选择右下角节点将其删除，如图8.13所示。

图8.12 添加节点

图8.13 删除节点

STEP 06 选择图形，按Ctrl+C组合键复制，按Ctrl+V组合键粘贴，将原图形颜色更改为深橙色（R：166，G：74，B：25），再将上方图形高度适当缩小，如图8.14所示。

STEP 07 单击工具箱中的【钢笔工具】按钮，在图形右下角绘制1个不规则图形，设置【填充】为黄色（R：174，

G：154，B：117），【轮廓】为无，如图8.15所示。

STEP 08 选择刚才绘制的图形，按Ctrl+C组合键复制，按Ctrl+V组合键粘贴，将粘贴的图形颜色更改为黄色（R：240，G：234，B：200），再将其向上移动，如图8.16所示。

STEP 09 单击工具箱中的【矩形工具】□按钮，在2个图形之间位置绘制1个矩形，设置【填充】为黄色（R：174，G：154，B：117），【轮廓】为无，将矩形移至2个图形之间，如图8.17所示。

图8.14 复制并变换图形

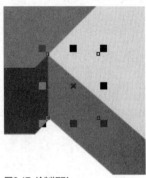
图8.15 绘制图形

图8.16 复制图形

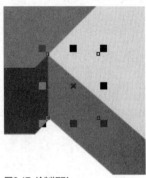
图8.17 绘制矩形

STEP 10 单击工具箱中的【椭圆形工具】○按钮，绘制1个椭圆，设置【填充】为黄色（R：242，G：194，B：90），【轮廓】为无，如图8.18所示。

STEP 11 单击工具箱中的【矩形工具】□按钮，在椭圆图形位置绘制1个矩形，设置【填充】为深橙色（R：166，G：74，B：25），【轮廓】为无，如图8.19所示。

图8.18 绘制椭圆

图8.19 绘制矩形

STEP 12 单击工具箱中的【形状工具】按钮，拖动右上角节点将其转换为圆角矩形，如图8.20所示。

STEP 13 选择圆角矩形，将其复制2份，这样就完成了效果制作，最终效果如图8.21所示。

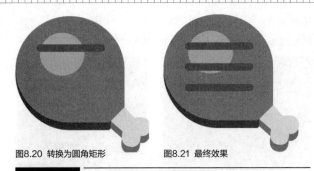

图8.20 转换为圆角矩形　　　　图8.21 最终效果

利用矩形工具制作日历图标

实战 223

▶ 素材位置：无
▶ 案例位置：效果\第8章\利用矩形工具制作日历图标.cdr
▶ 视频位置：视频\实战223.avi
▶ 难易指数：★★☆☆☆

● 实例介绍 ●

本例讲解利用矩形工具制作日历图标，日历图标的绘制过程比较简单，通过双色对比图形的结合，将日历的特征完美地表现出来。

● 操作步骤 ●

STEP 01 单击工具箱中的【矩形工具】□按钮，绘制1个矩形，设置【填充】为白色，【轮廓】为无，如图8.22所示。
STEP 02 单击工具箱中的【形状工具】按钮，拖动矩形右上角节点将其转换为圆角矩形，如图8.23所示。

图8.22 绘制矩形　　　　　　　图8.23 转换为圆角矩形

STEP 03 单击工具箱中的【矩形工具】□按钮，在圆角矩形顶部位置绘制1个矩形，设置【填充】为橙色（R：240，G：120，B：25），【轮廓】为无，如图8.24所示。
STEP 04 选择橙色矩形，执行菜单栏中的【对象】|【PowerClip】|【置于图文框内部】命令，将图形放置到矩形内部，如图8.25所示。

图8.24 绘制矩形　　　　　　　图8.25 置于图文框内部

STEP 05 单击工具箱中的【2点线工具】按钮，在图形靠

左上角位置绘制1条线段，设置【轮廓】为5，在【轮廓笔】面板中，将【线条端头】更改为圆形端头，如图8.26所示。
STEP 06 选择线段，向右侧平移复制，如图8.27所示。

图8.26 绘制线段　　　　　　　图8.27 复制线段

STEP 07 单击工具箱中的【文本工具】**字**按钮，在适当位置输入文字"JUN"和"19"（字体设置为Arial Black），这样就完成了效果制作，最终效果如图8.28所示。

图8.28 最终效果

利用矩形工具制作巧克力图标

实战 224

▶ 素材位置：无
▶ 案例位置：效果\第8章\利用矩形工具制作巧克力图标.cdr
▶ 视频位置：视频\实战224.avi
▶ 难易指数：★☆☆☆☆

● 实例介绍 ●

本例讲解利用矩形工具制作巧克力图标，巧克力图标的绘制过程比较简单，注意阴影高光及阴影的图形组合即可。

● 操作步骤 ●

STEP 01 单击工具箱中的【矩形工具】□按钮，绘制1个矩形，设置【填充】为深红色（R：96，G：24，B：0），【轮廓】为无，如图8.29所示。
STEP 02 单击工具箱中的【形状工具】按钮，拖动矩形右上角节点，将其转换为圆角矩形，如图8.30所示。

图8.29 绘制矩形

图8.30 转换为圆角矩形

STEP 03 选择圆角矩形，按Ctrl+C组合键复制，按Ctrl+V组合键粘贴，将粘贴的图形【填充】更改为红色（R：168，G：60，B：0），【轮廓】为无，再将图形高度缩小，如图8.31所示。

STEP 04 单击工具箱中的【矩形工具】□按钮，在圆角矩形左上角绘制1个矩形，设置【填充】为橙色（R：192，G：96，B：54），【轮廓】为无，如图8.32所示。

图8.31 复制图形

图8.32 绘制矩形

STEP 05 单击工具箱中的【形状工具】按钮，拖动矩形右上角节点，将其转换为圆角矩形，如图8.33所示。

STEP 06 选择圆角矩形，向右侧平移复制，如图8.34所示。

图8.33 转换为圆角矩形

图8.34 复制图形

STEP 07 将2个圆角矩形再次复制1份，如图8.35所示。

STEP 08 单击工具箱中的【矩形工具】□按钮，在左侧圆角矩形底部位置绘制1个矩形，设置【填充】为深红色（R：96，G：24，B：0），【轮廓】为无，如图8.36所示。

图8.35 复制圆角矩形

图8.36 绘制矩形

STEP 09 选择矩形，执行菜单栏中的【效果】|【添加透视】命令，按住Ctrl+Shift组合键将矩形透视变形，如图8.37

所示。

STEP 10 选择图形，向下方移动复制，如图8.38所示。

图8.37 将矩形变形

图8.38 复制图形

STEP 11 同时选择2个经过变形的矩形，向下方移动复制，如图8.39所示。

STEP 12 选择刚才复制的2个图形，执行菜单栏中的【对象】|【PowerClip】|【置于图文框内部】命令，将图形放置到下方圆角矩形内部，这样就完成了效果制作，最终效果如图8.40所示。

图8.39 复制图形

图8.40 最终效果

实战 225 | 利用椭圆形工具制作Wi-Fi图标

▶ 素材位置：无
▶ 案例位置：效果\第8章\利用椭圆形工具制作Wi-Fi图标.cdr
▶ 视频位置：视频\实战225.avi
▶ 难易指数：★☆☆☆☆

● 实例介绍 ●

本例讲解利用椭圆形工具制作W-iFi图标。W-iFi图标是一种十分常见的图标，其绘制方法有多种，本例讲解的是一种相对简单的绘制方法。

● 操作步骤 ●

STEP 01 单击工具箱中的【椭圆形工具】○按钮，按住Ctrl键绘制1个圆，设置【填充】为无，【轮廓】为蓝色（R：242，G：82，B：67），【轮廓宽度】为5，如图8.41所示。

STEP 02 将圆形复制3份并等比例缩小，将最内侧的圆更改为实心，如图8.42所示。

STEP 03 单击工具箱中的【钢笔工具】按钮，在图形上半部分位置绘制1个三角形，设置【填充】为无，【轮廓】为黑色，【轮廓宽度】为默认，如图8.43所示。

STEP 04 同时选择所有圆形，执行菜单栏中的【对象】|【PowerClip】|【置于图文框内部】命令，将其放置到三角形内部，如图8.44所示。

图8.41　绘制圆

图8.42　复制圆

图8.43　绘制三角形

图8.44　置于图文框内部

STEP 05 选择图形，将【轮廓】更改为无，这样就完成了效果制作，最终效果如图8.45所示。

图8.45　最终效果

实战 226　利用矩形工具制作插头图标

▶ 素材位置：无
▶ 案例位置：效果\第8章\利用矩形工具制作插头图标.cdr
▶ 视频位置：视频\实战226.avi
▶ 难易指数：★★★☆☆

● 实例介绍 ●

本例讲解利用矩形工具制作插头图标。以圆形为基本图形，将其与经过变换的矩形相结合制作出漂亮的插头图标。

● 操作步骤 ●

STEP 01 单击工具箱中的【矩形工具】□按钮，绘制1个矩形，设置【填充】为深蓝色（R：52，G：60，B：64），【轮廓】为无，如图8.46所示。

STEP 02 单击工具箱中的【形状工具】↖按钮，拖动矩形右上角节点，将其转换为圆角矩形，如图8.47所示。

图8.46　绘制矩形

图8.47　转换为圆角矩形

STEP 03 单击工具箱中的【矩形工具】□按钮，在圆角矩形顶部绘制1个矩形，如图8.48所示。

STEP 04 同时选择2个图形，单击属性栏中的【修剪】凸按钮，对图形进行修剪，完成之后将上方矩形删除，如图8.49所示。

图8.48　绘制矩形

图8.49　修剪图形

STEP 05 单击工具箱中的【2点线工具】✐按钮，在图形顶部位置绘制1条线段，在【轮廓笔】面板中，设置【轮廓】为深蓝色（R：52，G：60，B：64），【轮廓宽度】为4，如图8.50所示。

STEP 06 选择线段，向右平移复制，如图8.51所示。

图8.50　绘制线段

图8.51　复制图形

STEP 07 单击工具箱中的【椭圆形工具】○按钮，在插图位置绘制1个圆，设置【填充】为无，在【轮廓笔】面板中，设置【轮廓】为深蓝色（R：52，G：60，B：64），【宽度】为4，将【线条端头】更改为圆形端头，如图8.52所示。

STEP 08 单击工具箱中的【形状工具】↖按钮，拖动圆形顶部节点将其断开并旋转，如图8.53所示。

图8.52 绘制圆　　　　　　图8.53 将图形断开

图8.56 绘制图形　　　　　　图8.57 复制图形

STEP 04 同时选择所有图形，单击属性栏中的【修剪】 按钮，对图形进行修剪，完成之后将上方2个图形删除，如图8.58所示。

STEP 05 将图形适当旋转，如图8.59所示。

STEP 09 单击工具箱中的【钢笔工具】 按钮，在线段断开与插头图形之间绘制1条线段将其连接，并设置与圆线段相同的轮廓，这样就完成了效果制作，最终效果如图8.54所示。

图8.54 最终效果

图8.58 修剪图形　　　　　　图8.59 旋转图形

STEP 06 单击工具箱中的【钢笔工具】 按钮，在话筒右上角绘制1个弧形线段，在【轮廓笔】面板中，设置【颜色】为深灰色（R：52，G：47，B：46），【宽度】为6，【线条端头】为圆形端头，如图8.60所示。

STEP 07 将弧形线段向左侧复制1份并缩小，这样就完成了效果制作，最终效果如图8.61所示。

实战 227	**利用钢笔工具制作电话图标**
	▶ 素材位置：无
	▶ 案例位置：效果\第8章\利用钢笔工具制作电话图标.cdr
	▶ 视频位置：视频\实战227.avi
	▶ 难易指数：★★☆☆☆

● 实例介绍 ●

本例讲解利用钢笔工具制作电话图标。电话图标的绘制比较简单，将线段与图形相结合即可。

● 操作步骤 ●

STEP 01 单击工具箱中的【钢笔工具】 按钮，绘制1个话筒样式图形，设置【填充】为深灰色（R：52，G：47，B：46），【轮廓】为无，如图8.55所示。

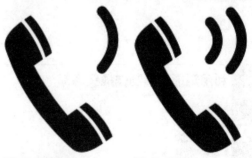

图8.60 绘制线段　　　　　　图8.61 最终效果

实战 228	**利用椭圆形工具制作西瓜图标**
	▶ 素材位置：无
	▶ 案例位置：效果\第8章\利用椭圆形工具制作西瓜图标.cdr
	▶ 视频位置：视频\实战228.avi
	▶ 难易指数：★★☆☆☆

● 实例介绍 ●

本例讲解利用椭圆形工具制作西瓜图标。本例中的西瓜图标是一款拟物化图标，重点在于西瓜特征图形的绘制，最终效果如图8.62所示。

图8.55 绘制图形

STEP 02 在话筒图形左侧再次绘制1个不规则图形，如图8.56所示。

STEP 03 选择图形向右侧平移复制，单击属性栏中的【水平镜像】 按钮，将图形水平镜像，如图8.57所示。

图8.62 最终效果

● 操作步骤 ●

1. 制作图标轮廓

STEP 01 单击工具箱中的【椭圆形工具】○按钮，按住Ctrl键绘制1个圆，设置【填充】为绿色（R：65，G：146，B：64），【轮廓】为无，按Ctrl+C组合键复制，如图8.63所示。

STEP 02 单击工具箱中的【矩形工具】□按钮，在圆形位置绘制1个矩形，设置【填充】为绿色（R：80，G：115，B：55），【轮廓】为无，如图8.64所示。

图8.63 绘制圆

图8.64 绘制矩形

STEP 03 选择矩形，按住Shift键同时再按住鼠标左键，向右侧平移并按下鼠标右键，将图形复制，如图8.65所示。

STEP 04 按Ctrl+D组合键将矩形复制数份，如图8.66所示。

图8.65 复制矩形

图8.66 复制多份

STEP 05 同时选择所有矩形，执行菜单栏中的【对象】|【PowerClip】|【置于图文框内部】命令，将图形放置到圆形的内部，如图8.67所示。

STEP 06 按Ctrl+V组合键将圆粘贴，将粘贴的图形【填充】更改为绿色（R：212，G：227，B：139），【轮廓】为绿色（R：135，G：180，B：53），【轮廓宽度】为5，如图8.68所示。

图8.67 置于图文框内部　　　　　图8.68 粘贴图形

2. 制作主视觉

STEP 01 按Ctrl+V组合键再次粘贴圆形，将粘贴的圆形的【轮廓】更改为无，【填充】更改为红色（R：233，G：83，B：72），如图8.69所示。

STEP 02 单击工具箱中的【钢笔工具】◊按钮，在红色圆形的左上角绘制1个不规则图形制作瓜籽，设置【填充】为深红色（R：70，G：42，B：43），【轮廓】为无，如图8.70所示。

图8.69 粘贴圆　　　　　　　　　图8.70 绘制图形

STEP 03 将绘制的瓜籽图形复制数份，这样就完成了效果制作，最终效果如图8.71所示。

图8.71 最终效果

实战 229 利用椭圆形工具制作树叶图标

▶ 素材位置：无
▶ 案例位置：效果\第8章\利用椭圆形工具制作树叶图标.cdr
▶ 视频位置：视频\实战229.avi
▶ 难易指数：★★☆☆☆

● 实例介绍 ●

本例讲解利用椭圆形工具制作树叶图标。树叶图标是一款经典的扁平化图标，其绘制过程比较简单，要注意树叶的造型，最终效果如图8.72所示。

图8.72 最终效果

● 操作步骤 ●

1. 制作主图形

STEP 01 单击工具箱中的【椭圆形工具】○按钮，按住Ctrl键绘制1个圆，设置【填充】为黄色（R：230，G：214，B：188），【轮廓】为无，如图8.73所示。

STEP 02 单击工具箱中的【矩形工具】□按钮，在圆形的位置绘制1个矩形，设置【填充】为绿色（R：130，G：186，B：50），【轮廓】为无，如图8.74所示。

图8.73 绘制圆

图8.74 绘制矩形

2. 绘制绿叶

STEP 01 单击工具箱中的【钢笔工具】✍按钮，在矩形顶部绘制1个树叶图形，设置【填充】为绿色（R：130，G：186，B：50），【轮廓】为无，如图8.75所示。

STEP 02 在树叶图形右侧再次绘制1个半圆形状图形，设置【填充】为绿色（R：112，G：165，B：35），【轮廓】为无，如图8.76所示。

STEP 03 选择半圆形状图形，执行菜单栏中的【对象】|【PowerClip】|【置于图文框内部】命令，将图形放置到下方树叶内部，如图8.77所示。

STEP 04 选择树叶图形，将其复制后适当移动并旋转，如图8.78所示。

图8.75 绘制树叶

图8.76 绘制图形

图8.77 置于图文框内部

图8.78 复制图形

STEP 05 将树叶图形再次复制数份，这样就完成了效果制作，最终效果如图8.79所示。

图8.79 最终效果

实战 230 利用矩形工具制作饮料图标

▶ 素材位置：无
▶ 案例位置：效果\第8章\利用矩形工具制作饮料图标.cdr
▶ 视频位置：视频\实战230.avi
▶ 难易指数：★★★☆☆

● 实例介绍 ●

本例讲解利用矩形工具制作饮料图标。饮料图标突出了饮料的瓶身造型，整个绘制过程相对比较简单，要注意瓶身的造型，最终效果如图8.80所示。

图8.80 最终效果

• 操作步骤 •

1. 绘制主轮廓

STEP 01 单击工具箱中的【椭圆形工具】○按钮，按住Ctrl键绘制1个圆，设置【填充】为灰色（R：178，G：160，B：150），【轮廓】为无，如图8.81所示。

STEP 02 单击工具箱中的【矩形工具】□按钮，绘制1个矩形，设置【填充】为深红色（R：167，G：79，B：76），【轮廓】为无，按Ctrl+C组合键将矩形复制，如图8.82所示。

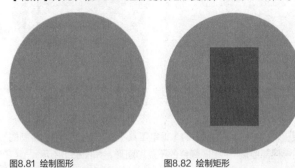

图8.81 绘制图形   图8.82 绘制矩形

STEP 03 在矩形上单击鼠标右键，从弹出的快捷菜单中选择【转换为曲线】命令。

STEP 04 单击工具箱中的【形状工具】↖按钮，在矩形底部边缘单击，再单击属性栏中【转换为曲线】℆按钮后向下拖动将其变形，如图8.83所示。

STEP 05 按Ctrl+V组合键将矩形粘贴，再缩小其高度，如图8.84所示。

图8.83 将图形变形   图8.84 粘贴图形

STEP 06 执行菜单栏中的【效果】|【添加透视】命令，按住Ctrl+Shift组合键将矩形透视变形，如图8.85所示。

STEP 07 单击工具箱中的【椭圆形工具】○按钮，在矩形顶部绘制1个椭圆，设置【填充】为灰色（R：190，G：190，B：190），【轮廓】为无，如图8.86所示。

图8.85 将矩形变形   图8.86 绘制椭圆

STEP 08 单击工具箱中的【钢笔工具】◊按钮，在灰色椭圆靠左侧位置绘制1个不规则图形，设置【填充】为深灰色（R：102，G：102，B：102），【轮廓】为无，如图8.87所示。

STEP 09 单击工具箱中的【钢笔工具】◊按钮，在瓶身靠顶部位置绘制1条弯曲线段，设置【填充】为无，【轮廓】为深红色（R：120，G：56，B：55），如图8.88所示。

图8.87 绘制图形   图8.88 绘制线段

2. 处理图标细节

STEP 01 在瓶身位置再次绘制3个不规则图形制作高光及阴影效果，如图8.89所示。

STEP 02 单击工具箱中的【星形工具】☆按钮，在圆形的位置绘制1个星形，如图8.90所示。

图8.89 添加高光及阴影   图8.90 绘制星形

STEP 03 在星形上单击，将光标移至变形框右侧向上拖动将其斜切变形，如图8.91所示。

STEP 04 选择瓶身图形，按Ctrl+C组合键复制，按Ctrl+V组合键粘贴，将粘贴的图形【填充】更改为无，如图8.92所示。

STEP 05 选择星形，执行菜单栏中的【对象】|【PowerClip】|【置于图文框内部】命令，将星形放置到瓶身内部，这样就完成了效果制作，最终效果如图8.93所示。

图8.91 将图形变形

图8.92 复制并粘贴图形

图8.93 最终效果

实战 231

利用矩形工具制作视频播放图标

▶ 素材位置：无
▶ 案例位置：效果\第8章\利用矩形工具制作视频播放图标.cdr
▶ 视频位置：视频\实战231.avi
▶ 难易指数：★★★☆☆

● 实例介绍 ●

本例讲解利用矩形工具制作视频播放图标。本例中的图标绘制过程比较简单，可识别性较强，最终效果如图8.94所示。

图8.94 最终效果

● 操作步骤 ●

1．绘制主轮廓

STEP 01 单击工具箱中的【椭圆形工具】○按钮，按住Ctrl键绘制1个圆，设置【填充】为青色（R：153，G：204，B：204），【轮廓】为无，如图8.95所示。

STEP 02 单击工具箱中的【矩形工具】□按钮，在圆形的内部绘制1个矩形，设置【填充】为深蓝色（R：44，G：64，B：75），【轮廓】为无，按Ctrl+C组合键将矩形复制，如图8.96所示。

图8.95 绘制圆

图8.96 绘制矩形

STEP 03 在矩形底部位置再次绘制1个稍小的相同颜色的矩形，如图8.97所示。

STEP 04 单击工具箱中的【钢笔工具】按钮，在刚才绘制的矩形底部绘制1个相同颜色的不规则图形，如图8.98所示。

图8.97 绘制矩形

图8.98 绘制不规则图形

STEP 05 按Ctrl+V组合键将矩形粘贴，将粘贴的矩形颜色更改为浅蓝色（R：200，G：215，B：242），如图8.99所示。

图8.99 粘贴矩形

2．制作播放标识

STEP 01 单击工具箱中的【椭圆形工具】○按钮，在矩形中间按住Ctrl键绘制1个圆，设置【填充】为白色，【轮廓】为无，如图8.100所示。

图8.100 绘制圆

STEP 02 单击工具箱中的【矩形工具】□按钮，在白色圆内部按住Ctrl键绘制1个矩形，设置【填充】为橙色（R：255，G：102，B：0），【轮廓】为无，如图8.101所示。

STEP 03 选择矩形，在属性栏的【旋转角度】文本框中输入45，再适当增加矩形宽度，单击鼠标右键，从弹出的快捷菜单中选择【转换为曲线】命令，如图8.102所示。

图8.101 绘制矩形

图8.102 增加矩形宽度

STEP 04 单击工具箱中的【形状工具】按钮，选择图形左侧节点将其删除，这样就完成了效果制作，最终效果如图8.103所示。

图8.103 最终效果

实战 232　利用矩形工具制作通讯录图标

▶ 素材位置：无
▶ 案例位置：效果\第8章\利用矩形工具制作通讯录图标.cdr
▶ 视频位置：视频\实战232.avi
▶ 难易指数：★★☆☆☆

● 实例介绍 ●

本例讲解利用矩形工具制作通讯录图标。通讯录图标在绘制过程中需要很好的可识别性，而本例中以拟物化的笔记本图形来表现通讯的特征，最终效果如图8.104所示。

图8.104 最终效果

● 操作步骤 ●

1．绘制通讯录图形

STEP 01 单击工具箱中的【椭圆形工具】○按钮，按住Ctrl键绘制1个圆，设置【填充】为浅蓝色（R：170，G：217，B：245），【轮廓】为无，如图8.105所示。

STEP 02 单击工具箱中的【矩形工具】□按钮，按住Ctrl键绘制1个矩形，设置【填充】为深蓝色（R：52，G：60，B：92），【轮廓】为无，如图8.106所示。

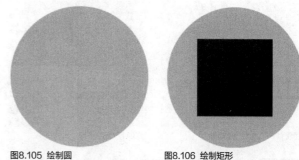
图8.105 绘制圆　　　　　　图8.106 绘制矩形

STEP 03 单击工具箱中的【形状工具】按钮，拖动矩形右上角节点将其转换为圆角矩形，如图8.107所示。

STEP 04 选择圆角矩形，按Ctrl+C组合键复制，按Ctrl+V组合键粘贴，将粘贴的圆角矩形颜色更改为黄色（R：255，G：190，B：148），再将其向左上角方向稍微移动，如图8.108所示。

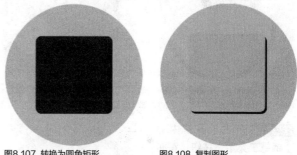
图8.107 转换为圆角矩形　　　　图8.108 复制图形

2．制作细节

STEP 01 单击工具箱中的【椭圆形工具】○按钮，在圆角矩形左上角绘制1个椭圆，设置【填充】为深蓝色（R：52，G：60，B：92），【轮廓】为无，如图8.109所示。

STEP 02 单击工具箱中的【矩形工具】□按钮，在椭圆左侧绘制1个矩形，设置【填充】为白色，【轮廓】为无，如图8.110所示。

STEP 03 单击工具箱中的【形状工具】按钮，拖动矩形右上角节点将其转换为圆角矩形，如图8.111所示。

STEP 04 同时选择2个图形，按Ctrl+G组合键组合对象，再向下方移动复制，如图8.112所示。

图8.109 绘制椭圆

图8.110 绘制矩形

图8.111 转换为圆角矩形

图8.112 复制图形

STEP 05 按Ctrl+D组合键将图形复制多份，如图8.113所示。

STEP 06 单击工具箱中的【椭圆形工具】◯按钮，在适当位置绘制1个椭圆，设置【填充】为白色，【轮廓】为无，如图8.114所示。

图8.113 复制图形

图8.114 绘制椭圆

STEP 07 单击工具箱中的【钢笔工具】♦按钮，在椭圆下方绘制1个不规则图形，设置【填充】为白色，【轮廓】为无，这样就完成了效果制作，最终效果如图8.115所示。

图8.115 最终效果

实战 233

利用钢笔工具制作棒棒糖图标

▶ 素材位置：无
▶ 案例位置：效果\第8章\利用钢笔工具制作棒棒糖图标.cdr
▶ 视频位置：视频\实战233.avi
▶ 难易指数：★★★☆☆

● 实例介绍 ●

本例讲解利用钢笔工具制作棒棒糖图标。此款图标的外观

十分形象，以模拟的手法，将棒棒花纹与图形相结合，最终效果如图8.116所示。

图8.116 最终效果

● 操作步骤 ●

1. 绘制糖果轮廓

STEP 01 单击工具箱中的【椭圆形工具】◯按钮，绘制1个圆，设置【填充】为深红色（R：40，G：16，B：16），【轮廓】为无，如图8.117所示。

图8.117 绘制圆

STEP 02 选择圆形，按Ctrl+C组合键复制，按Ctrl+V组合键粘贴，将粘贴的圆形的高度适当缩小并将其【填充】更改为灰色（R：186，G：188，B：174）。

STEP 03 按Ctrl+V组合键再次粘贴，将粘贴的圆形的高度适当缩小并将其【填充】更改为浅灰色（R：240，G：242，B：242），如图8.118所示。

图8.118 复制并变换图形

STEP 04 以同样的方法再粘贴2次，制作2个图形，分别将其【填充】更改为浅灰色（R：240，G：242，B：242）及任意颜色，如图8.119所示。

图8.119 粘贴并变换图形

STEP 05 同时选择内部2个图形，单击属性栏中的【修剪】 按钮，对图形进行修剪，完成之后将内部小圆删除，如图8.120所示。

图8.120 修剪图形

2. 制作糖果纹路

STEP 01 单击工具箱中的【钢笔工具】 按钮，绘制1个不规则图形，设置【填充】为橘红色（R：205，G：102，B：0），【轮廓】为无，如图8.121所示。

STEP 02 在图形上单击，将中心点移至内侧顶端，如图8.122所示。

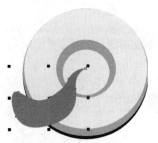

图8.121 绘制图形

图8.122 移动中心点

STEP 03 按住鼠标左键旋转将图形复制，在属性栏中【旋转角度】文本框中输入300。

STEP 04 以同样的方法将图形再复制4份，如图8.123所示。

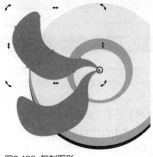

图8.123 复制图形

提示

一个完整的圆周是360度，因此在复制过程中将其分为5份，按照60度的基准度数进行递减即可。

STEP 05 选择花形图形，在属性栏中将【合并模式】更改为柔光，如图8.124所示。

STEP 06 选择最下方深红色的圆形，按Ctrl+C组合键复制，按Ctrl+V组合键粘贴，如图8.125所示。

图8.124 更改合并模式

图8.125 复制并粘贴图形

STEP 07 选择粘贴的深红色的圆形，将其【填充】更改为无。

STEP 08 选择花形，执行菜单栏中的【对象】|【PowerClip】|【置于图文框内部】命令，将图形放置到圆形的内部，这样就完成了效果制作，最终效果如图8.126所示。

图8.126 最终效果

实战 **234** | **利用钢笔工具制作热气球图案**

▶ 素材位置：无
▶ 案例位置：效果\第8章\利用钢笔工具制作热气球图案.cdr
▶ 视频位置：视频\实战234.avi
▶ 难易指数：★★☆☆☆

● **实例介绍** ●

本例讲解利用钢笔工具制作热气球图案。本例中的热气球图像色彩柔和，整个画风比较卡通可爱，最终效果如图8.127所示。

图8.127 最终效果

• 操作步骤 •

1. 绘制主体

STEP 01 单击工具箱中的【钢笔工具】◊按钮，绘制1个不规则图形，设置【填充】为橙色（R：234，G：102，B：70），【轮廓】为无，如图8.128所示。

STEP 02 选择图形，向右侧平移复制，再单击属性栏中的【水平镜像】◁』按钮，将图形垂直镜像，如图8.129所示。

图8.128 绘制图形　　　图8.129 复制图形

STEP 03 单击工具箱中的【钢笔工具】◊按钮，在图形左侧位置绘制1个不规则图形，设置【填充】为浅黄色（R：250，G：250，B：227），【轮廓】为无，如图8.130所示。

STEP 04 选择图形，向右侧平移复制，再单击属性栏中的【水平镜像】◁』按钮，将图形垂直镜像，如图8.131所示。

图8.130 绘制图形　　　图8.131 复制并镜像图形

STEP 05 单击工具箱中的【钢笔工具】◊按钮，在左右两侧图形中间位置绘制1个不规则图形，设置【填充】为浅黄色（R：250，G：250，B：227），【轮廓】为无。

STEP 06 单击工具箱中的【钢笔工具】◊按钮，在图形底部绘制1个不规则图形，设置【填充】为橙色（R：196，G：75，B：60），【轮廓】为无，如图8.132所示。

图8.132 绘制图形

2. 添加细节

STEP 01 单击工具箱中的【钢笔工具】◊按钮，在气球图形下

方位置绘制1个不规则图形，设置【填充】为深黄色（R：100，G：65，B：40），【轮廓】为无，如图8.133所示。

STEP 02 单击工具箱中的【2点线工具】✐按钮，在气球与底部图形之间绘制3条线段，设置【轮廓】为深黄色（R：100，G：65，B：40），【轮廓宽度】为0.2，这样就完成了效果图制作，最终效果如图8.134所示。

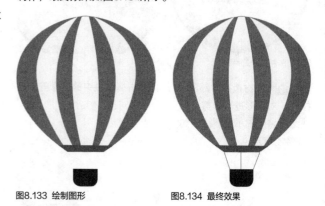

图8.133 绘制图形　　　图8.134 最终效果

<table>
<tr><td rowspan="5">实战
235</td><td colspan="2">利用矩形工具制作扑克牌图案</td></tr>
<tr><td>▶ 素材位置：</td><td>无</td></tr>
<tr><td>▶ 案例位置：</td><td>效果\第8章\利用矩形工具制作扑克牌图案.cdr</td></tr>
<tr><td>▶ 视频位置：</td><td>视频\实战235.avi</td></tr>
<tr><td>▶ 难易指数：</td><td>★☆☆☆☆</td></tr>
</table>

• 实例介绍 •

　　本例讲解利用矩形工具制作扑克牌图案。此款图标的制作方法十分简单，只需要变形工具直接将图形变形即可制作出太阳效果，最终效果如图8.135所示。

图8.135 最终效果

• 操作步骤 •

1. 制作扑克轮廓

STEP 01 单击工具箱中的【矩形工具】□按钮，绘制1个矩形，设置【填充】为白色，【轮廓】为无，如图8.136所示。

STEP 02 单击工具箱中的【形状工具】◞按钮，拖动矩形节点将其转换为圆角矩形，如图8.137所示。

图8.136　绘制矩形　　　　图8.137　转换为圆角矩形

2．绘制扑克元素

STEP 01　单击工具箱中的【基本形状】按钮，单击属性栏中的【完美形状】□按钮，在弹出的面板中选择心形，在圆角矩形靠上半部分位置绘制1个心形，设置【轮廓】为无。

STEP 02　单击工具箱中的【交互式填充工具】按钮，再单击属性栏中的【渐变填充】按钮，在图形上拖动填充红色（R：226，G：93，B：67）到红色（R：198，G：30，B：30）的椭圆渐变，如图8.138所示。

STEP 03　选择心形，向下方移动复制，如图8.139所示。

图8.138　绘制图形　　　　图8.139　复制图形

STEP 04　单击工具箱中的【文本工具】字按钮，在图形左上角位置输入文字"2"（字体设置为Aparajita），如图8.140所示。

STEP 05　选择文字，向右下角拖动并按下鼠标右键，将文字复制，如图8.141所示。

图8.140　输入文字　　　　图8.141　复制文字

STEP 06　选择右下角文字，单击属性栏中的【垂直镜像】按钮，将文字垂直镜像，如图8.142所示。

STEP 07　选择任意1个心形，将其复制移至左上角文字下方位置，如图8.143所示。

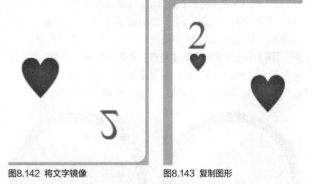

图8.142　将文字镜像　　　　图8.143　复制图形

STEP 08　以同样的方法将心形复制1份移至右下角文字上方位置并镜像，这样就完成了效果制作，最终效果如图8.144所示。

图8.144　最终效果

实战 236	利用椭圆形工具制作指南针图案
	▶ 素材位置：无
	▶ 案例位置：效果\第8章\利用椭圆形工具制作指南针图案.cdr
	▶ 视频位置：视频\实战236.avi
	▶ 难易指数：★★☆☆☆

● 实例介绍 ●

本例讲解利用椭圆形工具制作指南针图案。指南针图标重点在于刻度图形的绘制，通过绘制精确的刻度图形完美表现出指南针的特征，最终效果如图8.145所示。

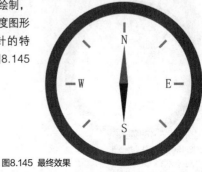

图8.145　最终效果

● 操作步骤 ●

1. 制作表盘

STEP 01 单击工具箱中的【椭圆形工具】○按钮，按住Ctrl键绘制1个圆，设置【填充】为白色，【轮廓】为蓝色（R：50，G：102，B：153），【轮廓宽度】为8，如图8.146所示。

STEP 02 单击工具箱中的【矩形工具】□按钮，在圆形靠左侧位置绘制1个稍小的矩形，设置【填充】为蓝色（R：102，G：153，B：255），【轮廓】为无，如图8.147所示。

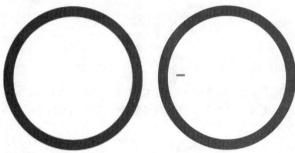

图8.146 绘制圆　　　　　　　图8.147 绘制矩形

STEP 03 选择小矩形，向右侧平移复制，如图8.148所示。

STEP 04 同时选择2个小矩形，按Ctrl+G组合键组合对象，再同时选择小矩形与圆，在【对齐与分布】面板中，单击【水平居中对齐】按钮。

STEP 05 选择小矩形，按Ctrl+C组合键复制，按Ctrl+V组合键粘贴，在属性栏中【旋转角度】文本框中输入90，如图8.149所示。

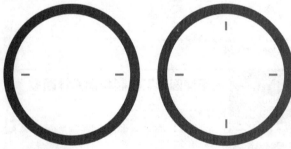

图8.148 复制图形　　　　　图8.149 复制并变换图形

STEP 06 同时选择2个部分的小矩形，按Ctrl+C组合键复制，按Ctrl+V组合键粘贴，在属性栏中【旋转角度】文本框中输入45，如图8.150所示。

图8.150 复制并变换图形

2. 绘制指针

STEP 01 单击工具箱中的【钢笔工具】按钮，绘制1个三角形，设置【填充】为红色（R：237，G：28，B：35），【轮廓】为无，如图8.151所示。

图8.151 绘制图形

STEP 02 选择三角形，向下方移动复制，再单击属性栏中的【垂直镜像】按钮，将图形垂直镜像。

STEP 03 将镜像后的三角形向下移动并将【填充】更改为蓝色（R：0，G：50，B：100），如图8.152所示。

STEP 04 单击工具箱中的【文本工具】字按钮，在适当位置输入文字"N""E""S""W"（字体设置为Arial），这样就完成了效果制作，最终效果如图8.153所示。

图8.152 复制图形　　　　　　图8.153 最终效果

实战 237	利用矩形工具制作U盘图案
	▶ 素材位置：无
	▶ 案例位置：效果\第8章\利用矩形工具制作U盘图案.cdr
	▶ 视频位置：视频\实战237.avi
	▶ 难易指数：★★☆☆☆

● 实例介绍 ●

本例讲解利用矩形工具制作U盘图案。U盘图标的形式有多种，本例所讲解的是一款扁平化U盘图标，其绘制过程比较简单，最终效果如图8.154所示。

图8.154 最终效果

● 操作步骤 ●

1. 绘制U盘壳

STEP 01 单击工具箱中的【矩形工具】□按钮，绘制1个矩形，设置【填充】为青色（R：50，G：153，B：188），【轮廓】为无，如图8.155所示。

图8.155 绘制矩形

STEP 02 单击工具箱中的【形状工具】按钮，拖动矩形右上角节点将其转换为圆角矩形，如图8.156所示。

图8.156 转换为圆角矩形

STEP 03 在圆角矩形上单击鼠标右键，从弹出的快捷菜单中选择【转换为曲线】命令。

STEP 04 单击工具箱中的【形状工具】按钮，同时选择圆角矩形顶部2个节点将其删除，如图8.157所示。

STEP 05 同时选择左上角及右上角节点，单击属性栏中【转换为线条】按钮，如图8.158所示。

图8.157 删除节点　　　　图8.158 转换为线条

2. 制作金手指

STEP 01 选择图形，按Ctrl+C组合键复制，按Ctrl+V组合键粘贴，将粘贴的图形【填充】更改为深蓝色（R：2，G：55，B：87），单击属性栏中的【水平镜像】按钮，将图形水平镜像后再等比例缩小，如图8.159所示。

STEP 02 单击工具箱中的【矩形工具】□按钮，在左侧圆角矩形靠顶部位置绘制1个矩形，设置【填充】为黄色（R：255，G：174，B：0，【轮廓】为无，如图8.160所示。

图8.159 复制并变换图形　　　图8.160 绘制矩形

STEP 03 选择矩形，向下方移动复制图形。

STEP 04 按Ctrl+D组合键将图形复制多份，如图8.161所示。

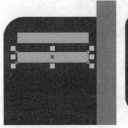

图8.161 复制矩形

STEP 05 单击工具箱中的【椭圆形工具】○按钮，在U盘右侧位置绘制1个椭圆，设置【填充】为无，【轮廓】为青色（R：50，G：153，B：188），【轮廓宽度】为1，如图8.162所示。

图8.162 绘制图形

STEP 06 单击工具箱中的【文本工具】字按钮，在U盘右下角位置输入文字"32GB"（字体设置为Arial），这样就完成了效果制作，最终效果如图8.163所示。

图8.163 最终效果

实战 238	利用矩形工具制作邮件图案
	▶ 素材位置：无
	▶ 案例位置：效果\第8章\利用矩形工具制作邮件图案.cdr
	▶ 视频位置：视频\实战238.avi
	▶ 难易指数：★★☆☆☆

● 实例介绍 ●

本例讲解利用矩形工具制作邮件图案。邮件图标的特征比较明显，主要由信纸及信封2部分组成，最终效果如图8.164所示。

图8.164 最终效果

● 操作步骤 ●

1. 制作信封

STEP 01 单击工具箱中的【矩形工具】□按钮，绘制1个矩形，设置【填充】为蓝色（R：242，G：82，B：67），【轮廓】为无，如图8.165所示。

STEP 02 单击工具箱中的【形状工具】按钮，拖动矩形右上角节点将其转换为圆角矩形，如图8.166所示。

图8.165 绘制矩形

图8.166 转换为圆角矩形

STEP 03 在圆角矩形上单击鼠标右键，从弹出的快捷菜单中选择【转换为曲线】命令。

STEP 04 单击工具箱中的【形状工具】按钮，同时选择圆角矩形顶部2个节点将其删除，如图8.167所示。

STEP 05 同时选择左上角及右上角节点，单击属性栏中【转换为线条】按钮，如图8.168所示。

图8.167 删除节点

图8.168 转换为线条

2. 绘制信纸

STEP 01 单击工具箱中的【矩形工具】□按钮，绘制1个矩

形，设置【填充】为灰色（R：242，G：82，B：67），【轮廓】为无，如图8.169所示。

STEP 02 选择矩形，在属性栏中【旋转角度】文本框中输入45，再增加其宽度及缩小高度，如图8.170所示。

图8.169 绘制矩形

图8.170 旋转图形

STEP 03 单击工具箱中的【矩形工具】□按钮，在信封位置绘制1个矩形，设置【填充】为白色，【轮廓】为无，如图8.171所示。

STEP 04 选择白色矩形，按Ctrl+C组合键复制，按Ctrl+V组合键粘贴，缩小粘贴的白色矩形高度，如图8.172所示。

图8.171 绘制矩形

图8.172 变换图形

STEP 05 选择稍高的白色矩形，执行菜单栏中的【对象】|【PowerClip】|【置于图文框内部】命令，将图形放置到灰色图形内部，如图8.173所示。

图8.173 置于图文框内部

3. 添加信纸细节

STEP 01 单击工具箱中的【矩形工具】□按钮，在白色矩形左上角位置绘制1个矩形，设置【填充】为橙色（R：255，G：102，B：0），【轮廓】为无，如图8.174所示。

图8.174 绘制矩形

STEP 02 在橙色矩形下方位置再次绘制1个青色（R：153，G：204，B：204）矩形，并将青色矩形复制数份，如图8.175所示。

STEP 03 单击工具箱中的【钢笔工具】 ◊ 按钮，在信封靠下半部分位置绘制1个不规则图形，设置【填充】为蓝色（R：48，G：96，B：145），【轮廓】为无，如图8.176所示。

STEP 04 选择蓝色图形，按Ctrl+C组合键复制，按Ctrl+V组合键粘贴，将粘贴的图形高度适当缩小，如图8.177所示。

STEP 05 选择稍高的图形，执行菜单栏中的【对象】|【PowerClip】|【置于图文框内部】命令，将图形放置到下方圆角矩形内部，这样就完成了效果制作，最终效果如图8.178所示。

图8.175 绘制矩形

图8.176 绘制图形

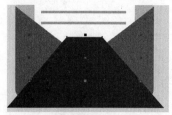

图8.177 复制并变换图形

图8.178 最终效果

第 **9** 章

绘制图表图形

本章介绍

本章讲解图表图形的绘制。图表图形可以很好地将对象属性数据直观、形象地表达出来，它对知识挖掘和信息直观生动感受起关键性作用。图表图形的绘制通常具有规范的图形组合形式，根据数据的复杂程度可以绘制出对应的图表图形样式。在视觉设计中图表图形也是相当重要的组成部分，通过本章的学习可以掌握图表图形的绘制，在日后的设计工作中从容应对相关工作内容。

要点索引

● 学会绘制3等分饼状图
● 了解模块式流程图绘制过程
● 学习绘制步骤流程图
● 学习绘制经典时间轴
● 掌握字母样式图表绘制过程
● 学习绘制立体数据饼状图

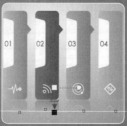

圆形3等分饼状图设计

▶ 素材位置：素材\第9章\圆形3等分饼状图设计
▶ 案例位置：效果\第9章\圆形3等分饼状图设计.cdr
▶ 视频位置：视频\实战239.avi
▶ 难易指数：★★★☆☆

● 实例介绍 ●

本例讲解圆形3等分饼状图设计。饼状图制作比较简单，绘制椭圆并利用饼状图功能即可轻易画出所需的图形，在绘制过程中注意图形的颜色搭配。

● 操作步骤 ●

STEP 01 单击工具箱中的【椭圆形工具】○按钮，按住Ctrl键绘制1个圆，设置【填充】为青色（R：153，G：204，B：204），【轮廓】为无，按Ctrl+C组合键复制，如图9.1所示。

STEP 02 单击属性栏中的【饼图】⌐图标，将起始角度更改为0，结束角度更改为120，如图9.2所示。

图9.1 绘制圆 　　　　　图9.2 制作饼状图

STEP 03 按Ctrl+V组合键将圆形粘贴，再将起始角度更改为120，结束角度更改为240，如图9.3所示。

STEP 04 以同样的方法再次粘贴图形后，将起始角度更改为240，结束角度更改为360。制作3个图形，如图9.4所示。

图9.3 复制图形 　　　　图9.4 制作3个图形

STEP 05 分别选择3个饼状图，将其颜色更改为3种深浅不一的青色，如图9.5所示。

STEP 06 单击工具箱中的【椭圆形工具】○按钮，在右侧2个饼图边缘位置绘制1个细扁的椭圆，设置【填充】为黑色，【轮廓】为无，如图9.6所示。

STEP 07 执行菜单栏中的【位图】|【转换为位图】命令，在弹出的对话框中分别勾选【光滑处理】及【透明背景】复选框，完成之后单击【确定】按钮。

STEP 08 执行菜单栏中的【位图】|【模糊】|【高斯式模糊】

命令，在弹出的对话框中将【半径】更改为4像素，完成之后单击【确定】按钮，如图9.7所示。

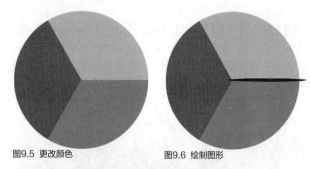

图9.5 更改颜色 　　　　　图9.6 绘制图形

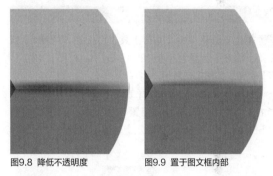

图9.7 设置高斯式模糊

STEP 09 选择模糊图像，单击工具箱中的【透明度工具】▧按钮，单击属性栏中的【渐变透明度】▨，在图像上拖动降低不透明度，如图9.8所示。

STEP 10 选择模糊图像，按Ctrl+C组合键复制，执行菜单栏中的【对象】|【PowerClip】|【置于图文框内部】命令，将图形放置到矩形内部，如图9.9所示。

图9.8 降低不透明度 　　　　图9.9 置于图文框内部

STEP 11 按Ctrl+V组合键将圆形粘贴，并将图像旋转为其执行【置于图文框内部】命令，将不需要的图像部分隐藏，完成之后再粘贴图像，以同样的方法再次为第3个图形添加阴影，如图9.10所示。

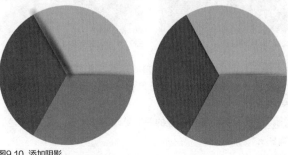

图9.10 添加阴影

STEP 12 单击工具箱中的【文本工具】**字**按钮，在图形适当位置输入文字（字体分别设置为Arial、Arial粗体），如图9.11所示。

STEP 13 执行菜单栏中的【文件】|【打开】命令，打开"图标.cdr"文件，将打开的图标移至刚才添加的文字旁边位置并将其颜色更改为白色，这样就完成了效果制作，最终效果如图9.12所示。

图9.11 添加文字

图9.12 最终效果

图9.15 复制图形

图9.16 更改颜色

提示

在更改颜色的过程中需要注意颜色之间的协调性。

STEP 05 以同样的方法再次将图形复制2份并分别更改其颜色，如图9.17所示。

图9.17 复制图形并更改颜色

STEP 06 单击工具箱中的【文本工具】**字**按钮，在适当位置输入文字"Step1"（字体设置为Arial），如图9.18所示。

图9.18 最终效果

实战 240 模块式流程图设计

▶ **素材位置：** 无
▶ **案例位置：** 效果\第9章\模块式流程图设计.cdr
▶ **视频位置：** 视频\实战240.avi
▶ **难易指数：** ★★☆☆☆

● **实例介绍** ●

本例讲解模块式流程图设计。本例的制作比较简单，要注意颜色搭配。

● **操作步骤** ●

STEP 01 单击工具箱中的【矩形工具】□按钮，绘制1个矩形，设置【填充】为橙色（R：230，G：120，B：42），【轮廓】为无，如图9.13所示。

STEP 02 单击工具箱中的【钢笔工具】✒按钮，在刚才绘制的矩形右侧绘制1个三角形，设置【填充】为稍浅的橙色（R：255，G：148，B：70），【轮廓】为无，如图9.14所示。

图9.13 绘制矩形

图9.14 绘制三角形

STEP 03 同时选择矩形及三角形，按住Shift键同时再按住鼠标左键，向右侧平移并按下鼠标右键，将图形复制，如图9.15所示。

STEP 04 分别将复制生成的图形更改为深浅不同的2个颜色，如图9.15所示。

实战 241 步骤流程图设计

▶ **素材位置：** 无
▶ **案例位置：** 效果\第9章\步骤流程图设计.cdr
▶ **视频位置：** 视频\实战241.avi
▶ **难易指数：** ★★★☆☆

● **实例介绍** ●

本例讲解步骤流程图设计。本例中的图形在视觉效果上十分直观，通过添加的指向性变形使整个流程图具有相当不错的实用性。

● **操作步骤** ●

STEP 01 单击工具箱中的【矩形工具】□按钮，绘制1个矩形，设置【填充】为黄色（R：255，G：204，B：84），【轮廓】为无，如图9.19所示。

图9.19 绘制矩形

STEP 02 在矩形上单击鼠标右键，从弹出的快捷菜单中选择【转换为曲线】命令。

STEP 03 单击工具箱中的【钢笔工具】按钮，在矩形底部边缘单击3次，添加3个节点，如图9.20所示。

图9.20 添加节点

STEP 04 拖动中间节点，将图形变形，如图9.21所示。

图9.21 将图形变形

STEP 05 选择图形，按Ctrl+C组合键复制，按Ctrl+V组合键粘贴，将颜色更改为灰色（R：230，G：230，B：230）并移至黄色图形下方。

STEP 06 选择灰色图形，执行菜单栏中的【效果】|【添加透视】命令，按住Ctrl+Shift组合键将图形变形，如图9.22所示。

图9.22 将图形变形

STEP 07 选择灰色图形，单击工具箱中的【透明度工具】按钮，单击属性栏中的【渐变透明度】，在图像上拖动降低不透明度，如图9.23所示。

图9.23 降低图形不透明度

STEP 08 选择图形，向下方移动复制，再将其移至原图形下方后将【填充】更改为橙色（R：255，G：159，B：56），如图9.24所示。

图9.24 复制图形

STEP 09 同时选择上方黄色图形及下方橙色图形，单击属性栏中的【修剪】按钮，对图形进行修剪，再将橙色图形向下垂直移动，如图9.25所示。

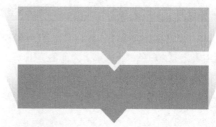

图9.25 修剪图形

STEP 10 以同样的方法将图形再复制2份后修剪部分图形，如图9.26所示。

STEP 11 分别将下方的2个图形更改为不同颜色，如图9.27所示。

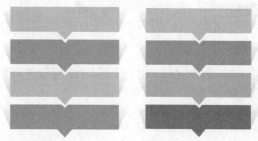

图9.26 复制图形　　　　图9.27 更改颜色

STEP 12 单击工具箱中的【文本工具】**字**按钮，在适当位置输入文字"Step1"和"Step2"（字体设置为Arial），这样就完成了效果制作，最终效果如图9.28所示。

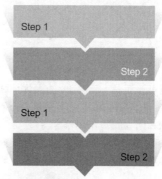

图9.28 最终效果

实战 242

圆角矩形流程图设计

▶ 素材位置：素材\第9章\圆角矩形流程图设计
▶ 案例位置：效果\第9章\圆角矩形流程图设计.cdr
▶ 视频位置：视频\实战242.avi
▶ 难易指数：★★★☆☆

●实例介绍●

本例讲解圆角矩形流程图设计。圆角矩形流程图在视觉上具有直观、易读、舒适等优点，本例在制作过程中注意图形的配色。

● 操作步骤 ●

STEP 01 单击工具箱中的【矩形工具】□按钮，按住Ctrl键绘制1个矩形，设置【填充】为白色，【轮廓】为蓝色（R：5，G：112，B：166），如图9.29所示。

STEP 02 在属性栏【旋转角度】文本框中输入45，将图形旋转，如图9.30所示。

图9.29 绘制图形

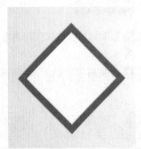
图9.30 旋转图形

STEP 03 单击工具箱中的【形状工具】按钮，拖动矩形节点将其转换成圆角矩形，如图9.31所示。

STEP 04 选择圆角矩形，将其复制4份，分别将复制的4个图形轮廓更改为不同的颜色，如图9.32所示。

图9.31 转换成圆角矩形

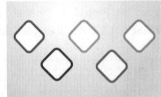
图9.32 复制图形

STEP 05 单击工具箱中的【矩形工具】□按钮，在最左侧圆角矩形位置绘制1个矩形，设置【填充】为无，【轮廓】为蓝色（R：5，G：112，B：166），如图9.33所示。

STEP 06 以同样的方法将矩形旋转45度并移至2个圆角矩形之间，再单击鼠标右键，从弹出的快捷菜单中选择【转换为曲线】命令，如图9.34所示。

图9.33 绘制图形

图9.34 旋转图形

STEP 07 单击工具箱中的【形状工具】按钮，在矩形右侧边缘单击，再单击属性栏中的【转换为曲线】按钮。

STEP 08 拖动右上角线段将矩形变形，如图9.35所示。

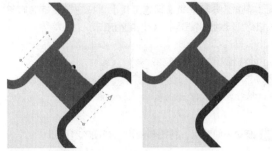
图9.35 将图形变形

STEP 09 选择经过变形的矩形将其复制数份，并分别移至图形之间后更改相对应的颜色，如图9.36所示。

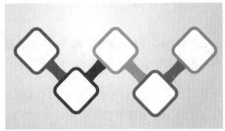
图9.36 复制图形

STEP 10 执行菜单栏中的【文件】|【打开】命令，打开"图标.cdr"文件，将打开的图标素材拖入当前文档中并移至对应的矩形位置，这样就完成了效果制作，最终效果如图9.37所示。

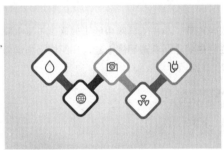
图9.37 最终效果

标牌式图表设计

实战
243

▶ 素材位置：素材\第9章\标牌式图表设计
▶ 案例位置：效果\第9章\标牌式图表设计.cdr
▶ 视频位置：视频\实战243.avi
▶ 难易指数：★★☆☆☆

● 实例介绍 ●

本例讲解标牌式图表设计。本例中的图表在视觉效果相当出色，以渐变过渡的颜色表现形式完美体现图表的立体感，同时在细节处理上也十分精致。

● 操作步骤 ●

STEP 01 单击工具箱中的【矩形工具】□按钮，绘制1个矩形，设置【轮廓】为无。

STEP 02 单击工具箱中的【交互式填充工具】◇按钮，再单击属性栏中的【渐变填充】▦按钮，在图形上拖动填充黄色（R：250，G：200，B：0）到橙色（R：235，G：96，B：35）的线性渐变，如图9.38所示。

STEP 03 单击工具箱中的【形状工具】◟按钮，拖动矩形右上角节点将其转换为圆角矩形，如图9.39所示。

图9.38 填充渐变　　　　图9.39 转换圆角矩形

STEP 04 单击工具箱中的【钢笔工具】◊按钮，在圆角矩形右上角位置单击3次添加3个节点，如图9.40所示。

STEP 05 单击工具箱中的【形状工具】◟按钮，拖动中间节点将图形变形，如图9.41所示。

图9.40 添加节点　　　　图9.41 将图形变形

STEP 06 单击工具箱中的【矩形工具】□按钮，在图形左上角绘制1个矩形，设置【填充】为白色，【轮廓】为无，如图9.42所示。

STEP 07 单击工具箱中的【形状工具】◟按钮，拖动右上角节点将其转换为圆角矩形，如图9.43所示。

图9.42 绘制矩形　　　　图9.43 转换圆角矩形

STEP 08 选择圆角矩形，执行菜单栏中的【效果】|【添加透视】命令，按住Ctrl+Shift组合键将其透视变形，如图9.44所示。

STEP 09 选择经过变形的圆角矩形，执行菜单栏中的【对象】|【PowerClip】|【置于图文框内部】命令，将图形放置到矩形内部，如图9.45所示。

图9.44 将图形变形　　　　图9.45 置于图文框内部

STEP 10 同时选择2个图形，向右侧平移复制，再更改复制生成的图形渐变。

STEP 11 以同样的方法将图形再次复制2份，并更改图形渐变，如图9.46所示。

图9.46 复制图形

STEP 12 单击工具箱中的【形状工具】◟按钮，选择最右侧图形右上角节点将其删除，如图9.47所示。

STEP 13 执行菜单栏中的【文件】|【打开】命令，打开"图标.cdr"文件，单击【打开】按钮，将打开的素材拖入对应的图形位置，如图9.48所示。

图9.47 删除节点　　　　图9.48 添加素材

STEP 14 单击工具箱中的【文本工具】字按钮，在适当位置输入文字"01""02""03""04"（字体设置为Century Gothic），如图9.49所示。

图9.49 添加文字

STEP 15 同时选择所有图形，按Ctrl+G组合键组合对象，向下方移动复制，单击属性栏中的【垂直镜像】按钮，将图形垂直镜像，如图9.50所示。

STEP 16 单击工具箱中的【透明度工具】按钮，在图形上拖动降低部分图形不透明度，这样就完成了效果制作，最终效果如图9.51所示。

图9.50 复制图形　　　图9.51 最终效果

阵列式水滴图表设计

实战 244

▶ 素材位置：无
▶ 案例位置：效果\第9章\阵列式水滴图表设计.cdr
▶ 视频位置：视频\实战244.avi
▶ 难易指数：★★☆☆☆

● 实例介绍 ●

本例讲解阵列式水滴图表设计。本例的制作比较简单，只需要制作出1个水滴样式图形，再将其复制数份即可组合成阵列式图表。

● 操作步骤 ●

STEP 01 单击工具箱中的【椭圆形工具】按钮，按住Ctrl键绘制1个圆，设置【填充】为橙色（R：255，G：102，B：0），【轮廓】为无，按Ctrl+C组合键复制，如图9.52所示。

STEP 02 单击工具箱中的【钢笔工具】按钮，在圆形的下半部分位置绘制1个不规则图形，设置【填充】为橙色（R：255，G：102，B：0），【轮廓】为无，如图9.53所示。

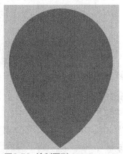

图9.52 绘制圆　　　　　图9.53 绘制图形

STEP 03 按Ctrl+V组合键将圆形粘贴，将粘贴的圆形更改为任意颜色后等比例缩小，如图9.54所示。

STEP 04 同时选择2个图形，单击属性栏中的【修剪】按钮，对图形进行修剪，将上方图形删除，如图9.55所示。

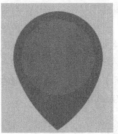

图9.54 粘贴并缩小图形　　图9.55 修剪图形

STEP 05 选择图形，向右侧平移复制，将复制生成的图形等比例缩小并更改其颜色。

STEP 06 以同样的方法再次复制1个图形，如图9.56所示。

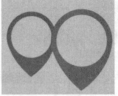

图9.56 复制图形

STEP 07 同时选择左侧2个图形，将其复制后水平镜像并更改其颜色，如图9.57所示。

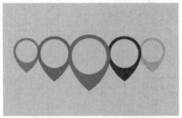

图9.57 复制图形

STEP 08 单击工具箱中的【文本工具】按钮，在适当位置输入文字"01""02""03""04""05"（字体设置为Century Gothic），这样就完成了效果制作，最终效果如图9.58所示。

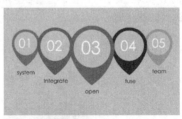

图9.58 最终效果

字母样式图表设计

实战 245

▶ 素材位置：素材\第9章\字母样式图表设计
▶ 案例位置：效果\第9章\字母样式图表设计.cdr
▶ 视频位置：视频\实战245.avi
▶ 难易指数：★★☆☆☆

● 实例介绍 ●

本例讲解字母样式图表设计。本例在制作过程中将图形与字母相结合，整个图形的分类效果十分直观，同时在造型上也比较新颖。

STEP 01 单击工具箱中的【矩形工具】□按钮，绘制1个矩形，设置【填充】为白色，【轮廓】为无，如图9.59所示。

STEP 02 单击工具箱中的【文本工具】**字**按钮，在矩形右侧位置输入文字"A"（字体设置为Arial粗体），如图9.60所示。

图9.59 绘制矩形

图9.60 添加文字

STEP 03 同时选择矩形及文字，向下方移动复制，将图形复制2份。

STEP 04 单击工具箱中的【文本工具】**字**按钮，分别更改复制生成的2个文字信息，如图9.61所示。

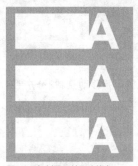

图9.61 复制图形并更改信息

STEP 05 同时选择3个图表，单击工具箱中的【透明度工具】▨按钮，在图形上拖动降低不透明度，如图9.62所示。

STEP 06 执行菜单栏中的【文件】|【打开】命令，打开"图标.cdr"文件，单击【打开】按钮，将打开的素材拖入图形适当位置，如图9.63所示。

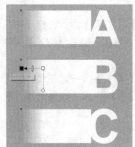
图9.62 降低不透明度

图9.63 添加素材

STEP 07 单击工具箱中的【文本工具】**字**按钮，在适当位置输入文字（字体设置为Arial），这样就完成了效果制作，最终效果如图9.64所示。

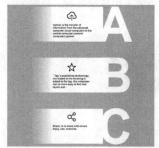
图9.64 最终效果

实战 246 | **经典时间轴设计**

▶ 素材位置：素材\第9章\经典时间轴设计
▶ 案例位置：效果\第9章\经典时间轴设计设计.cdr
▶ 视频位置：视频\实战246.avi
▶ 难易指数：★★☆☆☆

本例讲解经典时间轴设计。本例中的时间轴比较常见，其图形及信息组合十分直观，最终效果如图9.65所示。

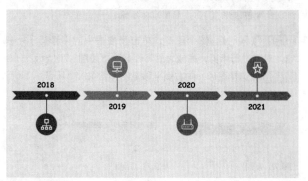
图9.65 最终效果

1. 制作箭头图形

STEP 01 单击工具箱中的【矩形工具】□按钮，绘制1个矩形，设置【填充】为蓝色（R：50，G：102，B：153），【轮廓】为无，如图9.66所示。

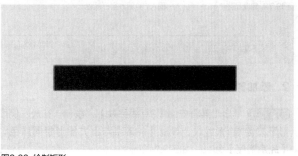
图9.66 绘制矩形

STEP 02 在矩形上单击鼠标右键，从弹出的快捷菜单中选择【转换为曲线】命令。

STEP 03 单击工具箱中的【钢笔工具】按钮，分别在矩形左侧边缘中间及右侧边缘中间位置单击添加节点，如图9.67所示。

图9.67 添加节点

STEP 04 单击工具箱中的【形状工具】按钮，同时选择2个节点向右侧拖动将矩形变形，如图9.68所示。

STEP 05 单击工具箱中的【椭圆形工具】按钮，在图形中间位置按住Ctrl键绘制1个圆，设置【填充】为任意颜色，【轮廓】为无，如图9.69所示。

图9.68 将矩形变形　　　图9.69 绘制圆

STEP 06 同时选择2个图形，单击属性栏中的【修剪】按钮，对其进行修剪，完成之后将圆删除，如图9.70所示。

STEP 07 选择图形，向右侧平移复制，如图9.71所示。

图9.70 修剪图形　　　图9.71 复制图形

STEP 08 按Ctrl+D组合键将图形复制多份，如图9.72所示。

STEP 09 分别将复制生成的图形更改为不同的颜色，如图9.73所示。

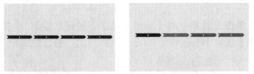

图9.72 复制图形　　　图9.73 更改图形颜色

提示 _____

在更改图形颜色时注意颜色的饱和度。

2．添加时间图形

STEP 01 单击工具箱中的【2点线工具】按钮，在最左侧图形下方绘制1条线段，设置【轮廓】与上方图形相同颜色，【轮廓宽度】为0.5，如图9.74所示。

STEP 02 单击工具箱中的【椭圆形工具】按钮，在线段底部按住Ctrl键绘制1个圆，设置【填充】为与上方图形相同的颜色，【轮廓】为无，如图9.75所示。

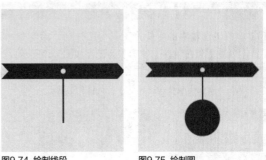

图9.74 绘制线段　　　图9.75 绘制圆

STEP 03 同时选择线段及圆，向右侧平移复制，再将图形【填充】及【轮廓】更改为与其上方相同颜色，如图9.76所示。

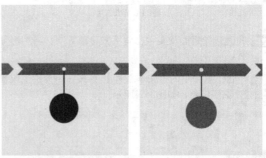

图9.76 复制图形并更改颜色

STEP 04 以同样的方法将线段及圆形再移动复制2份并更改其颜色，如图9.77所示。

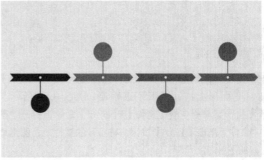

图9.77 复制图形

STEP 05 执行菜单栏中的【文件】|【打开】命令，打开"图标.cdr"文件，单击【打开】按钮，将打开的素材拖入图形位置，如图9.78所示。

STEP 06 单击工具箱中的【文本工具】字按钮，在适当位置输入文字（字体设置为Arial），这样就完成了效果制作，最终效果如图9.79所示。

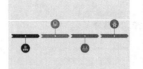 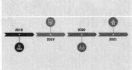

图9.78 添加素材　　　图9.79 最终效果

实战 247 分类连线图表设计

- ▶ 素材位置：素材\第9章\分类连线图表设计
- ▶ 案例位置：效果\第9章\分类连线图表设计.cdr
- ▶ 视频位置：视频\实战247.avi
- ▶ 难易指数：★★☆☆☆

● 实例介绍 ●

本例讲解分类连线图表设计，本例的图表效果相当不错，其制作过程相对有些繁琐，需要注意图形及文字信息的对应关系，最终效果如图9.80所示。

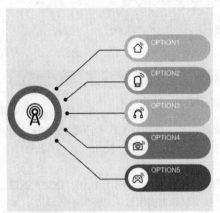

图9.80 最终效果

● 操作步骤 ●

1. 绘制主图形

STEP 01 单击工具箱中的【椭圆形工具】○按钮，按住Ctrl键绘制1个圆，设置【填充】为白色，【轮廓】为深青色（R：120，G：165，B：168），【轮廓宽度】为5，如图9.81所示。

STEP 02 单击工具箱中的【矩形工具】□按钮，绘制1个矩形，设置【填充】为黄色（R：253，G：210，B：54），【轮廓】为无，如图9.82所示。

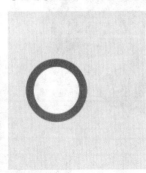

图9.81 绘制圆　　　　　图9.82 绘制矩形

STEP 03 单击工具箱中的【形状工具】↖按钮，拖动矩形右上角节点将其转换为圆角矩形，如图9.83所示。

STEP 04 单击工具箱中的【椭圆形工具】○按钮，在圆角矩形左侧位置按住Ctrl键绘制1个圆，设置【填充】为白色，【轮廓】为无，如图9.84所示。

图9.83 转换为圆角矩形　　　　图9.84 绘制圆

STEP 05 同时选择圆角矩形及圆形，向下方移动复制。

STEP 06 按Ctrl+D组合键将图形复制多份，如图9.85所示。

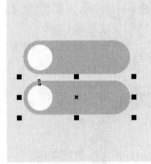
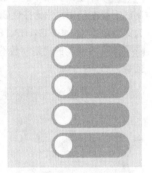

图9.85 复制图形

STEP 07 同时选择左侧圆形及右侧中间圆角矩形，在【对齐与分布】面板中，单击【垂直居中对齐】┃┃按钮，如图9.86所示。

STEP 08 分别选择复制生成的圆角矩形，更改其颜色，如图9.87所示。

图9.86 将图形对齐　　　　图9.87 更改图形颜色

2. 制作连接效果

STEP 01 单击工具箱中的【2点线工具】／按钮，在中间圆角矩形与左侧圆形之间绘制1条线段，设置【填充】为无，【轮廓】为深蓝色（R：49，G：67，B：84），【轮廓宽度】为0.5，如图9.88所示。

STEP 02 单击工具箱中的【钢笔工具】♦按钮，在刚才绘制的线段上方位置绘制1条折线，设置【填充】为无，【轮廓】为深蓝色（R：49，G：67，B：84），【轮廓宽度】为0.5，如图9.89所示。

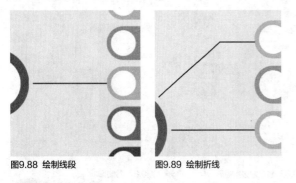

图9.88 绘制线段　　　　图9.89 绘制折线

STEP 03 以同样的方法绘制数条相似折线，将图形相连接，如图9.90所示。

STEP 04 单击工具箱中的【椭圆形工具】○按钮，在刚才绘制的折线左侧顶端位置按住Ctrl键绘制1个圆，设置【填充】为深蓝色（R：49，G：67，B：84），【轮廓】为无。

STEP 05 将绘制的圆复制数份并分别放在对应的折线或线段顶端，如图9.91所示。

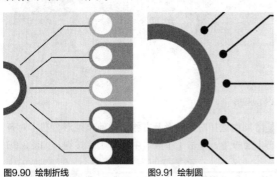

图9.90 绘制折线　　　　图9.91 绘制圆

STEP 06 执行菜单栏中的【文件】|【打开】命令，打开"图标.cdr"文件，单击【打开】按钮，将打开的素材拖入图形的适当位置，如图9.92所示。

STEP 07 单击工具箱中的【文本工具】字按钮，在适当位置输入文字（字体设置为Arial），这样这就完成了效果制作，最终效果如图9.93所示。

图9.92 添加素材　　　　图9.93 最终效果

实战 248	**立体数据饼形图设计**
	▶ 素材位置：无
	▶ 案例位置：效果\第9章\立体数据饼形图设计.cdr
	▶ 视频位置：视频\实战248.avi
	▶ 难易指数：★★★☆☆

● **实例介绍** ●

本例讲解绘制立体数据饼形图。数据饼形图的表现形式

有多种，从平面到立体，丰富的样式总能准确地表现出数据的特点。本例的绘制重点在于突出饼形的立体感，最终效果如图9.94所示。

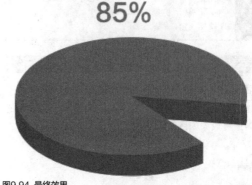

图9.94 最终效果

● **操作步骤** ●

1．绘制饼形轮廓

STEP 01 单击工具箱中的【椭圆形工具】○按钮，绘制1个椭圆，设置【填充】为橘红色（R：255，G：102，B：0），【轮廓】为无，如图9.95所示。

STEP 02 单击工具箱中的【形状工具】按钮，拖动椭圆边缘上的节点将其转换为缺口椭圆图形，如图9.96所示。

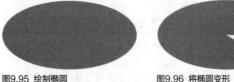

图9.95 绘制椭圆　　　　图9.96 将椭圆变形

STEP 03 选择椭圆，将其向下移动复制，将复制生成的图形【填充】更改为深橘红色（R：184，G：90，B：30），如图9.97所示。

图9.97 复制图形

2．制作立体效果

STEP 01 单击工具箱中的【钢笔工具】按钮，在2个图形交叉的部分区域绘制深橘红色（R：184，G：90，B：30）图形，制作出完整的立体饼形图效果，如图9.98所示。

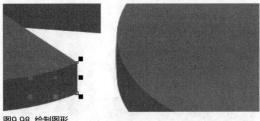

图9.98 绘制图形

STEP 02 单击工具箱中的【文本工具】**字**按钮，在饼形图上方位置输入文字"85%"（字体设置为方正兰亭中粗黑_GBK），这样这就完成了效果制作，最终效果如图9.99所示。

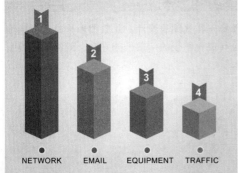

图9.99 最终效果

实战 **249**	**扁平化立体柱状图设计**
	▶ 素材位置：无
	▶ 案例位置：效果\第9章\扁平化立体柱状图设计.cdr
	▶ 视频位置：视频\实战249.avi
	▶ 难易指数：★★☆☆☆

● 实例介绍 ●

本例讲解扁平化立体柱状图设计。扁平化立体柱状图十分符合当下流行趋势，将原本立体化的图形扁平化处理，整体的效果相当不错，最终效果如图9.100所示。

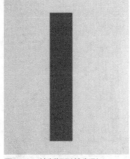

图9.100 最终效果

● 操作步骤 ●

1. 绘制立方体

STEP 01 单击工具箱中的【矩形工具】□按钮，绘制1个矩形，设置【填充】为浅红色（R：174，G：98，B：102），【轮廓】为无。

STEP 02 选择矩形，在中间位置单击，再拖动左侧边缘控制点将其斜切变形，如图9.101所示。

图9.101 绘制矩形并变形

STEP 03 选择图形，向右侧平移复制，再单击属性栏中的【水平镜像】按钮，将图形水平镜像，再将镜像的图形【填充】更改为浅红色（R：196，G：118，B：122），如图9.102所示。

图9.102 复制并镜像图形

STEP 04 单击工具箱中的【矩形工具】□按钮，按住Shift键绘制1个矩形，设置【填充】为浅红色（R：222，G：150，B：153），【轮廓】为无，如图9.103所示。

STEP 05 选择矩形，在属性栏中【旋转角度】文本框中输入45，再增加图形宽度后与下方图形对齐，如图9.104所示。

图9.103 绘制图形　　　　图9.104 旋转图形并变形

2. 制作标签

STEP 01 单击工具箱中的【矩形工具】□按钮，在经过变形的矩形上方绘制1个矩形，设置【填充】为蓝色（R：83，G：170，B：192），【轮廓】为无，如图9.105所示。

STEP 02 在矩形上单击鼠标右键，从弹出的快捷菜单中选择【转换为曲线】命令。

STEP 03 单击工具箱中的【钢笔工具】按钮，在矩形顶部边缘中间位置单击添加节点，如图9.106所示。

图9.105 绘制矩形

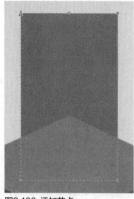

图9.106 添加节点

STEP 04 单击工具箱中的【形状工具】按钮，拖动添加的节点将其变形，如图9.107所示。

STEP 05 同时选择所有图形，按住Shift键同时再按住鼠标左键，向右侧平移并按下鼠标右键，将图形复制，再同时选择2个最长的红色图形缩短其高度，如图9.108所示。

图9.107 将图形变形

图9.108 复制图形并变形

STEP 06 以同样的方法将图形再复制2份，并分别缩短图形高度，如图9.109所示。

STEP 07 分别将复制的图形更改为不同的颜色以区别类别，如图9.110所示。

图9.109 复制图形

图9.110 更改颜色

STEP 08 单击工具箱中的【椭圆形工具】○按钮，在最左侧图形底部位置按住Ctrl键绘制1个圆，设置【填充】与其上方左侧的图形相同的浅红色（R：174，G：98，B：102），【轮廓】为白色，【轮廓宽度】为0.5。

STEP 09 以同样的方法在其他几个图形底部位置绘制相对应的圆，如图9.111所示。

图9.111 绘制圆

STEP 10 单击工具箱中的【文本工具】**字**按钮，在适当位置输入文字（字体分别设置为Arial粗体、Arial），这样就完成了效果制作，最终效果如图9.112所示。

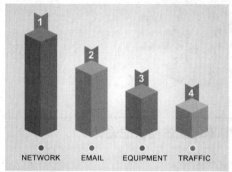

图9.112 最终效果

实战 250 标签样式图表设计

▶ 素材位置：素材\第9章\标签样式图表设计
▶ 案例位置：效果\第9章\标签样式图表设计.cdr
▶ 视频位置：视频\实战250.avi
▶ 难易指数：★☆☆☆☆

● 实例介绍 ●

本例讲解标签样式图表设计。此款图表是由多个标签样式图形组合而成，图表的信息十分直观，最终效果如图9.113所示。

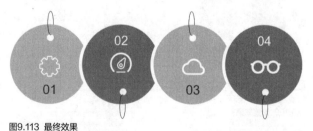

图9.113 最终效果

● 操作步骤 ●

1. 绘制标签轮廓

STEP 01 单击工具箱中的【椭圆形工具】○按钮，按住Ctrl键绘制1个圆，设置【填充】为灰色（R：204，G：204，B：204），【轮廓】为无，如图9.114所示。

STEP 02 选择圆形，向右侧平移复制，如图9.115所示。

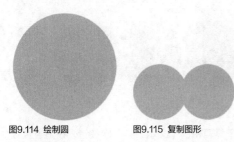

图9.114 绘制圆　　　　　图9.115 复制图形

STEP 03 按Ctrl+D组合键将图形复制多份，如图9.116所示。

图9.116 复制图形

STEP 04 分别选择第2和第3个圆，设置【填充】为橘红色（R：255，G：102，B：0），如图9.117所示。

图9.117 更改颜色

STEP 05 同时选择第1和第2个圆，单击属性栏中的【修剪】按钮，对图形进行修剪，完成之后将图形向右侧平移，如图9.118所示。

图9.118 修剪图形

STEP 06 以同样的方法将其他图形修剪并适当移动，如图9.119所示。

图9.119 修剪图形

2．制作标签细节

STEP 01 单击工具箱中的【椭圆形工具】按钮，在最左侧圆形的顶部按住Ctrl键绘制1个圆，设置【填充】为任意颜色，【轮廓】为无，如图9.120所示。

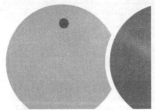

图9.120 绘制圆

STEP 02 选择圆形。向右侧平移复制，如图9.121所示。

图9.121 复制图形

STEP 03 同时选择最左侧大圆与其上方的小圆，单击属性栏中的【修剪】按钮，对图形进行修剪，完成之后将上方小圆删除，制作小孔。

STEP 04 以同样方法分别为其他几个圆制作相同的小孔效果，如图9.122所示。

图9.122 制作小孔

STEP 05 单击工具箱中的【椭圆形工具】按钮，按住Ctrl键绘制1个椭圆，设置【填充】为无，【轮廓】为黑色，如图9.123所示。

STEP 06 单击工具箱中的【钢笔工具】按钮，在椭圆下半部分位置绘制1个不规则图形，设置【填充】为无，【轮廓】为黑色，【轮廓宽度】为细线，如图9.124所示。

图9.123 绘制椭圆　　　　　图9.124 绘制图形

STEP 07 同时选择椭圆及下方图形，单击属性栏中的【修剪】按钮，对图形进行修剪，选择不规则图形将其删除，如图9.125所示。

图9.125 修剪图形

STEP 08 选择椭圆线框向下移动并复制，单击【垂直镜像】按钮，将图形垂直镜像，如图9.126所示。

STEP 09 以同样的方法将椭圆线框复制2份并放在右侧2个圆对应位置，如图9.127所示。

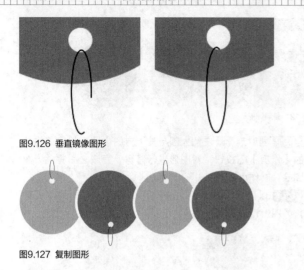

图9.126 垂直镜像图形

图9.128 添加图标

图9.127 复制图形

STEP 10 执行菜单栏中的【文件】|【打开】命令，打开"图标.cdr"文件，单击【打开】按钮，将打开的素材拖入对应的图形位置，如图9.128所示。

STEP 11 单击工具箱中的【文本工具】**字**按钮，在适当位置输入文字（字体设置为Arial），这样就完成了效果制作，最终效果如图9.129所示。

图9.129 最终效果

元素
制作篇

第 **10** 章

特征标识设计

本章导读

本章讲解了特征标识设计。标识种类有很多种，日常设计工作中最为常用的标识本章都有介绍，标识在绘制过程中要注意其功能性、识别性、显著性、艺术性及准确性等问题，在满足其他要求的同时要加深对准确性的认知，同时还需要对色彩做出准确的搭配。完美协调的色彩标识能提升标识的艺术化特征，还能得到更佳的使用效果。通过本章的学习可以掌握特征标识的设计。

要点索引

● 学会绘制地理位置标识
● 学习绘制六边形标识
● 学会绘制圆形镂空标识
● 了解封套样式标识绘制方法
● 学会绘制复合燕尾标识
● 掌握图形图案化标识绘制

图10.5 修剪图形　　　　图10.6 删除图形

STEP 07 单击工具箱中的【椭圆形工具】○按钮，在标签底部绘制1个椭圆图形，设置【填充】为灰色（R：204，G：204，B：204），【轮廓】为默认，如图10.7所示。

STEP 08 单击工具箱中的【文本工具】**字**按钮，在标签靠上半部位置输入文字"MAP"（字体设置为Arial），这样就完成了效果制作，最终效果如图10.8所示。

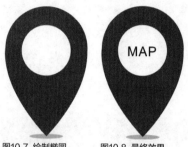

图10.7 绘制椭圆　　　　图10.8 最终效果

实战 251

地理位置标识制作

▶ 素材位置：无
▶ 案例位置：效果\第10章\地理位置标识制作.cdr
▶ 视频位置：视频\实战251.avi
▶ 难易指数：★★☆☆☆

● 实例介绍 ●

本例讲解绘制地理位置标识。此款标识具有较强的针对性，一般用在地图、地理位置、标记等场景。

● 操作步骤 ●

STEP 01 单击工具箱中的【椭圆形工具】○按钮，按住Ctrl键绘制1个圆，设置【填充】为任意颜色，【轮廓】为无，如图10.1所示。

STEP 02 单击工具箱中的【钢笔工具】◊按钮，在圆形的下半部分位置绘制1个不规则图形，设置【填充】和圆相同的颜色，【轮廓】为无，如图10.2所示。

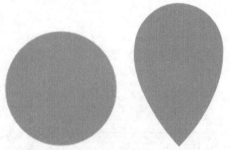

图10.1 绘制圆　　　　　图10.2 绘制图形

STEP 03 同时选择2个图形，单击属性栏中的【合并】🔲按钮，将图形合并，单击工具箱中的【交互式填充工具】◈按钮，再单击属性栏中的【渐变填充】▨按钮，在图形上拖动填充紫色（R：110，G：68，B：116）到紫色（R：100，G：62，B：106）的线性渐变，如图10.3所示。

STEP 04 单击工具箱中的【椭圆形工具】○按钮，在图形上半部分位置按住Ctrl键绘制1个圆，设置【填充】为无，【轮廓】为默认，如图10.4所示。

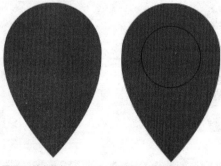

图10.3 填充渐变　　　　图10.4 绘制圆

STEP 05 同时选择圆形及其下方图形，单击属性栏中的【修剪】🔲按钮，对图形进行修剪，如图10.5所示。

STEP 06 选择圆形的将其删除，如图10.6所示。

实战 252

六边形标识制作

▶ 素材位置：无
▶ 案例位置：效果\第10章\六边形标识制作.cdr
▶ 视频位置：视频\实战252.avi
▶ 难易指数：★★☆☆☆

● 实例介绍 ●

本例讲解六边形标识制作。六边形标识的制作十分简单，使用【六边形】可直接绘制图形，再添加渐变及文字信息即可。

● 操作步骤 ●

STEP 01 单击工具箱中的【多边形】○按钮，在属性栏中将【边数】更改为6，按住Ctrl键绘制1个六边形，设置【填充】为任意颜色，【轮廓】为无，如图10.9所示。

STEP 02 选择六边形，在属性栏【旋转角度】文本框中输入30，将其旋转，如图10.10所示。

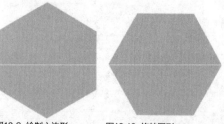

图10.9 绘制六边形　　　　图10.10 旋转图形

STEP 03 选择六边形，单击工具箱中的【交互式填充工具】◆按钮，再单击属性栏中的【渐变填充】▨按钮，在图形上拖动填充黄色（R：245，G：133，B：30）到深黄色（R：237，G：37，B：34）的线性渐变，如图10.11所示。

STEP 04 选择六边形，按Ctrl+C组合键复制，再按Ctrl+V组合键粘贴，将【轮廓】设置为白色，【轮廓宽度】为1，如图10.12所示。

图10.11 填充渐变　　　　图10.12 复制图形并缩小

STEP 05 单击工具箱中的【文本工具】字按钮，在标签位置输入文字"BIGSALE"（字体设置为Arial），这样这就完成了效果制作，最终效果如图10.13所示。

图10.13 最终效果

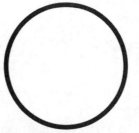 

图10.14 绘制图形　　　　图10.15 复制并变换图形

STEP 03 将内部圆旋转90°，如图10.16所示。

STEP 04 单击工具箱中的【形状工具】↖按钮，拖动圆形的左侧节点将其变形成1个半圆，如图10.17所示。

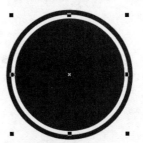

图10.16 旋转图形　　　　图10.17 将图形变形

STEP 05 选择半圆，单击属性栏中的【垂直镜像】▣按钮，将图形垂直镜像后向上移动，如图10.18所示。

STEP 06 单击工具箱中的【文本工具】字按钮，在标签适当位置输入文字"20%"和"OFF"（字体设置为Arial），这样就完成了效果制作，最终效果如图10.19所示。

图10.18 将图形镜像　　　　图10.19 最终效果

实战 253

圆形镂空标识制作

▶ 素材位置：无
▶ 案例位置：效果\第10章\圆形镂空标识制作.cdr
▶ 视频位置：视频位置：视频\实战253.avi
▶ 难易指数：★★☆☆☆

● 实例介绍 ●

本例讲解圆形镂空标识制作，镂空标识可以更好地表现出标识的信息，其制作过程也比较简单。

● 操作步骤 ●

STEP 01 单击工具箱中的【椭圆形工具】○按钮，按住Ctrl键绘制1个圆，设置【填充】为无，【轮廓】为深灰色（R：50，G：50，B：50），【轮廓宽度】为2.5，如图10.14所示。

STEP 02 选择圆形，按Ctrl+C组合键复制，按Ctrl+V组合键粘贴，将粘贴的图形【填充】更改为深灰色（R：50，G：50，B：50），【轮廓】更改为无，再将其等比例缩小，如图10.15所示。

实战 254

封套样式标识制作

▶ 素材位置：无
▶ 案例位置：效果\第10章\封套样式标识制作.cdr
▶ 视频位置：视频\实战254.avi
▶ 难易指数：★★☆☆☆

● 实例介绍 ●

本例讲解封套样式标识制作，本例中的标识比较有特点，将2个色彩不同的图形相结合，形成1种封套图形效果。

● 操作步骤 ●

STEP 01 单击工具箱中的【矩形工具】□按钮，绘制1个矩形，设置【填充】为灰色（R：230，G：230，B：230），【轮廓】为无，如图10.20所示。

图10.20 绘制矩形

STEP 02 选择矩形，按Ctrl+C组合键复制，按Ctrl+V组合键粘贴，将粘贴的图形【填充】更改为深青色（R：0，G：168，B：158），再将宽度缩小，适当增加高度，如图10.21所示。

图10.21 复制并缩小图形

STEP 03 单击工具箱中的【形状工具】按钮，拖动矩形节点将其转换为圆角矩形，如图10.22所示。

图10.22 转换为圆角矩形

STEP 04 单击工具箱中的【形状工具】按钮，选择圆角矩形左上角节点，向下拖动，如图10.23所示。

STEP 05 再拖动剩余的2个节点，将图形变形，如图10.24所示。

图10.23 拖动节点　　　　图10.24 将图形变形

STEP 06 以同样的方法将图形右下角变形，如图10.25所示。

图10.25 将右下角变形

STEP 07 单击工具箱中的【钢笔工具】按钮，在刚绘制图形的左上角位置绘制1个半圆样式图形，设置【填充】为深青色（R：0，G：98，B：90），【轮廓】为无，如图10.26所示。

STEP 08 选择刚绘制的图形，按住Shift键同时再按住鼠标左键，移至图形右下角位置，将图形复制，如图10.27所示。

图10.26 绘制图形　　　　　　图10.27 复制图形

STEP 09 单击工具箱中的【文本工具】**字**按钮，在标签适当位置输入文字（字体分别设置为Arial粗体、Arial），最终效果如图10.28所示。

图10.28 最终效果

购物袋标识制作

实战
255

▶ **素材位置：** 无
▶ **案例位置：** 效果\第10章\购物袋标识制作.cdr
▶ **视频位置：** 视频\实战255.avi
▶ **难易指数：** ★★☆☆☆

● 实例介绍 ●

本例讲解购物袋标识制作。购物袋标识的最大特点是具有极佳的可识别外观，具有拟物化造型，整个视觉效果十分出色。

● 操作步骤 ●

STEP 01 单击工具箱中的【矩形工具】□按钮，绘制1个矩形，设置【填充】为红色（R：190，G：15，B：15），【轮廓】为无，如图10.29所示。

STEP 02 在矩形上单击鼠标右键，从弹出的快捷菜单中选择【转换为曲线】命令。

STEP 03 单击工具箱中的【钢笔工具】◊按钮，分别在矩形左侧边缘及右侧边缘靠顶部位置单击添加节点，如图10.30所示。

图10.29 绘制矩形　　　　　　图10.30 添加节点

STEP 04 单击工具箱中的【形状工具】 ↖ 按钮，拖动刚才添加的节点将矩形变形，如图10.31所示。

图10.31 将矩形变形

STEP 05 单击工具箱中的【椭圆形工具】 ○ 按钮，在图形顶部位置按住Ctrl键绘制1个圆，设置【填充】为黑色，【轮廓】为无。

STEP 06 选择圆向右侧平移复制，如图10.32所示。

图10.32 绘制并复制正圆

STEP 07 单击工具箱中的【钢笔工具】 ◊ 按钮，在手提袋顶部绘制1个弯曲线段，设置【填充】为无，【轮廓】为黑色，【轮廓宽度】为0.5，如图10.33所示。

STEP 08 单击工具箱中的【文本工具】 字 按钮，在标签位置输入文字"60%OFF"（字体设置为Arial），这样就完成了效果制作，最终效果如图10.34所示。

图10.33 绘制线段　　　　图10.34 最终效果

实战 256
镂空椭圆指向标识制作
▶ 素材位置：无
▶ 案例位置：效果\第10章\镂空椭圆指向标识制作.cdr
▶ 视频位置：视频\实战256.avi
▶ 难易指数：★★★☆☆

● 实例介绍 ●

本例讲解镂空椭圆指向标识制作。此款标识给人一种

复古造型视觉效果，其制作过程比较简单，最终效果如图10.35所示。

图10.35 最终效果

● 操作步骤 ●

1. 绘制标识轮廓

STEP 01 单击工具箱中的【椭圆形工具】 ○ 按钮，按住Ctrl键绘制1个圆，设置【填充】为深红色（R：187，G：32，B：40），【轮廓】为无，如图10.36所示。

STEP 02 选择圆形，按Ctrl+C组合键复制，再按Ctrl+V组合键粘贴，将粘贴后的椭圆图形等比例缩小后更改为其他任意颜色，如图10.37所示。

图10.36 绘制圆　　　　　图10.37 复制并缩小图形

STEP 03 同时选择2个圆，单击属性栏中的【修剪】 ⌐ 按钮，对图形进行修剪，完成之后将内部的圆形删除，如图10.38所示。

STEP 04 单击工具箱中的【矩形工具】 □ 按钮，在圆形的中间位置绘制1个矩形，设置【填充】为深红色（R：187，G：32，B：40），【轮廓】为无，如图10.39所示。

图10.38 修剪图形　　　　图10.39 绘制矩形

2．处理细节

STEP 01 单击工具箱中的【文本工具】字按钮，在图形位置输入文字（字体设置为Adobe Gothic Std B），这样就完成了效果制作，最终效果如图10.40所示。

STEP 02 选择工具箱中的【星形】☆，在标签左下角位置绘制1个星形并适当旋转，如图10.41所示。

图10.40 添加文字　　　　图10.41 绘制星形

STEP 03 选择星形将其复制数份并适当旋转，如图10.42所示。

STEP 04 单击工具箱中的【钢笔工具】◊按钮，在标签左下角位置绘制1个不规则图形，设置【填充】为深红色（R：187，G：32，B：40），【轮廓】为无，这样就完成了效果制作，最终效果如图10.43所示。

图10.42 复制星形　　　　图10.43 最终效果

复合燕尾标识制作

实战
257

▶ 素材位置：无
▶ 案例位置：效果\第10章\复合燕尾标识制作.cdr
▶ 视频位置：视频\实战257.avi
▶ 难易指数：★★☆☆☆

● 实例介绍 ●

　　本例讲解复合燕尾标识制作。复合燕尾标识从字面上可以很容易理解，其形式比较新颖，传递的信息也更具层次化，最终效果如图10.44所示。

图10.44 最终效果

● 操作步骤 ●

1．绘制燕尾轮廓

STEP 01 单击工具箱中的【矩形工具】□按钮，绘制1个矩形，设置【填充】为绿色（R：190，G：215，B：50），【轮廓】为无，如图10.45所示。

图10.45 绘制矩形

STEP 02 在矩形上单击鼠标右键，从弹出的快捷菜单中选择【转换为曲线】命令，单击工具箱中的【钢笔工具】◊按钮，在形状右侧边缘位置单击添加节点，如图10.46所示。

STEP 03 单击工具箱中的【形状工具】⬉按钮，拖动刚才添加的节点，将图形变形，如图10.47所示。

图10.46 添加节点　　图10.47 将图形变形

STEP 04 选择图形，按Ctrl+C组合键复制，再按Ctrl+V组合键粘贴，将粘贴的图形【轮廓】更改为白色，【轮廓宽度】为0.5，再将其等比例缩小，如图10.48所示。

图10.48 复制并粘贴图形

STEP 05 选择绿色图形，单击工具箱中的【阴影工具】▢按钮，在图形上拖动添加阴影效果，在属性栏中将【阴影羽化】更改为0，【不透明度】更改为20，如图10.49所示。

图10.49 添加阴影

STEP 06 单击工具箱中的【形状工具】⬉按钮，在左侧线框上单按Delete键将其删除，如图10.50所示。

图10.50　删除部分线段

2. 制作复合图形

STEP 01 单击工具箱中的【矩形工具】□按钮，在标签左侧顶端位置绘制1个矩形，设置【填充】为红色（R：198，G：53，B：66），【轮廓】为无，如图10.51所示。

STEP 02 单击工具箱中的【椭圆形工具】○按钮，在刚才绘制的矩形右侧位置按住Ctrl键绘制1个圆，设置【填充】为红色（R：198，G：53，B：66），【轮廓】为无。

STEP 03 同时选择矩形与圆形，单击属性栏中的【合并】按钮，将图形合并，如图10.52所示。

图10.51　绘制矩形　　　　图10.52　绘制圆并合并图形

STEP 04 单击工具箱中的【文本工具】字按钮，在标签位置输入文字"best sale"（字体分别设置为Arial粗体、Arial），如图10.53所示。

图10.53　输入文字

STEP 05 选择红色图形，单击工具箱中的【阴影工具】□按钮，在图形上拖动添加阴影效果，如图10.54所示。

STEP 06 单击工具箱中的【椭圆形工具】○按钮，在红色图形左侧位置绘制1个椭圆图形，设置【填充】为黑色，【轮廓】为无，如图10.55所示。

图10.54　添加阴影　　　　图10.55　绘制椭圆

STEP 07 选择椭圆图形，执行菜单栏中的【位图】|【转换为位图】命令，在弹出的对话框中分别勾选【光滑处理】及【透明背景】复选框，完成后单击【确定】按钮。

STEP 08 执行菜单栏中的【位图】|【模糊】|【高斯式模糊】命令，在弹出的对话框中将【半径】更改为10像素，完成后单击【确定】按钮，如图10.56所示。

图10.56　设置高斯式模糊

STEP 09 单击工具箱中的【矩形工具】□按钮，在添加高斯式模糊图像的左侧位置绘制1个矩形，如图10.57所示。

STEP 10 同时选择矩形及椭圆图形，单击属性栏中的【修剪】□按钮，对图形进行修剪，如图10.58所示。

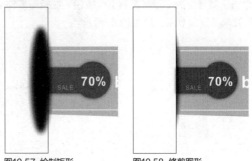

图10.57　绘制矩形　　　　图10.58　修剪图形

STEP 11 选择矩形将其删除，这样就完成了效果制作，最终效果如图10.59所示。

图10.59　最终效果

实战 258

复合双箭头标识制作

▶ 素材位置：无
▶ 案例位置：效果\第10章\复合双箭头标识制作.cdr
▶ 视频位置：视频\实战258.avi
▶ 难易指数：★★☆☆☆

● 实例介绍 ●

本例讲解复合双箭头标识制作。本例中的标识具有简洁的外观及柔和的色彩，双箭头的造型令此标识视觉效果极佳，最终效果如图10.60所示。

图10.60 最终效果

● 操作步骤 ●

1. 制作长箭头

STEP 01 单击工具箱中的【矩形工具】□按钮，绘制1个矩形，设置【填充】为黄色（R：250，G：235，B：200），【轮廓】为无，如图10.61所示。

STEP 02 在矩形上单击鼠标右键，从弹出的快捷菜单中选择【转换为曲线】命令。

STEP 03 单击工具箱中的【形状工具】◥按钮，在矩形底部边缘中间位置单击添加节点，如图10.62所示。

图10.61 绘制矩形　　图10.62 添加节点

STEP 04 单击工具箱中的【形状工具】◥按钮，拖动节点将图形变形，如图10.63所示。

STEP 05 选择图形，按Ctrl+C组合键复制，按Ctrl+V组合键粘贴，单击工具箱中的【交互式填充工具】◈按钮，再单击属性栏中的【渐变填充】▬按钮，在图形上拖动填充橙色（R：245，G：72，B：19）到橙色（R：255，G：132，B：56）的线性渐变，如图10.64所示。

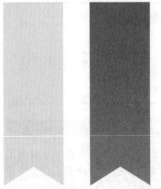

图10.63 将图形变形　　图10.64 复制并粘贴图形

2. 制作短箭头

STEP 01 将渐变图形高度缩小，再单击工具箱中的【形状工具】◥按钮，拖动节点将其变形，如图10.65所示。

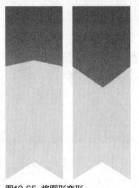

图10.65 将图形变形

STEP 02 选择渐变图形，单击工具箱中的【阴影工具】▭按钮，拖动添加阴影效果，在属性栏中将【阴影羽化】更改为0，【不透明度】更改为10，如图10.66所示。

STEP 03 单击工具箱中的【文本工具】字按钮，在靠上方位置输入文字（字体分别设置为Arial粗体、Arial），这样就完成了效果制作，最终效果如图10.67所示。

图10.66 添加阴影　　图10.67 最终效果

实战 259	双色品牌标识制作
	▶ 素材位置：无
	▶ 案例位置：效果\第10章\双色品牌标识制作.cdr
	▶ 视频位置：视频\实战259.avi
	▶ 难易指数：★★★☆☆

● 实例介绍 ●

　　本例讲解双色品牌标识制作。此款标识的样式具有代表意义，应用在品牌中会有不错的效果，最终效果如图10.68所示。

图10.68 最终效果

● 操作步骤 ●

1. 制作标识轮廓

STEP 01 单击工具箱中的【钢笔工具】 按钮，绘制1个不规则图形，设置【填充】为黑色，【轮廓】为无，如图10.69所示。

STEP 02 选择不规则圆形，按Ctrl+C组合键复制，按Ctrl+V组合键粘贴，单击属性栏中的【水平镜像】 按钮，将图形水平镜像，如图10.70所示。

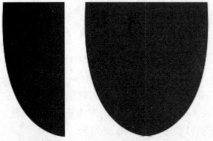

图10.69 绘制图形　　图10.70 复制图形

STEP 03 同时选择2个图形，单击属性栏中的【合并】 按钮，将2个图形合并，如图10.71所示。

STEP 04 选择图形，按Ctrl+C组合键复制，按Ctrl+V组合键粘贴，将粘贴的图形【填充】更改为无，【轮廓】更改为白色，【轮廓宽度】更改为1，再将其等比例缩小，如图10.72所示。

图10.71 合并图形　　　　图10.72 复制并粘贴图形

2. 绘制燕尾图形

STEP 01 单击工具箱中的【矩形工具】 按钮，在刚才绘制的图形位置绘制1个矩形，设置【填充】为紫色（R：230，G：27，B：93），【轮廓】为无，如图10.73所示。

STEP 02 选择矩形，按Ctrl+C组合键复制，按Ctrl+V组合键粘贴，将粘贴的图形移至原图形底部再增加其宽度并向下稍微移动，将【填充】更改为稍深的紫色（R：214，G：17，B：83），如图10.74所示。

图10.73 绘制图形　　　　图10.74 复制并粘贴图形

STEP 03 在上方矩形单击鼠标右键，从弹出的快捷菜单中选择【转换为曲线】命令。

STEP 04 单击工具箱中的【钢笔工具】 按钮，在矩形左侧边缘中间位置单击添加节点，以同样的方法在右侧相对位置添加节点，如图10.75所示。

图10.75 添加节点

STEP 05 单击工具箱中的【形状工具】 按钮，分别向内侧拖动刚才添加的2个节点，将图形变形，如图10.76所示。

图10.76 将图形变形

STEP 06 单击工具箱中的【钢笔工具】 按钮，在刚才绘制的2个图形左侧位置绘制1个三角形图形制作折痕，设置【填充】为深紫色（R：130，G：13，B：52），【轮廓】为无，如图10.77所示。

STEP 07 选择折痕图形，按住Shift键同时再按住鼠标左键，向右侧平移并按下鼠标右键，将图形复制，再单击属性栏中的【水平镜像】 按钮，将图形水平镜像，如图10.78所示。

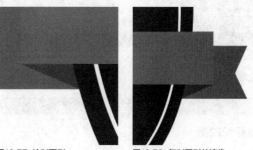

图10.77 绘制图形　　　　图10.78 复制图形并镜像

STEP 08 选择工具箱中的【星形】 ，在标签靠顶部位置绘制1个五角星，如图10.79所示。

STEP 09 选择绘制的五角星，将其复制4份，并将中间五角星放大，如图10.80所示。

图10.79 绘制五角星　　　图10.80 复制五角星

STEP 10 单击工具箱中的【文本工具】**字**按钮，在适当位置输入文字（字体分别设置为Source Sans Pro 常规斜体、Vrinda），这样就完成了效果制作，最终效果如图10.81所示。

图10.81 最终效果

实战 260 异形组合标识制作

▶ 素材位置：无
▶ 案例位置：效果\第10章\异形组合标识制作.cdr
▶ 视频位置：视频\实战260.avi
▶ 难易指数：★★★☆☆

● 实例介绍 ●

本例讲解异形组合标识制作。本例中的标识造型富有特点，将其与折纸图形相结合，可使整个标签的特点十分鲜明，最终效果如图10.82所示。

图10.82 最终效果

● 操作步骤 ●

1. 绘制标识轮廓

STEP 01 单击工具箱中的【矩形工具】□按钮，绘制1个矩形，设置【轮廓】为无。

STEP 02 单击工具箱中的【交互式填充工具】◇按钮，再单击属性栏中的【渐变填充】▰按钮，在图形上拖动填充绿色（R：55，G：160，B：130）到绿色（R：56，G：183，B：148）的线性渐变，如图10.83所示。

图10.83 绘制矩形

STEP 03 单击工具箱中的【形状工具】◣按钮，拖动矩形左上角节点，将其转换成圆角矩形，如图10.84所示。

图10.84 转换成圆角矩形

STEP 04 选择矩形，单击鼠标右键，从弹出的快捷菜单中选择【转换为曲线】命令。

STEP 05 单击工具箱中的【形状工具】◣按钮，同时选择左上角2个节点拖动将图形变形，以同样的方法分别选择其他3个角的节点拖动将图形变形，如图10.85所示。

图10.85 将图形变形

STEP 06 单击工具箱中的【形状工具】◣按钮，在圆角矩形顶部边缘单击，再单击属性栏中【转换为曲线】◣按钮后拖动顶部边缘，以同样的方法将底部边缘变形，如图10.86所示。

图10.86 将图形变形

2. 制作封套图形

STEP 01 单击工具箱中的【钢笔工具】◊按钮，在图形左上角区域绘制1个不规则图形，设置【轮廓】为无。

STEP 02 单击工具箱中的【交互式填充工具】◇按钮，再单击属性栏中的【渐变填充】▰按钮，在图形上拖动填充浅红色（R：255，G：180，B：180）到红色（R：233，G：80，B：64）的线性渐变。

STEP 03 以同样的方法在其下方再次绘制1个图形并填充相似渐变，如图10.87所示。

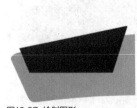

图10.87 绘制图形

STEP 04 单击工具箱中的【钢笔工具】按钮，在标签左上角绘制1个不规则图形，设置【填充】为深灰色（R：24，G：24，B：26），【轮廓】为无，在左下角位置再绘制1个三角形，如图10.88所示。

图10.88 绘制图形

STEP 05 在黑色图形右侧位置绘制1个阴影模式的图形，如图10.89所示。

STEP 06 单击工具箱中的【透明度工具】按钮，将图形不透明度更改为70，如图10.90所示。

图10.89 绘制阴影图形　　　图10.90 降低不透明度

STEP 07 单击工具箱中的【文本工具】字按钮，在适当位置输入文字（字体分别设置为方正兰亭中粗黑_GBK、Swis721 BT），如图10.91所示。

图10.91 输入文字

STEP 08 单击工具箱中的【椭圆形工具】按钮，在标签底部绘制1个椭圆，设置【填充】为浅灰色（R：230，G：230，B：230），【轮廓】为无，这样就完成了效果制作，最终效果如图10.92所示。

图10.92 最终效果

实战 261

多边形复古标识制作

▶ 素材位置：无
▶ 案例位置：效果\第10章\多边形复古标识制作.cdr
▶ 视频位置：视频\实战261.avi
▶ 难易指数：★★☆☆☆

● 实例介绍 ●

本例讲解多边形复古标识制作。此种类型标识的最大特点是带有浓郁的复古意味，从配色到图形的造型，整个标签具有鲜明的特点，最终效果如图10.93所示。

图10.93 最终效果

● 操作步骤 ●

1. 绘制图形轮廓

STEP 01 单击工具箱中的【多边形】按钮，在属性栏中将【边数】更改为6，按住Ctrl键绘制1个6边形，设置【填充】为任意颜色，【轮廓】为无，如图10.94所示。

STEP 02 选择6边形，在属性栏【旋转角度】文本框中输入30，将其旋转，如图10.95所示。

图10.94 绘制6边形　　　图10.95 旋转图形

STEP 03 单击鼠标右键，从弹出的快捷菜单中选择【转换为曲线】命令。

STEP 04 单击工具箱中的【形状工具】按钮，同时选择图形右侧节点向右侧拖动将增加图形宽度，如图10.96所示。

图10.96 增加图形宽度

2．制作双箭头图形

STEP 01 单击工具箱中的【矩形工具】□按钮，按住Ctrl键绘制1个矩形，设置【填充】为红色（R：166，G：53，B：37），【轮廓】为无，如图10.97所示。

图10.97 绘制矩形

STEP 02 在矩形上单击，将图形斜切变形，如图10.98所示。

图10.98 将图形变形

STEP 03 选择矩形，按Ctrl+C组合键复制，按Ctrl+V组合键粘贴，将粘贴的图形【填充】更改为稍深的红色（R：166，G：53，B：37），并缩小宽度，如图10.99所示。

STEP 04 单击工具箱中的【钢笔工具】按钮，在图形左侧边缘中间位置单击添加节点，如图10.100所示。

图10.99 缩小图形宽度　　　图10.100 添加节点

STEP 05 将缩小的图形移至长矩形下方，单击工具箱中的【形状工具】按钮，向内侧拖动刚才添加的节点，如图10.101所示。

图10.101 将图形变形

STEP 06 单击工具箱中的【钢笔工具】按钮，在图形右下角与长矩形相交位置单击再次添加节点，如图10.102所示。

STEP 07 单击工具箱中的【形状工具】按钮，拖动节点将图形变形，如图10.103所示。

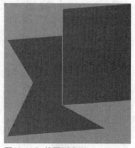

图10.102 添加节点　　　图10.103 将图形变形

STEP 08 以同样的方法在长矩形右侧位置再次制作1个相似图形，如图10.104所示。

图10.104 制作图形

STEP 09 单击工具箱中的【文本工具】字按钮，在适当位置输入文字（字体分别设置为Arial、Brush Script Std、Candara粗体−斜体），这样就完成了效果制作，最终效果如图10.105所示。

图10.105 最终效果

<table>
<tr><td rowspan="2">实战
262</td><td colspan="2">双色复合标识制作</td></tr>
<tr><td>▶ 素材位置：无
▶ 案例位置：效果\第10章\双色复合标识制作.cdr
▶ 视频位置：视频\实战262.avi
▶ 难易指数：★★★☆☆</td></tr>
</table>

● 实例介绍 ●

本例讲解双色复合标识制作。此款标识具有时尚的造型及柔和的配色，整体视觉表现相当不错，最终效果如图10.106所示。

图10.106 最终效果

● 操作步骤 ●

1. 制作图形轮廓

STEP 01 单击工具箱中的【矩形工具】□按钮，绘制1个矩形，设置【填充】为浅红色（R：242，G：82，B：67），【轮廓】为无，如图10.107所示。

STEP 02 单击工具箱中的【形状工具】按钮，拖动矩形左上角节点将图形转换为圆角矩形，如图10.108所示。

图10.107 绘制矩形　　　　图10.108 转换为圆角矩形

STEP 03 选择圆角矩形，按Ctrl+C组合键复制，按Ctrl+V组合键粘贴，将粘贴的图形【填充】更改为无，【轮廓】更改为2，如图10.109所示。

图10.109 变换图形

2. 绘制复合图形

STEP 01 单击工具箱中的【矩形工具】□按钮，在图形中间

位置绘制1个矩形，设置【填充】为浅红色（R：240，G：153，B：177），【轮廓】为无，如图10.110所示。

图10.110 绘制矩形

STEP 02 单击工具箱中的【钢笔工具】按钮，在刚才绘制的矩形与其下方图形左侧交叉位置绘制1个三角形图形，设置【填充】为深红色（R：140，G：25，B：56），【轮廓】为无，如图10.111所示。

STEP 03 选择三角形图形，按住Shift键同时再按住鼠标左键，向右侧平移并按下鼠标右键，将图形复制，单击属性栏中的【水平镜像】按钮，将图形水平镜像，如图10.112所示。

图10.111 绘制图形　　　图10.112 复制图形并镜像

STEP 04 选择浅红色矩形，单击工具箱中的【阴影工具】按钮，拖动添加阴影效果，在属性栏中将【阴影羽化】更改为15，【不透明度】更改为20，如图10.113所示。

STEP 05 单击工具箱中的【文本工具】字按钮，在适当位置输入文字（字体分别设置为Arial粗体、Arial），这样就完成了效果制作，最终效果如图10.114所示。

图10.113 添加阴影　　　　　　图10.114 最终效果

<table>
<tr><td rowspan="2">实战
263</td><td colspan="2">金质花形标识制作</td></tr>
<tr><td colspan="2">
▶ 素材位置：无
▶ 案例位置：效果\第10章\金质花形标识制作.cdr
▶ 视频位置：视频\实战263.avi
▶ 难易指数：★★★☆☆
</td></tr>
</table>

● 实例介绍 ●

本例讲解金质花形标识制作。金质花形标识以体现金色质感与花形外观为主要特点，整个制作过程相对比较简单，重点在于对渐变填充的使用，最终效果如图10.115所示。

图10.115 最终效果

● 操作步骤 ●

1. 绘制主图形

STEP 01 单击工具箱中的【椭圆形工具】○按钮，按住Ctrl键绘制1个圆，设置【轮廓】为无。

STEP 02 单击工具箱中的【交互式填充工具】◇按钮，再单击属性栏中的【渐变填充】▰按钮，在图形上拖动填充黄色（R：196，G：130，B：27）到黄色（R：238，G：200，B：112）系的圆锥形渐变，如图10.116所示。

STEP 03 选择圆形，按Ctrl+C组合键复制，按Ctrl+V组合键粘贴，单击属性栏中的【反转填充】◠按钮，再将粘贴的图形等比缩小后适当旋转，如图10.117所示。

图10.116 绘制圆　　　　图10.117 复制并变换图形

提示

> 在填充渐变时可以多添加几个色标，这样的渐变更加富有质感。

2. 绘制箭头图形

STEP 01 单击工具箱中的【矩形工具】▢按钮，绘制1个矩形，设置【轮廓】为无。

STEP 02 单击工具箱中的【交互式填充工具】◇按钮，再单击属性栏中的【渐变填充】▰按钮，在图形上拖动填充深灰色（R：40，G：36，B：33）到深灰色（R：87，G：82，B：80）再到深灰色（R：40，G：36，B：33）的线性渐变，如图10.118所示。

STEP 03 在刚才绘制的矩形上单击鼠标右键，从弹出的快捷菜单中选择【转换为曲线】命令，单击工具箱中的【钢笔工具】✎按钮，在矩形底部中间位置单击添加节点，如图10.119所示。

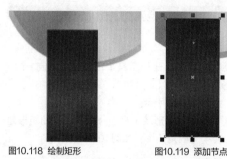

图10.118 绘制矩形　　　　图10.119 添加节点

STEP 04 单击工具箱中的【形状工具】↖按钮，拖动刚才添加的节点将图形变形，如图10.120所示。

STEP 05 单击工具箱中的【矩形工具】▰按钮，绘制1个矩形，设置【填充】为无，【轮廓】为深黄色（R：217，G：179，B：76），【轮廓宽度】为1，如图10.121所示。

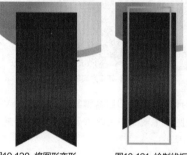

图10.120 将图形变形　　　　图10.121 绘制线框

STEP 06 选择刚才绘制的线段，执行菜单栏中的【对象】|【PowerClip】|【置于图文框内部】命令，将图形放置到下方深灰色矩形内部，如图10.122所示。

STEP 07 选择深灰色矩形将其适当旋转，如图10.123所示。

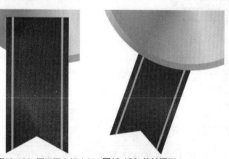

图10.122 置于图文框内部　图10.123 旋转图形

STEP 08 选择经过旋转的图形，按住Shift键同时再按住鼠标左键，向右侧拖动并按下鼠标右键，将图形复制，再单击属性栏中的【水平镜像】按钮，将图形水平镜像，如图10.124所示。

STEP 09 单击工具箱中的【文本工具】**字**按钮，在圆形的中心位置输入文字（字体设置为Arial），如图10.125所示。

图10.124 复制并变换图形　　图10.125 最终效果

实战 264	**彩条标识制作**
	▶ **素材位置：** 无
	▶ **案例位置：** 效果\第10章\彩条标识制作.cdr
	▶ **视频位置：** 视频\实战264.avi
	▶ **难易指数：** ★★☆☆☆

● 实例介绍 ●

本例讲解彩条标识制作，复古彩条标识的制作以体现标签的复古情怀为主，其制作过程比较简单，色彩搭配具有浓郁的复古风，最终效果如图10.126所示。

图10.126 最终效果

● 操作步骤 ●

1．绘制标识主图形

STEP 01 单击工具箱中的【矩形工具】□按钮，绘制1个矩形，设置【填充】为灰色（R：240，G：240，B：240），【轮廓】为无，如图10.127所示。

STEP 02 在矩形上单击鼠标右键，从弹出的快捷菜单中选择【转换为曲线】命令。

STEP 03 单击工具箱中的【形状工具】按钮，在矩形左上角节点下方位置单击添加节点，以同样的方法在右侧相对位置再次单击添加节点，如图10.128所示。

图10.127 绘制矩形

图10.128 添加节点

STEP 04 分别拖动添加的节点，将图形变形，如图10.129所示。

图10.129 将图形变形

2．制作条纹

STEP 01 单击工具箱中的【矩形工具】□按钮，绘制1个比下方图形稍高的细长矩形，设置【填充】为黄色（R：227，G：190，B：4），【轮廓】为无，如图10.130所示。

STEP 02 选择矩形按住Shift键同时再按住鼠标左键，向右侧平移并按下鼠标右键，将图形复制，如图10.131所示。

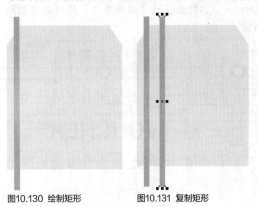

图10.130 绘制矩形　　　　图10.131 复制矩形

STEP 03 按Ctrl+D组合键将矩形复制多份，如图10.132所示。

STEP 04 同时选择所有黄色矩形，执行菜单栏中的【对象】|【PowerClip】|【置于图文框内部】命令，将图形放置到矩形内部，如图10.133所示。

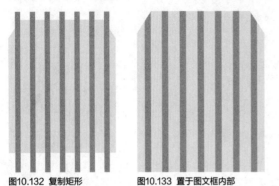

图10.132 复制矩形　　　　图10.133 置于图文框内部

STEP 05 单击工具箱中的【椭圆形工具】○按钮，在标签靠顶部位置按住Ctrl键绘制1个圆，设置【填充】为无，【轮廓】为蓝色（R：50，G：102，B：153），【轮廓宽度】为2.5，如图10.134所示。

STEP 06 同时选择圆形及下方图形，单击属性栏中的【修剪】🖿按钮，对图形进行修剪，如图10.135所示。

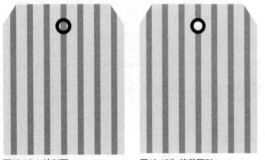

图10.134 绘制圆　　　　图10.135 修剪图形

STEP 07 单击工具箱中的【矩形工具】□按钮，在标签中间位置绘制1个与下方图形相同宽度的灰色（R：240，G：240，B：240）矩形，如图10.136所示。

STEP 08 单击工具箱中的【文本工具】字按钮，在刚才绘制的矩形位置输入文字（字体分别设置为Swis721 WGL4 BT粗体、Arial），这样就完成了效果制作，最终效果如图10.137所示。

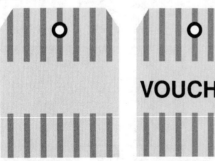

图10.136 绘制图形　　　　图10.137 最终效果

实战 265　复古序号标识制作

> ▸ 素材位置：无
> ▸ 案例位置：效果\第10章\复古序号标识制作.cdr
> ▸ 视频位置：视频\实战265.avi
> ▸ 难易指数：★★☆☆☆

● 实例介绍 ●

本例讲解复古序号标识制作。复古序号标识的最大特点依然以突出复古风情为主，同时整个装饰及文字信息都应与主题对应，最终效果如图10.138所示。

图10.138 最终效果

● 操作步骤 ●

1. 制作主轮廓

STEP 01 单击工具箱中的【矩形工具】□按钮，绘制1个矩形，设置【填充】为青色（R：196，G：226，B：230），【轮廓】为无，如图10.139所示。

STEP 02 在矩形上单击鼠标右键，从弹出的快捷菜单中选择【转换为曲线】命令。

STEP 03 单击工具箱中的【形状工具】⬚按钮，分别在矩形左上角及右上角稍靠下位置单击添加节点，如图10.140所示。

图10.139 绘制矩形 图10.140 添加节点

STEP 04 单击工具箱中的【形状工具】⬚按钮，拖动添加的节点将图形变形，如图10.141所示。

STEP 05 单击工具箱中的【矩形工具】□按钮，在图形顶部位置绘制1个矩形，设置【填充】为深黄色（R：207，G：184，B：150），【轮廓】为无，如图10.142所示。

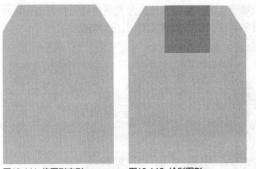

图10.141　将图形变形　　　　图10.142　绘制图形

STEP 06 单击工具箱中的【椭圆形工具】〇按钮，在刚才绘制的黄色矩形位置，按住Ctrl键绘制1个圆，设置【填充】为无，【轮廓】为深灰色（R：102，G：102，B：102），【轮廓宽度】为0.2，如图10.143所示。

STEP 07 同时选择3个图形，单击属性栏中的【修剪】口按钮，对图形进行修剪，如图10.144所示。

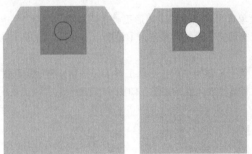

图10.143　绘制圆　　　　图10.144　修剪图形

STEP 08 选择圆形按住鼠标左键，向左下角拖动并按下鼠标右键，将图形复制。

STEP 09 再按住Shift键同时向右侧平移，将圆形复制，如图10.145所示。

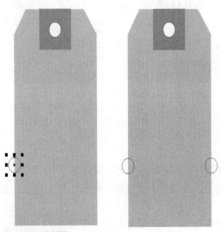

图10.145　绘制圆

STEP 10 同时选择2个圆形及底部图形，单击属性栏中的【修剪】口按钮，对图形进行修剪，完成之后将2个圆形删除，如图10.146所示。

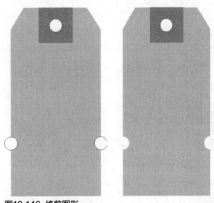

图10.146　修剪图形

2．制作装饰纹理

STEP 01 单击工具箱中的【矩形工具】□按钮，绘制1个矩形，设置【填充】为无，【轮廓】为默认。

STEP 02 在矩形靠顶部位置再次绘制1个细长矩形，设置【填充】为青色（R：132，G：211，B：226），【轮廓】为无，如图10.147所示。

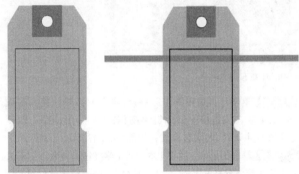

图10.147　绘制矩形

STEP 03 选择细长矩形将其旋转，再按住鼠标左键向下移动后按下鼠标右键，将图形复制，如图10.148所示。

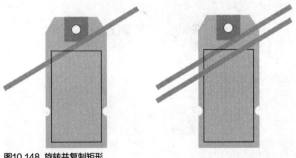

图10.148　旋转并复制矩形

STEP 04 按Ctrl+D组合键将矩形复制多份，再同时选中所有矩形适当旋转，如图10.149所示。

STEP 05 选择刚才绘制的轮廓图，执行菜单栏中的【对象】|【PowerClip】|【置于图文框内部】命令，将图形放置到黑色矩形框内部，再将黑色矩形框【轮廓】更改为无，如图10.150所示。

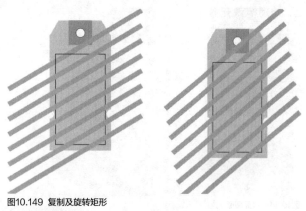

图10.149 复制及旋转矩形

图10.150 置于图文框内部

STEP 06 单击工具箱中的【2点线工具】 ✓ 按钮，在标签靠下方2个缺口位置按住Shift键绘制1条水平线段，在【轮廓笔】面板中选择1种虚线样式，如图10.151所示。

STEP 07 单击工具箱中的【文本工具】**字**按钮，在适当位置输入文字（字体分别设置为Cambria粗体、Vijaya粗体、Arial），这样就完成了效果制作，最终效果如图10.152所示。

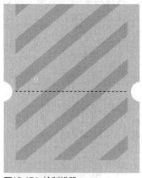

图10.151 绘制线段

图10.152 最终效果

实战 266	**辣椒标识制作**
	▶ 素材位置：素材\第10章\辣椒标识制作
	▶ 案例位置：效果\第10章\辣椒标识制作.cdr
	▶ 视频位置：视频\实战266.avi
	▶ 难易指数：★★★☆☆

● 实例介绍 ●

本例讲解辣椒标识制作。本例的制作比较简单，在整体

的配色及造型上将辣椒图像与图形完美结合，很好地表现出标签应有的特征，最终效果如图10.153所示。

图10.153 最终效果

● 操作步骤 ●

1. 绘制对比图形

STEP 01 单击工具箱中的【矩形工具】□按钮，绘制1个矩形，设置【填充】为颜色颜色，【轮廓】为无，如图10.154所示。

STEP 02 单击工具箱中的【形状工具】 ✎ 按钮，拖动矩形右上角节点将其转换为圆角矩形，如图10.155所示。

图10.154 绘制矩形　　　　图10.155 转换为圆角矩形

STEP 03 单击工具箱中的【椭圆形工具】○按钮，在左上角绘制2个圆，如图10.156所示。

图10.156 绘制圆

STEP 04 选择3个图形，按Ctrl+C组合键复制，按Ctrl+V组合键粘贴，单击【垂直镜像】 ⬗ 按钮，将图形垂直镜像，如图10.157所示。

STEP 05 选择所有图形，单击属性栏中的【合并】 ⬚ 按钮，将图形合并。

STEP 06 单击工具箱中的【交互式填充工具】◈按钮，再单击属性栏中的【渐变填充】▨按钮，在图形上拖动填充绿色（R：82，G：130，B：5）到黄色（R：255，G：245，B：190）的线性渐变，如图10.158所示。

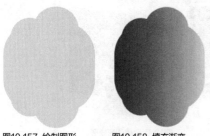

图10.157　绘制图形　　　　图10.158　填充渐变

STEP 07 选择图形，按Ctrl+C组合键复制，按Ctrl+V组合键粘贴，单击属性栏中的【水平镜像】按钮，将图形水平镜像。

STEP 08 将复制生成的图形渐变更改为黄色到红色（R：222，G：20，B：20），如图10.159所示。

STEP 09 单击工具箱中的【矩形工具】□按钮，在2个图形之间绘制1个矩形，设置【填充】为黄色（R：244，G：240，B：184），【轮廓】为无，如图10.160所示。

图10.159　复制并变换图形　　　图10.160　绘制矩形

STEP 10 单击工具箱中的【形状工具】按钮，拖动矩形右上角节点，将其转换为圆角矩形，如图10.161所示。

图10.161　转换为圆角矩形

STEP 11 同时选择底部2个图形，按Ctrl+C组合键复制，按Ctrl+V组合键粘贴，如图10.162所示。

STEP 12 单击属性栏中的【合并】按钮，将图形合并，将合并后的图形移至所有图形底部，再将其【轮廓】更改为黄色（R：244，G：240，B：184），【轮廓宽度】更改为3，如图10.163所示。

图10.162　复制并粘贴图形　　　图10.163　添加轮廓

2．处理标识元素

STEP 01 执行菜单栏中的【文件】|【导入】命令，导入"辣椒.cdr"文件，在标签中间位置单击，如图10.164所示。

STEP 02 单击工具箱中的【椭圆形工具】○按钮，绘制1个圆，设置【填充】为黄色（R：242，G：82，B：67），【轮廓】为无，如图10.165所示。

图10.164　导入素材　　　　图10.165　绘制椭圆

STEP 03 执行菜单栏中的【位图】|【转换为位图】命令，在弹出的对话框中分别勾选【光滑处理】及【透明背景】复选框，完成之后单击【确定】按钮。

STEP 04 执行菜单栏中的【位图】|【模糊】|【高斯式模糊】命令，在弹出的对话框中将【半径】更改为3像素，完成之后单击【确定】按钮，如图10.166所示。

STEP 05 单击工具箱中的【文本工具】字按钮，在辣椒图像下方输入文字（字体设置为Arial Black），如图10.167所示。

图10.166　添加高斯式模糊　　　图10.167　输入文字

STEP 06 选择文字，单击工具箱中的【阴影工具】按钮，拖动添加阴影效果，在属性栏中将【阴影羽化】更改为2，这样就完成了效果制作，最终效果如图10.168所示。

图10.168　最终效果

实战 267	丝带标识制作
	▶ 素材位置：无
	▶ 案例位置：效果\第10章\丝带标识制作.cdr
	▶ 视频位置：视频\实战267.avi
	▶ 难易指数：★★☆☆☆

● 实例介绍 ●

本例讲解丝带标识制作。此款标识从字面意思很容易理解，其制作方法简单，整个造型以体现丝带样式为特点，最终效果如图10.169所示。

图10.169 最终效果

● 操作步骤 ●

1. 制作正面效果

STEP 01 单击工具箱中的【矩形工具】□按钮，绘制1个矩形，设置【填充】为红色（R：208，G：63，B：60），【轮廓】为无，按Ctrl+C组合键将矩形复制，如图10.170所示。

图10.170 绘制矩形

STEP 02 选择矩形，单击工具箱中的【变形】按钮，再单击属性栏中【扭曲变形】按钮，在矩形上拖动将其变形，如图10.171所示。

图10.171 将矩形变形

2. 制作反面效果

STEP 01 按Ctrl+V组合键将刚才复制的矩形粘贴，将其颜色更改为黄色（R：254，G：186，B：103），如图10.172所示。

图10.172 粘贴图形

STEP 02 将黄色矩形宽度缩小，如图10.173所示。

图10.173 缩小矩形宽度

STEP 03 在黄色矩形上单击鼠标右键，从弹出的快捷菜单中选择【转换为曲线】命令。

STEP 04 单击工具箱中的【钢笔工具】按钮，在矩形右侧边缘中间位置单击添加节点，如图10.174所示。

STEP 05 单击工具箱中的【形状工具】按钮，拖动添加的节点将矩形变形，如图10.175所示。

图10.174 添加节点　　　　图10.175 将图形变形

STEP 06 选择黄色矩形，单击工具箱中的【变形】按钮，以同样的方法将其变形，完成之后移至红色图形下方，如图10.176所示。

图10.176 变形并更改顺序

STEP 07 单击工具箱中的【形状工具】按钮，分别拖动黄色矩形左上角和左下角节点将其变形与红色矩形对齐，如图10.177所示。

图10.177 将图形变形

STEP 08 选择黄色矩形，按Ctrl+C组合键复制，按Ctrl+V组合键粘贴，分别单击属性栏中的【水平镜像】及【垂直镜像】按钮，将图形镜像，如图10.178所示。

图10.178 将图形镜像

提示

将图形镜像之后需要注意调整右侧节点与红色矩形对齐。

3. 处理阴影

STEP 01 单击工具箱中的【钢笔工具】按钮，在左侧红色与黄色图形重叠的底部位置绘制1个不规则图形，设置【填充】为黑色，【轮廓】为无，如图10.179所示。

STEP 02 选择黑色图形，单击工具箱中的【透明度工具】按钮，将【不透明度】更改为80，如图10.180所示。

STEP 03 以同样的方法在右侧相对位置绘制同样的图形并制作阴影，如图10.181所示。

图10.179 绘制图形　　图10.180 降低不透明度

图10.181 绘制图形并制作阴影

4. 输入路径文字

STEP 01 单击工具箱中的【钢笔工具】◊按钮，在红色图形上绘制1条弯曲线段，如图10.182所示。

图10.182 绘制线段

STEP 02 单击工具箱中的【文本工具】**字**按钮，在线段上单击输入文字（字体设置为Arial），这样就完成了效果制作，最终效果如图10.183所示。

图10.183 最终效果

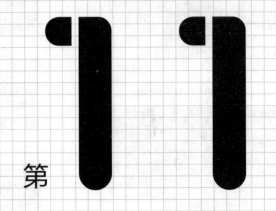

第 **11** 章

制作醒目标签

本章导读

本章讲解绘制醒目标签。在开始学习本章知识之前需要了解标识与标签的区别。标签的商业实用性很高，在一些商品或者商业类设计作品中经常见到。标签的风格种类很多，不同风格标签的加入可以起到画龙点睛的作用，通过本章的学习可以熟练掌握标签的绘制。

要点索引

- 学会绘制折扣吊牌标签
- 学习锯齿箭头标签的绘制
- 了解方圆组合标签的绘制过程
- 掌握折纸标签的绘制
- 学习绘制折纸标签
- 了解心形标签的绘制
- 学会绘制降价标签

实战 268

绘制折扣吊牌标签

▶ 素材位置: 无
▶ 案例位置: 效果\第11章\绘制折扣吊牌标签.cdr
▶ 视频位置: 视频\实战268.avi
▶ 难易指数: ★★☆☆☆

● 实例介绍 ●

本例讲解绘制折扣吊牌标签。折扣吊牌标签是比较常见的一种标签样式,它通常出现在商场或者大型卖场中,传递直接的折扣信息。

● 操作步骤 ●

STEP 01 单击工具箱中的【矩形工具】□按钮,绘制1个矩形,设置【填充】为浅红色(R:252,G:113,B:116),【轮廓】为无,如图11.1所示。

STEP 02 单击工具箱中的【形状工具】⚫按钮,选择矩形左上角节点,向内侧拖动将矩形转换成圆角矩形,如图11.2所示。

图11.1 绘制矩形　　　图11.2 转换成圆角矩形

STEP 03 在矩形上单击鼠标右键,从弹出的快捷菜单中选择【转换为曲线】命令,单击工具箱中的【钢笔工具】⚫按钮,在矩形右侧边缘中间位置单击添加节点,如图11.3所示。

STEP 04 单击工具箱中的【形状工具】⚫按钮,向右侧拖动添加的节点,如图11.4所示。

图11.3 添加节点　　图11.4 拖动节点

STEP 05 单击工具箱中的【形状工具】⚫按钮,分别拖动圆角矩形右下角及右上角节点,将拐角处平滑,如图11.5所示。

图11.5 平滑拐角

STEP 06 单击工具箱中的【椭圆形工具】○按钮,在标签靠右侧位置按住Ctrl键绘制1个圆,设置【填充】和【轮廓】均为默认,如图11.6所示。

图11.6 绘制圆

STEP 07 同时选择圆形及标签图形,单击属性栏中的【修剪】⚫按钮,对图形进行修剪,完成之后将圆形删除,如图11.7所示。

图11.7 修剪图形并删除圆

STEP 08 单击工具箱中的【文本工具】字按钮,在标签位置输入文字"SALE"(字体设置为Swis721 BT),如图11.8所示。

STEP 09 同时选择所有对象,将其适当旋转,如图11.9所示。

图11.8 输入文字　　　　图11.9 旋转标签

STEP 10 单击工具箱中的【椭圆形工具】○按钮,在标签右上角位置绘制1个椭圆图形,设置【填充】为无,【轮廓】为浅红色(R:242,G:82,B:67),【轮廓宽度】为2,如图11.10所示。

STEP 11 执行菜单栏中的【对象】|【将轮廓转换为对象】命令,如图11.11所示。

图11.10 绘制椭圆　　　　图11.11 将轮廓转换为对象

STEP 12 选择椭圆图形，在属性栏中将其【轮廓宽度】更改为0.5，如图11.12所示。

STEP 13 单击工具箱中的【钢笔工具】◊按钮，在椭圆图形与标签左侧交叉位置绘制1个不规则图形，【填充】和【轮廓】均为默认，如图11.13所示。

图11.12 添加轮廓　　　图11.13 绘制图形

STEP 14 同时选择绘制的图形及椭圆，单击属性栏中的【修剪】□按钮，对图形进行修剪，将绘制的不规则图形删除，这样就完成了效果制作，最终效果如图11.14所示。

图11.14 最终效果

实战 269

绘制锯齿箭头标签

▶ 素材位置：无
▶ 案例位置：效果\第11章\绘制锯齿箭头标签.cdr
▶ 视频位置：视频\实战269.avi
▶ 难易指数：★★☆☆☆

● 实例介绍 ●

本例讲解绘制锯齿箭头标签。此款标签的绘制过程比较简单，具有较强的指向性，在绘制过程中可以根据实际需要设置渐变颜色。

● 操作步骤 ●

STEP 01 单击工具箱中的【矩形工具】□按钮，绘制1个矩形，设置【轮廓】为无。

STEP 02 单击工具箱中的【交互式填充工具】◊按钮，再单击属性栏中的【渐变填充】▨按钮，在图形上拖动填充绿色（R：55，G：160，B：130）到绿色（R：56，G：183，B：148）的线性渐变，如图11.15所示。

图11.15 绘制矩形

STEP 03 选择矩形，单击鼠标右键，从弹出的快捷菜单中选择【转换为曲线】命令。

STEP 04 单击工具箱中的【钢笔工具】◊按钮，在矩形右侧边缘位置单击添加节点，如图11.16所示。

STEP 05 单击工具箱中的【形状工具】◊按钮，向右侧拖动刚才添加的节点，将矩形变形，如图11.17所示。

图11.16 添加节点　　　图11.17 将矩形变形

STEP 06 单击工具箱中的【矩形工具】□按钮，在图形左上角按住Ctrl键位置绘制1个矩形，设置【填充】为无，【轮廓】为默认，在【轮廓笔】面板中单击【内部轮廓】┓按钮，如图11.18所示。

角(R):			
斜接限制(M):	5.0		°
线条端头(I):			
位置(P):			

图11.18 绘制矩形

STEP 07 选择矩形，在属性栏【旋转角度】文本框中输入45，将矩形旋转，再将其移至标签左上角位置，如图11.19所示。

STEP 08 选中旋转的矩形，按住Shift键同时再按住鼠标左键，向下方平移拖动并按下鼠标右键，将图形复制，如图11.20所示。

 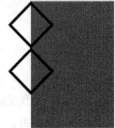

图11.19 旋转矩形　　　图11.20 复制矩形

STEP 09 按Ctrl+D组合键将矩形复制多份，如图11.21所示。

STEP 10 同时选择所有矩形，单击属性栏中的【合并】□按钮，将图形合并，再将图形适当等比例缩小至与标签相同高度，如图11.22所示。

图11.21 复制图形　　　　图11.22 缩小图形

STEP 11 同时选择多个矩形及标签，单击属性栏中的【修剪】按钮，对图形进行修剪，如图11.23所示。

STEP 12 选择多个矩形将其删除，如图11.24所示。

图11.23 修剪图形　　　　图11.24 删除矩形

提示

当复制多个矩形之后，需要注意将其与标签对齐，只有在对齐的状态下才能制作出整齐的锯齿效果。

STEP 13 单击工具箱中的【文本工具】**字**按钮，在标签位置输入文字（字体设置为方正兰亭黑_GBK），这样就完成了效果制作，最终效果如图11.25所示。

全卖场5折起

图11.25 最终效果

绘制方圆组合标签

实战 **270**

▶ 素材位置：无
▶ 案例位置：效果\第11章\绘制方圆组合标签.cdr
▶ 视频位置：视频\实战270.avi
▶ 难易指数：★☆☆☆☆

● 实例介绍 ●

本例讲解绘制方圆组合标签。本例中的标签制作十分简单，只需要将2个图形相组合即可，它在网店广告等电子商务环境中使用频率较高。

● 操作步骤 ●

STEP 01 单击工具箱中的【椭圆形工具】〇按钮，按住Ctrl键绘制1个圆，设置【填充】为绿色（R：128，G：222，B：

84），【轮廓】为无，如图11.26所示。

STEP 02 单击工具箱中的【矩形工具】□按钮，在圆形的左下角位置按住Ctrl键绘制1个矩形，设置【填充】为绿色（R：128，G：222，B：84），【轮廓】为无，如图11.27所示。

图11.26 绘制圆　　　　图11.27 绘制矩形

STEP 03 同时选择圆形及矩形，单击属性栏中的【合并】按钮，将图形合并。

STEP 04 单击工具箱中的【文本工具】**字**按钮，在标签位置输入文字"7""折"（字体分别设置为Arial常规斜体、方正兰亭中粗黑_GBK），这样就完成了效果制作，最终效果如图11.28所示。

图11.28 最终效果

绘制椭圆对话标签

实战 **271**

▶ 素材位置：无
▶ 案例位置：效果\第11章\绘制椭圆对话标签.cdr
▶ 视频位置：视频\实战271.avi
▶ 难易指数：★☆☆☆☆

● 实例介绍 ●

本例讲解绘制椭圆对话标签。此款标签在椭圆图形的基础上，经过变形而成，其外观十分形象。

● 操作步骤 ●

STEP 01 单击工具箱中的【椭圆形工具】〇按钮，按住Ctrl键绘制1个圆，设置【填充】为黄色（R：255，G：213，B：0），【轮廓】为无，在椭圆上单击鼠标右键，从弹出的快捷菜单中选择【转换为曲线】命令，如图11.29所示。

STEP 02 单击工具箱中的【钢笔工具】按钮，在椭圆图形左下角位置单击添加3个节点，如图11.30所示。

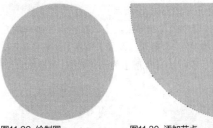

图11.29 绘制圆　　　　　　　图11.30 添加节点

STEP 03 单击工具箱中的【形状工具】 按钮，选中中间节点，向左下角方向拖动将图形变形，如图11.31所示。

STEP 04 单击工具箱中的【文本工具】**字**按钮，在标签位置输入文字（字体分别设置为方正兰亭黑_GBK、微软雅黑粗体、方正兰亭黑_GBK），这样就完成了效果制作，最终效果如图11.32所示。

图11.31 将图形变形　　　　　图11.32 最终效果

实战 272	**绘制折纸标签**
	▶ 素材位置：无
	▶ 案例位置：效果\第11章\绘制折纸标签.cdr
	▶ 视频位置：视频\实战272.avi
	▶ 难易指数：★☆☆☆☆

● **实例介绍** ●

　　本例讲解绘制折纸标签。折纸标签的制作比较简单，其外观以形象的折纸形式呈现，在绘制过程中注意阴影及高光的对比处理。

● **操作步骤** ●

STEP 01 单击工具箱中的【矩形工具】□按钮，按住Ctrl键绘制1个矩形，设置【填充】为浅红色（R：242，G：82，B：67），【轮廓】为无，如图11.33所示。

STEP 02 单击工具箱中的【形状工具】 按钮，分别拖动矩形的4个节点，将矩形变形，如图11.34所示。

图11.33 绘制矩形　　　　　　图11.34 将矩形变形

STEP 03 单击工具箱中的【钢笔工具】 按钮，在图形左上角位置绘制1个三角形图形，设置【填充】为无，【轮廓】为默认，如图11.35所示。

STEP 04 同时选择2个图形，单击属性栏中的【修剪】 按钮，对图形进行修剪，如图11.36所示。

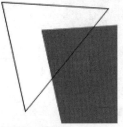 

图11.35 绘制图形　　　　　　图11.36 修剪图形

STEP 05 选择三角形将其删除，再单击工具箱中的【钢笔工具】 按钮，在删除图形后的空缺位置绘制1个稍小的三角形图形，设置【填充】为稍深红色（R：143，G：5，B：5），【轮廓】为无。

STEP 06 以同样的方法在当前图形底部位置再次绘制数个相似图形，如图11.37所示。

图11.37 绘制图形

STEP 07 单击工具箱中的【文本工具】**字**按钮，在标签位置输入文字（字体设置为Arial），这样就完成了效果制作，最终效果如图11.38所示。

图11.38 最终效果

实战 273	**绘制双色指向标签**
	▶ 素材位置：无
	▶ 案例位置：效果\第11章\绘制双色指向标签.cdr
	▶ 视频位置：视频\实战273.avi
	▶ 难易指数：★☆☆☆☆

● **实例介绍** ●

　　本例讲解绘制双色指向标签。指向标签有多种，其表现力不尽相同，而本例中的标签通过双色图形对比，令整个标签的视觉效果简洁且实用。

STEP 01 单击工具箱中的【矩形工具】□按钮，绘制1个矩形，设置【填充】为深灰色（R：65，G：65，B：67），【轮廓】为无，如图11.39所示。

STEP 02 选择矩形，按Ctrl+C组合键复制，再按Ctrl+V组合键粘贴，再将粘贴的矩形宽度缩小后将其【填充】为红色（R：200，G：30，B：20），如图11.40所示。

图11.39 绘制矩形

图11.40 复制图形

STEP 03 单击工具箱中的【钢笔工具】按钮，在矩形左下角位置绘制1个三角形图形，设置【填充】为黑色，【轮廓】为无，如图11.41所示。

图11.41 绘制图形

STEP 04 单击工具箱中的【文本工具】字按钮，在标签位置输入文字（字体分别设置为Arial、Arial Black），这样就完成了效果制作，最终效果如图11.42所示。

图11.42 最终效果

实战 274 绘制书签式竖向标签

▶ 素材位置：无
▶ 案例位置：效果\第11章\绘制书签式竖向标签.cdr
▶ 视频位置：视频\实战274.avi
▶ 难易指数：★☆☆☆☆

本例讲解绘制书签式竖向标签。本例中的标签造型与书签十分相似，并且制作过程比较简单，外观比较精致。

STEP 01 单击工具箱中的【矩形工具】□按钮，绘制1个矩形，设置【轮廓】为无。

STEP 02 单击工具箱中的【交互式填充工具】◇按钮，再单击属性栏中的【渐变填充】按钮，在图形上拖动填充绿色（R：55，G：160，B：130）到绿色（R：56，G：183，B：148）的线性渐变，如图11.43所示。

STEP 03 选择矩形，单击鼠标右键，从弹出的快捷菜单中选择【转换为曲线】命令。

STEP 04 单击工具箱中的【钢笔工具】按钮，在矩形右侧边缘位置单击添加节点，如图11.44所示。

图11.43 绘制矩形　图11.44 添加节点

STEP 05 单击工具箱中的【形状工具】按钮，向右侧拖动刚才添加的节点，将矩形变形，如图11.45所示。

图11.45 将矩形变形

STEP 06 选择图形，按Ctrl+C组合键复制，再按Ctrl+V组合键粘贴，将粘贴的图形【轮廓】更改为白色，【轮廓宽度】为0.2，再将其等比例缩小，如图11.46所示。

STEP 07 选中线框图形，单击工具箱中的【透明度工具】按钮，在属性栏中将【合并模式】更改为叠加，如图11.47所示。

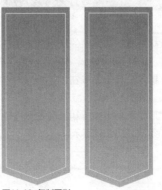

图11.46 复制图形　图11.47 设置合并模式

STEP 08 单击工具箱中的【钢笔工具】按钮，在图形右上角位置绘制1个三角形图形，设置【轮廓】为无。

STEP 09 单击工具箱中的【交互式填充工具】按钮，再单击属性栏中的【渐变填充】按钮，在图形上拖动填充绿色（R：130，G：173，B：30）到绿色（R：90，G：120，B：23）的线性渐变，如图11.48所示。

STEP 10 单击工具箱中的【文本工具】**字**按钮，在标签上输入文字（字体设置为Arial粗体），这样就完成了效果制作，最终效果如图11.49所示。

图11.48 绘制图形　　　图11.49 最终效果

绘制倾斜样式标签

实战 **275**

▶ 素材位置：无
▶ 案例位置：效果\第11章\绘制倾斜样式标签.cdr
▶ 视频位置：视频\实战275.avi
▶ 难易指数：★☆☆☆☆

● 实例介绍 ●

本例讲解绘制倾斜样式标签。此款标签的造型比较新颖，具有不错的视觉效果，也比较醒目易用。

● 操作步骤 ●

STEP 01 单击工具箱中的【矩形工具】按钮，绘制1个矩形，设置【填充】为橙色（R：255，G：64，B：0），【轮廓】为无，绘制1个矩形，如图11.50所示。

图11.50 绘制矩形

STEP 02 选中矩形，单击鼠标右键，从弹出的快捷菜单中选择【转换为曲线】命令。

STEP 03 单击工具箱中的【钢笔工具】按钮，在矩形右侧边缘中间位置单击添加节点，如图11.51所示。

STEP 04 单击工具箱中的【形状工具】按钮，向左侧拖动刚才添加的节点，将矩形变形，如图11.52所示。

图11.51 添加节点　　　图11.52 将图形变形

STEP 05 单击工具箱中的【文本工具】**字**按钮，在矩形位置输入文字（字体设置为Arial粗体），如图11.53所示。

图11.53 输入文字

STEP 06 同时选择矩形及文字将其适当旋转，如图11.54所示。

STEP 07 单击工具箱中的【形状工具】按钮，拖动左侧节点将其变形，如图11.55所示。

图11.54 旋转图文　　　图11.55 将图形变形

STEP 08 单击工具箱中的【钢笔工具】按钮，在手提袋右侧位置绘制1个不规则图形，设置【填充】为深橙色（R：158，G：36，B：14），【轮廓】为无，如图11.56所示。

STEP 09 选中标签，单击工具箱中的【阴影工具】按钮，在文字位置拖动添加阴影效果，在属性栏中将【阴影羽化】更改为2，【不透明度】更改为30，最终效果如图11.57所示。

图11.56 绘制不规则图形　　　图11.57 最终效果

绘制圆形卷边标签

实战 **276**

▶ 素材位置：无
▶ 案例位置：效果\第11章\绘制圆形卷边标签.cdr
▶ 视频位置：视频\实战276.avi
▶ 难易指数：★★☆☆☆

● 实例介绍 ●

本例讲解绘制圆形卷边标签。此款标签在制作过程中特意加上卷边效果，呈现出一种立体的视觉效果。

STEP 01 单击工具箱中的【椭圆形工具】○按钮，按住Ctrl键绘制1个圆，设置【填充】为灰色（R：245，G：245，B：245），【轮廓】为无，如图11.58所示。

STEP 02 单击工具箱中的【钢笔工具】◊按钮，在圆形的右下角位置绘制1个三角形，设置【填充】为无，【轮廓】为默认，如图11.59所示。

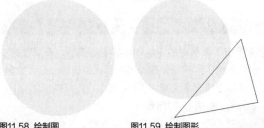

图11.58 绘制圆　　　　　　图11.59 绘制图形

STEP 03 同时选择2个图形，单击属性栏中的【修剪】凸按钮，对图形进行修剪，完成之后将三角形删除，如图11.60所示。

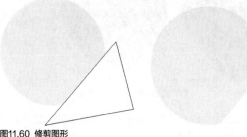

图11.60 修剪图形

STEP 04 选择图形，单击工具箱中的【阴影工具】▢按钮，拖动添加阴影效果，在属性栏中将【阴影羽化】更改为3，【不透明度】更改为20，如图11.61所示。

图11.61 添加阴影

STEP 05 选择图形，按Ctrl+C组合键复制，按Ctrl+V组合键粘贴，将粘贴的图形【填充】更改为无，【轮廓】更改为红色（R：195，G：38，B：47），【轮廓宽度】更改为2，再将其等比例缩小。

STEP 06 再次按Ctrl+V组合键粘贴，将粘贴的图形【填充】更改为红色（R：195，G：38，B：47），【轮廓】更改为无，如图11.62所示。

图11.62 复制并粘贴图形

STEP 07 单击工具箱中的【文本工具】**字**按钮，在标签位置输入文字（字体设置为Arial粗体），如图11.63所示。

STEP 06 单击工具箱中的【钢笔工具】◊按钮，在标签右下角空缺位置绘制1个不规则图形，设置【轮廓】为无。

STEP 09 单击工具箱中的【交互式填充工具】◇按钮，再单击属性栏中的【渐变填充】▰按钮，在图形上拖动填充白色到灰色（R：204，G：204，B：204）的线性渐变，这样就完成了效果制作，最终效果如图11.64所示。

图11.63 添加文字　　　　　图11.64 最终效果

实战 277

绘制分类折纸组合标签

▶ 素材位置：无
▶ 案例位置：效果\第11章\绘制分类折纸组合标签.cdr
▶ 视频位置：视频\实战277.avi
▶ 难易指数：★☆☆☆☆

● 实例介绍 ●

本例讲解绘制分类折纸组合标签。此款标签属于折纸类标签的一种，具有直观的造型，制作过程比较简单。

● 操作步骤 ●

STEP 01 单击工具箱中的【矩形工具】□按钮，绘制1个矩形，设置【填充】为红色（R：195，G：0，B：56），【轮廓】为无，如图11.65所示。

图11.65 绘制矩形

STEP 02 选择矩形，按Ctrl+C组合键复制，按Ctrl+V组合键粘贴，将粘贴的矩形【填充】更改为其他任意颜色，再将其适当缩小，如图11.66所示。

图11.66 复制并变换图形

STEP 03 单击工具箱中的【交互式填充工具】◇按钮，再单击属性栏中的【渐变填充】■按钮，在图形上拖动填充浅红色（R：200，G：62，B：87）到红色（R：245，G：40，B：114）的线性渐变，如图11.67所示。

图11.67 添加线性渐变

STEP 04 单击鼠标右键，从弹出的快捷菜单中选择【转换为曲线】命令，单击工具箱中的【形状工具】↖按钮，拖动矩形节点将其变形，如图11.68所示。

STEP 05 单击工具箱中的【钢笔工具】✎按钮，在2个图形交叉的左上角位置绘制1个三角形图形，设置【填充】为深红色（R：115，G：5，B：28），【轮廓】为无，如图11.69所示。

图11.68 将图形变形

图11.69 绘制图形

STEP 06 单击工具箱中的【文本工具】字按钮，在适当位置输入文字（字体分别设置为Arial粗体、Arial），这样就完成了效果制作，最终效果如图11.70所示。

图11.70 最终效果

<table>
<tr><td>实战
278</td><td>**绘制心形标签**
▶ 素材位置：无
▶ 案例位置：效果\第11章\绘制心形标签.cdr
▶ 视频位置：视频\实战278.avi
▶ 难易指数：★☆☆☆☆</td></tr>
</table>

● **实例介绍** ●

本例讲解绘制心形标签。此款标签的制作十分简单，只需要绘制心形并制作出虚线图形再添加文字即可。

● **操作步骤** ●

STEP 01 单击工具箱中的【基本形状】☐按钮，在属性栏中单击【完美形状】☐按钮，在弹出的面板中选择心形，绘制1个心形，设置【填充】为橙色（R：255，G：76，B：0），【轮廓】为无，如图11.71所示。

STEP 02 选择心形，按Ctrl+C组合键复制，按Ctrl+V组合键粘贴，将【填充】更改为无，【轮廓】更改为白色，【轮廓宽度】更改为0.25，在【轮廓笔】面板中，选择一种虚线样式，如图11.72所示。

图11.71 绘制图形　　　　图11.72 复制并变换图形

STEP 03 在虚线心形上单击鼠标右键，从弹出的快捷菜单中选择【转换为曲线】命令。

STEP 04 单击工具箱中的【形状工具】↖按钮，拖动虚线部分节点将其变形，如图11.73所示。

图11.73 将图形变形

STEP 05 单击工具箱中的【文本工具】字按钮，在心形上单击输入文字"Sweet heart"（字体设置为Book Antiqua粗体-斜体），这样就完成了效果制作，最终效果如图11.74所示。

图11.74 最终效果

实战	绘制降价标签
279	▶ 素材位置：无 ▶ 案例位置：效果\第11章\绘制降价标签.cdr ▶ 视频位置：视频\实战279.avi ▶ 难易指数：★☆☆☆☆

● 实例介绍 ●

本例讲解绘制降价标签。本例中的标签具有很强的外观识别效果，通过完美的造型与直观的标签文字信息相结合，整个标签具有较强的实用性，最终效果如图11.75所示。

图11.75 最终效果

● 操作步骤 ●

1. 绘制箭头

STEP 01 单击工具箱中的【矩形工具】□按钮，绘制1个矩形，设置【填充】为灰色（R：230，G：230，B：230），【轮廓】为无，如图11.76所示。

STEP 02 单击工具箱中的【钢笔工具】◊按钮，在矩形右侧位置绘制1个三角形，设置【填充】为灰色（R：230，G：230，B：230），【轮廓】为无，如图11.77所示。

图11.76 绘制矩形　　　图11.77 绘制三角形

STEP 03 同时选择2个图形，单击属性栏中的【合并】┗按钮，将2个图形合并。再单击工具箱中的【交互式填充工具】◈按钮，单击属性栏中的【渐变填充】▨按钮，在图形上拖动填充绿色（R：206，G：245，B：98）到绿色（R：165，G：200，B：70）的线性渐变，如图11.78所示。

STEP 04 单击工具箱中的【文本工具】字按钮，在矩形位置输入文字"SALE"（字体设置为Arial Narrow粗体–斜体），同时选择2个图形及文字将其适当旋转，如图11.79所示。

图11.78 添加线性渐变　　　图11.79 旋转图形

2. 制作双图形

STEP 01 选中其中1个标签图形，按Ctrl+C组合键复制，再按Ctrl+V组合键粘贴，再将后方标签适当旋转，如图11.80所示。

STEP 02 选中后方标签，单击工具箱中的【交互式填充工具】◈按钮，将其渐变颜色更改为蓝色（R：15，G：138，B：180）到蓝色（R：66，G：190，B：237），如图11.81所示。

图11.80 复制并旋转图形　　　图11.81 更改渐变颜色

STEP 03 选中前方标签，单击工具箱中的【阴影工具】□按钮，在图形上拖动添加阴影，在属性栏中将【阴影不透明度】更改为40，【阴影羽化】更改为5，如图11.82所示。

STEP 04 单击工具箱中的【椭圆形工具】○按钮，在标签底部绘制1个椭圆图形，设置【填充】为灰色（R：204，G：204，B：204），【轮廓】为无，这样就完成了效果制作，最终效果如图11.83所示。

图11.82 添加阴影　　　图11.83 最终效果

实战	绘制圆形锯齿标签
280	▶ 素材位置：无 ▶ 案例位置：效果\第11章\绘制圆形锯齿标签.cdr. ▶ 视频位置：视频\实战280.avi ▶ 难易指数：★★☆☆☆

● 实例介绍 ●

本例讲解绘制圆形锯齿标签制作。此款标签将多边形与圆形进行结合，此种标签能起到对文字信息的强调说明，最终效果如图11.84所示。

图11.84 最终效果

● 操作步骤 ●

1. 绘制标签轮廓

STEP 01 单击工具箱中的【星形工具】☆按钮，按住Ctrl键绘制1个星形，在属性栏中将【边数】更改为30，【锐度】更改为10，如图11.85所示。

STEP 02 单击工具箱中的【椭圆形工具】○按钮，在多边形位置按住Ctrl键绘制1个圆，设置【填充】为白色，【轮廓】为无，如图11.86所示。

图11.85 绘制多边形 　　　　图11.86 绘制圆

STEP 03 选择圆形，按Ctrl+C组合键复制，再按Ctrl+V组合键粘贴，将粘贴的图形【轮廓】更改为紫色（R：147，G：114，B：150），【轮廓宽度】更改为0.75，再将其等比例缩小，执行菜单栏中的【对象】|【将轮廓转换为对象】命令，如图11.87所示。

STEP 04 单击工具箱中的【矩形工具】□按钮，在圆形位置绘制1个矩形，如图11.88所示。

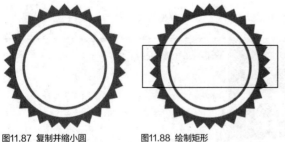

图11.87 复制并缩小圆 　　　图11.88 绘制矩形

STEP 05 同时选择矩形及圆形，单击属性栏中的【修剪】⬚按钮，对图形进行修剪，选择矩形将其删除，如图11.89所示。

图11.89 修剪图形

STEP 06 单击工具箱中的【文本工具】字按钮，在删除修剪图形后的空缺位置输入文字"超值促销季"（字体设置为方正兰亭黑_GBK），如图11.90所示。

STEP 07 同时选择圆形线框与文字将其适当旋转，如图11.91所示。

图11.90 输入文字 　　　　图11.91 旋转图文

2. 制作高光

STEP 01 选择最下方多边形，按Ctrl+C组合键复制，再按Ctrl+V组合键粘贴，将其【填充】更改为无。

STEP 02 单击工具箱中的【钢笔工具】✎按钮，在标签左上角位置绘制1个三角形图形，设置【填充】为白色，【轮廓】为无，如图11.92所示。

STEP 03 单击工具箱中的【透明度工具】▦按钮，将图形不透明度更改为80，如图11.93所示。

图11.92 绘制图形 　　　　图11.93 降低不透明度

STEP 04 选择刚才绘制的三角形图形，执行菜单栏中的【对象】|【PowerClip】|【置于图文框内部】命令，将多余部分图形隐藏，这样就完成了效果制作，最终效果如图11.94所示。

图11.94 最终效果

图11.98 绘制小正圆　　　图11.99 修剪图形

STEP 05 单击工具箱中的【2点线工具】✐按钮，在圆形的底部绘制1个线段，设置【轮廓】为黄色（R：232，G：198，B：），【轮廓宽度】为1，如图11.100所示。

图11.100 绘制线段

2. 制作吊饰

STEP 01 单击工具箱中的【椭圆形工具】○按钮，在线段底部绘制1个稍小的圆，设置【轮廓】为无。

STEP 02 单击工具箱中的【交互式填充工具】◇按钮，再单击属性栏中的【渐变填充】▦按钮，在图形上拖动填充红色（R：255，G：64，B：64）到红色（R：128，G：0，B：64）的椭圆形渐变，如图11.101所示。

图11.101 绘制图形

STEP 03 单击工具箱中的【矩形工具】□按钮，在刚才绘制的圆形的底部绘制1个矩形，设置【轮廓】为无。

STEP 04 单击工具箱中的【交互式填充工具】◇按钮，再单击属性栏中的【渐变填充】▦按钮，在图形上拖动填充红色（R：255，G：64，B：64）到红色（R：128，G：0，B：64）的线性渐变，设置【排列】为重复和镜像，如图11.102所示。

STEP 05 选择矩形，按Ctrl+C组合键复制，按Ctrl+V组合键粘贴，再将其高度缩小，更改渐变颜色为黄色（R：220，G：154，B：13）到黄色（R：255，G：204，B：0），如图11.103所示。

实战 281

绘制节日喜庆标签

▶ 素材位置：无
▶ 案例位置：效果\第11章\绘制节日喜庆标签.cdr
▶ 视频位置：视频\实战281.avi
▶ 难易指数：★★★☆☆

● 实例介绍 ●

本例讲解绘制节日喜庆标签。此款标签具有十分鲜明的特征，以传统的节日元素体现出标签的易用性，最终效果如图11.95所示。

图11.95 最终效果

● 操作步骤 ●

1. 制作主图形

STEP 01 单击工具箱中的【椭圆形工具】○按钮，按住Ctrl键绘制1个圆，设置【填充】为红色（R：224，G：10，B：10），【轮廓】为无，如图11.96所示。

STEP 02 选择圆形，按Ctrl+C组合键复制，再按Ctrl+V组合键粘贴，将图形【填充】更改为无，【轮廓】更改为黄色（R：255，G：255，B：0），再将其等比例缩小，如图11.97所示。

图11.96 绘制圆　　　图11.97 复制并粘贴图形

STEP 03 单击工具箱中的【椭圆形工具】○按钮，在靠顶部位置按住Ctrl键绘制1个稍小的圆，如图11.98所示。

STEP 04 同时选择稍小的圆形及大的圆形，单击属性栏中的【修剪】◱按钮，对图形进行修剪，完成之后将稍小的圆删除，如图11.99所示。

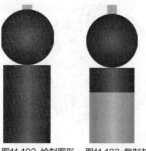

图11.102 绘制图形   图11.103 复制并缩小图形

STEP 06 单击工具箱中的【2点线工具】✑按钮，在刚才绘制的矩形左下角位置绘制1条垂直线段，设置【填充】为无，【轮廓】为红色（R：224，G：10，B：10），【轮廓宽度】为细线，如图11.104所示。

STEP 07 选择线段，按住Shift键同时再按住鼠标左键，向右侧平移并按下鼠标右键，将图形复制，如图11.105所示。

图11.104 绘制线段   图11.105 复制线段

STEP 08 按Ctrl+D组合键将线段复制多份，如图11.106所示。

STEP 09 单击工具箱中的【文本工具】字按钮，在适当位置输入文字"中秋快乐"（字体设置为隶书），这样就完成了效果制作，最终效果如图11.107所示。

图11.106 复制线段   图11.107 最终效果

实战 282

绘制圆形折纸组合标签

▶ 素材位置：无
▶ 案例位置：效果\第11章\绘制圆形折纸组合标签.cdr
▶ 视频位置：视频\实战282.avi
▶ 难易指数：★★★☆☆

● 实例介绍 ●

本例讲解绘制圆形折纸组合标签。组合标签在制作过程

中注意图形之间的协调性，完美的色彩搭配也相当重要，最终效果如图11.108所示。

图11.108 最终效果

● 操作步骤 ●

1. 绘制主轮廓

STEP 01 单击工具箱中的【椭圆形工具】○按钮，按住Ctrl键绘制1个圆，设置【填充】为红色（R：255，G：60，B：78），【轮廓】为浅红色（R：250，G：170，B：178），【轮廓宽度】为3，如图11.109所示。

图11.109 绘制圆

STEP 02 单击工具箱中的【矩形工具】□按钮，在圆形的靠下半部分位置绘制1个矩形，设置【填充】为浅黄色（R：233，G：226，B：210），【轮廓】为无。

STEP 03 单击工具箱中的【形状工具】◥按钮，拖动矩形节点，将其变形，如图11.110所示。

图11.110 绘制矩形并变形

2．制作折纸图形

STEP 01　单击工具箱中的【钢笔工具】 ◇ 按钮，在图形靠顶部边缘绘制1个不规则图形，设置【填充】为深灰色（R：178，G：174，B：162），【轮廓】为无，将其移至圆形底部位置，如图11.111所示。

图11.111　绘制图形

STEP 02　以同样的方法再次绘制数个相似图形，如图11.112所示。

STEP 03　单击工具箱中的【文本工具】字按钮，在适当的位置输入文字（字体分别设置为微软雅黑、Arial常规斜体），如图11.113所示。

图11.112　绘制图形　　　　图11.113　添加文字

STEP 04　单击工具箱中的【钢笔工具】 ◇ 按钮，在文字下方绘制一条弯曲线段，设置【轮廓】为黑色，【轮廓宽度】为0.5，如图11.114所示。

STEP 05　选择绘制的直线，单击工具箱中的【透明度工具】 ▧ 按钮，单击属性栏中的【渐变透明度】 ▧ 按钮，在线段上拖动 降低不透明度，如图11.115所示。

图11.114　绘制线段　　　　图11.115　最终效果

<table>
<tr><td rowspan="2">实战
283</td><td>绘制双色燕尾标签</td></tr>
<tr><td>▶ 素材位置：无
▶ 案例位置：效果\第11章\绘制双色燕尾标签.cdr
▶ 视频位置：视频\实战283.avi
▶ 难易指数：★★☆☆☆</td></tr>
</table>

● 实例介绍 ●

本例讲解绘制双色燕尾标签，双色燕尾标签具有十分醒

目的特征，在本例中以醒目的双色作对比，很好地突显了标签的实用性，最终效果如图11.116所示。

图11.116　最终效果

● 操作步骤 ●

1．绘制标签主体

STEP 01　单击工具箱中的【矩形工具】□按钮，按住Ctrl键绘制1个矩形，设置【填充】为深灰色（R：36，G：33，B：28），【轮廓】为无，如图11.117所示。

STEP 02　单击工具箱中的【形状工具】 ↖ 按钮，拖动矩形左上角节点将其转换成圆角矩形，如图11.118所示。

图11.117　绘制矩形　　　　图11.118　转换圆角矩形

STEP 03　选中圆角矩形，在属性栏【旋转角度】文本框中输入45，将矩形旋转。

STEP 04　选中圆角矩形，按Ctrl+C组合键复制，按Ctrl+V组合键粘贴，将粘贴的图形【填充】更改为无，【轮廓】更改为白色，【轮廓宽度】更改为0.5，再将图形等比缩小，如图11.119所示。

STEP 05　单击工具箱中的【矩形工具】□按钮，在圆角矩形中间绘制1个矩形，设置【填充】为黄色（R：245，G：204，B：22），【轮廓】为无，如图11.120所示。

图11.119　旋转矩形　　　　图11.120　绘制矩形

2．制作标签燕尾

STEP 01 选择黄色矩形，单击鼠标右键，从弹出的快捷菜单中选择【转换为曲线】命令。

STEP 02 单击工具箱中的【钢笔工具】◊按钮，在矩形右侧边缘中间位置单击添加节点，如图11.121所示。

STEP 03 单击工具箱中的【形状工具】\按钮，选择刚才添加的节点向内侧拖动将图形变形，如图11.122所示。

图11.121 添加节点　　　　　图11.122 将图形变形

STEP 04 单击工具箱中的【形状工具】\按钮，单击经过变形的矩形顶部边缘，再单击属性栏中【转换为曲线】\按钮，向上拖动将图形变形，以同样的方法拖动底部边缘，如图11.123所示。

STEP 05 将黄色图形适当旋转后移至圆角矩形右下角底部位置，如图11.124所示。

图11.123 将图形变形　　　　图11.124 旋转图形

STEP 06 选择经过变形的图形，按Ctrl+C组合键复制，按Ctrl+V组合键粘贴，再将下方图形【填充】更改为深黄色（R：224，G：175，B：0）后适当旋转，如图11.125所示。

STEP 07 单击工具箱中的【文本工具】字按钮，在标签适当位置输入文字（字体分别设置为Arial、Arial粗体），这样就完成了效果制作，最终效果如图11.126所示。

图11.125 复制图形　　　　　图11.126 最终效果

<table>
<tr><td rowspan="5">实战
284</td><td colspan="2">绘制水果标签</td></tr>
<tr><td>▶ 素材位置：</td><td>素材\第11章\绘制水果标签</td></tr>
<tr><td>▶ 案例位置：</td><td>效果\第11章\绘制水果标签.cdr</td></tr>
<tr><td>▶ 视频位置：</td><td>视频\实战284.avi</td></tr>
<tr><td>▶ 难易指数：</td><td>★★★☆☆</td></tr>
</table>

● 实例介绍 ●

本例讲解绘制水果标签。此款标签具有浓郁的复古感觉，以标签图形与素材图像相结合的形式来完美阐述水果标签的特征，整体的效果相当不错，最终效果如图11.127所示。

图11.127 最终效果

● 操作步骤 ●

1．绘制主图形

STEP 01 单击工具箱中的【椭圆形工具】○按钮，绘制1个圆，设置【填充】为绿色（R：0，G：60，B：0），【轮廓】为黑色，【轮廓宽度】为0.2，如图11.128所示。

STEP 02 选择圆形，按Ctrl+C组合键复制，按Ctrl+V组合键粘贴，将粘贴的圆形的【填充】更改为绿色（R：168，G：198，B：4），如图11.129所示。

图11.128 绘制圆　　　　　图11.129 复制并变换圆

STEP 03 单击工具箱中的【2点线工具】╱按钮，在圆形位置绘制1条线段，设置【轮廓】为绿色（R：132，G：150，B：28），【轮廓宽度】为1，如图11.130所示。

STEP 04 选择线段将其复制多份铺满整个圆，如图11.131所示。

图11.130 绘制线段

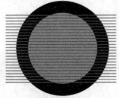
图11.131 复制线段

STEP 05 选择所有线段，执行菜单栏中的【对象】|【PowerClip】|【置于图文框内部】命令，将图形放置到下方圆形的内部，如图11.132所示。

图11.132 置于图文框内部

2. 制作封套图形

STEP 01 单击工具箱中的【矩形工具】□按钮，在圆形的位置绘制1个矩形，设置【填充】为黄色（R：242，G：240，B：215），【轮廓】为无，如图11.133所示。

图11.133 绘制矩形

STEP 02 单击工具箱中的【文本工具】**字**按钮，在刚才绘制的矩形位置输入文字"FRUITS"（字体设置为Palatino Linotype）。

STEP 03 同时选择文字及其下方矩形，按Ctrl+G组合键组合对象。

STEP 04 单击工具箱中的【封套工具】🔲按钮，单击属性栏中的【单弧模式】◿按钮，拖动图形节点将其变形，如图11.134所示。

图11.134 将图文变形

STEP 05 单击工具箱中的【钢笔工具】🖊按钮，在图形左上角位置绘制1个不规则图形，设置【填充】为绿色（R：168，G：198，B：4），【轮廓】为无，如图11.135所示。

STEP 06 选择图形将其复制数份并分别放在适当位置，如图11.136所示。

图11.135 绘制图形 图11.136 复制图形

STEP 07 单击工具箱中的【钢笔工具】🖊按钮，在图形之间左下角绘制1个不规则图形，设置【填充】为深绿色（R：0，G：36，B：0），【轮廓】为无，如图11.137所示。

STEP 08 选择深绿色图形，将其向右侧平移复制，如图11.138所示。

图11.137 绘制图形 图11.138 复制图形

STEP 09 执行菜单栏中的【文件】|【导入】命令，导入"水果.cdr"文件，在标签顶部位置单击并适当缩小后移至图形之间，如图11.139所示。

STEP 10 单击工具箱中的【文本工具】**字**按钮，输入文字"oranges"（字体设置为Palatino Linotype），这样就完成了效果制作，最终效果如图11.140所示。

图11.139 导入素材 图11.140 最终效果

第 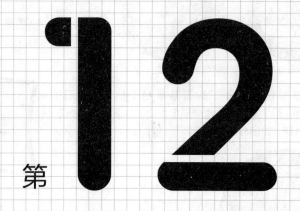 章

Logo设计与制作

本章导读

本章讲解Logo设计与制作，Logo是商标的外语缩写，它主要起到对徽标拥有公司的识别和推广的作用，通过形象的徽标可以让消费者记住公司主体和品牌文化，以最直接的手段来提升公司文件的整体形象。Logo的制作涉及心理学、美学、色彩学等领域，因此对制作的要求较高，通过本章的学习可以很好地掌握Logo的设计与制作。

要点索引

● 学会制作印刷工厂Logo
● 学习制作茶Logo
● 了解绿色饮食Logo的制作过程
● 学会制作爱情之心Logo
● 掌握成长关爱Logo制作
● 学会制作蓝星国际Logo
● 学习制作蝴蝶Logo

实战 285 绿色饮食标志设计

▶ **素材位置**：无
▶ **案例位置**：效果\第12章\绿色饮食标志设计.cdr
▶ **视频位置**：视频\实战285.avi
▶ **难易指数**：★★★☆☆

● 实例介绍 ●

本例讲解绿色饮食标志设计。本例中的Logo在制作过程中以绿色、健康为主体，将绿叶与餐具进行结合，整体图案完美地表现了绿色饮食的概念。

● 操作步骤 ●

STEP 01 单击工具箱中的【钢笔工具】按钮，绘制1个勺子图形，设置【轮廓】为无。

STEP 02 单击工具箱中的【交互式填充工具】按钮，再单击属性栏中的【渐变填充】按钮，在图形上拖动填充深黄色（R：157，G：82，B：63）到深黄色（R：117，G：42，B：25）再到深黄色（R：100，G：43，B：35）的线性渐变，如图12.1所示。

图12.1 绘制图形

STEP 03 在勺子图形左侧位置绘制1个绿色图形，为其填充绿色（R：158，G：204，B：80）到绿色（R：0，G：172，B：77）的线性渐变，如图12.2所示。

STEP 04 在绿叶图形靠右侧边缘位置绘制1个高光图形，为其填充绿色（R：115，G：190，B：68）到浅绿色（R：197，G：220，B：125）的线性渐变，如图12.3所示。

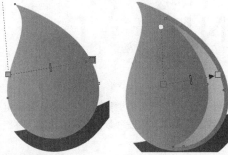

图12.2 绘制绿叶　　　　图12.3 绘制高光

STEP 05 单击工具箱中的【钢笔工具】按钮，在绿叶图形位置绘制1个不规则图形，设置【填充】为白色，【轮廓】为无，在白色图形上再次绘制1个细长的黑色图形，如图12.4所示。

图12.4 绘制图形

STEP 06 同时选择黑白2个图形，单击属性栏中的【修剪】按钮，对图形进行修剪，再将黑色图形删除，如图12.5所示。

STEP 07 选择勺子图形，将其移至所有图形上方，如图12.6所示。

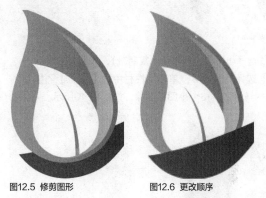

图12.5 修剪图形　　　　图12.6 更改顺序

STEP 08 单击工具箱中的【文本工具】字按钮，在图形下方输入文字（字体分别设置为YagiUhfNo2、Times New Roman常规斜体），这样就完成了效果制作，最终效果如图12.7所示。

图12.7 最终效果

实战 286 绿叶花朵标志制作

▶ **素材位置**：无
▶ **案例位置**：效果\第12章\绿叶花朵标志制作.cdr
▶ **视频位置**：视频\实战286.avi
▶ **难易指数**：★★★☆☆

● 实例介绍 ●

本例讲解绿叶花朵标志制作。此款Logo以绿叶为基础，将其复制多份并组合成1个花朵，Logo的整合性较强。

● 操作步骤 ●

STEP 01 单击工具箱中的【钢笔工具】✍️按钮，绘制1个不规则图形，设置【填充】为绿色（R：28，G：138，B：42），【轮廓】为无。

STEP 02 在绿叶右下角位置再次绘制1个图形，设置【填充】为任意颜色，【轮廓】为无，如图12.8所示。

图12.8 绘制图形

STEP 03 选择小图形，将其向上复制3份，如图12.9所示。

STEP 04 选择所有图形，单击属性栏中的【修剪】🖵按钮，对图形进行修剪，将3个小图形删除，如图12.10所示。

图12.9 复制图形　　图12.10 修剪图形

STEP 05 单击工具箱中的【钢笔工具】✍️按钮，在绿叶右侧绘制1个不规则图形，设置【填充】为浅绿色（R：209，G：247，B：178），【轮廓】为无，如图12.11所示。

STEP 06 同时选择2个图形，在图形上单击，将中心点移至底部位置，如图12.12所示。

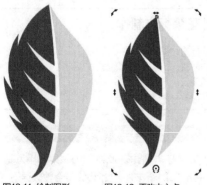

图12.11 绘制图形　　图12.12 更改中心点

STEP 07 按住鼠标左键旋转将图形复制，在属性栏中【旋转角度】文本框中输入72，如图12.13所示。

STEP 08 以同样的方法将图形再复制3份，这样就完成了效果制作，最终效果如图12.14所示。

图12.13 复制图形　　　　　图12.14 最终效果

<table>
<tr><td rowspan="2">实战
287</td><td colspan="2">星云联合Logo设计</td></tr>
</table>

▶ 素材位置：无
▶ 案例位置：效果\第12章\星云联合Logo设计.cdr
▶ 视频位置：视频\实战287.avi
▶ 难易指数：★☆☆☆☆

● 实例介绍 ●

　　本例讲解星云联合Logo设计。本例在制作过程中以星云文化为基础，以文字与椭圆图形相结合的形式完美地表现Logo的含义。

● 操作步骤 ●

STEP 01 单击工具箱中的【文本工具】字按钮，输入文字"CONNECT"（字体设置为Tunga），如图12.15所示。

CONNECT

图12.15 输入文字

STEP 02 单击工具箱中的【椭圆形工具】◯按钮，绘制1个椭圆并旋转，设置【填充】为青色（R：0，G：204，B：255），【轮廓】为无，如图12.16所示。

图12.16 绘制椭圆

STEP 03 选择椭圆，按Ctrl+C组合键复制，按Ctrl+V组合键粘贴，将粘贴的椭圆更改为其他任意颜色，再等比缩小并旋转，如图12.17所示。

图12.17 复制并变换图形

STEP 04 同时选择2个椭圆，单击属性栏中的【修剪】🔲按钮，对图形进行修剪，将小椭圆删除，如图12.18所示。

图12.18 修剪图形

STEP 05 单击工具箱中的【文本工具】**字**按钮，在位置输入文字"星云联合"（字体设置为方正正准黑简体），这样就完成了效果制作，最终效果如图12.19所示。

图12.19 最终效果

成长关爱标志设计

● 实例介绍 ●

本例讲解成长关爱标志设计。本例中Logo以人物造型为主视觉，将圆弧图形与之相结合，整体的视觉及实用性都相当不错。

● 操作步骤 ●

STEP 01 单击工具箱中的【椭圆形工具】◯按钮，按住Ctrl键绘制1个圆，设置【填充】为黄色（R：253，G：236，B：222），【轮廓】为无，如图12.20所示。

STEP 02 选择圆形，按Ctrl+C组合键复制，按Ctrl+V组合键粘贴，将粘贴的圆更改为任意颜色并向左下角稍微移动等比例缩小，如图12.21所示。

图12.20 绘制圆　　　　图12.21 复制并变换图形

STEP 03 同时选择2个圆形，单击属性栏中的【修剪】🔲按钮，对图形进行修剪，完成之后将上方圆形删除制作圆弧图形。

STEP 04 选择圆弧图形，按Ctrl+C组合键复制，按Ctrl+V组合键粘贴，将粘贴的圆弧图形【填充】更改为紫色（R：188，G：33，B：110），再移至左下角位置适当变换，如图12.22所示。

STEP 05 单击工具箱中的【钢笔工具】🖊按钮，在2个圆弧之间绘制1个不规则图形，设置【填充】为紫色（R：188，G：33，B：110），【轮廓】为无，如图12.23所示。

图12.22 复制并变换图形　　　图12.23 绘制图形

STEP 06 选择刚才绘制的图形向左侧移动复制，将其【填充】更改为红色（R：255，G：54，B：88），单击属性栏中的【水平镜像】🔳按钮，将图形水平镜像，如图12.24所示。

STEP 07 同时选择2个图形，单击属性栏中的【修剪】🔲按钮，在下方图形上单击鼠标右键，从弹出的快捷菜单中选择【拆分曲线】命令。

STEP 08 选择下方图形向下稍微移动，以同样的方法将上方图形向上移动，如图12.25所示。

图12.24 复制图形　　　　图12.25 修剪图形

STEP 09 单击工具箱中的【椭圆形工具】◯按钮，在适当位置绘制1个小椭圆并适当旋转，设置【填充】为红色（R：255，G：54，B：88），【轮廓】为无，如图12.26所示。

STEP 10 单击工具箱中的【文本工具】**字**按钮，在Logo下方位置输入文字（字体设置为Candara粗体），这样就完成了效果制作，最终效果如图12.27所示。

图12.26 绘制图形　　　　图12.27 最终效果

实战 289 印刷工厂Logo制作

▶ 素材位置：无
▶ 案例位置：效果\第12章\印刷工厂Logo制作.cdr
▶ 视频位置：视频\实战289.avi
▶ 难易指数：★☆☆☆☆

● 实例介绍 ●

本例讲解印刷工厂Logo制作。本例中的Logo在制作过程中围绕印刷主题，将多个彩条图形进行组合，整体色彩表现丰富，可以很好地体现出印刷的特征。

● 操作步骤 ●

STEP 01 单击工具箱中的【矩形工具】□按钮，绘制1个矩形，设置【填充】为无，【轮廓】为橘红色（R：255，G：102，B：0），在【轮廓笔】面板中，将【宽度】更改为3，【位置】为外部轮廓，如图12.28所示。

STEP 02 单击工具箱中的【形状工具】按钮，拖动矩形右上角节点将其转换为圆角矩形，如图12.29所示。

图12.28 绘制矩形

图12.29 转换为圆角矩形

STEP 03 选择圆角矩形，按Ctrl+C组合键复制，按Ctrl+V组合键粘贴，将粘贴的圆角矩形等比例缩小，再将其【轮廓】更改为黄色（R：244，G：233，B：54）。

STEP 04 以同样的方法将图形再次复制1份并缩小，将其【轮廓】更改为绿色（R：188，G：226，B：29），如图12.30所示。

图12.30 复制图形

STEP 05 同时选择3个图形，在属性栏中【旋转角度】文本框中输入-60，这样就完成了效果制作，最终效果如图12.31所示。

图12.31 最终效果

实战 290 茶Logo设计

▶ 素材位置：无
▶ 案例位置：效果\第12章\茶Logo设计.cdr
▶ 视频位置：视频\实战290.avi
▶ 难易指数：★☆☆☆☆

● 实例介绍 ●

本例讲解茶Logo设计。茶Logo作为食品类Logo中的一部分，在制作要求上需要体现出茶本身的特点，通过视觉上的表现来表现Logo的特点。

● 操作步骤 ●

STEP 01 单击工具箱中的【矩形工具】□按钮，绘制1个矩形，设置【填充】为白色，【轮廓】为无，如图12.32所示。

STEP 02 选择矩形，将其向下移动复制，单击工具箱中的【形状工具】按钮，拖动矩形右上角节点，将其转换为圆角矩形，如图12.33所示。

图12.32 绘制矩形　　　　图12.33 复制矩形

STEP 03 同时选择2个图形，单击属性栏中的【合并】按钮，将【填充】更改为无，【轮廓】更改为白色，【轮廓宽度】更改为3，将图形合并，如图12.34所示。

图12.34 更改轮廓

STEP 04 单击工具箱中的【形状工具】按钮，选择图形接触的区域部分节点将其删除，使拐角处更加圆滑，如图12.35所示。

图12.35 删除节点圆滑图形

STEP 05 单击工具箱中的【钢笔工具】 按钮,在轮廓图形内部绘制1个不规则图形,设置【填充】为白色,【轮廓】为无,如图12.36所示。

STEP 06 选择轮廓图形,执行菜单栏中的【对象】|【将轮廓转换为对象】命令。

STEP 07 单击工具箱中的【椭圆形工具】 按钮,在轮廓图形右侧位置绘制1个椭圆,设置【填充】为无,【轮廓】为白色,【轮廓宽度】为3,以同样的方法将椭圆转换为对象。

STEP 08 同时选择3个图形,单击属性栏中的【合并】 按钮,将图形合并,如图12.37所示。

图12.36 绘制图形

图12.37 合并图形

STEP 09 单击工具箱中的【钢笔工具】 按钮,在图形左上角绘制1个不规则图形,设置【填充】为白色,【轮廓】为无,并将其向右复制并适当旋转,如图12.38所示。

STEP 10 同时选择所有图形,单击属性栏中的【合并】 按钮,将图形合并,这样就完成了效果制作,最终效果如图12.39所示。

图12.38 绘制图形

图12.39 最终效果

实战 291

爱情之心标志设计

▶ 素材位置: 无
▶ 案例位置: 效果\第12章\爱情之心标志设计.cdr
▶ 视频位置: 视频\实战291.avi
▶ 难易指数: ★★☆☆☆

● 实例介绍 ●

本例讲解爱情之心标志设计。本例中的Logo制作过程比较简单,将天使翅膀与心形相结合,整体视觉效果十分协调。

● 操作步骤 ●

STEP 01 单击工具箱中的【钢笔工具】 按钮,绘制1个翅膀图形,设置【填充】为白色,【轮廓】为无,如图12.40所示。

STEP 02 选择图形向右侧平移复制,单击属性栏中的【水平镜像】 按钮,将图形水平镜像,如图12.41所示。

图12.40 绘制翅膀

图12.41 复制图形

STEP 03 单击工具箱中的【基本形状工具】 按钮,再单击属性栏中的【完美形状】 按钮,在弹出的面板选项中选择心形,在2个图形之间绘制1个心形,设置【填充】为粉红色(R:240,G:153,B:197),【轮廓】为白色,【轮廓宽度】为1,如图12.42所示。

STEP 04 单击工具箱中的【椭圆形工具】 按钮,在左上角位置绘制1个椭圆并旋转,设置【填充】为白色,【轮廓】为无,如图12.43所示。

图12.42 绘制心形

图12.43 绘制椭圆

STEP 05 选择椭圆,按Ctrl+C组合键复制,按Ctrl+V组合键粘贴。

STEP 06 选择粘贴的图形,将其等比例缩小,再单击鼠标右键,从弹出的快捷菜单中选择【转换为曲线】命令,如图12.44所示。

STEP 07 单击工具箱中的【形状工具】 按钮,拖动小椭圆节点将其稍微变形,再同时选择2个椭圆,单击属性栏中的【修剪】 按钮,对图形进行修剪,完成之后将小椭圆删除,这样就完成了效果制作,最终效果如图12.45所示。

图12.44 复制图形

图12.45 最终效果

实战 292

卡利钻石标志设计

- ▶ 素材位置：无
- ▶ 案例位置：效果\第12章\卡利钻石标志设计.cdr
- ▶ 视频位置：视频\实战292.avi
- ▶ 难易指数：★★★☆☆

● 实例介绍 ●

本例讲解卡利钻石标志设计。本例中的标志以钻石轮廓为基线，将多边形进行拼接，同时采用典雅的紫色系，整个标志效果相当完美，最终效果如图12.46所示。

图12.46 最终效果

● 操作步骤 ●

1. 绘制标志轮廓

STEP 01 单击工具箱中的【钢笔工具】◊按钮，绘制1个不规则图形，设置填充为任意颜色，【轮廓】为无。

STEP 02 选择图形，单击工具箱中的【交互式填充工具】◊按钮，再单击属性栏中的【渐变填充】▧按钮，在图形上拖动填充浅红色（R：254，G：148，B：196）到红色（R：207，G：74，B：130）的线性渐变，如图12.47所示。

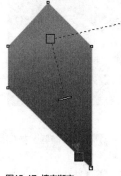
图12.47 填充渐变

STEP 03 选择图形，向右侧平移复制，再单击属性栏中的【水平镜像】◊按钮，将图形水平镜像，如图12.48所示。

图12.48 复制图形

STEP 04 选择图形，单击属性栏中的【合并】◻按钮，将2个图形合并。

STEP 05 单击工具箱中的【钢笔工具】◊按钮，绘制1个浅红色图形（R：254，G：148，B：196），如图12.49所示。

STEP 06 单击工具箱中的【透明度工具】▦按钮，在绘制的图形上从左下角向右上角方向拖动降低图形不透明度，如图12.50所示。

图12.49 绘制图形　　　　**图12.50 降低图形不透明度**

STEP 07 选择经过降低不透明度的图形，按Ctrl+C组合键将其复制，再按Ctrl+V组合键将其粘贴，再单击属性栏中的【水平镜像】◻按钮将图形镜像，最后将图形颜色更改为浅红色（R：212，G：82，B：136），如图12.51所示。

图12.51 复制并变换图形

提示

按Ctrl+V组合键图形将自动粘贴至原图形上方。

STEP 08 单击工具箱中的【钢笔工具】◊按钮，绘制1个浅红色图形（R：255，G：187，B：216），如图12.52所示。

STEP 09 选择绘制的图形，以同样的方法将其复制并水平镜像，如图12.53所示。

图12.52 绘制图形　　　　**图12.53 复制图形**

2. 处理标志文字

STEP 01 单击工具箱中的【文本工具】**字**按钮，在标志右侧位置输入文字（"卡利钻石"：字体设置为张海山锐谐体45pt；"钟情一生至臻完美"：字体设置为 方正兰亭细黑_GBK：11.5pt），如图12.54所示。

图12.54 输入文字

STEP 02 选择【卡利钻石】，执行菜单栏中的【对象】|【拆分美术字】命令。

STEP 03 选择【卡利钻石】，执行菜单栏中的【对象】|【转换为曲线】命令，如图12.55所示。

图12.55　将文字转曲

提示

按Ctrl+K组合键可快速执行【拆分美术字】命令。

STEP 04 单击工具箱中的【形状工具】按钮，选择【卡利钻石】文字部分锚点拖动将文字变形，这样就完成了效果制作，最终效果如图12.56所示。

图12.56　最终效果

实战 293	**玛岚科技Logo制作**
	▶ 素材位置：无
	▶ 案例位置：效果\第12章\玛岚科技Logo制作.cdr
	▶ 视频位置：视频\实战293.avi
	▶ 难易指数：★☆☆☆☆

● 实例介绍 ●

本例讲解玛岚科技Logo制作。科技Logo通常以简洁、较强的整合感为制作重点，同时要注意公司的文化与图形定义的结合，最终效果如图12.57所示。

图12.57　最终效果

● 操作步骤 ●

1. 设计Logo文字

STEP 01 单击工具箱中的【多边形工具】按钮，将【边数】更改为6，按住Ctrl键绘制1个六边形，设置【填充】为浅绿色（R：33，G：188，B：164），【轮廓】为无，如图12.58所示。

STEP 02 单击工具箱中的【文本工具】**字**按钮，在六边形上输入文字"M"（字体设置为Arial Black），如图12.59所示。

图12.58　绘制图形　　　　　图12.59　输入文字

STEP 03 在文字上单击鼠标右键，从弹出的快捷菜单中选择【转换为曲线】命令。

STEP 04 单击工具箱中的【形状工具】按钮，选择文字中间位置节点将其删除，拖动剩余节点将其变形，如图12.60所示。

图12.60　将文字变形

2. 制作阴影

STEP 01 单击工具箱中的【钢笔工具】按钮，在文字右下角位置绘制1个不规则图形，设置【填充】为黑色，【轮廓】为无，如图12.61所示。

STEP 02 选择文字，单击工具箱中的【透明度工具】按钮，在属性栏中将【合并模式】更改为柔光，在图形上拖动降低部分区域不透明度，如图12.62所示。

图12.61　绘制图形　　　　　图12.62　更改合并模式

STEP 03 选择阴影图形，执行菜单栏中的【对象】|【PowerClip】|【置于图文框内部】命令，将图形放置到六边形内部，这样就完成了效果制作，最终效果如图12.63所示。

图12.63 最终效果

实战 294

蓝星国际标志制作

▶ 素材位置：无
▶ 案例位置：效果\第12章\蓝星国际标志制作.cdr
▶ 视频位置：视频\实战294.avi
▶ 难易指数：★★☆☆☆

● 实例介绍 ●

本例讲解蓝星国际标志制作。此款Logo以星和圆图形相结合将公司名称与国际含义完美定义，整体的结合性与Logo定义相当协调，最终效果如图12.64所示。

图12.64 最终效果

● 操作步骤 ●

1. 制作Logo轮廓

STEP 01 单击工具箱中的【椭圆形工具】○按钮，绘制1个圆，设置【填充】为深绿色（R：36，G：37，B：32），【轮廓】为无，如图12.65所示。

STEP 02 选择圆形，按Ctrl+C组合键复制，按Ctrl+V组合键粘贴，将粘贴的圆形的【填充】更改为白色再等比缩小，如图12.66所示。

图12.65 绘制圆　　　　图12.66 复制并变换图形

STEP 03 单击工具箱中的【星形工具】☆按钮，在圆形的中心位置按住Ctrl键绘制1个星形，设置【填充】为蓝色（R：77，G：192，B：255），【轮廓】为深绿色（R：36，G：37，B：32），【轮廓宽度】为5，如图12.67所示。

STEP 04 选择星形，执行菜单栏中的【对象】|【将轮廓转换为对象】命令。

STEP 05 同时选择星形的轮廓与最下方深绿色的圆形，单击属性栏中的【合并】🖵按钮，将图形合并，如图12.68所示。

图12.67 绘制星形　　　　图12.68 合并图形

STEP 06 选择最下方的圆形，将【轮廓】设置为深绿色（R：36，G：37，B：32），【轮廓宽度】设置为2。

STEP 07 选择星形，在【轮廓笔】面板中，将【轮廓】更改为深绿色（R：36，G：37，B：32），【轮廓宽度】为2，【位置】更改为内部轮廓，如图12.69所示。

图12.69 添加轮廓

2. 处理Logo文字

STEP 01 单击工具箱中的【文本工具】**字**按钮，在图形位置输入文字"蓝星国际"（字体设置为方正综艺简体），如图12.70所示。

STEP 02 选择文字，在【轮廓笔】面板中，将【轮廓】更改为白色，【轮廓宽度】更改为0.5，如图12.71所示。

图12.70 输入文字　　　　图12.71 添加轮廓

STEP 03 在文字上单击，将其斜切变形，如图12.72所示。

STEP 04 选择文字，单击工具箱中的【阴影工具】▢按钮，拖动添加阴影效果，在属性栏中将【阴影羽化】更改为2，【不透明度】更改为30，如图12.73所示。

图12.72 将文字斜切变形　　图12.73 添加阴影

STEP 05 单击工具箱中的【星形工具】☆按钮，在图形左上角绘制1个星形，如图12.74所示。

STEP 06 将绘制的星形复制多份，这样就完成了效果制作，最终效果如图12.75所示。

图12.74 绘制星形　　图12.75 最终效果

实战 295	蝴蝶Logo设计

▶ 素材位置：无
▶ 案例位置：效果\第12章\蝴蝶Logo设计.cdr
▶ 视频位置：视频\实战295.avi
▶ 难易指数：★★☆☆☆

● 实例介绍 ●

　　本例讲解蝴蝶Logo设计。蝴蝶Logo以蝴蝶形象为基础，通过图形的组合演变为一种蝴蝶Logo，最终效果如图12.76所示。

图12.76 最终效果

● 操作步骤 ●

1．制作翅膀

STEP 01 单击工具箱中的【钢笔工具】✒️按钮，绘制1个不规则图形，设置【填充】为浅黄色（R：253，G：236，B：222），【轮廓】为无，如图12.77所示。

STEP 02 单击工具箱中的【基本形状工具】🔲按钮，再单击属性栏中的【完美形状】□按钮，在弹出的面板选项中选择心形，在2个图形之间绘制1个心形，设置【填充】为任意颜色，如图12.78所示。

图12.77 绘制图形　　图12.78 绘制心形

STEP 03 将心形适当旋转，再单击鼠标右键，从弹出的快捷菜单中选择【转换为曲线】命令，单击工具箱中的【形状工具】✎按钮，拖动心形节点将其变形，如图12.79所示。

图12.79 变换图形

STEP 04 同时选择2个图形，单击属性栏中的【修剪】□按钮，对图形进行修剪，如图12.80所示。

STEP 05 将深灰色心形适当旋转并单击工具箱中的【形状工具】✎按钮，将心形适当变形，如图12.81所示。

图12.80 修剪图形　　图12.81 将图形变形

STEP 06 选择心形，将其【填充】更改为粉色（R：255，G：153，B：204），单击工具箱中的【透明度工具】▨按钮，在属性栏中将【合并模式】更改为柔光，【透明度】更改为30，如图12.82所示。

图12.82 设置合并模式

STEP 07 选择心形，执行菜单栏中的【对象】|【PowerClip】|【置于图文框内部】命令，将图形放置到下方图形内部，如图12.83所示。

STEP 08 选择所有图形向右侧平移复制，单击属性栏中的【水平镜像】按钮，将图形水平镜像，如图12.84所示。

图12.83 置于图文框内部　　　　图12.84 复制并变换图形

2. 处理头部图形

STEP 01 单击工具箱中的【椭圆形工具】◯按钮，在左右2个翅膀之间绘制1个圆形，设置【填充】为白色，【轮廓】为无，如图12.85所示。

STEP 02 单击工具箱中的【钢笔工具】◊按钮，在圆形左上角绘制1个不规则图形，设置【填充】为白色，【轮廓】为无，如图12.86所示。

图12.85 绘制圆　　　　图12.86 绘制不规则图形

STEP 03 选择图形向右侧平移复制，单击属性栏中的【水平镜像】按钮，将图形水平镜像，如图12.87所示。

STEP 04 同时选择所有图形将其适当旋转，如图12.88所示。

图12.87 复制图形　　　　图12.88 旋转图形

STEP 05 将右侧翅膀放大，如图12.89所示。

STEP 06 单击工具箱中的【文本工具】字按钮，在蝴蝶右下角位置输入文字"butterfly"（字体设置为Bookman Old Style半粗体），这样就完成了效果制作，最终效果如图12.90所示。

图12.89 放大图形　　　　图12.90 最终效果

实战 296

福厦科技Logo设计

▸ 素材位置：无
▸ 案例位置：效果\第12章\福厦科技Logo设计.cdr
▸ 视频位置：视频\实战296.avi
▸ 难易指数：★★★☆☆

● 实例介绍 ●

本例讲解福厦科技Logo设计。本例在制作过程中以圆形为基本，对其加以变形组合形成1种星星的视觉效果，最终效果如图12.91所示。

图12.91 最终效果

● 操作步骤 ●

1. 绘制Logo图形

STEP 01 单击工具箱中的【椭圆形工具】◯按钮，绘制1个圆，设置【填充】为蓝色（R：44，G：70，B：125），【轮廓】为无，如图12.92所示。

STEP 02 选择圆形，按Ctrl+C组合键复制，按Ctrl+V组合键粘贴，将粘贴的圆形的宽度增加并将其【填充】更改为黑色，如图12.93所示。

图12.92 绘制圆　　　　图12.93 复制并变换图形

STEP 03 同时选中2个图形，单击属性栏中的【修剪】按钮，对图形进行修剪，完成之后将上方图形删除，如图12.94所示。

STEP 04 在图形上单击，将中心点移至图形上方，并创建1条辅助线，将图形中间与中心点对齐，如图12.95所示。

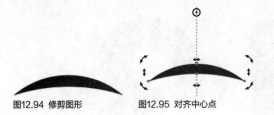

图12.94 修剪图形　　　　图12.95 对齐中心点

STEP 05 按住鼠标左键旋转将图形复制，在属性栏中【旋转角度】文本框中输入72。

STEP 06 以同样的方法将图形再次复制3份，如图12.96所示。

图12.96 复制图形

STEP 07 选择所有图形，单击属性栏中的【合并】按钮，将图形合并再将其适当旋转，如图12.97所示。

STEP 08 单击工具箱中的【椭圆形工具】○按钮，绘制1个圆，设置【填充】为青色（R：0，G：255，B：255），【轮廓】为无，如图12.98所示。

图12.97 合并及旋转图形　　图12.98 绘制圆

STEP 09 选择青色的圆形，在属性栏中将【合并模式】更改为柔光，如图12.99所示。

STEP 10 选择圆形，将其复制2份并分别更改其颜色。

STEP 11 同时选择3个圆形，执行菜单栏中的【对象】|【PowerClip】|【置于图文框内部】命令，将图形放置到下方图形内部，如图12.100所示。

图12.99 更改合并模式　　图12.100 置于图文框内部

2. 处理文字

STEP 01 单击工具箱中的【文本工具】**字**按钮，在图形右侧输入文字（字体分别设置为Candara粗体、方正兰亭黑_GBK）。

STEP 02 单击工具箱中的【交互式填充工具】◇按钮，再单击属性栏中的【渐变填充】■按钮，在【FOSING】文字上拖动填充蓝色（字体分别设置为R：7，G：133，B：178）到蓝色（R：44，G：70，B：125）的线性渐变，如图12.101所示。

图12.101 输入文字

STEP 03 单击工具箱中的【矩形工具】□按钮，绘制1个矩形，设置【填充】为青色（R：0，G：255，B：255），【轮廓】为无，如图12.102所示。

STEP 04 选择矩形，执行菜单栏中的【对象】|【PowerClip】|【置于图文框内部】命令，将图形放置到文字内部，如图12.103所示。

FOSING　　　　　FOSING
创新科技领导者　　　创新科技领导者
图12.102 绘制矩形 　　　图12.103 置于图文框内部

STEP 05 选择文字，选择PowerClip内容，单击工具箱中的【透明度工具】▨按钮，在属性栏中将【合并模式】更改为柔光，这样就完成了效果制作，最终效果如图12.104所示。

图12.104 最终效果

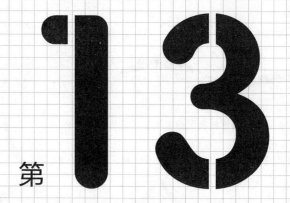

第 **13** 章

艺术字的设计与表现

本章导读

本章讲解艺术字的制作。艺术字体可以快速、有效地向观察者传递最为直接的信息，尤其在商品广告中，通过变形的艺术字能带给人们美好的心理及视觉体验，因此它也是大多数设计作品中相当重要的组成部分。艺术字在制作过程中一定要遵循准确性、艺术化、传递感及识别性几大原则，通过本章的学习可以掌握艺术字的设计与制作。

要点索引

- 学会制作狂欢大本营字体
- 学习制作爱情物语文字
- 学会制作促销优惠文字
- 学习制作武侠字
- 掌握制作巨星艺术字技巧
- 学会制作意境艺术字
- 学会制作欢乐购字体
- 学会制作九乐电音文字

实战 297

制作SALE镂空艺术字

▶素材位置：无
▶案例位置：效果\第13章\制作SALE镂空艺术字.cdr
▶视频位置：视频\实战297.avi
▶难易指数：★☆☆☆☆

• 实例介绍 •

本例讲解制作SALE镂空艺术字。本例中的文字从视觉角度来看十分时尚，突出了SALE的意义，整个制作过程比较简单，注意文字结构之间的结合。

• 操作步骤 •

STEP 01 单击工具箱中的【文本工具】字按钮，输入文字（字体设置为Arial），如图13.1所示。

STEP 02 单击工具箱中的【矩形工具】□按钮，分别在添加的3段文字底部绘制矩形，设置【填充】为白色，【轮廓】为无，如图13.2所示。

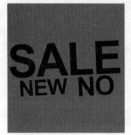

SALE
NEW NO

图13.1 添加文字

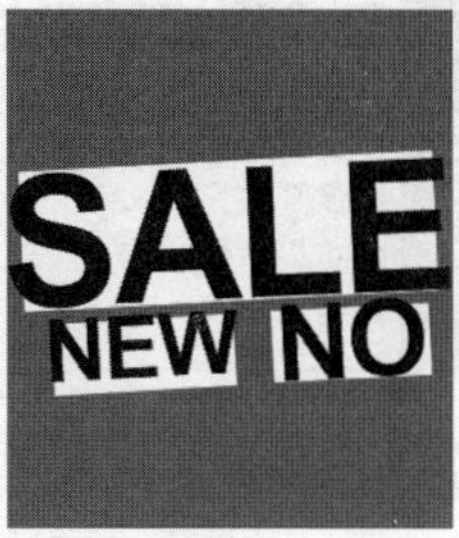
SALE
NEW NO

图13.2 绘制矩形

STEP 03 分别选择3段文字与其下方图形，单击属性栏中的【修剪】按钮，对图形进行修剪，完成之后将文字删除，这样就完成了效果制作，最终效果如图13.3所示。

SALE
NEW NO

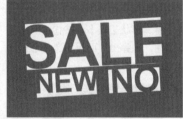

图13.3 最终效果

实战 298

制作武侠字

▶素材位置：无
▶案例位置：效果\第13章\制作武侠字.cdr
▶视频位置：视频\实战298.avi
▶难易指数：★★☆☆☆

• 实例介绍 •

本例讲解武侠字的制作。本例中的字体效果相当不错，其制作方法比较简单，注意文字变形的结构。

• 操作步骤 •

STEP 01 单击工具箱中的【文本工具】字按钮，输入文字（字体设置为MStiffHei PRC UltraBold 字符间距-10），如图13.4所示。

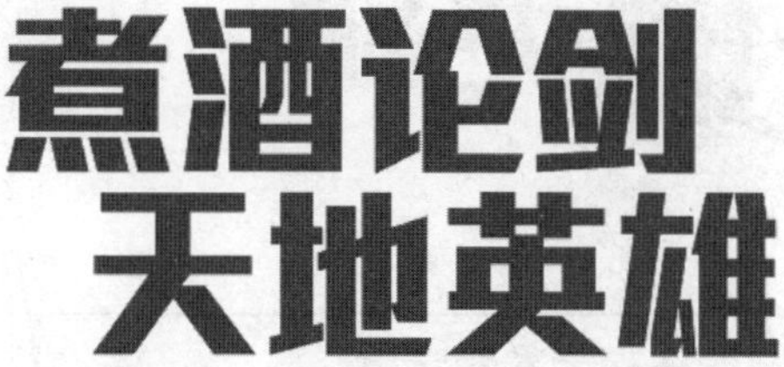
煮酒论剑
天地英雄

图13.4 输入文字

STEP 02 将文字斜切变形，如图13.5所示。

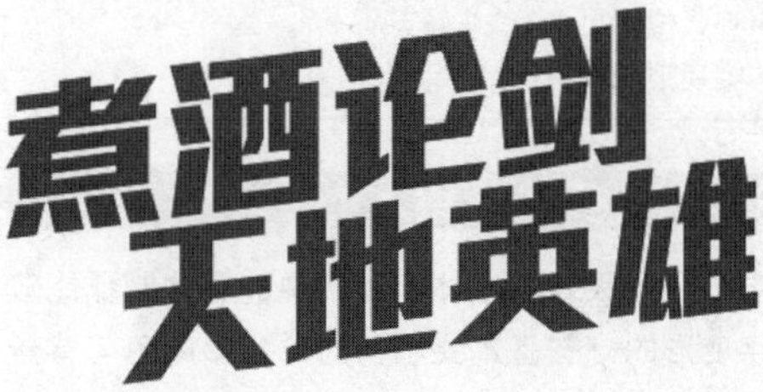
煮酒论剑
天地英雄

图13.5 将文字斜切变形

STEP 03 单击鼠标右键，从弹出的快捷菜单中选择【转换为曲线】命令，单击工具箱中的【形状工具】按钮拖动文字节点将其变形，如图13.6所示。

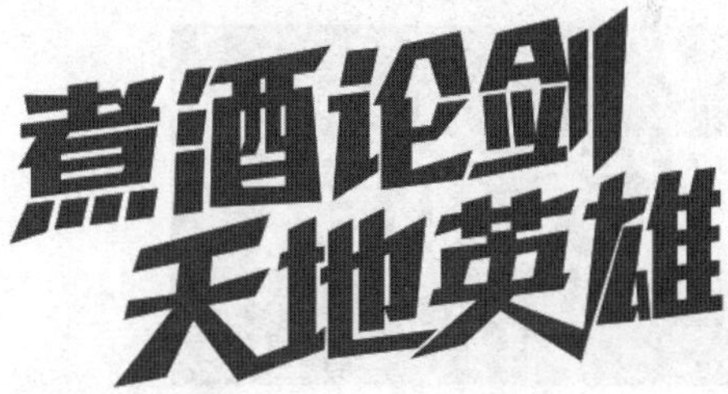
煮酒论剑
天地英雄

图13.6 将文字变形

STEP 04 单击工具箱中的【钢笔工具】按钮，在文字左下角绘制1个不规则图形，设置【填充】为深红色（R：127，G：9，B：30），【轮廓】为无，如图13.7所示。

煮酒论剑
天地英雄

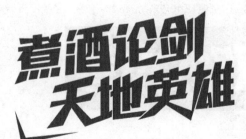

图13.7 绘制图形

STEP 05 选择图形，按Ctrl+C组合键复制，按Ctrl+V组合键粘贴，将粘贴的图形移至文字右上角位置，这样就完成了效果制作，最终效果如图13.8所示。

图13.8 最终效果

实战 299	制作狂欢大本营字体

▶ 素材位置：无
▶ 案例位置：效果\第13章\制作狂欢大本营字体.cdr
▶ 视频位置：视频\实战299.avi
▶ 难易指数：★★☆☆☆

● 实例介绍 ●

本例讲解制作狂欢大本营字体。本例中的字体制作比较简单，注意文字变形的一些基本要领，同时阴影颜色与背景图形同样重要。

● 操作步骤 ●

STEP 01 单击工具箱中的【文本工具】**字**按钮，输入文字"狂欢大本营"（字体设置为汉仪菱心体简），如图13.9所示。

图13.9 输入文字

STEP 02 在文字上单击鼠标右键，从弹出的快捷菜单中选择【转换为曲线】命令。

STEP 03 单击工具箱中的【形状工具】✎按钮，拖动文字部分节点将其变形，如图13.10所示。

图13.10 将文字变形

STEP 04 选择文字，单击工具箱中的【阴影工具】▢按钮，拖动添加阴影效果，在属性栏中将【阴影羽化】更改为1，【不透明度】更改为50，【阴影颜色】更改为深蓝色（R：32，G：158，B：230），如图13.11所示。

图13.11 添加阴影

STEP 05 单击工具箱中的【钢笔工具】◊按钮，绘制1个不规则图形，设置【填充】为深蓝色（R：15，G：58，B：84），【轮廓】为无，沿文字边缘图形，将图形移至文字下方，这样就完成了效果制作，最终效果如图13.12所示。

图13.12 最终效果

实战 300	制作爱情物语文字

▶ 素材位置：无
▶ 案例位置：效果\第13章\制作爱情物语文字.cdr
▶ 视频位置：视频\实战300.avi
▶ 难易指数：★★☆☆☆

● 实例介绍 ●

本例讲解制作爱情物语文字。本例中的字体制作比较简单，主题明确突出。

● 操作步骤 ●

STEP 01 单击工具箱中的【文本工具】**字**按钮，输入文字（字体设置为Palatino Linotype 粗体），如图13.13所示。

STEP 02 单击工具箱中的【基本形状工具】◻按钮，单击属性栏中的【完美形状】◻按钮，在弹出的面板中选择心形，在适当位置绘制1个心形，如图13.14所示。

图13.13 输入文字

图13.14 绘制图形

STEP 03 同时选择文字和图形，单击属性栏中的【合并】◻按钮，将图形合并。

STEP 04 选择图形，按Ctrl+C组合键复制，按Ctrl+V组合键粘贴，将粘贴的图形向左上角适当移动。选择下方图形，将【填充】更改为无，【轮廓】更改为白色，【轮廓宽度】更改为0.5。

STEP 05 在线框图形上单击鼠标右键，从弹出的快捷菜单中选择【拆分曲线】命令。

STEP 06 单击工具箱中的【形状工具】按钮，选中线框图形中部分多余节点将其删除，这样就完成了效果制作，最终效果如图13.15所示。

图13.15　最终效果

实战 301	制作促销优惠文字

▶ 素材位置：无
▶ 案例位置：效果\第13章\制作促销优惠文字.cdr
▶ 视频位置：视频\实战301.avi
▶ 难易指数：★★☆☆☆

● 实例介绍 ●

本例讲解制作促销优惠文字。此款字体比较常见，在一些专场、促销、超市等购物环境下具有不错的实用性。

● 操作步骤 ●

STEP 01 单击工具箱中的【文本工具】**字**按钮，输入文字"SALE"（字体设置为Exotc350 Bd BT），如图13.16所示。

图13.16　输入文字

STEP 02 在文字上单击鼠标右键，从弹出的快捷菜单中选择【转换为曲线】命令。

STEP 03 单击工具箱中的【形状工具】按钮，拖动文字节点将其变形，如图13.17所示。

图13.17　将文字变形

STEP 04 选择文字，按Ctrl+C组合键复制，按Ctrl+V组合键粘贴，将粘贴的文字向左上角稍微移动，将原文字【填充】更改为灰色（R：176，G：176，B：176），这样就完成了效果制作，最终效果如图13.18所示。

图13.18　最终效果

实战 302	制作巨星艺术字

▶ 素材位置：无
▶ 案例位置：效果\第13章\制作巨星艺术字.cdr
▶ 视频位置：视频\实战302.avi
▶ 难易指数：★☆☆☆☆

● 实例介绍 ●

本例讲解制作巨星艺术字。此款字体以体现巨星文化为特点，将文字变形与图形相结合整体表现出字体内涵。

● 操作步骤 ●

STEP 01 单击工具箱中的【文本工具】**字**按钮，输入文字"巨星"（字体设置为MStiffHei PRC UltraBold），如图13.19所示。

STEP 02 在文字上单击鼠标右键，从弹出的快捷菜单中选择【转换为曲线】命令，单击工具箱中的【钢笔工具】按钮，在【巨】左上角位置单击添加节点，如图13.20所示。

图13.19　输入文字　　图13.20　添加节点

STEP 03 单击工具箱中的【形状工具】按钮，拖动节点将其变形。

STEP 04 以同样的方法选择2个文字其他位置节点将文字变形，如图13.21所示。

STEP 05 单击工具箱中的【星形工具】☆按钮，在【星】字顶部位置绘制1个星形，设置【填充】为白色，【轮廓】为无，如图13.22所示。

STEP 06 同时选择星形及【星】字，单击属性栏中的【修剪】按钮，对图形进行修剪，如图13.23所示。

图13.21 将文字变形

图13.22 绘制星形

图13.23 修剪图形

STEP 07 选择星形，将其等比例缩小，如图13.24所示。

STEP 08 单击工具箱中的【形状工具】按钮，选择星形底部的三角形将其删除，如图13.25所示。

图13.24 缩小图形

图13.25 删除图形

STEP 09 单击工具箱中的【形状工具】按钮，分别选择星形左下角和右下角旁边的图形节点并向左右两侧拖动，这样就完成了效果制作，最终效果如图13.26所示。

图13.26 最终效果

实战 303

制作非凡之旅艺术字

▶ 素材位置：无
▶ 案例位置：效果\第13章\制作非凡之旅艺术字.cdr
▶ 视频位置：视频\实战303.avi
▶ 难易指数：★★☆☆☆

● 实例介绍 ●

本例讲解制作非凡之旅艺术字。此款艺术字的制作比

较简单，通过将字体变形，再加入辅助图形突出字面意思即可，最终效果如图13.27所示。

图13.27 最终效果

● 操作步骤 ●

1. 制作文字变形

STEP 01 单击工具箱中的【文本工具】**字**按钮，输入文字"非凡之旅"（字体设置为汉仪菱心体简），如图13.28所示。

STEP 02 在文字上单击鼠标右键，从弹出的快捷菜单中选择【转换为曲线】命令，再将其斜切变形，如图13.29所示。

图13.28 输入文字

图13.29 将文字斜切变形

STEP 03 单击工具箱中的【形状工具】按钮，拖动文字部分节点将其变形，如图13.30所示。

图13.30 将文字变形

STEP 04 单击工具箱中的【形状工具】按钮，选择【凡】字中间部分将其删除，如图13.31所示。

STEP 05 单击工具箱中的【钢笔工具】按钮，在【凡】字中间位置绘制1个三角形，设置【填充】为白色，【轮廓】为无，如图13.32所示。

图13.31 删除图形　　　　图13.32 绘制三角形

2．添加特效

STEP 01 单击工具箱中的【钢笔工具】◊按钮，在【非】字右下角位置绘制1个细长三角形，设置【填充】为任意颜色，【轮廓】为无，如图13.33所示。

STEP 02 同时选择图形及【非】字，单击属性栏中的【修剪】◻按钮，对文字进行修剪，完成之后将图形删除，如图13.34所示。

图13.33 绘制图形　　　　图13.34 修剪文字

STEP 03 以同样的方法在其他文字位置绘制相似三角形并将其修剪，如图13.35所示。

STEP 04 单击工具箱中的【钢笔工具】◊按钮，在【非】字左上角绘制1个三角形，设置【填充】为白色，【轮廓】为无，如图13.36所示。

图13.35 修剪文字　　　　图13.36 绘制三角形

STEP 05 以同样的方法在文字其他位置绘制数个相似三角形，这样就完成了效果制作，最终效果如图13.37所示。

图13.37 最终效果

实战 304　制作梦想翅膀艺术字

▸ 素材位置：无
▸ 案例位置：效果\第13章\制作梦想翅膀艺术字.cdr
▸ 视频位置：视频\实战304.avi
▸ 难易指数：★★★☆☆

• 实例介绍 •

本例讲解制作梦想翅膀艺术字。本例中的字体在制作过程中以"梦想"二字作为主视觉，将字体经过变形很好地体现出字面意义，而翅膀图形与字体的结合更加放大了整体的艺术效果，最终效果如图13.38所示。

图13.38 最终效果

• 操作步骤 •

1．处理文字

STEP 01 单击工具箱中的【文本工具】字按钮，输入文字"梦想"（字体设置为MStiffHei PRC UltraBold），如图13.39所示。

STEP 02 单击鼠标右键，从弹出的快捷菜单中选择【转换为曲线】命令，单击工具箱中的【形状工具】↖按钮，拖动文字节点将其变形，如图13.40所示。

图13.39 输入文字　　　　图13.40 将文字变形

2．绘制翅膀

STEP 01 单击工具箱中的【钢笔工具】◊按钮，在文字左上角位置绘制1个不规则图形，设置【填充】为浅蓝色（R：170，G：195，B：255），【轮廓】为无，如图13.41所示。

STEP 02 单击工具箱中的【透明度工具】▧按钮，在图形上拖动降低其不透明度，如图13.42所示。

图13.41 绘制图形　　　　　图13.42 降低不透明度

STEP 03 选择图形将其向下移动并复制，如图13.43所示。

STEP 04 以同样的方法在图形下方位置再次绘制2个相似图形，如图13.44所示。

图13.43 复制图形　　　　　图13.44 绘制图形

STEP 05 选择所有图形向右侧平移复制，单击属性栏中的【水平镜像】按钮，将图形水平镜像，这样就完成了效果制作，最终效果如图13.45所示。

图13.45 最终效果

实战 305

制作超划算艺术字

▶ 素材位置：素材\第13章\制作超划算艺术字
▶ 案例位置：效果\第13章\制作超划算艺术字.cdr
▶ 视频位置：视频\实战305.avi
▶ 难易指数：★★★☆☆

● 实例介绍 ●

本例讲解制作超划算艺术字。"超划算"的字面意思很容易理解，它通常用在商品售卖等场合，通过简单的变形及炫酷元素的添加令整个字体的艺术效果十分出色，最终效果如图13.46所示。

图13.46 最终效果

● 操作步骤 ●

1. 制作变形字

STEP 01 单击工具箱中的【文本工具】**字**按钮，输入文字"超划算"（字体设置为MStiffHei PRC UltraBold），如图13.47所示。

STEP 02 在文字上单击鼠标右键，从弹出的快捷菜单中选择【转换为曲线】命令，再将其斜切变形，如图13.48所示。

图13.47 输入文字　　　　　图13.48 将文字斜切变形

STEP 03 单击工具箱中的【形状工具】按钮，拖动文字部分节点将其变形，如图13.49所示。

STEP 04 选择【划】字右侧部分图形将其删除，如图13.50所示。

图13.49 将文字变形　　　　　图13.50 删除图形

STEP 05 单击工具箱中的【钢笔工具】按钮，在刚才删除图形的位置绘制1个不规则图形，设置【填充】为黄色（R：255，G：255，B：0），【轮廓】为无。

STEP 06 沿字母边缘绘制1个不规则图形，设置【填充】为深红色（R：38，G：7，B：7），【轮廓】为无，如图13.51所示。

图13.51 绘制图形

2. 添加渲染

STEP 01 执行菜单栏中的【文件】|【导入】命令，在文字位置单击导入"炫光.jpg"文件，如图13.52所示。

图13.52 导入素材

STEP 02 选择图像，单击工具箱中的【透明度工具】▨按钮，在属性栏中将【合并模式】更改为屏幕，这样就完成了效果制作，最终效果如图13.53所示。

图13.53 最终效果

| 实战 306 | 制作意境艺术字 |

▶ 素材位置：无
▶ 案例位置：效果\第13章\制作意境艺术字.cdr
▶ 视频位置：视频\实战306.avi
▶ 难易指数：★★☆☆☆

● 实例介绍 ●

本例讲解制作意境艺术字。本例中的字体是将文字结构进行拆分，分别为部分结构添加模糊效果，最终效果如图13.54所示。

图13.54 最终效果

● 操作步骤 ●

1. 拆分文字结构

STEP 01 单击工具箱中的【文本工具】**字**按钮，输入文字"岁月痕迹"（字体设置为方正清刻本悦宋简体），同时选择所有文字，单击鼠标右键，从弹出的快捷菜单中选择【转换为曲线】命令，如图13.55所示。

STEP 02 单击工具箱中的【钢笔工具】✒按钮，沿【岁】字顶部绘制1个不规则图形以选择部分结构，设置【填充】为无，【轮廓】为默认，如图13.56所示。

图13.55 输入文字　　　图13.56 绘制图形

STEP 03 选择图形，执行菜单栏中的【对象】|【将轮廓转换为对象】命令。

STEP 04 同时选择图形及文字，单击属性栏中的【修剪】⬚按钮，对图形进行修剪，在文字上单击鼠标右键，从弹出的快捷菜单中选择【拆分曲线】命令，如图13.57所示。

图13.57 修剪文字并拆分曲线

2．添加模糊效果

STEP 01 选择【岁】字顶部结构，执行菜单栏中的【位图】|【转换为位图】命令，在弹出的对话框中分别勾选【光滑处理】及【透明背景】复选框，完成之后单击【确定】按钮。

STEP 02 执行菜单栏中的【位图】|【模糊】|【高斯式模糊】命令，在弹出的对话框中将【半径】更改为6像素，完成之后单击【确定】按钮，如图13.58所示。

STEP 03 以同样的方法为其他文字的部分结构添加模糊效果，这样就完成了效果制作，最终效果如图13.59所示。

图13.58 添加模糊　　　　图13.59 最终效果

提示

　　某些文字在拆分曲线之后外观可能会发生变化，这时只需将想要独立出来的部分剪切再粘贴即可，或者利用其他任何可利用的方式将其独立。

实战 307　制作铆钉金属字

▶ 素材位置：无
▶ 案例位置：效果\第13章\制作铆钉金属字.cdr
▶ 视频位置：视频\实战307.avi
▶ 难易指数：★★★☆☆

● 实例介绍 ●

　　本例讲解制作铆钉金属字。此款字体的金属质感较强，添加的铆钉装饰是整个字体的制作重点，最终效果如图13.60所示。

图13.60 最终效果

● 操作步骤 ●

1．制作渐变

STEP 01 单击工具箱中的【文本工具】**字**按钮，输入文字"METAL"（字体设置为Arial 粗体）。

STEP 02 单击工具箱中的【交互式填充工具】◇按钮，再单击属性栏中的【渐变填充】▥按钮，在文字上拖动填充深灰色（R：84，G：70，B：67）到灰色（R：205，G：190，B：176）的线性渐变，如图13.61所示。

图13.61 填充渐变

STEP 03 单击工具箱中的【矩形工具】□按钮，在文字靠下半部分位置绘制1个矩形，设置【轮廓】为无。

STEP 04 单击工具箱中的【交互式填充工具】◇按钮，再单击属性栏中的【渐变填充】▥按钮，在文字上拖动填充深灰色（R：40，G：34，B：30）到灰色（R：90，G：80，B：74）的线性渐变，如图13.62所示。

图13.62 填充渐变

STEP 05 选择刚才绘制的矩形，执行菜单栏中的【对象】|【PowerClip】|【置于图文框内部】命令，将图形放置到文字内部，如图13.63所示。

图13.63 置于图文框内部

2．绘制铆钉

STEP 01 单击工具箱中的【椭圆形工具】○按钮，在字母M左上角按住Ctrl键绘制1个圆，设置【轮廓】为无。

STEP 02 单击工具箱中的【交互式填充工具】◇按钮，再单击属性栏中的【渐变填充】▥按钮，在圆上拖动填充浅黄色（R：128，G：113，B：106）到深黄色（R：40，G：34，B：30）的线性渐变，如图13.64所示。

图13.64 绘制图形

STEP 03 选择铆钉图形，在字母对应位置复制多份，这样就完成了效果制作，最终效果如图13.65所示。

图13.65 最终效果

实战 308

制作俯视投影字

▶ 素材位置：无
▶ 案例位置：效果\第13章\制作俯视投影字.cdr
▶ 视频位置：视频\实战308.avi
▶ 难易指数：★★★☆☆

● 实例介绍 ●

本例讲解制作俯视投影字。俯视投影字的视觉效果十分直观，其制作方法比较简单，重点在于把握好字母的透视变形，最终效果如图13.66所示。

图13.66 最终效果

● 操作步骤 ●

1. 制作变形字

STEP 01 单击工具箱中的【文本工具】字按钮"A"，输入文字（字体设置为Arial 粗体），如图13.67所示。

STEP 02 在字母上单击鼠标右键，从弹出的快捷菜单中选择【转换为曲线】命令，再按Ctrl+C组合键复制。

图13.67 输入文字

STEP 03 在【封套】面板中，单击顶部【添加新封套】，再单击【单弧】按钮，拖动边缘将字母变形，如图13.68所示。

图13.68 将字母变形

2. 制作投影

STEP 01 按Ctrl+V组合键将字母粘贴后移至原字母后方，再将其【填充】更改为灰色（R：204，G：204，B：204）后适当变形，如图13.69所示。

图13.69 粘贴字母并将其变形

STEP 02 选择经过变形的字线，单击工具箱中的【交互式填充工具】按钮，再单击属性栏中的【渐变填充】按钮，在字母上拖动填充深青色（R：106，G：173，B：173）到青色（R：153，G：205，B：205）的线性渐变，如图13.70所示。

STEP 03 选择投影字母，单击工具箱中的【透明度工具】按钮，从右下角向左上角方向拖动降低不透明度，如图13.71所示。

图13.70 填充渐变 图13.71 最终效果

实战 309

制作质感战争字

▶ 素材位置：素材\第13章\制作质感战争字
▶ 案例位置：效果\第13章\制作质感战争字.cdr
▶ 视频位置：视频\实战309.avi
▶ 难易指数：★★★☆☆

● 实例介绍 ●

本例讲解制作质感战争字。质感战争字以突出字体的质感及光效为制作重点，同时在字体变形上需要多加注意，最终效果如图13.72所示。

图13.72 最终效果

● 操作步骤 ●

1. 将文字变形

STEP 01 单击工具箱中的【文本工具】**字**按钮，输入文字"攻城之战"（字体设置为汉仪菱心体简），如图13.73所示。

图13.73 输入文字

STEP 02 单击鼠标右键，从弹出的快捷菜单中选择【转换为曲线】命令。

STEP 03 单击工具箱中的【形状工具】按钮，拖动文字节点将其变形，如图13.74所示。

图13.74 将文字变形

STEP 04 将文字【填充】更改为深红色（R：26，G：0，B：0），按Ctrl+C组合键复制，按Ctrl+V组合键粘贴，再将文字向上稍微移动，如图13.75所示。

图13.75 更改并复制文字

2. 处理文字质感

STEP 01 执行菜单栏中的【文件】|【导入】命令，导入"金属贴图.jpg"文件，在文字位置单击添加素材，如图13.76所示。

图13.76 导入素材

提示

注意添加的素材不要完全覆盖下方文字。

STEP 02 选择刚才绘制的轮廓图，执行菜单栏中的【对象】|【PowerClip】|【置于图文框内部】命令，将图像放置到文字内部，如图13.77所示。

图13.77 置于图文框内部

提示

执行【置于图文框内部】命令之后注意确保箭头能指向下方文字。

STEP 03 执行菜单栏中的【文件】|【导入】命令，导入"炫光.jpg"文件，在文字靠顶部位置单击添加素材，如图13.78所示。

图13.78 导入素材

STEP 04 选择炫光图像，单击工具箱中的【透明度工具】按钮，将【合并模式】更改为柔光，这样就完成了效果制作，最终效果如图13.79所示。

图13.79 最终效果

实战 310	制作欢乐购字体
	▶素材位置：无
	▶案例位置：效果\第13章\制作欢乐购字体.cdr
	▶视频位置：视频\实战310.avi
	▶难易指数：★★☆☆☆

● 实例介绍 ●

本例讲解制作欢乐购字体。本例中的字体立体效果明显，在色彩上采用优雅的紫色调，具有相当不错的视觉效果，最终效果如图13.80所示。

图13.80 最终效果

● 操作步骤 ●

1. 添加文字

STEP 01 单击工具箱中的【文本工具】**字**按钮，输入文字"欢购"（字体设置为方正正粗黑简体），如图13.81所示。

图13.81 输入文字

STEP 02 选择文字，单击鼠标右键，从弹出的快捷菜单中选择【转换为曲线】命令，单击属性栏中的【合并】⬚按钮。

STEP 03 单击工具箱中的【椭圆形工具】◯按钮，在文字之间按住Shift键绘制1个圆，设置【填充】为无，【轮廓】为与文字相同的颜色，【轮廓宽度】为3，如图13.82所示。

图13.82 绘制图形

STEP 04 同时选择"欢购"文字及其中间的圆形，单击属性栏中的【修剪】⬚按钮，对图形进行修剪，如图13.83所示。

图13.83 修剪图形

STEP 05 单击工具箱中的【形状工具】◣按钮，选择"购"字与圆形交叉的部分节点将其删除，如图13.84所示。

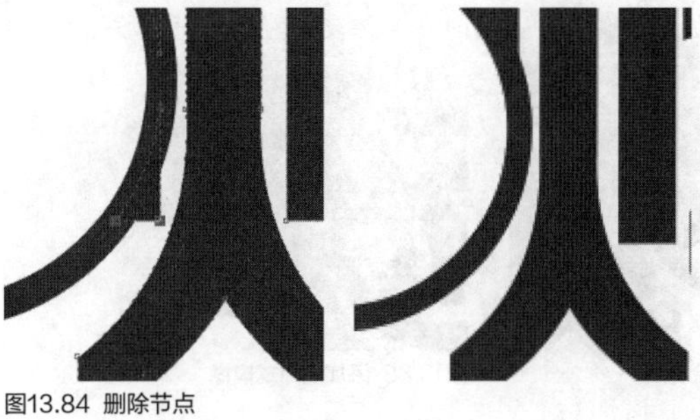

图13.84 删除节点

STEP 06 单击工具箱中的【文本工具】**字**按钮，在圆形的内部位置输入文字"乐"（字体设置为方正正粗黑简体），并在文字上单击鼠标右键，从弹出的快捷菜单中选择【转换为曲线】命令，如图13.85所示。

图13.85 输入文字

2. 制作立体效果

STEP 01 同时选择所有对象向上移动复制1份，再将复制生成的对象更改为紫色（R：200，G：48，B：92），如图13.86所示。

图13.86 复制对象

STEP 02 单击工具箱中的【椭圆形工具】◯按钮，在"乐"字右上角位置绘制1个圆，设置【填充】为黄色（R：255，G：200，B：0），【轮廓】为无，如图13.87所示。

STEP 03 选择绘制的椭圆图形，执行菜单栏中的【位图】|【转换为位图】命令，在弹出的对话框中单击【确定】按钮。

STEP 04 选择转换的图像，执行菜单栏中的【位图】|【模糊】|【高斯式模糊】命令，在弹出的对话框中将【半径】更改为50像素，完成之后单击【确定】按钮，如图13.88所示。

图13.87 绘制圆　　　　图13.88 添加高斯式模糊

STEP 05 单击工具箱中的【透明度工具】◼按钮，在属性栏中将【合并模式】更改为叠加。

STEP 06 选择黄色图像，按Ctrl+C组合键复制，再按Ctrl+V组合键粘贴，这样就完成了效果制作，最终效果如图13.89所示。

图13.89 最终效果

实战 311 制作九乐电音文字

▶ 素材位置：无
▶ 案例位置：效果\第13章\制作九乐电音文字.cdr
▶ 视频位置：视频\实战311.avi
▶ 难易指数：★★★☆☆

● 实例介绍 ●

本例讲解制作九乐电音文字。此款文字主题十分突出，采用对比的双色系，整体的效果不错，最终效果如图13.90所示。

图13.90 最终效果

● 操作步骤 ●

1. 制作方格图形

STEP 01 单击工具箱中的【矩形工具】□按钮，绘制1个【宽度】和【高度】为1.7的小正方形。

STEP 02 选择图形，执行菜单栏中的【对象】|【变换】|【位置】命令，打开【变换】泊坞窗，在【X】文本框中输入2，【Y】文本框中输入0，【副本】设置为15，完成之后单击【应用】按钮，此时将复制出15个正方形图形，如图13.91所示。

图13.91 复制图形

STEP 03 选择所有方块，在【变换】泊坞窗中的【X】文本框中输入0，【Y】文本框中输入−2，【副本】设置为16，完成之后单击【应用】按钮，如图13.92所示。

STEP 04 选择所有图形，设置【填充】为浅灰色（R：204，G：204，B：204），【轮廓】为无，如图13.93所示。

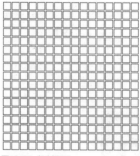

图13.92 复制图形　　　　图13.93 填充颜色

2. 处理文字

STEP 01 单击工具箱中的【文本工具】**字**按钮，输入文字"九乐电音"（字体设置为方正综艺简体，字号设置为100pt），如图13.94所示。

九乐电音

图13.94 输入文字

STEP 02 同时选择刚才绘制的方块图形，将其复制5份，将其中1份留作备用，其他4份分别放置于对应的文字上方，如图13.95所示。

图13.95 复制图形

STEP 03 同时选择与笔画部分相重叠的小方块，将【填充】更改为黄色（R：250，G：224，B：63），如图13.96所示。

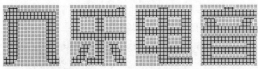

图13.96 更改颜色

STEP 04 选择文字将其删除，以同样的方法选择所有多余灰色方块将其删除。

STEP 05 选择所有黄色小方块，按Ctrl+G组合键将其群组，如图13.97所示。

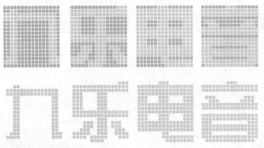

图13.97 将图形群组

3. 添加装饰

STEP 01 单击工具箱中的【矩形工具】□按钮，绘制1个【宽度】为13、【高度】为13的矩形，设置【填充】为深蓝色（R：25，G：74，B：102），【轮廓】为无，如图13.98所示。

图13.98 绘制图形

STEP 02 单击工具箱中的【形状工具】◣按钮，将光标移至矩形任意1个角位置，按住鼠标左键向对角直线拖动，将方角矩形变成圆角，将文字移至矩形上方位置，如图13.99所示。

图13.99 将图形变形

STEP 03 选择备用的灰色小方块图形，在【变形】面板中单击【居右】按钮，将【副本】更改为1，再单击【应用】按钮，将图形复制数份，如图13.100所示。

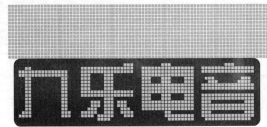

图13.100 复制图形

STEP 04 选择部分灰色小方格图形按Delete键将其删除，制作成参差不齐的节奏图形视觉效果，如图13.101所示。

图13.101 删除图形效果

STEP 05 单击工具箱中的【文本工具】**字**按钮，在图形下方位置输入文字（字体设置为Arial Black 29pt），如图13.102所示。

图13.102 输入文字

STEP 06 单击工具箱中的【颜色滴管工具】✎按钮，将光标移至蓝色图形区域单击吸取颜色，再移至英文位置单击以填充颜色，如图13.103所示。

图13.103 填充颜色

STEP 07 选中图形顶部的小方块节奏图形，单击属性栏中的【合并】▢按钮将其合并，并以与刚才相似的方法吸取中文字的颜色，如图13.104所示。

图13.104 更改颜色

STEP 08 选择所有图形，执行菜单栏中的【对象】|【组合】|【组合对象】命令，单击工具箱中的【阴影工具】▢按

钮，选择图形从左下角向右上角拖动为图形应用阴影效果，如图13.105所示。

STEP 09 为制作好的文字效果添加图形及小装饰，这样就完成了效果制作，最终效果如图13.106所示。

图13.105 添加阴影效果

图13.106 最终效果

第 **14** 章

制作绚丽多彩的背景

本章导读

本章讲解制作绚丽多彩背景。几乎所有的设计作品都建立在相对应的背景基础上，从基础的角度来讲，即便是单一的黑、白色也是背景，只是在更多的高质量设计作品中，出于对作品质量的要求，需要制作出相对应的背景效果。背景也是商业设计中比较基础的组成部分，它可以直接或者间接地反映出当前设计作品的水准。通过本章的学习可以掌握绚丽多彩背景的制作。

要点索引

- 学会制作竖条纹背景
- 学会制作黄色条纹背景
- 学习制作菱形背景
- 学会制作格子背景
- 了解放射背景的制作过程
- 掌握白云背景的制作
- 学会制作金属背景

实战 312　制作竖条纹背景

▶ 素材位置：无
▶ 案例位置：效果\第14章\制作竖条纹背景.cdr
▶ 视频位置：视频\实战312.avi
▶ 难易指数：★☆☆☆☆

● 实例介绍 ●

本例讲解制作竖条纹背景。此种背景比较常见，通过绘制单个竖条，进行复制即可制作出漂亮的竖条纹背景。

● 操作步骤 ●

STEP 01 单击工具箱中的【矩形工具】□按钮，绘制1个矩形，设置【填充】为灰色（R：227，G：230，B：238），【轮廓】为无，如图14.1所示。

图14.1 绘制矩形

STEP 02 在刚才绘制的矩形左侧位置再次绘制1个细长矩形，设置【填充】为白色，【轮廓】为无，如图14.2所示。

STEP 03 选择细长矩形，向右侧平移复制，如图14.3所示。

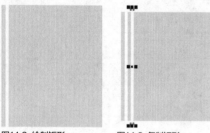

图14.2 绘制矩形　　　图14.3 复制矩形

STEP 04 按Ctrl+D组合键将矩形复制多份并铺满整个矩形。

STEP 05 选择刚才绘制的所有矩形，执行菜单栏中的【对象】|【PowerClip】|【置于图文框内部】命令，将图形放置到矩形内部，这样就完成了效果制作，最终效果如图14.4所示。

图14.4 最终效果

实战 313　制作黄色条纹背景

▶ 素材位置：无
▶ 案例位置：效果\第14章\制作黄色条纹背景.cdr
▶ 视频位置：视频\实战313.avi
▶ 难易指数：★☆☆☆☆

● 实例介绍 ●

本例讲解制作黄色条纹背景。此种背景的条纹较细，其色彩偏暖，应用比较广泛。

● 操作步骤 ●

STEP 01 单击工具箱中的【矩形工具】□按钮，绘制1个矩形，设置【填充】为黄色（R：230，G：224，B：188），【轮廓】为无，如图14.5所示。

STEP 02 单击工具箱中的【2点线工具】✐按钮，设置【填充】为无，【轮廓】为黄色（R：212，G：204，B：160），【轮廓宽度】为1，如图14.6所示。

图14.5 绘制矩形　　　图14.6 绘制线段

STEP 03 选择线段，向下方移动复制，如图14.7所示。

STEP 04 按Ctrl+D组合键将线段复制多份并铺满整个矩形，如图14.8所示。

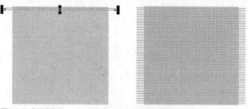

图14.7 复制线段　　　图14.8 复制多份

STEP 05 同时选择所有线段，执行菜单栏中的【对象】|【PowerClip】|【置于图文框内部】命令，将图形放置到矩形内部，这样就完成了效果制作，最终效果如图14.9所示。

图14.9 最终效果

实战 314

制作菱形背景

▶ 素材位置：无
▶ 案例位置：效果\第14章\制作菱形背景.cdr
▶ 视频位置：视频\实战314.avi
▶ 难易指数：★★☆☆☆

● 实例介绍 ●

本例讲解制作菱形背景。菱形背景的视觉效果丰富，图形的排列比较规则，应用在视觉场景中会更加出色。

● 操作步骤 ●

STEP 01 单击工具箱中的【矩形工具】□按钮，绘制1个矩形，设置【填充】为青色（R：155，G：220，B：234），【轮廓】为无。

STEP 02 在矩形左上角位置按住Ctrl键绘制1个矩形，设置【填充】为白色，【轮廓】为无，如图14.10所示。

图14.10 绘制矩形

STEP 03 选择矩形，在属性栏中【旋转角度】文本框中输入45，再适当缩小图形宽度，如图14.11所示。

STEP 04 选择图形，向右侧平移复制，如图14.12所示。

图14.11 旋转图形 　　　图14.12 复制图形

STEP 05 按Ctrl+D组合键将图形复制多份，如图14.13所示。

STEP 06 以同样的方法选择所有横向图形，将其纵向复制多份并铺满整个矩形，这样就完成了效果制作，最终效果如图14.14所示。

图14.13 复制图形 　　　图14.14 最终效果

实战 315

制作格子背景

▶ 素材位置：无
▶ 案例位置：效果\第14章\制作格子背景.cdr
▶ 视频位置：视频\实战315.avi
▶ 难易指数：★★☆☆☆

● 实例介绍 ●

本例讲解制作格子背景。格子背景的视觉效果相当不错，通过不同色彩的组合，令整个图案相当漂亮。

● 操作步骤 ●

STEP 01 单击工具箱中的【矩形工具】□按钮，绘制1个矩形，设置【填充】为浅黄色（R：246，G：245，B：234），【轮廓】为无，如图14.15所示。

STEP 02 选择矩形，按Ctrl+C组合键复制，按Ctrl+V组合键粘贴，将粘贴的图形颜色更改为蓝色（R：144，G：153，B：164），如图14.16所示。

图14.15 绘制矩形 　　　图14.16 复制并粘贴图形

STEP 03 选择矩形，向右侧平移复制，将图形复制。

STEP 04 按Ctrl+D组合键将图形复制多份，如图14.17所示。

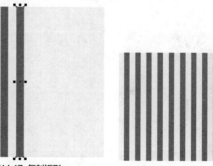
图14.17 复制矩形

STEP 05 选择多出的矩形，在属性栏中【旋转角度】文本框中输入45，将图形旋转，再将其颜色更改为红色（R：224，G：145，B：140），如图14.18所示。

STEP 06 选择矩形，单击工具箱中的【透明度工具】▨按钮，在属性栏中将【合并模式】更改为乘，如图14.19所示。

图14.18 旋转图形 　　　图14.19 更改合并模式

STEP 07 以同样的方法将红色矩形复制多份，这样就完成了效果制作，最终效果如图14.20所示。

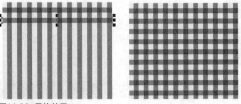

图14.20 最终效果

实战
316

制作放射背景

▶ 素材位置：无
▶ 案例位置：效果\第14章\制作放射背景.cdr
▶ 视频位置：视频\实战316.avi
▶ 难易指数：★★☆☆☆

● 实例介绍 ●

本例讲解制作放射背景。放射背景在视觉上具有不错的冲击感，整体画面感很强，同时此类背景的应用范围也比较广泛。

● 操作步骤 ●

STEP 01 单击工具箱中的【矩形工具】□按钮，绘制1个矩形，设置【轮廓】为无。

STEP 02 单击工具箱中的【交互式填充工具】◈按钮，再单击属性栏中的【渐变填充】▦按钮，在图形上从中间向右上角拖动填充浅黄色（R：255，G：224，B：189）到黄色（R：255，G：164，B：63）的椭圆渐变，如图14.21所示。

图14.21 填充渐变

STEP 03 单击工具箱中的【矩形工具】□按钮，绘制1个矩形，设置【填充】为白色，【轮廓】为无，如图14.22所示。

STEP 04 执行菜单栏中的【效果】|【添加透视】命令，按住Ctrl+Shift组合键将矩形透视变形，如图14.23所示。

图14.22 绘制矩形　　　图14.23 将矩形变形

STEP 05 在矩形上单击，将中心点移至底部位置，按住鼠标左键顺时针旋转至一定角度按下鼠标右键，将图形复制，如图14.24所示。

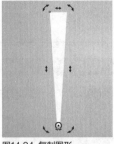

图14.24 复制图形

STEP 06 按Ctrl+D组合键将图形复制多份，如图14.25所示。

STEP 07 同时选择所有图形，单击属性栏中的【合并】按钮，将图形合并，再单击工具箱中的【透明度工具】▦按钮，分别单击属性栏中的【渐变透明度】▧及【椭圆形渐变透明度】▦按钮，这样就完成了效果制作，最终效果如图14.26所示。

图14.25 复制图形　　　图14.26 最终效果

实战
317

制作立体格子背景

▶ 素材位置：无
▶ 案例位置：效果\第14章\制作立体格子背景.cdr
▶ 视频位置：视频\实战317.avi
▶ 难易指数：★★☆☆☆

● 实例介绍 ●

本例讲解制作立体格子背景。本例中的格子背景制作过程十分简单，只需要制作单个图形再为其执行图样填充命令即可。

● 操作步骤 ●

STEP 01 单击工具箱中的【矩形工具】□按钮，按住Ctrl键绘制1个稍小的矩形，设置【轮廓】为无。

STEP 02 单击工具箱中的【交互式填充工具】◈按钮，再单击属性栏中的【渐变填充】▦按钮，在图形上拖动填充浅蓝色（R：150，G：222，B：255）到蓝色（R：13，G：86，B：128）的矩形渐变，如图14.27所示。

STEP 03 将制作完成的矩形用【另存为】命令另存在1个便于寻找的文件夹之后将图形删除。

图14.27 填充渐变

STEP 04 单击工具箱中的【矩形工具】□按钮，绘制1个大矩形，设置【轮廓】为无。

STEP 05 单击工具箱中的【交互式填充工具】◈按钮，单击属性栏中的【向量图样填充】▦按钮，再单击右侧【填充挑选器】按钮，在弹出的面板中单击【浏览】按钮，在弹出的对话框中选择刚才创建的小渐变矩形，这样就完成了效果制作，最终效果如图14.28所示。

图14.28 最终效果

实战 318　制作白云背景

▶ 素材位置：无
▶ 案例位置：效果\第14章\制作白云背景.cdr
▶ 视频位置：视频\实战318.avi
▶ 难易指数：★☆☆☆☆

● 实例介绍 ●

　　本例讲解制作白云背景。本例的制作过程十分简单，将浅蓝色背景与白云图形相结合，整个背景十分实用。

● 操作步骤 ●

STEP 01 单击工具箱中的【矩形工具】□按钮，绘制1个矩形，设置【填充】为浅蓝色（R：174，G：210，B：215），【轮廓】为无，如图14.29所示。

STEP 02 单击工具箱中的【钢笔工具】◈按钮，在矩形底部绘制1个不规则图形，设置【填充】为白色，【轮廓】为无，如图14.30所示。

图14.29 绘制矩形　　　　图14.30 绘制图形

STEP 03 单击工具箱中的【钢笔工具】◈按钮，分别在矩形上半部分左侧和右侧适当位置绘制白云图形，这样就完成了效果制作，最终效果如图14.31所示。

图14.31 最终效果

实战 319　制作斜纹背景

▶ 素材位置：无
▶ 案例位置：效果\第14章\制作斜纹背景.cdr
▶ 视频位置：视频\实战319.avi
▶ 难易指数：★★☆☆☆

● 实例介绍 ●

　　本例讲解制作斜纹背景。斜纹背景是一种十分常见的背景，其外观比较简单。

● 操作步骤 ●

STEP 01 单击工具箱中的【矩形工具】□按钮，绘制1个矩形，设置【填充】为红色（R：191，G：53，B：50），【轮廓】为无，如图14.32所示。

STEP 02 单击工具箱中的【2点线工具】╱按钮，在矩形左上角绘制1条倾斜线段，设置【轮廓】为黑色，如图14.33所示。

图14.32 绘制矩形　　　　图14.33 绘制线段

STEP 03 选择线段，将其向右下角复制1份，按住Ctrl+D组合键将其复制多份铺满整个矩形，如图14.34所示。

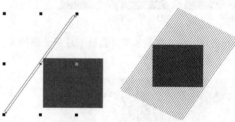

图14.34 复制线段

STEP 04 同时选择所有线段，单击属性栏中的【合并】▱按钮，再单击工具箱中的【透明度工具】▨按钮，在属性栏中将【合并模式】更改为柔光。

STEP 05 选择线段，执行菜单栏中的【对象】|【PowerClip】|【置于图文框内部】命令，将图形放置到矩形内部，这样就完成了效果制作，最终效果如图14.35所示。

图14.35 最终效果

提示

在执行【置于图文框内部】命令时，当箭头不容易单击下方矩形时，可以将线段稍微移动后再执行命令，待置于图文框之后再编辑PowerClip将线段移至原来位置即可。

实战 320

制作动感模糊背景

▶ 素材位置：无
▶ 案例位置：效果\第14章\制作动感模糊背景.cdr
▶ 视频位置：视频\实战320.avi
▶ 难易指数：★★☆☆☆

● 实例介绍 ●

本例讲解制作动感模糊背景。本例中的背景在当下流行的界面、电商类设计作品中十分常见。

● 操作步骤 ●

STEP 01 单击工具箱中的【矩形工具】□按钮，绘制1个矩形，设置【填充】为蓝色（R：74，G：90，B：150），【轮廓】为无，如图14.36所示。

STEP 02 单击工具箱中的【椭圆形工具】○按钮，在矩形左上角按住Ctrl键绘制1个圆，设置【填充】为橘红色（R：255，G：102，B：0），【轮廓】为无，如图14.37所示。

图14.36 绘制矩形

图14.37 绘制圆

STEP 03 选择圆形，将其复制多份并适当缩放部分圆的大小后并更改颜色，如图14.38所示。

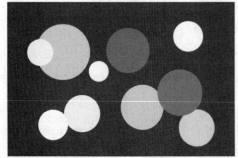
图14.38 复制并变换图形

STEP 04 执行菜单栏中的【位图】|【转换为位图】命令，在弹出的对话框中分别勾选【光滑处理】及【透明背景】复选框，完成之后单击【确定】按钮。

STEP 05 执行菜单栏中的【位图】|【模糊】|【高斯式模糊】命令，在弹出的对话框中将【半径】更改为100像素，完成之后单击【确定】按钮，如图14.39所示。

图14.39 最终效果

实战 321

制作金属背景

▶ 素材位置：无
▶ 案例位置：效果\第14章\制作金属背景.cdr
▶ 视频位置：视频\实战321.avi
▶ 难易指数：★★☆☆☆

● 实例介绍 ●

本例讲解制作金属背景。本例中的背景金属质感效果相当明显，其制作方法也比较简单，重点运用位图中的命令，最终效果如图14.40所示。

图14.40 最终效果

● 操作步骤 ●

STEP 01 单击工具箱中的【矩形工具】□按钮，绘制1个矩形，设置【轮廓】为无。

STEP 02 单击工具箱中的【交互式填充工具】◇按钮，再单击属性栏中的【渐变填充】■按钮，在图形上拖动灰色系线性渐变，如图14.41所示。

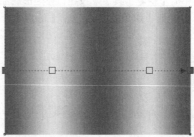

图14.41 绘制矩形

STEP 03 执行菜单栏中的【位图】|【转换为位图】命令，在弹出的对话框中分别勾选【光滑处理】及【透明背景】复选框，完成之后单击【确定】按钮。

STEP 04 执行菜单栏中的【位图】|【杂点】|【添加杂点】命令，在弹出的对话框中分别勾选【高斯式】及【单一】复选框，将【颜色】更改为白色，【层次】和【密度】更改为50，完成之后单击【确定】按钮，如图14.42所示。

图14.42 设置添加杂点

STEP 05 执行菜单栏中的【位图】|【扭曲】|【风吹效果】命令，将【浓度】更改为100，【不透明】更改为80，【角度】更改为0，完成之后单击【确定】按钮，这样就完成了效果制作，最终效果如图14.43所示。

图14.43 最终效果

实战 322　制作立体菱形背景

▶ 素材位置：无
▶ 案例位置：效果\第14章\制作立体菱形背景.cdr
▶ 视频位置：视频\实战322.avi
▶ 难易指数：★★☆☆☆

● 实例介绍 ●

本例讲解制作立体菱形背景。立体菱形的制作不同于普通的菱形，它需要适当降低图形不透明度，通过视觉差来生成一种立体效果，最终效果如图14.44所示。

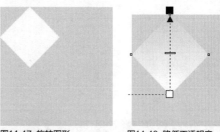

图14.44 最终效果

● 操作步骤 ●

STEP 01 单击工具箱中的【矩形工具】□按钮，绘制1个矩

形，设置【填充】为浅灰色（R：230，G：230，B：230），【轮廓】为无，如图14.45所示。

STEP 02 在矩形左上角位置按住Ctrl键绘制1个正方形，设置【填充】为白色，【轮廓】为无，如图14.46所示。

图14.45 绘制矩形　　　　图14.46 绘制正方形

STEP 03 选择正方形，在属性栏中【旋转角度】文本框中输入45，如图14.47所示。

STEP 04 单击工具箱中的【透明度工具】▨按钮，在正方形上拖动降低不透明度，如图14.48所示。

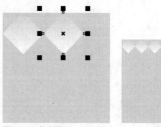

图14.47 旋转图形　　　　图14.48 降低不透明度

STEP 05 选择正方形，将其向右平移复制，再按Ctrl+D组合键将图形复制多份，如图14.49所示。

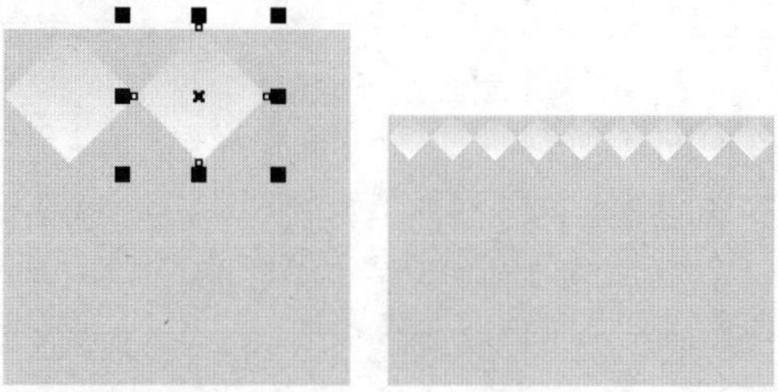

图14.49 复制图形

提示

复制多份图形之后可以适当延长或者缩短灰色矩形宽度以适应菱形宽度。

STEP 06 以同样的方法同时选择所有菱形，将其向下复制多份并铺满整个灰色矩形，这样就完成了效果制作，最终效果如图14.50所示。

图14.50 最终效果

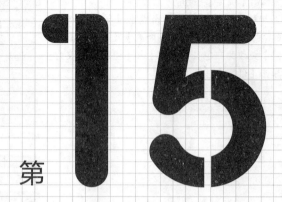

第 **15** 章

制作实用卡券

本章导读

本章讲解实用卡券制作。卡券作为商业设计中附属类别，一般与其他设计作品搭配使用，它也是很多设计作品的周边不可或缺的组成部分。在本章的讲解过程中列举了多种风格的卡券来对此类设计进行全方位的解读，如常用的VIP卡设计、卡贴设计以及请柬设计等。通过本章的学习可以掌握卡券的设计与制作。

要点索引

- 学会制作VIP金卡
- 学习制作卡贴
- 学会制作心意卡片
- 了解婚礼请柬的制作过程

<table>
<tr><td rowspan="2">实战
323</td><td colspan="2">制作VIP金卡</td></tr>
</table>

实战 **323**	**制作VIP金卡**

▶ 素材位置：素材\第15章\制作VIP金卡
▶ 案例位置：效果\第15章\制作VIP金卡.cdr
▶ 视频位置：视频\实战323.avi
▶ 难易指数：★★☆☆☆

● 实例介绍 ●

本例讲解制作VIP金卡。本例中的卡片效果相当出色，以金黄色作为主色调，搭配皇冠图像突出了金卡的特质，最终效果如图15.1所示。

图15.1 最终效果

● 操作步骤 ●

1. 制作卡片轮廓

STEP 01　单击工具箱中的【矩形工具】□按钮，绘制1个矩形，设置【轮廓】为无。

STEP 02　单击工具箱中的【交互式填充工具】◈按钮，再单击属性栏中的【渐变填充】▦按钮，在图形上拖动填充深红色（R：40，G：22，B：22）到深红色（R：96，G：46，B：35）再到深红色（R：40，G：22，B：22）的线性渐变，按Ctrl+C组合键复制，如图15.2所示。

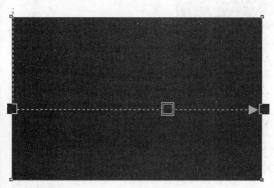

图15.2 填充渐变

STEP 03　单击工具箱中的【形状工具】⬧按钮，拖动矩形右上角节点将其转换为圆角矩形，如图15.3所示。

STEP 04　按Ctrl+V组合键将图形粘贴，再将其渐变更改为黄色（R：188，G：140，B：55）到黄色（R：237，G：224，B：122）再到黄色（R：188，G：140，B：55），如图15.4所示。

图15.3 转换为圆角矩形

图15.4 填充渐变

2. 设计卡片标志

STEP 01　单击工具箱中的【矩形工具】□按钮，绘制1个矩形，设置【轮廓宽度】为0.5，在属性栏中【旋转角度】文本框中输入45。

STEP 02　单击工具箱中的【交互式填充工具】◈按钮，再单击属性栏中的【渐变填充】▦按钮，在图形上拖动填充黄色（R：190，G：140，B：56）到黄色（R：240，G：228，B：126）再到黄色（R：190，G：140，B：56）的线性渐变，如图15.5所示。

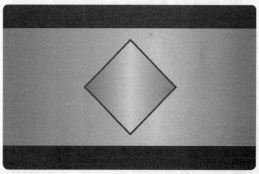

图15.5 绘制图形

STEP 03　单击工具箱中的【形状工具】⬧按钮，拖动矩形顶部节点，将其转换为圆角矩形，如图15.6所示。

STEP 04　选择圆角矩形，按Ctrl+C组合键复制，按Ctrl+V组合键粘贴，将粘贴的图形渐变更改为深红色（R：40，G：22，B：22）到深红色（R：96，G：46，B：35）再到深红色（R：40，G：22，B：22），再将其等比例缩小，如图15.7所示。

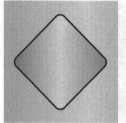

图15.6 转换为圆角矩形

图15.7 复制并变换图形

STEP 05 执行菜单栏中的【文件】|【打开】命令，打开"皇冠.cdr"文件，将打开的素材拖入刚才绘制的圆角矩形位置，如图15.8所示。

STEP 06 选择皇冠图形，执行菜单栏中的【编辑】|【复制属性至】命令，在弹出的对话框中勾选【填充】复选框，完成之后单击【确定】按钮，在最大矩形上单击复制其属性，如图15.9所示。

图15.8 添加素材

图15.9 复制属性

STEP 07 单击工具箱中的【文本工具】**字**按钮，在适当位置输入文字（字体设置为Arial 粗体），这样就完成了效果制作，最终效果如图15.10所示。

图15.10 最终效果

实战 324

卡贴设计

▶ 素材位置：无
▶ 案例位置：效果\第15章\卡贴设计.cdr
▶ 视频位置：视频\实战324.avi
▶ 难易指数：★★☆☆☆

● 实例介绍 ●

本例讲解卡贴设计。本例中的卡贴以紫色作为主体色调，以图形与文字信息相结合，整个卡贴美观又实用，最终效果如图15.11所示。

图15.11 最终效果

● 操作步骤 ●

1. 制作外观

STEP 01 单击工具箱中的【矩形工具】□按钮，绘制1个矩形，设置【轮廓】为无。

STEP 02 单击工具箱中的【交互式填充工具】◇按钮，再单击属性栏中的【渐变填充】▦按钮，在图形上拖动填充紫色（R：210，G：83，B：164）到黄色（R：250，G：218，B：122）的线性渐变，按Ctrl+C组合键将矩形复制，如图15.12所示。

STEP 03 按Ctrl+V组合键将图形粘贴，将粘贴的图形【填充】更改为白色，再将其等比例缩小。

STEP 04 单击工具箱中的【形状工具】▸按钮，拖动矩形右上角节点将其转换为圆角矩形，如图15.13所示。

图15.12 填充渐变　　图15.13 粘贴并变换图形

2. 绘制主图形

STEP 01 单击工具箱中的【矩形工具】□按钮，绘制1个矩形，设置【填充】为任意颜色，【轮廓】为无。

STEP 02 以同样的方法将刚才绘制的矩形转换为圆角矩形，再适当旋转，如图15.14所示。

图15.14 绘制并变换图形

STEP 03 单击工具箱中的【形状工具】按钮，同时选择图形底部2个节点向下拖动将其变形，如图15.15所示。

STEP 04 单击工具箱中的【交互式填充工具】按钮，再单击属性栏中的【渐变填充】按钮，在图形上拖动填充紫色（R：138，G：13，B：90）到紫色（R：74，G：30，B：105）的线性渐变，如图15.16所示。

图15.15 将图形变形   图15.16 填充线性渐变

STEP 05 选择图形向右侧平移复制，将复制生成的图形渐变更改为紫色（R：196，G：34，B：154）到紫色（R：125，G：46，B：173），如图15.17所示。

STEP 06 单击工具箱中的【钢笔工具】按钮，在图形左下角绘制1个不规则图形，设置【填充】为无，【轮廓】为黑色，【轮廓宽度】为0.2，如图15.18所示。

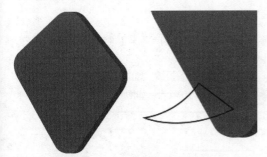

图15.17 复制图形   图15.18 绘制图形

STEP 07 同时选择刚才绘制的线框图形及其下方图形，单击属性栏中的【合并】按钮，将图形合并，如图15.19所示。

STEP 08 单击工具箱中的【文本工具】字按钮，在图形位置输入文字（字体分别设置为Myriad Hebrew 粗体、Myriad Hebrew），如图15.20所示。

图15.19 合并图形   图15.20 输入文字

STEP 09 单击工具箱中的【椭圆形工具】按钮，在图形底部绘制1个椭圆，设置【填充】为灰色（R：215，G：215，B：215），【轮廓】为无，如图15.21所示。

STEP 10 执行菜单栏中的【位图】|【转换为位图】命令，在弹出的对话框中分别勾选【光滑处理】及【透明背景】复选框，完成之后单击【确定】按钮。

STEP 11 执行菜单栏中的【位图】|【模糊】|【高斯式模糊】命令，在弹出的对话框中将【半径】更改为5像素，完成之后单击【确定】按钮，如图15.22所示。

图15.21 绘制椭圆   图15.22 添加高斯式模糊

STEP 12 单击工具箱中的【矩形工具】口按钮，在白色圆角矩形右下角绘制1个矩形，设置【填充】为浅红色（R：229，G：147，B：144），【轮廓】为无，如图15.23所示。

STEP 13 单击工具箱中的【形状工具】按钮，拖动矩形节点将其转换为圆角矩形，如图15.24所示。

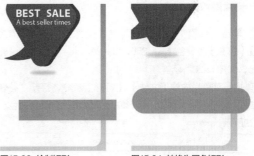

图15.23 绘制矩形   图15.24 转换为圆角矩形

STEP 14 选择刚才绘制的轮廓图，执行菜单栏中的【对象】|【PowerClip】|【置于图文框内部】命令，将图形放置到下方矩形内部，如图15.25所示。

STEP 15 单击工具箱中的【文本工具】字按钮，在适当位置输入文字（字体分别设置为Myriad Hebrew 粗体、Myriad Hebrew），这样就完成了效果制作，最终效果如图15.26所示。

图15.25 置于图文框内部

图15.26 最终效果

制作心意卡片正面

实战 **325**

- **素材位置:** 素材\第15章\制作心意卡片
- **案例位置:** 效果\第15章\制作心意卡片正面.cdr
- **视频位置:** 视频\实战325.avi
- **难易指数:** ★★☆☆☆

● 实例介绍 ●

本例讲解制作心意卡片正面。本例中的卡片视觉效果比较简洁,将花纹与图形相结合,整个卡片洋溢着幸福的视觉感受,最终效果如图15.27所示。

图15.27 最终效果

● 操作步骤 ●

1. 制作卡片底纹

STEP 01 单击工具箱中的【矩形工具】□按钮,绘制1个矩形,设置【填充】为黄色(R:255,G:247,B:235),【轮廓】为无,如图15.28所示。

STEP 02 执行菜单栏中的【文件】|【打开】命令,打开"花纹.cdr"文件,将打开的文件拖入矩形左上角位置并更改为白色,如图15.29所示。

图15.28 绘制矩形

图15.29 添加素材

STEP 03 选择花纹将其复制多份,并将部分花纹变换,如图15.30所示。

图15.30 复制并变换花纹

STEP 04 选择所有花纹,执行菜单栏中的【对象】|【PowerClip】|【置于图文框内部】命令,将图形放置到矩形内部,如图15.31所示。

图15.31 置于图文框内部

STEP 05 单击工具箱中的【2点线工具】✏按钮,在矩形上绘制1条线段,在【轮廓笔】面板中,将【颜色】更改为橙色(R:240,G:135,B:98),【宽度】为1,【箭头】为箭头1,如图15.32所示。

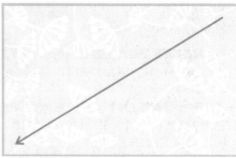
图15.32 绘制线段

STEP 06 单击工具箱中的【钢笔工具】♦按钮,在线段的右上角设置【轮廓】为橙色(R:240,G:135,B:98),【宽度】为1,在右上角绘制1条折线,如图15.33所示。

STEP 07 选择折线将其复制2份,如图15.34所示。

图15.33 绘制折线

图15.34 复制折线

2．制作折纸图形

STEP 01 单击工具箱中的【矩形工具】□按钮，在矩形左上角绘制1个矩形，设置【填充】为绿色（R：138，G：198，B：163，G：82，B：67），【轮廓】为无，如图15.35所示。

STEP 02 选择矩形，将其复制1份向下移动并向右侧平移后增加其宽度，如图15.36所示。

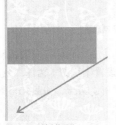

图15.35 绘制矩形

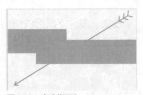

图15.36 复制矩形

STEP 03 单击工具箱中的【钢笔工具】▲按钮，在2个图形之间绘制1个不规则图形，设置【填充】为绿色（R：68，G：120，B：90），【轮廓】为无，如图15.37所示。

STEP 04 单击工具箱中的【基本形状工具】▲按钮，单击属性栏中的【完美形状】□按钮，在卡片左下角绘制1个心形，如图15.38所示。

图15.37 绘制图形

图15.38 绘制心形

STEP 05 将心形复制2份并移至右上角位置，如图15.39所示。

图15.39 复制心形

STEP 06 单击工具箱中的【文本工具】字按钮，在图形位置输入文字（字体分别设置为方正兰亭黑_GBK、Bodoni Bk BT 常规斜体），如图15.40所示。

STEP 07 执行菜单栏中的【文件】|【导入】命令，导入"装饰图案.cdr"文件，在卡片右侧位置单击导入素材，这样就完成了效果制作，最终效果如图15.41所示。

图15.40 输入文字

图15.41 最终效果

实战 326 制作心意卡片背面

- 素材位置：素材\第15章\制作心意卡片
- 案例位置：效果\第15章\制作心意卡片背面.cdr
- 视频位置：视频\实战326.avi
- 难易指数：★★☆☆☆

● 实例介绍 ●

本例讲解制作心意卡片背面。此款卡片的背面以花朵标签为主视觉，与划线相结合，方便加入祝福信息，最终效果如图15.42所示。

图15.42 最终效果

● 操作步骤 ●

1．添加卡片底纹

STEP 01 单击工具箱中的【矩形工具】□按钮，绘制1个矩形，设置【填充】为黄色（R：255，G：247，B：235），【轮廓】为无。

STEP 02 执行菜单栏中的【文件】|【打开】命令，打开"花纹

".cdr"文件，将打开的文件拖入矩形适当位置并更改为白色，再复制多份，利用【置于图文框内部】命令为矩形添加花纹装饰图案，如图15.43所示。

图15.43 绘制卡片背景

2. 绘制花形标签

STEP 01 单击工具箱中的【矩形工具】□按钮，在卡片中间绘制1个矩形，设置【填充】为绿色（R：102，G：200，B：163），【轮廓】为无，按Ctrl+C组合键复制，如图15.44所示。

STEP 02 单击工具箱中的【封套工具】🔲按钮，拖动矩形变形框将其变形，如图15.45所示。

图15.44 绘制矩形　　　　　　图15.45 将矩形变形

STEP 03 按Ctrl+V组合键将矩形粘贴，再缩短其宽度向左侧平移，如图15.46所示。

STEP 04 在矩形上单击鼠标右键，从弹出的快捷菜单中选择【转换为曲线】命令。

STEP 05 单击工具箱中的【形状工具】✎按钮，拖动节点将其变形，如图15.47所示。

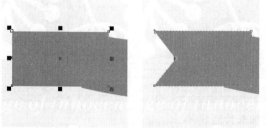

图15.46 复制图形　　　　　　图15.47 将矩形变形

STEP 06 选择矩形，单击工具箱中的【封套工具】🔲按钮，以同样的方法将其变形并移动，如图15.48所示。

STEP 07 选择矩形，向右侧平移复制，再单击属性栏中的【水平镜像】🔩按钮，将图形水平镜像，如图15.49所示。

图15.48 将图形变形　　　　　图15.49 复制图形

STEP 08 单击工具箱中的【钢笔工具】🖊按钮，在左侧2个图形交叉位置绘制1个不规则图形，设置【填充】为深绿色（R：52，G：120，B：94），【轮廓】为无，如图15.50所示。

STEP 09 选择图形，向右侧平移复制至相对位置，再单击属性栏中的【水平镜像】🔩按钮，将图形水平镜像，如图15.51所示。

图15.50 绘制图形　　　　　　图15.51 复制图形

STEP 10 单击工具箱中的【文本工具】**字**按钮，在适当位置输入文字（字体设置为Aparajita 粗体-斜体），如图15.52所示。

STEP 11 执行菜单栏中的【文件】|【导入】命令，导入"花朵.cdr"文件，在标签顶部单击并缩小，如图15.53所示。

图15.52 输入文字　　　　　　图15.53 导入素材

STEP 12 单击工具箱中的【2点线工具】✎按钮，在标签下方按住Shift键绘制1条线段。

STEP 13 在【轮廓笔】面板中，设置【颜色】为深黄色（R：190，G：170，B：140），【宽度】为0.5，【样式】为虚线，如图15.54所示。

STEP 14 选择线段，向下复制2份，这样就完成了效果制作，最终效果如图15.55所示。

图15.54　绘制线段

图15.55　最终效果

实战 327	**制作婚礼请柬封面**

▶ 素材位置：素材\第15章\制作婚礼请柬封面
▶ 案例位置：效果\第15章\制作婚礼请柬封面.cdr
▶ 视频位置：视频\实战327.avi
▶ 难易指数：★★★☆☆

● 实例介绍 ●

　　本例讲解制作婚礼请柬封面。在制作过程中围绕婚礼的喜庆风格，将主题图像与花纹相结合，整个请柬封面洋溢着幸福的视觉感受，最终效果如图15.56所示。

图15.56　最终效果

● 操作步骤 ●

1. 绘制封面轮廓

STEP 01 单击工具箱中的【矩形工具】□按钮，绘制1个矩形，设置【填充】为粉蓝色（R：204，G：204，B：255），【轮廓】为无，如图15.57所示。

图15.57　绘制矩形

STEP 02 选择步骤1绘制的矩形，按Ctrl+C组合键复制，按Ctrl+V组合键粘贴，将粘贴的矩形【填充】更改为浅紫色（R：236，G：232，B：255），再将其等比缩小，如图15.58所示。

图15.58　复制并粘贴图形

STEP 03 单击工具箱中的【椭圆形工具】○按钮，在小矩形左侧绘制1个椭圆，设置【填充】为浅紫色（R：236，G：232，B：255），【轮廓】为无，如图15.59所示。

STEP 04 选择椭圆，向右侧平移复制，如图15.60所示。

图15.59　绘制椭圆　　　　　图15.60　复制图形

STEP 05 单击工具箱中的【矩形工具】□按钮，在左侧椭圆与下方矩形交叉的左上角区域绘制1个矩形，设置【填充】为浅紫色（R：236，G：232，B：255），【轮廓】为无。

STEP 06 将绘制的矩形复制3份并分别移至椭圆与下方矩形交叉的3个区域，如图15.61所示。

图15.61　绘制及复制矩形

STEP 07 同时选择除粉蓝矩形之外的所有图形，单击属性栏中的【合并】□按钮，将图形合并。

STEP 08 选择合并后的图形，按Ctrl+C组合键复制，按Ctrl+V组合键粘贴，将原图形【填充】更改为无，【轮廓】更改为浅紫色（R：236，G：232，B：255），【轮廓宽度】更改为1，如图15.62所示。

图15.62　变换图形

2．处理轮廓

STEP 01 执行菜单栏中的【文件】|【打开】命令，打开"新人头像.cdr、花纹.cdr"文件，将打开的素材拖入适当位置，如图15.63所示。

图15.63 添加素材

STEP 02 选择新人头像，执行菜单栏中的【对象】|【PowerClip】|【置于图文框内部】命令，将图形放置到下方图形内部，如图15.64所示。

图15.64 置于图文框内部

STEP 03 选择花纹向右侧平移复制，再单击属性栏中的【水平镜像】按钮，将花纹水平镜像，如图15.65所示。

STEP 04 单击工具箱中的【基本形状工具】按钮，单击属性栏中的【完美形状】按钮，在出现的面板中选择心形，在2个花纹之间绘制1个心形，设置【填充】为白色，【轮廓】为无，如图15.66所示。

图15.65 复制图形并镜像　　　图15.66 绘制图形

STEP 05 单击工具箱中的【2点线工具】按钮，在2个花纹之间按住Shift键绘制线段，设置【轮廓】为白色，【轮廓宽度】为0.2，如图15.67所示。

STEP 06 同时选择2个花纹、心形及线段，向下方移动并复制，单击属性栏中的【垂直镜像】按钮，将图形垂直镜像，如图15.68所示。

图15.67 绘制线段　　　图15.68 复制并镜像图形

3．添加信息

STEP 01 单击工具箱中的【文本工具】**字**按钮，在适当位置输入文字（字体设置为CommercialScript BT），如图15.69所示。

STEP 02 单击工具箱中的【2点线工具】按钮，在下方文字左侧按住Shift键绘制线段，设置【轮廓】为白色，【轮廓宽度】为0.5，如图15.70所示。

图15.69 输入文字　　　图15.70 绘制线段

STEP 03 选择线段，向右侧平移复制，如图15.71所示。

STEP 04 执行菜单栏中的【文件】|【打开】命令，打开"花纹2.cdr"文件，将打开的素材拖入封面左上角位置，如图15.72所示。

图15.71 复制线段　　　图15.72 添加花纹

STEP 05 将花纹复制3份并分别移至封面其他3个角，这样就完成了效果制作，最终效果如图15.73所示。

图15.73 最终效果

流行
设计篇

第 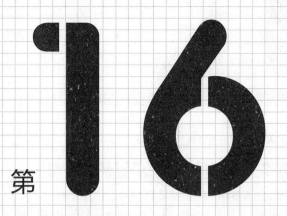 章

绘制潮流UI图标

本章导读

本章讲解潮流UI图标的制作。UI图标是当下相当火热的设计内容之一，随着电子设备的更新，UI图标向着扁平化、轻量化、流行风格发展，其表现形式也多种多样，在不同设备上都对应有不同风格图标。通过本章的学习可以快速掌握UI图标的制作。

要点索引

● 学习绘制IOS相册图标
● 学习天气图标绘制
● 学习绘制视频图标
● 了解扬声器图标绘制
● 学习绘制CD图标
● 学习画板图标绘制

实战 328 制作相册图标

▶ 素材位置：无
▶ 案例位置：效果\第16章\制作相册图标.cdr
▶ 视频位置：视频\实战328.avi
▶ 难易指数：★★☆☆☆

● 实例介绍 ●

本例讲解制作相册图标。此款相册图标十分简洁，以最简洁的图形构造表现出最准确的图标信息。

● 操作步骤 ●

STEP 01 单击工具箱中的【矩形工具】□按钮，按住Ctrl键绘制1个矩形，设置【填充】为白色，【轮廓】为无，如图16.1所示。

STEP 02 单击工具箱中的【形状工具】按钮，拖动矩形右上角节点将其转换为圆角矩形，如图16.2所示。

图16.1 绘制矩形

图16.2 转换为圆角矩形

STEP 03 单击工具箱中的【矩形工具】□按钮，在圆角矩形靠上方绘制1个矩形，设置【填充】为橘红色（R：255，G：102，B：0），【轮廓】为无，如图16.3所示。

STEP 04 单击工具箱中的【形状工具】按钮，拖动右上角节点将其转换为圆角矩形，如图16.4所示。

图16.3 绘制矩形

图16.4 转换为圆角矩形

STEP 05 在圆角矩形上单击，将变形框中心点移至底部位置，如图16.5所示。

STEP 06 按住鼠标左键旋转将其复制，在属性栏【旋转角度】文本框中输入45，如图16.6所示。

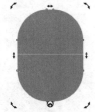
图16.5 移动中心点

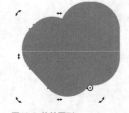
图16.6 旋转图形

STEP 07 按Ctrl+D组合键将图形复制多份，如图16.7所示。

STEP 08 分别选择复制生成的圆角矩形，更改为不同颜色，如图16.8所示。

图16.7 复制图形

图16.8 更改颜色

STEP 09 同时选择所有彩色圆角矩形，单击工具箱中的【透明度工具】按钮，将【不透明度】更改为30，在属性栏中将【合并模式】更改为乘，这样就完成了效果制作，最终效果如图16.9所示。

图16.9 最终效果

实战 329 制作天气图标

▶ 素材位置：无
▶ 案例位置：效果\第16章\制作天气图标.cdr
▶ 视频位置：视频\实战329.avi
▶ 难易指数：★★☆☆☆

● 实例介绍 ●

本例讲解制作天气图标。本例中图标设计感很强，视觉上十分简洁，整个制作过程比较简单。

● 操作步骤 ●

STEP 01 单击工具箱中的【矩形工具】□按钮，绘制1个矩形，设置【轮廓】为无。

STEP 02 单击工具箱中的【交互式填充工具】按钮，再单击属性栏中的【渐变填充】按钮，在图形上拖动填充蓝色（R：30，G：103，B：204）到青色（R：25，G：210，B：253）的线性渐变，如图16.10所示。

STEP 03 单击工具箱中的【形状工具】按钮，拖动矩形右上角节点，将其转换为圆角矩形，如图16.11所示。

图16.10 绘制矩形

图16.11 转换为圆角矩形

STEP 04 单击工具箱中的【椭圆形工具】◯按钮，在圆角矩形位置按住Ctrl键绘制1个圆，设置【填充】为黄色（R：255，G：208，B：0），【轮廓】为无，【轮廓宽度】为，如图16.12所示。

STEP 05 单击工具箱中的【钢笔工具】◊按钮，在圆形的旁边位置绘制1个云朵图形，设置【填充】为白色，【轮廓】为无，如图16.13所示。

图16.12 绘制圆

图16.13 绘制云朵

STEP 06 选择云朵图形，单击工具箱中的【透明度工具】▨按钮，在图形上拖动降低部分区域不透明度，这样就完成了效果制作，最终效果如图16.14所示。

图16.14 最终效果

实战330

制作视频图标

▶ 素材位置：无
▶ 案例位置：效果\第16章\制作视频图标.cdr
▶ 视频位置：视频\实战330.avi
▶ 难易指数：★★☆☆☆

● 实例介绍 ●

本例讲解制作视频图标。此款视频图标具有很好的可识别性，其制作过程比较简单。

● 操作步骤 ●

STEP 01 单击工具箱中的【矩形工具】▢按钮，绘制1个矩形，设置【轮廓】为无。

STEP 02 单击工具箱中的【交互式填充工具】◊按钮，再单击属性栏中的【渐变填充】▦按钮，在图形上拖动填充青色（R：82，G：237，B：200）到蓝色（R：90，G：200，B：250）的线性渐变，如图16.15所示。

STEP 03 单击工具箱中的【形状工具】◄按钮，拖动矩形右上角节点，将其转换为圆角矩形，如图16.16所示。

图16.15 绘制矩形

图16.16 转换为圆角矩形

STEP 04 单击工具箱中的【矩形工具】▢按钮，在图标顶部位置绘制1个矩形，设置【轮廓】为无。

STEP 05 单击工具箱中的【交互式填充工具】◊按钮，再单击属性栏中的【渐变填充】▦按钮，在图形上拖动填充灰色（R：232，G：232，B：232）到白色的线性渐变，如图16.17所示。

STEP 06 单击工具箱中的【矩形工具】▢按钮，在刚才绘制的矩形左侧位置按住Ctrl键绘制1个矩形，设置【轮廓】为深灰色（R：26，G：26，B：26），【轮廓宽度】为8，如图16.18所示。

图16.17 绘制矩形

图16.18 绘制镂空矩形

STEP 07 同时选择镂空矩形，按Ctrl+C组合键复制，按Ctrl+V组合键粘贴，在属性栏中【旋转角度】文本框中输入45，将矩形高度缩小，如图16.19所示。

STEP 08 执行菜单栏中的【对象】|【将轮廓转换为对象】命令，单击工具箱中的【形状工具】◄按钮，选择矩形左侧节点将其删除，如图16.20所示。

图16.19 旋转矩形

图16.20 删除节点

STEP 09 选择图形向右侧平移复制，按Ctrl+D组合键将图形再次复制2份，如图16.21所示。

STEP 10 同时选择4个箭头图形，执行菜单栏中的【对象】|【PowerClip】|【置于图文框内部】命令，将图形放置到下方矩形内部，如图16.22所示。

图16.21 复制图形　　　　图16.22 置于图文框内部

STEP 11 选择箭头图形及其下方灰色矩形，执行菜单栏中的【对象】|【PowerClip】|【置于图文框内部】命令，将图形放置到下方圆角矩形内部，这样就完成了效果制作，最终效果如图16.23所示。

图16.23 最终效果

制作扬声器图标

> 素材位置：无
> 案例位置：效果\第16章\制作扬声器图标.cdr
> 视频位置：视频\实战331.avi
> 难易指数：★★★☆☆

实战331

● 实例介绍 ●

本例讲解制作扬声器图标。本例中的图标具有不错的质感，以拟物化手法将扬声器轮廓很好地表现出来，整个制作过程要注意图形高光、阴影的变化，最终效果如图16.24所示。

图16.24 最终效果

● 操作步骤 ●

1. 绘制底座

STEP 01 单击工具箱中的【矩形工具】□按钮，绘制1个矩形，设置【轮廓】为无。

STEP 02 单击工具箱中的【交互式填充工具】◇按钮，再单击属性栏中的【渐变填充】■按钮，在图形上拖动填充灰色系线性渐变，单击属性栏中的【平滑】■按钮，如图16.25所示。

STEP 03 单击工具箱中的【形状工具】↖按钮，拖动矩形右上角节点，将其转换为圆角矩形，如图16.26所示。

图16.25 绘制矩形　　　　图16.26 转换为圆角矩形

STEP 04 选择圆角矩形，单击工具箱中的【阴影工具】▢按钮，拖动添加阴影效果，在属性栏中将【阴影羽化】更改为5，【不透明度】更改为20，如图16.27所示。

STEP 05 选择圆角矩形，按Ctrl+C组合键复制，按Ctrl+V组合键粘贴，将其高度适当缩小后单击工具箱中的【交互式填充工具】◇按钮，将其更改为灰色（R：224，G：224，B：224）到白色渐变，如图16.28所示。

图16.27 添加阴影　　　　图16.28 更改渐变

2. 绘制扬声器

STEP 01 单击工具箱中的【椭圆形工具】○按钮，在图标中心位置按住Ctrl键绘制1个圆，设置【轮廓】为无。

STEP 02 单击工具箱中的【交互式填充工具】◇按钮，再单击属性栏中的【渐变填充】■按钮，在图形上拖动填充灰色系椭圆渐变，单击属性栏中的【平滑】■按钮，如图16.29所示。

STEP 03 选中圆形，按Ctrl+C组合键复制，按Ctrl+V组合键粘贴，将粘贴的圆形更改为橙黄色系渐变，如图16.30所示。

图16.29 填充渐变　　　　图16.30 复制并粘贴图形

STEP 04 按Ctrl+V组合键再次粘贴，将粘贴的圆形等比缩小并更改为深灰色系渐变，这样就完成了效果制作，最终效果如图16.31所示。

图16.31 最终效果

图16.33 绘制矩形

图16.34 转换为圆角矩形

提示

在填充渐变时颜色值并非固定不变，可以根据实际的质感及色彩感觉自义。

2. 制作唱片

STEP 01 单击工具箱中的【椭圆形工具】○按钮，在图标中心位置按住Ctrl键绘制1个圆，设置【轮廓】为无。

STEP 02 单击工具箱中的【交互式填充工具】◈按钮，再单击属性栏中的【渐变填充】▬按钮，在图形上拖动填充灰色系椭圆渐变，单击属性栏中的【平滑】▤按钮，如图16.35所示。

STEP 03 选择圆形，按Ctrl+C组合键复制，按Ctrl+V组合键粘贴，将粘贴的圆形等比例缩小，再同时选择2个图形，单击属性栏中的【修剪】□按钮，对图形进行修剪，如图16.36所示。

图16.35 绘制圆

图16.36 复制及修剪图形

STEP 04 选择内部小圆将其等比缩小并更改其渐变制作出唱片效果，如图16.37所示。

STEP 05 选择唱片，单击工具箱中的【阴影工具】□按钮，拖动添加阴影效果，在属性栏中将【阴影羽化】更改为2，【不透明度】更改为30，如图16.38所示。

图16.37 制作唱片效果

图16.38 添加阴影

STEP 06 选择最下方圆角矩形，以同样的方法为其添加阴影，这样就完成了效果制作，最终效果如图16.39所示。

图16.39 最终效果

实战
332

制作CD图标

▶ 素材位置：无
▶ 案例位置：效果\第16章\制作CD图标.cdr
▶ 视频位置：视频\实战332.avi
▶ 难易指数：★★★☆☆

● **实例介绍** ●

本例讲解制作CD图标。此款图标制作过程比较简单，通过绘制质感图形完美地表现出CD应有的特征，最终效果如图16.32所示。

图16.32 最终效果

● **操作步骤** ●

1. 绘制图标轮廓

STEP 01 单击工具箱中的【矩形工具】□按钮，绘制1个矩形，设置【轮廓】为无。

STEP 02 单击工具箱中的【交互式填充工具】◈按钮，再单击属性栏中的【渐变填充】▬按钮，在图形上拖动填充蓝色系线性渐变，单击属性栏中的【平滑】▤按钮，如图16.33所示。

STEP 03 单击工具箱中的【形状工具】◟按钮，拖动矩形右上角节点，将其转换为圆角矩形，如图16.34所示。

实战 333　制作画板图标

▶ 素材位置：无
▶ 案例位置：效果\第16章\制作画板图标.cdr
▶ 视频位置：视频\实战333.avi
▶ 难易指数：★★☆☆☆

● 实例介绍 ●

本例讲解制作画板图标。本例中图标采用扁平化处理，图标整体效果简洁而舒适，最终效果如图16.40所示。

图16.40 最终效果

● 操作步骤 ●

1. 绘制画板底盘

STEP 01 单击工具箱中的【矩形工具】□按钮，按住Ctrl键绘制1个矩形，设置【填充】为红色（R：250，G：117，B：112），【轮廓】为无，如图16.41所示。

STEP 02 单击工具箱中的【形状工具】按钮，拖动矩形右上角节点将其转换为圆角矩形，如图16.42所示。

图16.41 绘制矩形　　图16.42 转换为圆角矩形

STEP 03 单击工具箱中的【椭圆形工具】○按钮，在圆角矩形上绘制1个椭圆，设置【填充】为灰色（R：180，G：184，B：188），【轮廓】为无。

STEP 04 在椭圆图形靠右下角位置再次绘制1个稍小椭圆，设置【填充】为任意颜色，【轮廓】为无，如图16.43所示。

图16.43 绘制椭圆

2. 制作画板元素

STEP 01 同时选择2个椭圆图形，单击属性栏中的【修剪】按钮，对图形进行修剪，完成之后将小椭圆移至旁边位置备用，如图16.44所示。

STEP 02 选择椭圆，按Ctrl+C组合键复制，按Ctrl+V组合键粘贴，将粘贴的图形【填充】更改为白色，再适当缩小其高度，如图16.45所示。

图16.44 修剪图形　　图16.45 复制并粘贴图形

STEP 03 选择备用椭圆将其移至大椭圆靠左侧位置并更改其颜色，如图16.46所示。

STEP 04 选择小椭圆，将其移动复制2份，如图16.47所示。

图16.46 更改颜色　　图16.47 复制图形

提示

由于是画板颜色，可以根据实际情况更改小椭圆颜色，颜色值并非固定。

STEP 05 单击工具箱中的【钢笔工具】按钮，在适当位置绘制1个笔杆图形，设置【填充】为深蓝色（R：32，G：47，B：78），【轮廓】为无，如图16.48所示。

STEP 06 在笔杆图形左上角位置绘制1个笔头图形，将【填充】为橘红色（R：255，G：102，B：0），【轮廓】为无，这样就完成了效果制作，最终效果如图16.49所示。

图16.48 绘制图形　　图16.49 最终效果

实战 334　制作地图图标

▶ 素材位置：无
▶ 案例位置：效果\第16章\制作地图图标.cdr
▶ 视频位置：视频\实战334.avi
▶ 难易指数：★★☆☆☆

● 实例介绍 ●

本例讲解制作地图图标。地图图标在制作过程中以地图与标记为主视觉图形，无论是扁平化还是写实都能获得完美的图标效果，最终效果如图16.50所示。

图16.50　最终效果

● 操作步骤 ●

1. 绘制图标轮廓

STEP 01 单击工具箱中的【矩形工具】□按钮，按住Ctrl键绘制1个矩形，设置【填充】为蓝色（R：70，G：184，B：222），【轮廓】为无，如图16.51所示。

STEP 02 单击工具箱中的【形状工具】按钮，拖动矩形右上角节点将其转换为圆角矩形，如图16.52所示。

图16.51　绘制矩形

图16.52　转换为圆角矩形

STEP 03 选择圆角矩形，单击工具箱中的【阴影工具】按钮，拖动添加阴影效果，在属性栏中将【阴影羽化】更改为5，【不透明度】更改为20，如图16.53所示。

STEP 04 单击工具箱中的【钢笔工具】按钮，在圆角矩形位置绘制1个不规则图形，设置【填充】为深黄色（R：230，G：194，B：34），【轮廓】为白色，【轮廓宽度】为1.5，如图16.54所示。

图16.53　添加阴影

图16.54　绘制图形

STEP 05 单击工具箱中的【钢笔工具】按钮，在刚才绘制的图形位置绘制1个折纸图形，设置【填充】为深黄色（R：214，G：180，B：34），【轮廓】为无。

STEP 06 在右侧位置再次绘制1个相似的图形，如图16.55所示。

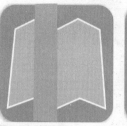

图16.55　绘制图形

STEP 07 同时选择2个图形，执行菜单栏中的【对象】|【PowerClip】|【置于图文框内部】命令，将图形放置到下方图形内部，如图16.56所示。

图16.56　置于图文框内部

2. 制作标记

STEP 01 单击工具箱中的【椭圆形工具】○按钮，在适当位置按住Ctrl键绘制1个圆，设置【填充】为深橙色（R：220，G：60，B：27），【轮廓】为无，如图16.57所示。

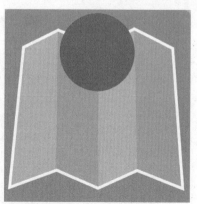

图16.57　绘制圆

STEP 02 选择圆形，按Ctrl+C组合键复制，按Ctrl+V组合键粘贴，将粘贴的圆形等比例缩小，如图16.58所示。

STEP 03 同时选中2个圆，单击属性栏中的【修剪】按钮，对图形进行修剪，将内部的圆形删除，如图16.59所示。

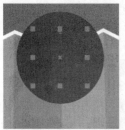

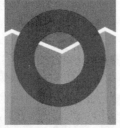

图16.58 复制图形　　　　　图16.59 修剪图形

STEP 04 单击工具箱中的【钢笔工具】 ⬦ 按钮，在镂空圆形的底部绘制1个不规则图形，设置【填充】为深橙色（R：220，G：60，B：27），【轮廓】为无，如图16.60所示。

STEP 05 同时选择2个图形，单击属性栏中的【合并】 ⬒ 按钮，将图形合并制作标记图形。

STEP 06 选择标记图形，单击工具箱中的【阴影工具】 ⬚ 按钮，拖动添加阴影效果，在属性栏中将【阴影羽化】更改为5，【不透明度】更改为20，这样就完成了效果制作，最终效果如图16.61所示。

图16.60 制作标记图形　　　　　图16.61 最终效果

第 17 章

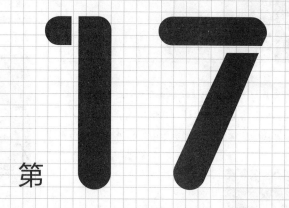

经典App界面设计

本章导读

本章讲解经典App界面设计。App界面作为User Interface（用户界面）中的重要组成部分，它与UI图标具有相同的重要性。漂亮的App界面可以突出应用的特点，同时令应用更加出色，在人机交互等各个方面均有不错的表现。因此，从广义上来讲App界面作为视觉设计中的重要组成部分，需要尽量掌握它的设计精华，通过本章的学习可以掌握不同风格的经典App界面设计。

要点索引

- 学会制作邮箱登录界面
- 学习个人信息界面制作
- 学会制作天气界面
- 了解行程单界面制作
- 学会制作手机购物页

实战 335

邮箱登录界面设计

▶ 素材位置：素材\第17章\邮箱登录界面设计
▶ 案例位置：效果\第17章\邮箱登录界面设计.cdr
▶ 视频位置：视频\实战335.avi
▶ 难易指数：★☆☆☆☆

● 实例介绍 ●

本例讲解邮箱登录界面设计。本例中的登录界面制作比较简单，主要由邮箱图标与登录框两部分组成，最终效果如图17.1所示。

图17.1 最终效果

● 操作步骤 ●

1. 绘制邮箱标志

STEP 01 单击工具箱中的【矩形工具】□按钮，绘制1个矩形，设置【轮廓】为无，绘制1个矩形。

STEP 02 单击工具箱中的【交互式填充工具】◇按钮，再单击属性栏中的【渐变填充】■按钮，在图形上从顶部向底部拖动填充深紫色（R：10，G：8，B：13）到紫色（R：93，G：93，B：153）的线性渐变，如图17.2所示。

STEP 03 以同样的方法在矩形上半部分位置再次绘制1个稍小矩形，为其填充紫色（R：142，G：125，B：230）到红色（R：237，G：56，B：107）的线性渐变，如图17.3所示。

图17.2 绘制图形

图17.3 绘制矩形

STEP 04 单击工具箱中的【形状工具】按钮，拖动矩形右上角节点将其转换为圆角矩形，如图17.4所示。

STEP 05 单击工具箱中的【矩形工具】□按钮，在稍小矩形顶部位置按住Ctrl键绘制1个矩形，设置【填充】为白色，【轮廓】为无，如图17.5所示。

图17.4 转换圆角矩形 　　　　图17.5 绘制矩形

STEP 06 选择白色矩形，在属性栏中【旋转角度】文本框中输入45，再以同样的方法将其转换为圆角矩形后适当增加其高度，如图17.6所示。

图17.6 变换图形

STEP 07 选择白色圆角矩形，执行菜单栏中的【对象】|【PowerClip】|【置于图文框内部】命令，将图形放置到下方矩形内部，如图17.7所示。

STEP 08 单击工具箱中的【文本工具】字按钮，在图标下方位置输入文字"Mail"（字体设置为Tahoma），如图17.8所示。

图17.7 置于图文框内部 　　　　图17.8 输入文字

2. 绘制界面细节

STEP 01 执行菜单栏中的【文件】|【打开】命令，打开"图标.cdr"文件，将打开的文件拖入当前界面适当位置。

STEP 02 同时选择2个图标，单击工具箱中的【透明度工具】■按钮，在属性栏中将【合并模式】更改为柔光，如图17.9所示。

STEP 03 单击工具箱中的【2点线工具】按钮，在图标右侧对应位置绘制2条线段并更改其合并模式，如图17.10所示。

图17.9　添加图标素材　　　　图17.10　绘制线段

STEP 04　单击工具箱中的【文本工具】**字**按钮，在适当位置输入文字（字体设置为Tahoma），如图17.11所示。

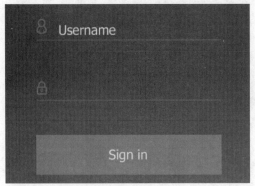

图17.11　输入文字

STEP 05　单击工具箱中的【椭圆形工具】○按钮，在小锁图标右侧位置按住Ctrl键绘制1个圆，设置【填充】为白色，【轮廓】为无，如图17.12所示。

STEP 06　选择圆形，将其复制5份，这样就完成了效果制作，最终效果如图17.13所示。

图17.12　绘制圆　　　　　　图17.13　最终效果

实战 336　个人信息界面设计

▶ 素材位置：素材\第17章\个人信息界面设计
▶ 案例位置：效果\第17章\个人信息界面设计.cdr
▶ 视频位置：视频\实战336.avi
▶ 难易指数：★★☆☆☆

● 实例介绍 ●

本例讲解个人信息界面设计。个人信息界面的制作重点在于突出信息的特点，在制作过程中通常以人物头像为中心，与文字信息相结合完美展现，最终效果如图17.14所示。

图17.14　最终效果

● 操作步骤 ●

1．绘制界面轮廓

STEP 01　单击工具箱中的【矩形工具】□按钮，绘制1个矩形，设置【轮廓】为无。

STEP 02　单击工具箱中的【交互式填充工具】◇按钮，再单击属性栏中的【渐变填充】▨按钮，在图形上拖动填充紫色（R：104，G：75，B：193）到紫色（R：144，G：50，B：183）的线性渐变，如图17.15所示。

STEP 03　单击工具箱中的【形状工具】⬎按钮，拖动矩形右上角节点，将其转换为圆角矩形，如图17.16所示。

图17.15　绘制矩形　　　　　图17.16　转换为圆角矩形

2．处理头像区域

STEP 01　单击工具箱中的【椭圆形工具】○按钮，在圆角矩形靠顶部位置按住Ctrl键绘制1个圆，设置【填充】为无，【轮廓】为白色，【轮廓宽度】为2，按Ctrl+C组合键复制，如图17.17所示。

STEP 02　选择圆形，单击工具箱中的【透明度工具】▨按钮，将【不透明度】更改为60，如图17.18所示。

图17.17 绘制圆

图17.18 更改透明度

STEP 03 按Ctrl+V组合键将圆粘贴，将粘贴的圆的【轮廓】更改为青色（R：0，B：255，B：255），如图17.19所示。

STEP 04 单击工具箱中的【形状工具】 ⬚ 按钮，拖动圆上的节点将其打断，如图17.20所示。

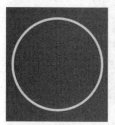

图17.19 粘贴图形

图17.20 打断图形

STEP 05 选择青色图形，单击工具箱中的【透明度工具】 ▦ 按钮，在图形上拖动降低一端透明度，如图17.21所示。

STEP 06 单击工具箱中的【椭圆形工具】 ◯ 按钮，在另一端按住Ctrl键绘制1个圆，设置【填充】为青色（R：0，B：255，B：255），【轮廓】为无，如图17.22所示。

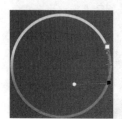

图17.21 降低透明度

图17.22 绘制圆

STEP 07 执行菜单栏中的【位图】|【转换为位图】命令，在弹出的对话框中分别勾选【光滑处理】及【透明背景】复选框，完成之后单击【确定】按钮。

STEP 08 执行菜单栏中的【位图】|【模糊】|【高斯式模糊】命令，在弹出的对话框中将【半径】更改为10像素，完成之后单击【确定】按钮，如图17.23所示。

STEP 09 选择添加高斯式模糊图像，按Ctrl+C组合键复制，按Ctrl+V组合键粘贴，将粘贴的图像等比例缩小，如图17.24所示。

图17.23 添加高斯式模糊

图17.24 复制图像

STEP 10 选择最外侧的圆，按Ctrl+C组合键复制，按Ctrl+V组合键粘贴，恢复粘贴的图像透明度并等比例缩小，如图17.25所示。

STEP 11 执行菜单栏中的【文件】|【导入】命令，导入"头像.png"文件，在圆的位置单击，如图17.26所示。

图17.25 复制并粘贴图形

图17.26 导入素材

STEP 12 选择头像，执行菜单栏中的【对象】|【PowerClip】|【置于图文框内部】命令，将图形放置到圆内部，如图17.27所示。

STEP 13 选择头像，单击工具箱中的【阴影工具】 ▱ 按钮，拖动添加阴影效果，如图17.28所示。

图17.27 置于图文框内部

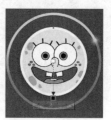

图17.28 添加阴影

STEP 14 单击工具箱中的【文本工具】 字 按钮，在适当位置输入文字（字体设置为Humnst777 BT），这样就完成了效果制作，最终效果如图17.29所示。

图17.29 最终效果

实战 337 天气界面设计

▶ 素材位置：素材\第17章\天气界面设计
▶ 案例位置：效果\第17章\天气界面设计.cdr
▶ 视频位置：视频\实战337.avi
▶ 难易指数：★☆☆☆☆

● 实例介绍 ●

本例讲解天气界面设计。天气界面在设计过程中以天气元素为主体视觉，简洁的界面设计能直观地表现天气数据，因此在设计过程中一定要遵循简洁、实用的原则，最终效果如图17.30所示。

图17.30 最终效果

● 操作步骤 ●

1. 处理界面背景

STEP 01 单击工具箱中的【矩形工具】□按钮，绘制1个矩形，设置【轮廓】为无。

STEP 02 单击工具箱中的【交互式填充工具】◈按钮，再单击属性栏中的【渐变填充】▨按钮，在图形上拖动填充蓝色（R：20，G：84，B：196）到蓝色（R：5，G：130，B：255）线性渐变，单击属性栏中的【平滑】▤按钮，如图17.31所示。

STEP 03 单击工具箱中的【形状工具】↖按钮，拖动矩形右上角节点，将其转换为圆角矩形，如图17.32所示。

图17.31 绘制矩形

图17.32 转换为圆角矩形

STEP 04 执行菜单栏中的【文件】|【导入】命令，导入"炫光.jpg"文件，在界面位置单击，如图17.33所示。

STEP 05 选择炫光图像，单击工具箱中的【透明度工具】▨按钮，将【不透明度】更改为70，在属性栏中将【合并模式】更改为屏幕，如图17.34所示。

图17.33 导入素材

图17.34 设置合并模式

2. 添加界面信息

STEP 01 单击工具箱中的【矩形工具】□按钮，在界面底部绘制1个矩形，设置【填充】为黑色，【轮廓】为无，如图17.35所示。

STEP 02 选择黑色矩形，单击工具箱中的【透明度工具】▨按钮，将【不透明度】更改为70，在属性栏中将【合并模式】更改为叠加，如图17.36所示。

图17.35 绘制矩形

图17.36 设置合并模式

STEP 03 选择矩形，将其向上复制2份，如图17.37所示。

STEP 04 执行菜单栏中的【文件】|【打开】命令，打开"图标.cdr"文件，将打开的文件拖入界面适当位置，如图17.38所示。

图17.37 复制矩形

图17.38 导入图标

STEP 05 单击工具箱中的【文本工具】字按钮，在界面适当位置输入文字（字体设置为Arial），如图17.39所示。

STEP 06 选择【-11】，单击工具箱中的【阴影工具】▢按钮，拖动添加阴影效果，在属性栏中将【阴影羽化】更改为5，【不透明度】更改为30，如图17.40所示。

STEP 07 选择太阳图标，单击工具箱中的【阴影工具】▢按钮，再单击属性栏中的【复制阴影效果属性】▨按钮，将光标移至"-11"文字阴影位置单击，如图17.41所示。

图17.39 添加文字

图17.40 添加阴影

图17.41 复制阴影效果属性

STEP 08 以同样的方法分别为其他文字及图标添加相同的阴影效果，这样就完成了效果制作，最终效果如图17.42所示。

图17.42 最终效果

实战 338　行程单界面设计

▶ 素材位置：素材\第17章\行程单界面设计
▶ 案例位置：效果\第17章\行程单界面设计.cdr
▶ 视频位置：视频\实战338.avi
▶ 难易指数：★★★☆☆

● 实例介绍 ●

本例讲解行程单界面设计。本例中界面以直观的行程单数据完美展示行程详情，制作过程比较简单，最终效果如图17.43所示。

图17.43 最终效果

● 操作步骤 ●

1. 绘制行程单

STEP 01 单击工具箱中的【矩形工具】□按钮，绘制1个矩形，设置【填充】为深蓝色（R：45，G：47，B：59），【轮廓】为无，如图17.44所示。

STEP 02 选择矩形，按Ctrl+C组合键复制，按Ctrl+V组合键粘贴，将粘贴的矩形【填充】更改为白色，再将其等比例缩小，如图17.45所示。

图17.44 绘制矩形

图17.45 复制矩形

STEP 03 单击工具箱中的【矩形工具】□按钮，绘制1个矩形，设置【填充】为无，【轮廓】为白色，【轮廓宽度】为1，如图17.46所示。

STEP 04 选择矩形，按Ctrl+C组合键复制，按Ctrl+V组合键粘贴，在属性栏【旋转角度】文本框中输入45，如图17.47所示。

图17.46 绘制矩形

图17.47 旋转矩形

STEP 05 选择矩形，执行菜单栏中的【对象】|【将轮廓转换为对象】命令，再单击工具箱中的【形状工具】 按钮，选择矩形右侧节点将其删除后将高度适当缩小，如图17.48所示。

STEP 06 选择矩形，在属性栏中将【合并模式】更改为柔光，如图17.49所示。

图17.48　删除节点

图17.49　更改合并模式

STEP 07 执行菜单栏中的【文件】|【打开】命令，打开"图标.cdr"文件，将打开的文件拖入界面右上角位置，如图17.50所示。

STEP 08 以同样的方法将图标【合并模式】更改为柔光，如图17.51所示。

图17.50　添加图标

图17.51　更改合并模式

STEP 09 执行菜单栏中的【文件】|【导入】命令，导入"客机.jpg"文件，在界面顶部位置单击并适当缩小，如图17.52所示。

STEP 10 选择图像，执行菜单栏中的【对象】|【PowerClip】|【置于图文框内部】命令，将图形放置到矩形内部，如图17.53所示。

图17.52　导入素材

图17.53　置于图文框内部

2．添加行程信息

STEP 01 单击工具箱中的【文本工具】**字**按钮，在界面适当位置输入文字（字体设置为Arial），如图17.54所示。

STEP 02 执行菜单栏中的【对象】|【插入条码】命令，在文字下方位置插入条码，如图17.55所示。

图17.54　添加文字

图17.55　插入条码

STEP 03 单击工具箱中的【椭圆形工具】 按钮，在条码左侧按住Ctrl键绘制1个圆，如图17.56所示。

STEP 04 选择圆并向右侧平移复制，如图17.57所示。

图17.56　绘制圆　　　　图17.57　复制圆

STEP 05 同时选择2个圆形及其下方矩形，单击属性栏中的【修剪】 按钮，对图形进行修剪，完成之后将2个圆删除，如图17.58所示。

图17.58　修剪图形

STEP 06 选择白色矩形，单击工具箱中的【阴影工具】 按钮，拖动添加阴影效果，在属性栏中将【阴影羽化】更改为10，【不透明度】更改为20，如图17.59所示。

STEP 07 单击工具箱中的【矩形工具】□按钮，在白色矩形左侧绘制1个矩形，设置【填充】为浅灰色（R：240，G：240，B：240），【轮廓】为无，如图17.60所示。

图17.59　添加阴影

图17.60　绘制矩形

STEP 08 以同样的方法在矩形右侧边缘绘制1个圆并将多余部分图形修剪，如图17.61所示。

图17.61 修剪图形

STEP 09 选择图形向右侧平移复制，这样就完成了效果制作，最终效果如图17.62所示。

图17.62 最终效果

实战 339

应用记录界面设计

▶ 素材位置：素材\第17章\应用记录界面设计
▶ 案例位置：效果\第17章\应用记录界面设计.cdr
▶ 视频位置：视频\实战339.avi
▶ 难易指数：★★★☆☆

● 实例介绍 ●

本例讲解应用记录界面设计。记录类应用并不常见，此款应用的重点在于提醒用户记录自己的行为等信息，在绘制界面过程中以实用为主，最终效果如图17.63所示。

图17.63 最终效果

● 操作步骤 ●

1．绘制状态栏

STEP 01 单击工具箱中的【矩形工具】□按钮，绘制1个矩形，设置【填充】为白色，【轮廓】为无，如图17.64所示。

STEP 02 选择矩形，按Ctrl+C组合键复制，按Ctrl+V组合键粘贴，将粘贴的矩形高度缩小，单击工具箱中的【交互式填充工具】◈按钮，再单击属性栏中的【渐变填充】■按钮，在图形上拖动填充红色（R：253，G：63，B：88）到红色（R：248，G：70，B：62）的线性渐变，如图17.65所示。

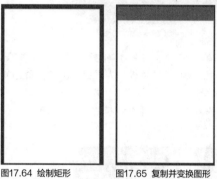

图17.64 绘制矩形　　图17.65 复制并变换图形

STEP 03 执行菜单栏中的【文件】|【打开】命令，打开"图标.cdr"文件，将打开的文件拖入当前界面左上角，如图17.66所示。

STEP 04 单击工具箱中的【文本工具】字按钮，在图标旁边输入文字"USER"（字体设置为Humnst777 BT），如图17.67所示。

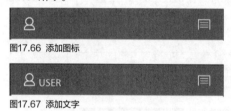

图17.66 添加图标

图17.67 添加文字

2．制作装饰图像

STEP 01 单击工具箱中的【矩形工具】□按钮，在界面中间绘制1个矩形，设置【填充】为任意颜色，【轮廓】为无，如图17.68所示。

STEP 02 执行菜单栏中的【文件】|【导入】命令，导入"夜景.jpg"文件，在刚才绘制的矩形位置单击，如图17.69所示。

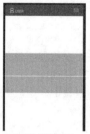

图17.68 绘制矩形　　图17.69 导入素材

STEP 03 执行菜单栏中的【位图】|【模糊】|【高斯式模糊】命令，在弹出的对话框中将【半径】更改为20像素，完成之后单击【确定】按钮，如图17.70所示。

STEP 04 选择图像，执行菜单栏中的【对象】|【PowerClip】|【置于图文框内部】命令，将图形放置到其下方矩形内部，如图17.71所示。

图17.70 添加模糊

图17.71 置于图文框内部

STEP 05 单击工具箱中的【椭圆形工具】◯按钮，绘制1个圆，设置【轮廓】为无。

STEP 06 单击工具箱中的【交互式填充工具】◈按钮，再单击属性栏中的【渐变填充】▇按钮，在图形上拖动填充黄色（R：233，G：216，B：190）到黄色（R：250，G：244，B：237）再到黄色（R：233，G：216，B：190）的线性渐变，如图17.72所示。

STEP 07 选择圆形，按Ctrl+C组合键复制，按Ctrl+V组合键粘贴，选择下方的圆，将【填充】更改为白色，如图17.73所示。

图17.72 绘制圆

图17.73 复制并变换图形

STEP 08 选择白色的圆，单击工具箱中的【透明度工具】▨按钮，在属性栏中将【合并模式】更改为柔光，如图17.74所示。

STEP 09 单击工具箱中的【椭圆形工具】◯按钮，绘制1个圆，设置【填充】为深红色（R：235，G：94，B：52），【轮廓】为无，按Ctrl+C组合键复制，如图17.75所示。

图17.74 更改合并模式

图17.75 绘制圆

3. 绘制标记图形

STEP 01 单击工具箱中的【钢笔工具】◊按钮，在圆的底部绘制1个不规则图形，设置【填充】为深红色（R：235，G：94，B：52），【轮廓】为无，如图17.76所示。

STEP 02 同时选择2个图形，单击属性栏中的【合并】◰按钮，将其合并。

STEP 03 按Ctrl+V组合键将圆粘贴，将粘贴的圆等比例缩小并更改为其他任意颜色，如图17.77所示。

图17.76 绘制图形

图17.77 绘制圆

STEP 04 同时选择2个图形，单击属性栏中的【修剪】◳按钮，对图形进行修剪，如图17.78所示。

STEP 05 选择标记图形，单击工具箱中的【阴影工具】▢按钮，拖动添加阴影效果，在属性栏中将【阴影羽化】更改为5，【不透明度】更改为20，如图17.79所示。

图17.78 修剪图形

图17.79 添加阴影

STEP 06 单击工具箱中的【2点线工具】✐按钮，在界面中间上半部分绘制1条线段，设置【轮廓】为灰色（R：180，G：180，B：180），【轮廓宽度】为0.5，并将线段向下复制1份，如图17.80所示。

图17.80 绘制及复制线段

STEP 07 执行菜单栏中的【文件】|【打开】命令，打开"图标2.cdr"文件，将打开的文件拖入当前界面中适当位置，如图17.81所示。

STEP 08 单击工具箱中的【文本工具】字按钮，在图标下方输入文字（字体设置为Humnst777 BT），如图17.82所示。

图17.81 添加素材　　　　　图17.82 输入文字

4．绘制提示图形

STEP 01 单击工具箱中的【椭圆形工具】○按钮，按住Ctrl键在右下角图标右上角位置绘制1个圆，设置【填充】为红色（R：200，G：37，B：37），【轮廓】为无，如图17.83所示。

STEP 02 单击工具箱中的【文本工具】**字**按钮，在圆的位置输入文字（字体设置为Humnst777 BT），这样就完成了效果制作，最终效果如图17.84所示。

图17.83 绘制圆　　　　　图17.84 最终效果

第 **18** 章

网站Banner设计

本章导读

本章讲解网站Banner设计。Banner可以作为网站页面的横幅广告，也可以作为报纸杂志上的大标题，Banner主要体现中心意旨，通过形象鲜明的视觉设计，来表达最主要的情感思想。通常Banner与其他视觉设计或者版式组合使用，通过本章的学习可以掌握网站Banner的设计。

要点索引

- 学会制作折扣商品Banner
- 学习电商促销Banner设计
- 学会制作影音节Banner
- 了解促销优惠Banner设计要领
- 学会制作欢乐春游Banner
- 学会制作DJ音乐汇Banner

<table>
<tr><td>

实战
340

</td><td>

折扣商品Banner设计

▶ 素材位置：素材\第18章\折扣商品Banner设计
▶ 案例位置：效果\第18章\折扣商品Banner设计.cdr
▶ 视频位置：视频\实战340.avi
▶ 难易指数：★★☆☆☆

</td></tr>
</table>

● 实例介绍 ●

本例讲解折扣商品Banner设计。本例中的Banner视觉简洁，以大红心作为主体色调，与主体心形相结合，整个画面效果十分不错，最终效果如图18.1所示。

图18.1 最终效果

● 操作步骤 ●

1. 绘制心形背景

STEP 01 单击工具箱中的【矩形工具】□按钮，绘制1个矩形，设置【填充】为红色（R：216，G：0，B：32），【轮廓】为无，如图18.2所示。

图18.2 绘制矩形

STEP 02 单击工具箱中的【钢笔工具】按钮，在矩形靠左侧位置绘制1个不规则图形，设置【填充】为深红色（R：252，G：230，B：233），【轮廓】为无，如图18.3所示。

STEP 03 选择图形，将其向右平移复制，再单击属性栏中的【水平镜像】按钮，将图形水平镜像，再同时选择2个图形，单击属性栏中的【合并】按钮，将图形合并制作心形，如图18.4所示。

STEP 04 选择心形，执行菜单栏中的【对象】|【PowerClip】|【置于图文框内部】命令，将图形放置到矩形内部，如图18.5所示。

图18.3 绘制图形

图18.4 复制图形

图18.5 置于图文框内部

STEP 05 执行菜单栏中的【文件】|【导入】命令，导入"音箱.png文件，在图形右侧位置单击并适当缩放素材大小，如图18.6所示。

STEP 06 单击工具箱中的【文本工具】字按钮，在适当位置输入文字（字体分别设置为Arial 粗体、方正兰亭中粗黑_GBK），如图18.7所示。

图18.6 导入素材

图18.7 输入文字

2. 绘制指向标签

STEP 01 单击工具箱中的【椭圆形工具】○按钮，在音箱右上角位置按住Ctrl键绘制1个圆，设置【填充】为黄色（R：255，G：213，B：0），【轮廓】为无，如图18.8所示。

STEP 02 单击工具箱中的【钢笔工具】按钮，在圆的左下角绘制1个不规则图形，设置【填充】为黄色（R：255，G：213，B：0），【轮廓】为无，如图18.9所示。

图18.8 绘制圆

图18.9 绘制图形

STEP 03 单击工具箱中的【文本工具】**字**按钮，在黄色图形位置位置输入文字（字体设置为微软雅黑粗体），如图18.10所示。

STEP 04 单击工具箱中的【钢笔工具】按钮，在文字区域左下角绘制1个不规则图形，设置【填充】为黄色（R：255，G：213，B：0），【轮廓】为无，如图18.11所示。

图18.10 输入文字　　　图18.11 绘制图形

STEP 05 以同样的方法在适当位置绘制或者复制多个相似图形，这样就完成了效果制作，最终效果如图18.12所示。

图18.12 最终效果

电商促销Banner设计

实战 341

▶ 素材位置：素材\第18章\电商促销Banner设计
▶ 案例位置：效果\第18章\电商促销Banner设计.cdr
▶ 视频位置：视频\实战341.avi
▶ 难易指数：★★★☆☆

● 实例介绍 ●

本例讲解电商促销Banner设计。此款Banner以清凉的夏日元素为主，通过图形的结合将素材图像与文字信息完美地展现，最终效果如图18.13所示。

图18.13 最终效果

● 操作步骤 ●

1. 制作夏日背景

STEP 01 单击工具箱中的【矩形工具】□按钮，绘制1个【宽度】为200，【高度】为120的矩形，设置【填充】为青色（R：40，G：200，B：233），【轮廓】为无，如图

18.14所示。

STEP 02 执行菜单栏中的【文件】|【导入】命令，导入"树叶.jpg"文件，在矩形位置单击添加素材，如图18.15所示。

图18.14 绘制矩形　　　图18.15 添加素材

STEP 03 选择树叶，在属性栏中将【合并模式】更改为"如果更暗"，如图18.16所示。

图18.16 更改合并模式

STEP 04 选择树叶，适当旋转，再按鼠标左键向左侧拖动至矩形左上角位置并按下右键，将图像复制，如图18.17所示。

图18.17 复制并旋转图像

STEP 05 选择青色矩形，按Ctrl+C组合键复制，再同时选择2个树叶图像，执行菜单栏中的【对象】|【PowerClip】|【置于图文框内部】命令，将图形放置到矩形内部，如图18.18所示。

图18.18 置于图文框内部

STEP 06 按Ctrl+V组合键将矩形粘贴，再单击工具箱中的【透明度工具】按钮，将矩形不透明度更改为60，如图18.19所示。

图18.19 更改图形不透明度

STEP 07 单击工具箱中的【矩形工具】□按钮，在Banner中心位置绘制1个矩形，设置【填充】为青色（R：154，G：242，B：254），【轮廓】为无，如图18.20所示。

图18.20 绘制矩形

STEP 08 单击工具箱中的【阴影工具】□按钮，在矩形上拖动添加阴影，在属性栏中将【阴影的不透明度】更改为15，【阴影羽化】更改为7，如图18.21所示。

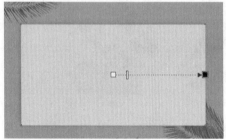

图18.21 添加投影

STEP 09 单击工具箱中的【椭圆形工具】○按钮，在矩形左下角位置按住Shift键绘制1个圆，设置【填充】为无，【轮廓】为紫色（R：230，G：114，B：213），【轮廓宽度】更改为7，如图18.22所示。

STEP 10 选择圆形，按Ctrl+C组合键复制，再按Ctrl+V组合键粘贴，再按住Shift键等比例缩小，如图18.23所示。

图18.22 绘制圆

图18.23 复制并缩小圆

STEP 11 同时选择2个圆形，在【调和】面板中，将【调和对象】更改为2，单击面板底部的【应用】按钮，如图18.24所示。

图18.24 设置调和

STEP 12 选择圆环下方的稍小的青色矩形，按Ctrl+C组合键复制，按Ctrl+V组合键粘贴，如图18.25所示。

STEP 13 选择圆环图形，执行菜单栏中的【对象】|【PowerClip】|【置于图文框内部】命令，将图形放置到刚才粘贴的矩形内部，如图18.26所示。

图18.25 复制并粘贴图形　　　图18.26 置于图文框内部

STEP 14 单击工具箱中的【椭圆形工具】○按钮，在圆环图形位置按住Shift键绘制1个圆，设置【填充】为白色，【轮廓】为无，如图18.27所示。

STEP 15 选择绘制的圆形，执行菜单栏中的【位图】|【转换为位图】命令，在弹出的对话框中分别勾选【光滑处理】及【透明背景】复选框，完成之后单击【确定】按钮。

STEP 16 执行菜单栏中的【位图】|【模糊】|【高斯式模糊】命令，在弹出的对话框中将【半径】更改为100像素，完成之后单击【确定】按钮，如图18.28所示。

图18.27 绘制圆　　　图18.28 添加高斯式模糊

STEP 17 选择添加高斯式模糊效果的图像，单击工具箱中的【透明度工具】▨按钮，将【不透明度】更改为30，在属性栏中将【合并模式】更改为叠加，如图18.29所示。

图18.29 更改不透明度

2. 处理商品图像

STEP 01 执行菜单栏中的【文件】|【导入】命令，导入"口红.jpg""墨镜.jpg""手包.jpg"文件，在矩形靠右侧位置单击添加素材图像，如图18.30所示。

图18.30 添加素材

STEP 02 单击工具箱中的【钢笔工具】 按钮，沿口红图像边缘绘制1个图形，设置【填充】为无，【轮廓】为默认，如图18.31所示。

STEP 03 选择口红图像，执行菜单栏中的【对象】|【PowerClip】|【置于图文框内部】命令，将图像放置到刚才绘制的图形内部，在选项栏中将【轮廓宽度】更改为无，再将其适当缩小并移动至适当位置，如图18.32所示。

图18.31 绘制图形　　　图18.32 置于图文框内部

STEP 04 以同样的方法将手包及墨镜的多余图像隐藏，并将3个素材图像按透视角度摆放在适当位置，如图18.33所示。

图18.33 隐藏多余图像

提示

除了利用【PowerClip】功能将多余部分隐藏之外，还可以利用属性栏中的【修剪】功能将多余部分删除，通常情况下利用【PowerClip】功能可以方便后期调整。

STEP 05 单击工具箱中的【钢笔工具】 按钮，沿眼镜左侧与手包交叉的区域绘制1个图形以选择部分眼镜腿图像，设置【填充】为无，【轮廓】为默认，如图18.34所示。

STEP 06 同时选择刚才绘制的图形及眼镜腿，单击属性栏中的【修剪】 按钮，对眼镜腿图像进行修剪，完成之后将绘制的图形删除，如图18.35所示。

图18.34 绘制图形　　　图18.35 修剪图像

STEP 07 单击工具箱中的【椭圆形工具】 按钮，在素材图像底部位置绘制1个椭圆图形，设置【填充】为黑色，【轮廓】为无，如图18.36所示。

图18.36 绘制图形

STEP 08 选择绘制的椭圆，执行菜单栏中的【位图】|【转换为位图】命令，在弹出的对话框中分别勾选【光滑处理】及【透明背景】复选框，完成之后单击【确定】按钮。

STEP 09 执行菜单栏中的【位图】|【模糊】|【高斯式模糊】命令，在弹出的对话框中将【半径】更改为100像素，完成之后单击【确定】按钮，效果如图18.37所示

图18.37 设置高斯式模糊

STEP 10 执行菜单栏中的【位图】|【模糊】|【动态模糊】命令，在弹出的对话框中将【间距】更改为250像素，完成之后单击【确定】按钮。

STEP 11 单击工具箱中的【透明度工具】 按钮，将添加模糊效果的图像【不透明度】更改为30，如图18.38所示。

图18.38 降低不透明度

STEP 12 选择青色矩形位置的白色模糊图像，按Ctrl+C组合键复制，再按Ctrl+V组合键粘贴，如图18.39所示。

图18.39 复制并粘贴图像

3．添加装饰信息

STEP 01 单击工具箱中的【文本工具】**字**按钮，在素材图像右侧位置输入文字分别（字体分别设置为方正兰亭细黑_GBK、方正兰亭中粗黑_GBK、Monotype Corsiva），如图18.40所示。

STEP 02 单击工具箱中的【矩形工具】□按钮，在英文文字位置绘制1个矩形，设置【填充】为紫色（R：232，G：114，B：215），【轮廓】为无，移至文字下方位置，如图18.41所示。

图18.40 输入文字

图18.41 绘制矩形

STEP 03 执行菜单栏中的【文件】|【导入】命令，导入"光晕.jpg"文件，在文字顶部位置单击添加素材，如图18.42所示。

图18.42 添加素材

STEP 04 选择光晕图像，单击工具箱中的【透明度工具】▨按钮，在选项栏中将【合并模式】更改为屏幕，这样就完成了效果制作，最终效果如图18.43所示。

图18.43 最终效果

影音节Banner设计

实战 342

▶ 素材位置：素材\第18章\影音节Banner设计
▶ 案例位置：效果\第18章\影音节Banner设计.cdr
▶ 视频位置：视频\实战342.avi
▶ 难易指数：★★★☆☆

● 实例介绍 ●

本例讲解影音节Banner设计。本例在制作过程中以突出影音产品的特征为重点，整个制作过程比较简单，重点注意背景效果的处理，最终效果如图18.44所示。

图18.44 最终效果

● 操作步骤 ●

1．制作多边形背景

STEP 01 单击工具箱中的【矩形工具】□按钮，绘制1个矩形，设置【填充】为紫色（R：199，G：20，B：174），【轮廓】为无，如图18.45所示。

图18.45 绘制矩形

STEP 02 单击工具箱中的【钢笔工具】♦按钮，绘制1个不规则图形，设置【填充】为紫色（R：167，G：8，B：222），【轮廓】为无，如图18.46所示。

STEP 03 将绘制的图形复制2份，并分别将其【填充】更改为稍深的紫色（R：125，G：5，B：200）及深紫色（R：82，G：22，B：144），再分别将图形适当旋转，如图18.47所示。

STEP 04 同时选择3个图形，执行菜单栏中的【对象】|【PowerClip】|【置于图文框内部】命令，将图形放置到矩形内部，如图18.48所示。

图18.46 绘制图形　　　　图18.47 复制图形

图18.48 置于图文框内部

STEP 05 单击工具箱中的【椭圆形工具】◯按钮，按住Ctrl键绘制1个圆，设置【填充】为无，【轮廓】为紫色（R：167，G：8，B：222），【轮廓宽度】为10，如图18.49所示。

STEP 06 选择圆环，单击工具箱中的【透明度工具】▨按钮，在图形上拖动降低上半部分不透明度，如图18.50所示。

图18.49 绘制圆环　　　　图18.50 降低不透明度

2．制作动感圆圈

STEP 01 单击工具箱中的【椭圆形工具】◯按钮，按住Ctrl键绘制1个圆，设置【轮廓】为无。

STEP 02 单击工具箱中的【交互式填充工具】◈按钮，再单击属性栏中的【渐变填充】▰按钮，在图形上拖动填充橙色（R：255，G：120，B：0）到黄色（R：255，G：230，B：5）的线性渐变，如图18.51所示。

STEP 03 执行菜单栏中的【位图】|【转换为位图】命令，在弹出的对话框中分别勾选【光滑处理】及【透明背景】复选框，完成之后单击【确定】按钮。

STEP 04 执行菜单栏中的【位图】|【模糊】|【高斯式模糊】命令，在弹出的对话框中将【半径】更改为5像素，完成之后单击【确定】按钮，如图18.52所示。

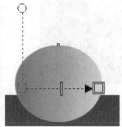

图18.51 填充渐变　　　　图18.52 添加高斯式模糊

STEP 05 选择添加模糊后的图像，执行菜单栏中的【对象】|【PowerClip】|【置于图文框内部】命令，将图形放置到矩形内部，如图18.53所示。

STEP 06 以同样的方法再次在圆环右上角和左下角位置制作2个相似的气泡图像，如图18.54所示。

图18.53 置于图文框内部　　图18.54 制作气泡图像

STEP 07 单击工具箱中的【椭圆形工具】◯按钮，在黄色气泡图像下方按住Ctrl键绘制1个圆，设置【填充】为白色，【轮廓】为无，如图18.55所示。

STEP 08 选择圆形，单击工具箱中的【透明度工具】▨按钮，将【不透明度】更改为50，在属性栏中将【合并模式】更改为柔光，如图18.56所示。

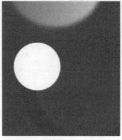　

图18.55 绘制圆　　　　　图18.56 更改合并模式

STEP 09 选择圆形，移动复制1份，如图18.57所示。

STEP 10 执行菜单栏中的【文件】|【导入】命令，打开"液晶电视.png"文件，单击【导入】按钮，在右侧位置单击添加素材，如图18.58所示。

图18.57 复制图形　　　　图18.58 导入素材

STEP 11 单击工具箱中的【文本工具】字按钮，在适当位置输入文字（字体分别设置为MStiffHei PRC UltraBold），如图18.59所示。

STEP 12 在文字上单击鼠标右键，从弹出的快捷菜单中选择【转换为曲线】命令。

STEP 13 单击工具箱中的【形状工具】⬚按钮，拖动文字节点将其变形，如图18.60所示。

图18.59 输入文字

图18.60 将文字变形

STEP 14 同时选择2行文字，单击工具箱中的【阴影工具】
□按钮，拖动添加阴影效果，在属性栏中将【阴影颜色】更
改为紫色（R：54，G：10，B：48），如图18.61所示。

图18.61 添加阴影

3. 制作燕尾标签

STEP 01 单击工具箱中的【矩形工具】□按钮，绘制1个矩
形，设置【填充】为黄色（R：255，G：204，B：0），
【轮廓】为无，如图18.62所示。

STEP 02 单击工具箱中的【形状工具】⬈按钮，拖动右上角
节点将其转换为圆角矩形，如图18.63所示。

图18.62 绘制矩形

图18.63 转换为圆角矩形

STEP 03 执行菜单栏中的【效果】|【添加透视】命令，按
住Ctrl+Shift组合键将矩形透视变形，如图18.64所示。

STEP 04 单击工具箱中的【矩形工具】□按钮，在经过变形
的圆角矩形左侧绘制1个矩形，设置【填充】为黄色（R：
255，G：175，B：0），【轮廓】为无，如图18.65所示。

STEP 05 在矩形上单击鼠标右键，从弹出的快捷菜单中选择
【转换为曲线】命令，单击工具箱中的【钢笔工具】⬈按
钮，在矩形左侧边缘中间位置单击添加节点，如图18.66
所示。

STEP 06 单击工具箱中的【形状工具】⬈按钮，向内侧拖动
节点，如图18.67所示。

图18.64 将图形变形

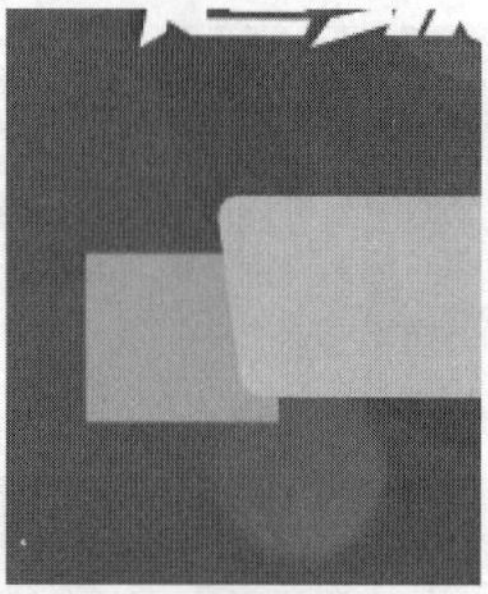

图18.65 绘制矩形

图18.66 添加节点

图18.67 拖动节点

STEP 07 单击工具箱中的【钢笔工具】⬈按钮，在2个图形
交叉区域绘制1个不规则图形，设置【填充】为深黄色（R：
210，G：120，B：4），【轮廓】为无，如图18.68所示。

STEP 08 同时选择左侧2个图形，向右侧平移复制，再单击
属性栏中的【水平镜像】按钮，将图形水平镜像，如图
18.69所示。

图18.68 绘制图形

图18.69 复制并变换图形

STEP 09 单击工具箱中的【文本工具】字按钮，在燕尾标签
中心位置输入文字（字体设置为方正兰亭中粗黑_GBK），
这样就完成了效果制作，最终效果如图18.70所示。

图18.70 最终效果

图18.73 绘制星形　　　　图18.74 绘制圆

实战 343 促销优惠Banner设计

▶ 素材位置：素材\第18章\促销优惠Banner设计
▶ 案例位置：效果\第18章\促销优惠Banner设计.cdr
▶ 视频位置：视频\实战343.avi
▶ 难易指数：★★☆☆☆

● 实例介绍 ●

本例讲解促销优惠Banner设计。本例中的Banner视觉效果十分简洁，整个促销信息直观易读，最终效果如图18.71所示。

图18.71 最终效果

● 操作步骤 ●

1. 绘制Banner轮廓

单击工具箱中的【矩形工具】□按钮，绘制1个矩形，设置【填充】为浅灰色（R：240，G：241，B：243），【轮廓】为无，如图18.72所示。

图18.72 绘制矩形

2. 绘制多边形标签

STEP 01 单击工具箱中的【星形工具】☆按钮，在矩形左上角绘制1个星形，设置【填充】为橙色（R：246，G：144，B：62），【轮廓】为无，在属性栏中将【边数】更改为15，【锐度】更改为20，如图18.73所示。

STEP 02 单击工具箱中的【椭圆形工具】○按钮，在星形位置按住Shift键绘制1个圆，设置【填充】为无，【轮廓】为黄色（R：242，G：82，B：67），【轮廓宽度】为1，如图18.74所示。

STEP 03 同时选择星形及圆形，按Ctrl+C组合键复制，单击属性栏中的【合并】▣按钮，将图形【填充】更改为灰色（R：212，G：212，B：212），按Ctrl+V组合键粘贴再向左上角方向稍微移动，如图18.75所示。

STEP 04 同时选择2组星形及圆形，按Ctrl+G组合键组合对象，执行菜单栏中的【对象】|【PowerClip】|【置于图文框内部】命令，将图形放置到下方矩形内部，如图18.76所示。

图18.75 复制图形　　　　图18.76 置于图文框内部

STEP 05 单击工具箱中的【文本工具】字按钮，在适当位置输入文字"60%"和"OFF"（字体分别设置为Arial 粗体、Arial），如图18.77所示。

图18.77 输入文字

3. 处理文字信息

STEP 01 执行菜单栏中的【文件】|【打开】命令，打开"促销优惠字.cdr"文件，将打开的文字拖入矩形位置，如图18.78所示。

图18.78 添加文字

STEP 02 单击工具箱中的【矩形工具】□按钮，在Banner右侧位置绘制1个矩形，设置【填充】为橙色（R：246，G：144，B：62），【轮廓】为无，单击鼠标右键，从弹出的快捷菜单中选择【转换为曲线】命令，如图18.79所示。

STEP 03 单击工具箱中的【形状工具】↖按钮，拖动矩形左下角节点将其变形，如图18.80所示。

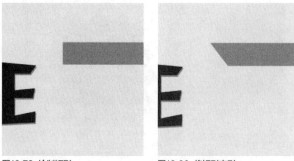

图18.79 绘制矩形　　　　　图18.80 将矩形变形

STEP 04 选择经过变形的矩形将其向下复制1份，如图18.81 所示。

图18.81 复制图形

STEP 05 单击工具箱中的【文本工具】**字**按钮，在变形的矩形中心位置输入文字（字体分别设置为Arial、Comic Sans MS 粗体、Arial），这样就完成了效果制作，最终效果如图18.82所示。

图18.82 最终效果

实战 344	**欢乐春游Banner设计**

▶ 素材位置：素材 \第18章\欢乐春游Banner设计
▶ 案例位置：效果\第18章\欢乐春游Banner设计.cdr
▶ 视频位置：视频\实战344.avi
▶ 难易指数：★★☆☆☆

● 实例介绍 ●

　　本例讲解欢乐春游Banner设计。本例中的文字作为主视觉突出了Banner的信息，绿叶图像的添加增强了整个画面感，体现了春游的主题，最终效果如图18.83所示。

图18.83 最终效果

● 操作步骤 ●

1. 绘制春天背景

STEP 01 单击工具箱中的【矩形工具】□按钮，绘制1个矩形，设置【轮廓】为无。

STEP 02 单击工具箱中的【交互式填充工具】◈按钮，再单击属性栏中的【渐变填充】▥按钮，在图形上拖动填充蓝色（R：133，G：217，B：230）到白色的线性渐变，如图18.84所示。

图18.84 填充渐变

STEP 03 单击工具箱中的【椭圆形工具】○按钮，在矩形底部绘制1个比其稍大些的椭圆，设置【填充】为绿色（R：122，G：202，B：80），【轮廓】为无，【轮廓宽度】为，如图18.85所示。

STEP 04 选择椭圆，执行菜单栏中的【对象】|【PowerClip】|【置于图文框内部】命令，将图形放置到矩形内部，如图18.86所示。

图18.85 绘制椭圆　　　　　图18.86 置于图文框内部

STEP 05 单击工具箱中的【钢笔工具】◊按钮，在椭圆顶部位置绘制2个绿色图形，如图18.87所示。

提示 _____

　　颜色值并无绝对要求，在设置颜色过程中注意与下方椭圆颜色稍微接近即可。

STEP 06 以同样的方法在底部位置绘制2个不规则图形制作山丘效果，如图18.88所示。

图18.87 绘制图形

图18.88 绘制山丘

STEP 07 单击工具箱中的【透明度工具】▨按钮,在稍浅的图形上拖动降低底部区域不透明度,如图18.89所示。

STEP 08 同时选择2个山丘图像,向右侧平移复制,如图18.90所示。

图18.89 降低不透明度 　　图18.90 复制图形

2. 制作春游艺术字

STEP 01 单击工具箱中的【文本工具】字按钮,在中间位置输入文字(字体设置为MStiffHei PRC UltraBold),如图18.91所示。

STEP 02 在文字上单击鼠标右键,从弹出的快捷菜单中选择【转换为曲线】命令,单击工具箱中的【形状工具】⟨按钮,拖动文字节点将其变形,如图18.92所示。

图18.91 输入文字 　　图18.92 将文字变形

STEP 03 选择文字,单击工具箱中的【交互式填充工具】◈按钮,再单击属性栏中的【渐变填充】▰按钮,在图形上拖动填充白色到浅绿色(R:236,G:255,B:196)的线性渐变,如图18.93所示。

STEP 04 单击工具箱中的【钢笔工具】◊按钮,绘制1个不规则图形,设置【填充】为绿色(R:116,G:168,B:25),【轮廓】为无,将其移至文字下方,如图18.94所示。

图18.93 填充渐变 　　图18.94 绘制图形

STEP 05 选择文字,单击工具箱中的【阴影工具】▱按钮,在文字上拖动添加阴影效果,在属性栏中将【阴影羽化】更改为1,【不透明度】更改为30,如图18.95所示。

图18.95 添加阴影

STEP 06 单击工具箱中的【钢笔工具】◊按钮,在文字顶部绘制1个线段图形,设置【填充】为浅绿色(R:240,G:255,B:210),【轮廓】为无,将其移至文字下方,如图18.96所示。

STEP 07 在线段旁边位置绘制1个与其颜色相同的树叶图形,如图18.97所示。

图18.96 绘制线段 　　图18.97 绘制树叶

STEP 08 以同样的方法再次绘制数个图形,同时选择线段及树叶图形,单击属性栏中的【合并】▱按钮,将图形合并,将其移至绿色图形下方,如图18.98所示。

图18.98 绘制图形并更改顺序

3. 处理装饰图像

STEP 01 选择树叶图形向文字左下角位置拖动复制,再将其适当缩小并旋转,如图18.99所示。

STEP 02 执行菜单栏中的【文件】|【导入】命令,导入"绿叶.cdr文件,在文字右上角单击并等比例缩小,如图18.100所示。

图18.99 复制图形 　　图18.100 导入图像

STEP 03 选择绿叶,执行菜单栏中的【位置】|【模糊】|【动态模糊】命令,在弹出的对话框中将【间距】更改为20,【方向】更改为14,完成之后单击【确定】按钮,如图18.101所示。

STEP 04 选择绿叶,向文字底部拖动复制并将其放大,如图18.102所示。

图18.101 添加动态模糊 　　图18.102 复制并变换图像

STEP 05 以同样的方法,将绿叶复制数份并放在适当位置适当缩小,如图18.103所示。

图18.103 复制并变换图像

STEP 06 同时选择所有超出矩形范围的绿叶图像,执行菜单栏中的【对象】|【PowerClip】|【置于图文框内部】命令,将图像放置到矩形内部,如图18.104所示。

STEP 07 单击工具箱中的【椭圆形工具】○按钮,在文字左侧按住Ctrl键绘制1个圆形,设置【填充】为白色,【轮廓】为无,如图18.105所示。

STEP 08 执行菜单栏中的【位图】|【转换为位图】命令,在弹出的对话框中分别勾选【光滑处理】及【透明背景】复选框,完成之后单击【确定】按钮。

STEP 09 执行菜单栏中的【位图】|【模糊】|【高斯式模糊】命令,在弹出的对话框中将【半径】更改为10像素,完成之后单击【确定】按钮,如图18.106所示。

图18.104 置于图文框内部

图18.105 绘制圆 　　图18.106 添加高斯式模糊

STEP 10 将图像移动至适当位置复制多份,再适当缩放,这样就完成了效果制作,最终效果如图18.107所示。

图18.107 最终效果

实战 345

DJ音乐汇Banner设计

▶ 素材位置:素材\第18章\DJ音乐汇Banner设计
▶ 案例位置:效果\第18章\DJ音乐汇Banner设计.cdr
▶ 视频位置:视频\实战345.avi
▶ 难易指数:★★★☆☆

● 实例介绍 ●

本例讲解DJ音乐汇Banner设计。本例以DJ图像元素为视觉焦点,与多边形图形相结合,将整个音乐元素完美地体现,最终效果如图18.108所示。

图18.108 最终效果

● 操作步骤 ●

1. 制作碎块化图像

STEP 01 单击工具箱中的【矩形工具】□按钮，绘制1个矩形，设置【轮廓】为无。

STEP 02 单击工具箱中的【交互式填充工具】◇按钮，再单击属性栏中的【渐变填充】▨按钮，在图形上拖动填充深青色（R：6，G：63，B：80）到深蓝色（R：2，G：43，B：63）的线性渐变，如图18.109所示。

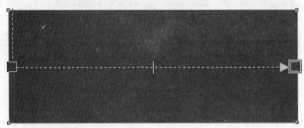

图18.109 填充渐变

STEP 03 单击工具箱中的【钢笔工具】▲按钮，绘制1个不规则图形，设置【填充】为白色，【轮廓】为无，如图18.110所示。

图18.110 绘制图形

STEP 04 以同样的方法在三角形左右两侧绘制2个相似图形，如图18.111所示。

STEP 05 执行菜单栏中的【文件】|【导入】命令，导入"图片.jpg""图片2.jpg""图片3.jpg"文件，在图形旁边位置单击，如图18.112所示。

图18.111 复制图形

图18.112 导入素材

STEP 06 选择最大图片，执行菜单栏中的【对象】|【PowerClip】|【置于图文框内部】命令，将图形放置到中间三角形内部。

STEP 07 以同样的方法分别选中其他两张图片，分别将其置于左右2个三角形内部，如图18.113所示。

图18.113 置于图文框内部

STEP 08 单击工具箱中的【钢笔工具】▲按钮，在图像位置绘制1条折线，设置【填充】为无，【轮廓】为白色，【轮廓宽度】为0.5，如图18.114所示。

STEP 09 选择折线，执行菜单栏中的【对象】|【PowerClip】|【置于图文框内部】命令，将图形放置到下方矩形内部。

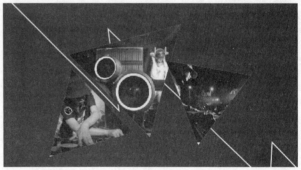

图18.114 绘制折线

STEP 10 单击工具箱中的【钢笔工具】▲按钮，在图像适当位置再次绘制1个白色三角形，如图18.115所示。

STEP 11 单击工具箱中的【2点线工具】✎按钮，在三角形1条边的边缘绘制1条线段，设置【填充】为无，【轮廓】为蓝色（R：50，G：102，B：153），【轮廓宽度】为1，如图18.116所示。

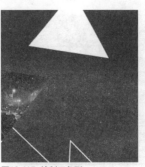

图18.115 绘制三角形

图18.116 绘制线段

2．绘制条纹装饰图像

STEP 01 选择线段将其复制多份，如图18.117所示。

STEP 02 选择线段，单击属性栏中的【合并】按钮，将图形合并，执行菜单栏中的【对象】|【PowerClip】|【置于图文框内部】命令，将图形放置到三角形内部，如图18.118所示。

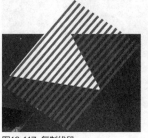
图18.117 复制线段

图18.118 置于图文框内部

STEP 03 选择三角形，将【填充】更改为无，再将其复制1份并移至右下角位置，如图18.119所示。

STEP 04 同时选择2个三角形，单击属性栏中的【合并】按钮，将图形合并，执行菜单栏中的【对象】|【PowerClip】|【置于图文框内部】命令，将图形放置到下方矩形内部，如图18.120所示。

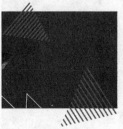
图18.119 复制三角形

图18.120 复制图形

STEP 05 单击工具箱中的【钢笔工具】按钮，在图像适当位置绘制1个三角形，设置【填充】为青色（R：0，G：255，B：255），【轮廓】为无，如图18.121所示。

STEP 06 单击工具箱中的【椭圆形工具】按钮，在适当位置按住Ctrl键绘制1个圆，设置【填充】为浅青色（R：168，G：255，B：255），【轮廓】为无，如图18.122所示。

图18.121 绘制三角形

图18.122 绘制圆

STEP 07 以同样的方法在Banner其他位置绘制数个三角形和圆制作装饰图形，如图18.123所示。

图18.123 绘制装饰图形

3．渲染图像

STEP 01 单击工具箱中的【文本工具】字按钮，在Banner靠右侧位置输入文字（字体设置为方正兰亭黑_GBK），如图18.124所示。

图18.124 输入文字

STEP 02 单击工具箱中的【椭圆形工具】按钮，在适当位置按住Ctrl键绘制1个圆，设置【填充】为青色（R：0，G：255，B：255），【轮廓】为无，如图18.125所示。

STEP 03 执行菜单栏中的【位图】|【转换为位图】命令，在弹出的对话框中分别勾选【光滑处理】及【透明背景】复选框，完成之后单击【确定】按钮。

STEP 04 执行菜单栏中的【位图】|【模糊】|【高斯式模糊】命令，在弹出的对话框中将【半径】更改为10像素，完成之后单击【确定】按钮，如图18.126所示。

图18.125 绘制圆

图18.126 添加高斯式模式

STEP 05 将模糊图像复制数份并分别放在适当位置，这样就完成了效果制作，最终效果如图18.127所示。

图18.127 最终效果

第 **19** 章

视觉网页设计

本章导读

本章讲解视觉网页设计。网页是构成网站的基本元素，是承载网站应用的平台，漂亮的网页设计可以增强人的视觉感受，从感知角度来讲，人们在网上冲浪、浏览网页信息过程中，对那些漂亮的网页会心存好感，从而提升访问量及信息传递量。通过本章的学习可以很好地掌握视觉网页设计。

要点索引
- 学会制作汉堡网页
- 学会制作西餐美食网页
- 学习制作世纪云数据首页

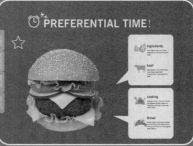

实战
346

汉堡网页设计

▶ 素材位置：素材\第19章\汉堡网页设计
▶ 案例位置：效果\第19章\汉堡网页设计.cdr
▶ 视频位置：视频\实战346.avi
▶ 难易指数：★★☆☆☆

● 实例介绍 ●

本例讲解汉堡网页设计。汉堡作为典型的西式主食，在饮食界具有不一般的代表意义，在网页制作过程中以红色作为主色调，将汉堡的美味特质完美地表现出来，最终效果如图19.1所示。

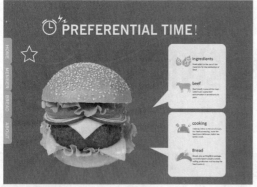

图19.1 最终效果

● 操作步骤 ●

1. 制作放射背景

STEP 01 单击工具箱中的【矩形工具】□按钮，绘制1个矩形，设置【填充】为红色（R：190，G：53，B：55），【轮廓】为无，如图19.2所示。

图19.2 填充渐变

STEP 02 单击工具箱中的【矩形工具】□按钮，在矩形上绘制1个矩形，设置【填充】为红色（R：168，G：43，B：46），【轮廓】为无，如图19.3所示。

STEP 03 执行菜单栏中的【效果】|【添加透视】命令，按住Ctrl+Shift组合键将矩形透视变形，如图19.4所示。

图19.3 绘制矩形

图19.4 将矩形变形

STEP 04 在矩形上单击，将中心点移至底部位置，按住鼠标左键顺时针旋转至一定角度按下鼠标右键，将图形复制，如图19.5所示。

图19.5 复制图形

STEP 05 按Ctrl+D组合键将图形复制多份，如图19.6所示。

STEP 06 同时选择所有图形，单击属性栏中的【合并】🖵按钮，将图形合并，再单击工具箱中的【透明度工具】▨按钮，分别单击属性栏中的【渐变透明度】◪及【椭圆形渐变透明度】▨按钮，如图19.7所示。

图19.6 复制图形

图19.7 最终效果

STEP 07 选择刚才绘制的放射图形，执行菜单栏中的【对象】|【PowerClip】|【置于图文框内部】命令，将放射图形放置到下方矩形内部，如图19.8所示。

STEP 08 执行菜单栏中的【文件】|【导入】命令，导入"汉堡.cdr"文件，在放射图形位置单击并缩小图像，如图19.9所示。

图19.8 置于图文框内部

图19.9 导入图像

2．制作网页标签

STEP 01 单击工具箱中的【矩形工具】□按钮，在汉堡图像左侧位置绘制1个矩形，设置【填充】为橙色（R：255，G：166，B：0），【轮廓】为无，如图19.10所示。

STEP 02 单击工具箱中的【形状工具】⬚按钮，拖动右上角节点将其转换为圆角矩形，如图19.11所示。

图19.10 绘制矩形　　　图19.11 转换为圆角矩形

STEP 03 选选择圆角矩形，向下移动复制，再按Ctrl+D组合键将图形复制2份，如图19.12所示。

图19.12 复制图形

STEP 04 同时选择4个圆角矩形，执行菜单栏中的【对象】|【PowerClip】|【置于图文框内部】命令，将图形放置到下方矩形内部，如图19.13所示。

STEP 05 单击工具箱中的【文本工具】字按钮，输入文字（字体设置为NewsGoth BT），如图19.14所示。

图19.13 置于图文框内部　　图19.14 添加文字

STEP 06 执行菜单栏中的【文件】|【打开】命令，打开"图标.cdr"文件，将打开的文件拖入页面刚才添加的文字左侧位置，如图19.15所示。

STEP 07 单击工具箱中的【钢笔工具】⬚按钮，在图标右上角绘制1个闪电图形，设置【填充】为白色，【轮廓】为无，如图19.16所示。

STEP 08 选择闪电图形将其复制1份并适当缩小旋转，如图19.17所示。

图19.15 添加图标　　　　图19.16 绘制图形

图19.17 复制变换图形

3．修饰商品

STEP 01 单击工具箱中的【矩形工具】□按钮，在汉堡图像右侧绘制1个矩形，设置【填充】为浅灰色（R：240，G：240，B：240），【轮廓】为无，如图19.18所示。

STEP 02 单击工具箱中的【形状工具】⬚按钮，拖动矩形右上角节点将其转换为圆角矩形，如图19.19所示。

图19.18 绘制矩形　　　　图19.19 转换为圆角矩形

STEP 03 在圆角矩形上单击鼠标右键，从弹出的快捷菜单中选择【转换为曲线】命令。

STEP 04 单击工具箱中的【钢笔工具】⬚按钮，在圆角矩形左下角边缘位置单击添加3个节点，如图19.20所示。

STEP 05 单击工具箱中的【形状工具】⬚按钮，拖动节点将其变形，如图19.21所示。

图19.20 添加节点　　　　图19.21 将图形变形

STEP 06 选择经过变形的圆角矩形，向下移动复制，再单击工具箱中的【形状工具】按钮，拖动左侧变形部分，调整变形效果，如图19.22所示。

图19.22 拖动节点

STEP 07 执行菜单栏中的【文件】|【打开】命令，打开"食品图标.cdr"文件，将打开的文件拖入当前页面圆角矩形位置，如图19.23所示。

STEP 08 单击工具箱中的【文本工具】字按钮，在图标右侧输入文字（字体设置为Calibri），如图19.24所示。

图19.23 添加图标　　　　　图19.24 输入文字

STEP 09 单击工具箱中的【钢笔工具】按钮，在汉堡图像顶部绘制1条曲线，设置【填充】为无，【轮廓】为白色，【轮廓宽度】为细线，如图19.25所示。

STEP 10 选择曲线，将其向下稍微移动复制，如图19.26所示。

图19.25 绘制曲线　　　　　图19.26 复制曲线

STEP 11 同时选择2条曲线，单击属性栏中的【合并】按钮，将线条合并，如图19.27所示。

STEP 12 选择线段，单击工具箱中的【透明度工具】按钮，在属性栏中将【合并模式】更改为柔光，在右侧位置拖动适当降低其不透明度，如图19.28所示。

STEP 13 单击工具箱中的【星形工具】☆按钮，设置【填充】为无，【轮廓】为白色，【轮廓宽度】为1，如图19.29所示。

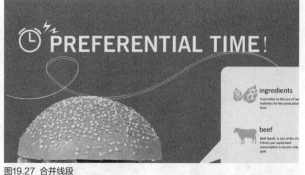

图19.27 合并线段

图19.28 降低透明度　　　　　图19.29 绘制星形

STEP 14 单击工具箱中的【形状工具】按钮，拖动星形内侧节点将其稍微变形，这样就完成了效果制作，最终效果如图19.30所示。

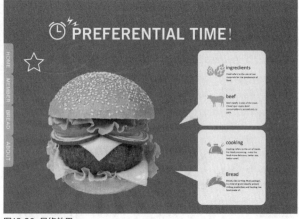

图19.30 最终效果

实战 347	**西餐美食网页设计**
	▶ 素材位置：素材\第19章\西餐美食网页设计
	▶ 案例位置：效果\第19章\西餐美食网页设计.cdr
	▶ 视频位置：视频\实战347.avi
	▶ 难易指数：★★★☆☆

● 实例介绍 ●

本例讲解西餐美食网页设计。本例中的网页色彩浓郁，以红黄色作为主体色调，整体的视觉效果十分出色，最终效果如图19.31所示。

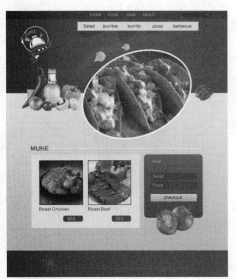

图19.31 最终效果

图19.33 复制变换图形　　　图19.34 更改不透明度

STEP 05 单击工具箱中的【文本工具】**字**按钮，在矩形顶部位置输入文字（字体设置为Swis721 WGL4 BT），如图19.35所示。

图19.35 输入文字

● 操作步骤 ●

1. 制作网页背景

STEP 01 单击工具箱中的【矩形工具】□按钮，绘制1个【宽度】为230、【高度】为250的矩形，【轮廓】为无。

STEP 02 单击工具箱中的【交互式填充工具】◇按钮，再单击工具栏中的【渐变填充】▧及【椭圆形渐变填充】▨按钮，在图形靠上半部分区域拖动填充白色到黄色（R：224，G：210，B：183）的渐变，如图19.32所示。

STEP 06 单击工具箱中的【矩形工具】□按钮，在矩形右侧绘制1个矩形，设置【填充】为深红色（R：80，G：10，B：0），【轮廓】为无，如图19.36所示。

STEP 07 单击工具箱中的【形状工具】↖按钮，选择矩形左上角节点向内侧拖动，将矩形变形圆角矩形，如图19.37所示。

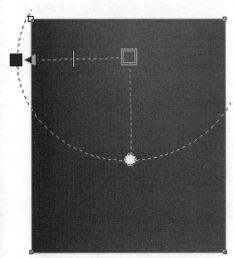

图19.32 填充渐变

图19.36 绘制矩形　　　图19.37 将矩形变形

STEP 08 单击工具箱中的【椭圆形工具】○按钮，在圆角矩形右侧位置按住Ctrl键绘制1个圆，设置【填充】为无，【轮廓】为浅黄色（R：250，G：237，B：220），【轮廓宽度】为0.2，如图19.38所示。

STEP 09 单击工具箱中的【2点线工具】╱按钮，设置【填充】为无，【轮廓】为浅黄色（R：250，G：237，B：220），在【轮廓笔】面板中单击【圆形端头】▬图标，如图19.39所示。

STEP 03 选择矩形，按Ctrl+C组合键复制，再按Ctrl+V组合键粘贴，将图形更改为黑色后缩小矩形高度，如图19.33所示。

STEP 04 选择黑色矩形，单击工具箱中的【透明度工具】▨按钮，将【不透明度】更改为70%，如图19.34所示。

STEP 10 选择最大矩形，按Ctrl+C组合键复制，再按Ctrl+V组合键粘贴，再缩短矩形高度，单击工具箱中的【交互式填充工具】◇按钮，再单击工具栏中的【渐变填充】▧，为矩形填充浅黄色（R：250，G：240，B：226）到浅黄色（R：235，G：204，B：150）的线性渐变，如图19.40所示。

STEP 11 单击工具箱中的【椭圆形工具】◯按钮，在矩形位置绘制1个椭圆图形，设置【填充】为无，【轮廓】为白色，如图19.41所示。

图19.38 绘制圆

图19.39 绘制线段

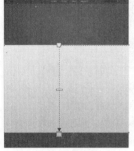

图19.40 复制并变换图形

图19.41 绘制椭圆

2．处理网页素材

STEP 01 执行菜单栏中的【文件】|【导入】命令，导入"沙拉.jpg"文件，在椭圆图形旁边位置单击，如图19.42所示。

STEP 02 选中沙拉图像，执行菜单栏中的【对象】|【PowerClip】|【置于图文框内部】命令，将图像放置到矩形内部，如图19.43所示。

图19.42 导入素材

图19.43 置于图文框内部

STEP 03 执行菜单栏中的【对象】|【PowerClip】|【编辑PowerClip】命令，将图像适当缩小并移动，如图19.44所示。

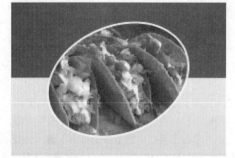

图19.44 变换图像

STEP 04 执行菜单栏中的【文件】|【导入】命令，导入"logo.esp"文件，在刚才添加的素材图像左上角位置单击添加素材，如图19.45所示。

STEP 05 将导入的素材颜色更改为白色并适当旋转，如图19.46所示。

图19.45 导入素材

图19.46 旋转并更改颜色

STEP 06 单击工具箱中的【贝塞尔工具】✐按钮，在沙拉素材图像顶部绘制1个不规则图形，如图19.47所示。

STEP 07 选择绘制的图形，单击工具箱中的【透明度工具】▧按钮，将不透明度更改为70，如图19.48所示。

图19.47 绘制图形

图19.48 降低不透明度

STEP 08 单击工具箱中的【矩形工具】□按钮，在沙拉图像上方绘制1个矩形，设置【填充】为浅黄色（R：250，G：237，B：220），【轮廓】为无，如图19.49所示。

STEP 09 单击工具箱中的【文本工具】字按钮，在刚才绘制的矩形位置输入文字（字体设置为Swis721 WGL4 BT），如图19.50所示。

图19.49 绘制矩形

图19.50 输入文字

STEP 10 单击工具箱中的【钢笔工具】◊按钮，在沙拉素材图像左上角位置绘制1个不规则图形，设置【填充】为浅黄色（R：250，G：237，B：220），【轮廓】为无，如图19.51所示。

STEP 11 选择刚才绘制的图形，执行菜单栏中的【位图】|【转换为位图】命令，在弹出的对话框中分别勾选【光滑处理】及【透明背景】复选框，完成之后单击【确定】按钮。

STEP 12 执行菜单栏中的【位图】|【模糊】|【高斯式模糊】命令，在弹出的对话框中将【半径】更改为15像素，完成之后单击【确定】按钮，如图19.52所示。

STEP 13 单击工具箱中的【透明度工具】❖按钮，在属性栏中将【合并模式】更改为叠加，如图19.53所示。

图19.51　绘制图形

图19.52　添加高斯式模糊

图19.53　更改合并模式

STEP 14 执行菜单栏中的【文件】|【导入】命令，导入"蔬菜.png""薯片.png""彩椒.png"文件，在适当位置单击添加素材并将素材图像适当缩小后放在适当位置，将薯片图像复制1份，如图19.54所示。

图19.54　导入素材

3．绘制菜单

STEP 01 单击工具箱中的【矩形工具】□按钮，在适当位置绘制1个矩形，设置【填充】为浅黄色，（R：250，G：237，B：220），【轮廓】为无，如图19.55所示。

STEP 02 选择矩形按住Shift键同时再按住鼠标左键，向右侧拖动并按下鼠标右键，将图形复制，再将矩形适当缩小，如图19.56所示。

图19.55　绘制矩形

图19.56　复制并变换矩形

STEP 03 单击工具箱中的【矩形工具】□按钮，在刚才绘制的左侧矩形位置再次绘制1个矩形，设置【填充】为无，【轮廓】为0.2，如图19.57所示。

STEP 04 选择矩形按住Shift键同时再按住鼠标左键，向右侧拖动并按下鼠标右键，将图形复制，如图19.58所示。

图19.57　绘制矩形

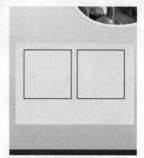

图19.58　复制矩形

STEP 05 执行菜单栏中的【文件】|【导入】命令，导入"主菜.jpg""烤鸡.jpg"文件，在绘制的矩形位置单击，如图19.59所示。

STEP 06 选择烤鸡图像，执行菜单栏中的【对象】|【PowerClip】|【置于图文框内部】命令，将图像放置到矩形内部，如图19.60所示。

图19.59　导入素材

图19.60　置于图文框内部

STEP 07 执行菜单栏中的【对象】|【PowerClip】|【编辑PowerClip】命令，将图像适当缩小并移动，如图19.61所示。

STEP 08 以同样的方法选择主菜图像，将多余部分图像隐藏，如图19.62所示。

图19.61　变换图像

图19.62　隐藏多余图像

STEP 09 单击工具箱中的【文本工具】字按钮，在刚才添加的素材图像上左上角位置输入文字"MUNE"（字体设置为Swis721 WGL4 BT），如图19.63所示。

STEP 10 单击工具箱中的【2点线工具】✐按钮，在添加的文字右侧位置按住Shift键绘制一条水平线段，将【轮廓】设置为白色，【轮廓宽度】为0.5，如图19.64所示。

图19.63 添加文字　　　　图19.64 绘制线段

图19.69 填充渐变　　　　图19.70 将矩形变形

STEP 11 单击工具箱中的【矩形工具】□按钮，在火鸡素材图像下方位置绘制1个矩形，设置【填充】为红色（R：150，G：20，B：0），【轮廓】为无，如图19.65所示。

STEP 12 单击工具箱中的【形状工具】按钮，选择矩形左上角节点向内侧拖动，将矩形变形圆角矩形，如图19.66所示。

图19.71 导入素材

图19.65 绘制矩形　　　　图19.66 将矩形变形

STEP 18 单击工具箱中的【矩形工具】□按钮，在番茄图像上方位置绘制1个矩形，设置【填充】为红色（R：145，G：19，B：0），【轮廓】为无。

STEP 19 以同样的方法，将矩形变形为圆角矩形，如图19.72所示。

STEP 13 选择经过变形的矩形，按住Shift键同时再按住鼠标左键，向右侧拖动并按下鼠标右键，将图形复制，如图19.67所示。

STEP 14 单击工具箱中的【文本工具】**字**按钮，在刚才绘制的矩形位置输入文字（字体设置为Swis721 WGL4 BT），如图19.68所示。

图19.72 绘制矩形并将其变形

STEP 20 选择圆角矩形按住Shift键同时再按住鼠标左键，向下方拖动并按下鼠标右键，将图形复制，再按Ctrl+D组合键将图形再次复制1份，将第3个圆角矩形向下稍微移动，如图19.73所示。

图19.67 复制图形　　　　图19.68 输入文字

STEP 21 选择第3个圆角矩形，单击工具箱中的【交互式填充工具】按钮，再单击工具栏中的【渐变填充】■按钮，在图形上拖动填充浅黄色（R：244，G：225，B：194）到黄色（R：235，G：185，B：90）的线性渐变，如图19.74所示。

STEP 15 选择图形，单击工具箱中的【交互式填充工具】按钮，再单击工具栏中的【渐变填充】■按钮，在图形上拖动填充浅红色（R：255，G：180，B：180）到红色（R：233，G：80，B：64）的线性渐变，如图19.69所示。

STEP 16 单击工具箱中的【形状工具】按钮，拖动矩形左上角节点将其变形，如图19.70所示。

STEP 17 执行菜单栏中的【文件】|【导入】命令，导入"番茄.png"文件，在经过变形的矩形底部位置单击添加素材，如图19.71所示。

图19.73 复制图形　　　　图19.74 添加渐变

4. 制作底部装饰

STEP 01 单击工具箱中的【文本工具】**字**按钮，在刚才绘制的图形位置输入文字（字体设置为Swis721 WGL4 BT），如图19.75所示。

STEP 02 执行菜单栏中的【文件】|【导入】命令，导入"logo.esp"文件，在页面左下角位置单击添加素材，并将其颜色更改为白色，如图19.76所示。

图19.75 添加文字

图19.76 导入素材

STEP 03 单击工具箱中的【2点线工具】✎按钮，在刚才添加的素材右侧位置按住Shift键从左向右侧拖动绘制一条水平线段，如图19.77所示。

STEP 04 单击工具箱中的【文本工具】**字**按钮，在刚才绘制的图形位置输入文字"GRILL"（字体设置为Swis721 WGL4 BT），如图19.78所示。

图19.77 绘制线段

图19.78 添加文字

STEP 05 单击工具箱中的【矩形工具】□按钮，在刚才添加的文字位置绘制1个矩形，如图19.79所示。

STEP 06 选择线段及矩形，单击属性栏中的【修剪】凸按钮，对线段进行修剪，再将矩形删除，如图19.80所示。

图19.79 绘制矩形

图19.80 修剪图形

STEP 07 同时选择页面底部红色矩形区域内的对象，单击工具箱中的【透明度工具】▧按钮，在属性栏中将【合并模式】更改为【柔光】，这样就完成了效果制作，最终效果如图19.81所示。

图19.81 最终效果

世纪云数据首页设计

实战 348

▶ 素材位置：素材\第19章\世纪云数据首页设计
▶ 案例位置：效果\第19章\世纪云数据首页设计.cdr
▶ 视频位置：视频\实战348.avi
▶ 难易指数：★★★☆☆

● 实例介绍 ●

本例讲解世纪云数据首页设计。本例以云数据主题元素为主，将整个数据的特征表现得十分完美，最终效果如图19.82所示。

图19.82 最终效果

● 操作步骤 ●

1. 制作放射背景

STEP 01 单击工具箱中的【矩形工具】□按钮，绘制1个矩形，设置【轮廓】为无。

STEP 02 单击工具箱中的【交互式填充工具】◈按钮，再单击属性栏中的【渐变填充】▰按钮，在图形上拖动填充蓝色（R：255，G：180，B：180）到蓝色（R：233，G：80，B：64）的椭圆渐变，如图19.83所示。

图19.83 填充渐变

STEP 03 单击工具箱中的【矩形工具】□按钮，绘制1个矩形，设置【填充】为白色，【轮廓】为无，如图19.84所示。

STEP 04 执行菜单栏中的【效果】|【添加透视】命令，按住Ctrl+Shift组合键将矩形透视变形，如图19.85所示。

 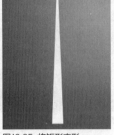

图19.84 绘制矩形　　　　图19.85 将矩形变形

STEP 05 在矩形上单击，将中心点移至底部位置，按住鼠标左键顺时针旋转至一定角度按下鼠标右键，将图形复制，如图19.86所示。

图19.86 复制图形

STEP 06 按Ctrl+D组合键将图形复制多份，如图19.87所示。

图19.87 复制图形

STEP 07 同时选择所有图形，单击属性栏中的【合并】🖰按钮，将图形合并。

STEP 08 单击工具箱中的【透明度工具】🌐按钮，在图形上拖动降低其透明度，如图19.88所示。

图19.88 最终效果

2. 绘制山丘图像

STEP 01 单击工具箱中的【椭圆形工具】〇按钮，绘制1个椭圆，设置【填充】为蓝色（R：8，G：113，B：204），【轮廓】为无，如图19.89所示。

图19.89 绘制椭圆

STEP 02 单击工具箱中的【钢笔工具】✒按钮，绘制1个不规则图形，设置【填充】为深蓝色（R：18，G：108，B：180），【轮廓】为无，如图19.90所示。

STEP 03 选择图形，将其复制数份制作山丘效果，如图19.91所示。

图19.90 绘制图形　　　　图19.91 复制图形

STEP 04 选择山丘图形，执行菜单栏中的【对象】|【PowerClip】|【置于图文框内部】命令，将图形放置到矩形内部，如图19.92所示。

STEP 05 单击工具箱中的【椭圆形工具】〇按钮，绘制1个圆，设置【填充】为绿色（R：130，G：186，B：47），【轮廓】为无，如图19.93所示。

图19.92 置于图文框内部　　图19.93 绘制椭圆

STEP 06 以同样的方法将椭圆置于图文框内部，如图19.94所示。

图19.94 置于图文框内部

3. 处理素材及文字

STEP 01 执行菜单栏中的【文件】|【导入】命令，导入"小人.cdr"文件，在图形中间靠底部位置单击导入素材，

如图19.95所示。

STEP 02 单击工具箱中的【椭圆形工具】○按钮，绘制1个圆，设置【填充】为黄色（R：255，G：255，B：0），【轮廓】为无，如图19.96所示。

图19.95 导入素材　　　　图19.96 绘制椭圆

STEP 03 选择圆形，执行菜单栏中的【对象】|【PowerClip】|【置于图文框内部】命令，将图形放置到矩形内部，如图19.97所示。

STEP 04 单击工具箱中的【2点线工具】✐按钮，在圆形的左侧位置绘制1条线段，设置【轮廓】为黄色（R：255，G：255，B：0），【轮廓宽度】为1，如图19.98所示。

图19.97 置于图文框内部　　图19.98 绘制线段

STEP 05 选择线段，将其复制多份，如图19.99所示。

STEP 06 单击工具箱中的【文本工具】字按钮，输入文字（字体分别设置为MStiffHei PRC UltraBold、GeoSlab703 MdCn BT），如图19.100所示。

图19.99 复制线段　　　　图19.100 添加文字

4．绘制云朵

STEP 01 单击工具箱中的【钢笔工具】✐按钮，绘制1个不规则图形，设置【轮廓】为无。

STEP 02 单击工具箱中的【交互式填充工具】◈按钮，再单击属性栏中的【渐变填充】▰按钮，在图形上拖动填充白色到灰色（R：200，G：200，B：200）的线性渐变，如图19.101所示。

STEP 03 选择云朵图形，将其复制多份，如图19.102所示。

图19.101 绘制云朵　　　图19.102 复制云朵

STEP 04 同时选择左右两侧云朵，执行菜单栏中的【对象】|【PowerClip】|【置于图文框内部】命令，将图形放置到矩形内部，如图19.103所示。

图19.103 置于图文框内部

5．绘制气球

STEP 01 单击工具箱中的【椭圆形工具】○按钮，在适当位置绘制1个椭圆，设置【填充】为绿色（R：172，G：217，B：60），【轮廓】为无。

STEP 02 在绿色椭圆上再次绘制1个白色小椭圆，如图19.104所示。

图19.104 绘制图形

STEP 03 单击工具箱中的【钢笔工具】✐按钮，在椭圆底部绘制1条线段，设置【填充】为无，【轮廓】为绿色（R：172，G：217，B：60），【轮廓宽度】为0.2，如图19.105所示。

图19.105 绘制线段

STEP 04 同时选择所有和气球相关图形，将其复制数份，并更改其颜色，这样就完成了效果制作，最终效果如图19.106所示。

图19.106 最终效果

第 **20** 章

电商广告页设计

本章导读

本章讲解电商广告页设计。电商作为当下流行的网络商品交易平台，它是一种新兴的商品售卖形式，电商装修过程中主要突出的是商品信息，但有时也会穿插一些活动类页面，通过多种方式的结合，从而全面提升电商装修的实用性。通过本章的学习可以掌握精通电商装修。

要点索引

- 学会制作全民运动宣传页
- 学会制作随手拍领红包
- 学习制作优惠购促销页
- 了解旅行宣传页制作

<table>
<tr><td rowspan="2">实战
349</td><td colspan="2">全民运动宣传页设计</td></tr>
</table>

实战 349 全民运动宣传页设计

▶ 素材位置：素材\第20章\全民运动宣传页设计
▶ 案例位置：效果\第20章\全民运动宣传页设计.cdr
▶ 视频位置：视频\实战349.avi
▶ 难易指数：★★★☆☆

● 实例介绍 ●

本例讲解全民运动宣传页设计。本例中的宣传页在制作过程中，以自然生活场景为运动主题，同时直观易读的文字使整个宣传页信息十分明确，最终效果如图20.1所示。

图20.1 最终效果

● 操作步骤 ●

1. 制作场景背景

STEP 01 单击工具箱中的【矩形工具】□按钮，绘制1个【宽度】为130、【高度】为70的矩形，设置【填充】为黄色（R：255，G：228，B：147），【轮廓】为无，如图20.2所示。

STEP 02 单击工具箱中的【椭圆形工具】○按钮，在矩形中间靠底部位置绘制1个椭圆图形，设置【填充】为黄色（R：255，G：188，B：30），【轮廓】为无，如图20.3所示。

图20.2 绘制矩形　　　　图20.3 绘制椭圆

STEP 03 选择椭圆，按Ctrl+C组合键复制，再按Ctrl+V组合键粘贴，再按住Shift键等比例缩小后将【填充】更改为黄色（R：250，G：140，B：30），以同样的方法将图形再次复制并缩小后将【填充】更改为黄色，如图20.4所示。

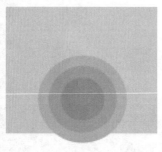

图20.4 复制并缩小图形

STEP 04 单击工具箱中的【矩形工具】□按钮，在椭圆图形位置绘制1个矩形，设置【填充】为白色，【轮廓】为无，如图20.5所示。

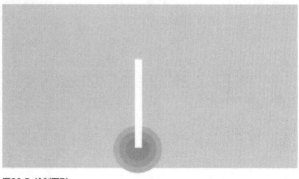

图20.5 绘制图形

STEP 05 选择矩形，执行菜单栏中的【效果】|【添加透视】，如图20.6所示。

STEP 06 按住Ctrl+Shift组合键分别拖动矩形左下角和左上角节点将矩形透视变形，如图20.7所示。

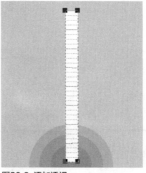

图20.6 添加透视　　　　图20.7 将图形变形

STEP 07 在经过变形的矩形中间位置单击，将旋转中心点移至矩形底部位置，如图20.8所示。

STEP 08 按住鼠标左键向右下方旋转至一定角度按下鼠标右键，将图形旋转复制，如图20.9所示。

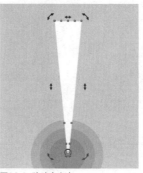
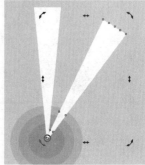

图20.8 移动中心点　　　　图20.9 复制图形

STEP 09 按Ctrl+D组合键数次，将矩形复制数份，如图20.10所示。

STEP 10 同时选择所有白色矩形，单击属性栏中的【合并】按钮，将图形合并，如图20.11所示。

图20.10　复制图形　　　　　图20.11　合并图形

STEP 11 选择经过合并的图形，将其移至底部黄色椭圆下方，如图20.12所示。

STEP 12 单击工具箱中的【透明度工具】▨按钮，在属性栏中将【合并模式】更改为叠加，分别单击【渐变透明度】▨及【椭圆形渐变透明度】▨图标，在白色矩形上拖动降低图形不透明度，如图20.13所示。

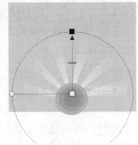

图20.12　更改前后顺序　　　　图20.13　降低图形不透明度

STEP 13 单击工具箱中的【矩形工具】□按钮，在页面靠左侧位置绘制1个矩形，设置【填充】为紫色（R：165，G：126，B：189），【轮廓】为无。

STEP 14 在紫色矩形左上角位置再次绘制1个稍小的白色矩形，如图20.14所示。

图20.14　绘制矩形

STEP 15 选择矩形，单击工具箱中的【透明度工具】▨按钮，在属性栏中将【合并模式】更改为柔光，如图20.15所示。

STEP 16 选择矩形按住Shift键同时再按住鼠标左键，向右侧平移拖动并按下鼠标右键，将图形复制，如图20.16所示。

STEP 17 按Ctrl+D组合键将矩形复制数份，同时选择复制的矩形，以同样的方法再向下复制2份制作出大楼效果，如图20.17所示。

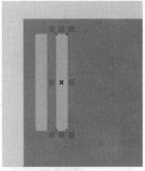

图20.15　更改合并模式　　　　图20.16　复制图形

图20.17　复制矩形

提示
　　将矩形复制完成之后，如果下方紫色矩形宽度不够，可以适当增加其宽度，使大小矩形对比更加协调。

STEP 18 同时选择紫色矩形及其上方的所有小矩形，将其适当旋转。

STEP 19 以同样的方法在紫色矩形右侧位置再次绘制1个相似矩形制作出大楼效果，如图20.18所示。

图20.18　制作大楼效果

STEP 20 单击工具箱中的【椭圆形工具】○按钮，在页面左下角位置绘制1个椭圆图形，设置【填充】为绿色（R：178，G：217，B：88），【轮廓】为无，如图20.19所示。

STEP 21 在水平标尺处，向下拖动鼠标指针拉出一条辅助线并与最大的矩形底部边缘对齐，如图20.20所示。

STEP 22 在刚才绘制的椭圆图形右侧位置再次绘制1个稍小的椭圆图形，再单击工具箱中的【贝塞尔工具】✐按钮，在矩形底部位置绘制数个相似的不规则图形，如图20.21所示。

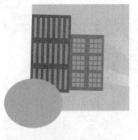

图20.19 绘制椭圆

图20.20 添加辅助线

图20.24 复制并粘贴图形

图20.21 绘制图形

图20.25 更改填充

STEP 23 以同样的方法在右侧位置绘制1个大楼图形效果，如图20.22所示。

STEP 28 选择太阳图形，执行菜单栏中的【对象】|【PowerClip】|【置于图文框内部】命令，将图形放置到内部。

STEP 29 以同样的方法依次从后向前分别选择所有超出页面的图形，如大楼、山丘及道路等图形，为其执行【PowerClip】|【置于图文框内部】命令，如图20.26所示。

图20.22 绘制大楼

STEP 24 单击工具箱中的【贝塞尔工具】按钮，在最大的矩形左下角位置绘制1个三角形图形，设置【填充】为黄色（R：220，G：143，B：53），【轮廓】为无。

STEP 25 以同样的方法在右侧相对位置再次绘制1个稍大的三角形，如图20.23所示。

图20.26 隐藏图形

提示

由于将粘贴的矩形【填充】更改为无，所以在执行【置于图文框内部】命令时，图形是不可见的。

STEP 30 执行菜单栏中的【文件】|【导入】命令，导入"小人.cdr"文件，在页面右下角位置单击添加素材，如图20.27所示。

图20.23 绘制图形

STEP 26 选择最下方黄色矩形，按Ctrl+C组合键复制，再按Ctrl+V组合键粘贴，如图20.24所示。

STEP 27 选择粘贴的矩形，将【填充】更改为无，如图20.25所示。

图20.27 添加素材

2．制作主视觉文字

STEP 01 单击工具箱中的【文本工具】**字**按钮，在页面中间位置输入文字（字体设置为MStiffHei PRC UltraBold），如图20.28所示。

STEP 02 单击工具箱中的【钢笔工具】按钮，沿文字边缘绘制1个不规则图形，设置【填充】为浅红色（R：242，G：125，B：82），【轮廓】为无，如图20.29所示。

图20.28 输入文字

图20.29 绘制图形

STEP 03 在刚才绘制的图形空缺位置再次绘制2个装饰图形，如图20.30所示。

图20.30 绘制装饰图形

STEP 04 同时选择刚才绘制的3个图形，按Ctrl+G组合键将其编组，再单击工具箱中的【阴影工具】按钮，在图形上拖动添加阴影，在属性栏中将【阴影不透明度】更改为20，【阴影羽化】更改为2，如图20.31所示。

STEP 05 单击工具箱中的【钢笔工具】按钮，在文字图形右上角位置绘制1个云朵图形，设置【填充】为白色，【轮廓】为无，如图20.32所示。

图20.31 添加阴影

图20.32 绘制云朵

STEP 06 以同样的方法在页面其他位置绘制相似云朵图形，这样就完成了效果制作，最终效果如图20.33所示。

图20.33 最终效果

实战 350	随手拍领红包设计
	▶ 素材位置：无
	▶ 案例位置：效果\第20章\随手拍领红包设计.cdr
	▶ 视频位置：视频\实战350.avi
	▶ 难易指数：★★★★☆

● 实例介绍 ●

本例讲解随手拍领红包设计。本例的制作重点在于手形图像的绘制，注意图形的结合，最终效果如图20.34所示。

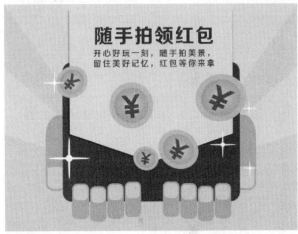
图20.34 最终效果

● 操作步骤 ●

1．制作立体感背景

STEP 01 单击工具箱中的【矩形工具】□按钮，绘制1个【宽度】为200、【高度】为150的矩形，设置【填充】为黄色（R：255，G：228，B：147），【轮廓】为无，如图20.35所示。

STEP 02 单击工具箱中的【贝塞尔工具】按钮，绘制1个不规则图形，设置【填充】为白色，【轮廓】为无，如图20.36所示。

STEP 03 在刚才绘制的图形左侧位置再次绘制1个三角形图形，如图20.37所示。

STEP 04 选择三角形图形，按Ctrl+C组合键复制，再按Ctrl+V组合键粘贴，单击属性栏中的【水平镜像】按钮，将图形水平镜像并平移至右侧与之相对位置，如图20.38所示。

图20.35 绘制矩形

图20.36 绘制不规则图形

图20.37 绘制三角形图形

图20.38 复制并变换图形

STEP 05 同时选择刚才绘制的3个白色图形，单击工具箱中的【透明度工具】▦按钮，将【不透明度】更改为50，并在属性栏中将【合并模式】更改为柔光，如图20.39所示。

图20.39 降低不透明度

2．处理红包图像

STEP 01 单击工具箱中的【矩形工具】□按钮，在黄色矩形位置再次绘制1个矩形，设置【填充】为红色（R：240，G：50，B：83），【轮廓】为无，如图20.40所示。

STEP 02 单击工具箱中的【形状工具】按钮，选择矩形左上角节点向内侧拖动，将矩形变形为圆角矩形，如图20.41所示。

图20.40 绘制矩形

图20.41 将图形变形

STEP 03 单击工具箱中的【矩形工具】□按钮，在红色矩形左侧靠下方位置绘制1个矩形，并将其移至红色矩形下方位置，设置【填充】为黄色（R：250，G：200，B：168），【轮廓】为无，如图20.42所示。

STEP 04 以同样的方法，单击工具箱中的【形状工具】按钮，选择矩形左上角节点向内侧拖动，将矩形变形为圆角矩形，如图20.43所示。

图20.42 绘制矩形

图20.43 将图形变形

STEP 05 单击工具箱中的【形状工具】按钮，选择图形顶部靠左侧节点，按Delete键将其删除，如图20.44所示。

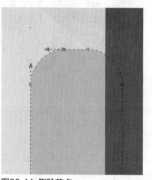

图20.44 删除节点

STEP 06 选择图形左侧节点向下拖动，再选择右侧节点向上拖动，将图形变形，如图20.45所示。

图20.45 拖动节点

提示

在拖动节点过程中，可以根据大拇指致轮廓将图形变形。

STEP 07 单击工具箱中的【矩形工具】□按钮，在刚才绘制的黄色矩形靠下半部分位置绘制1个矩形，将【填充】为白色，

【轮廓】为无，如图20.46所示。

STEP 08 选择白色矩形，单击工具箱中的【透明度工具】▨按钮，在属性栏中将【合并模式】更改为柔光，如图20.47所示。

图20.46 绘制矩形　　　　图20.47 更改合并模式

STEP 09 以同样的方法单击工具箱中的【形状工具】按钮，选择矩形左上角节点向内侧拖动，将矩形变形为圆角矩形，如图20.48所示。

STEP 10 在矩形上单击鼠标右键，从弹出的快捷菜单中选择【转换为曲线】命令，如图20.49所示。

 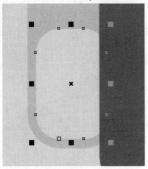

图20.48 将图形变形　　　　图20.49 转换为曲线

STEP 11 单击工具箱中的【形状工具】按钮，分别选择顶部2个锚点，按Delete键将其删除，如图20.50所示。

STEP 12 分别拖动左侧和右侧控制杆将图形变形，如图20.51所示。

图20.50 删除节点　　　　图20.51 拖动节点

STEP 13 同时选择手指形状的2个图形，按Ctrl+G组合键将其编组，再按Ctrl+C组合键复制，按Ctrl+V组合键粘贴，单击属性栏中的【水平镜像】按钮，将图形水平镜像，如图20.52所示。

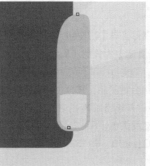

图20.52 复制图形并镜像

STEP 14 以同样的方法在红色图形底部位置绘制数个手指图形，如图20.53所示。

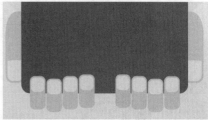

图20.53 绘制手指图形

STEP 15 单击工具箱中的【矩形工具】□按钮，在红色图形上方位置绘制1个矩形，设置【填充】为黄色（R：255，G：238，B：156），【轮廓】为无，如图20.54所示。

STEP 16 单击工具箱中的【钢笔工具】按钮，在刚才绘制的矩形底部边缘中间位置单击添加节点，如图20.55所示。

图20.54 绘制矩形　　　　图20.55 添加节点

STEP 17 单击工具箱中的【形状工具】按钮，向下拖动添加的节点将图形变形，如图20.56所示。

STEP 18 选择经过变形的图形，单击工具箱中的【阴影工具】按钮，在图形上拖动为其添加阴影，在属性栏中将【阴影的不透明度】更改为30，【阴影羽化】更改为2，如图20.57所示。

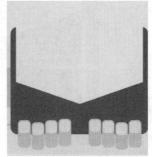 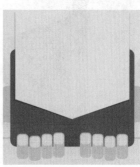

图20.56 将图形变形　　　　图20.57 添加阴影

3．绘制金币

STEP 01 单击工具箱中的【椭圆形工具】○按钮，在适当位置按住Ctrl键绘制1个圆，设置【填充】为黄色（R：255，G：219，B：53），【轮廓】为无，如图20.58所示。

STEP 02 选择圆形，按Ctrl+C组合键复制，按Ctrl+V组合键粘贴，再按住Shift键等比例缩小后并单击工具栏中的【渐变填充】■按钮，在图形上拖动填充浅黄色（R：255，G：238，B：150）到黄色（R：250，G：200，B：30）的椭圆形渐变，如图20.59所示。

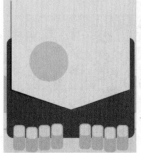
图20.58 绘制圆

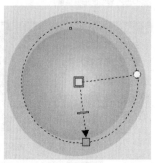
图20.59 复制并缩小图形

STEP 03 单击工具箱中的【文本工具】字按钮，在刚才绘制的圆位置输入文字"￥"（字体设置为时尚中黑简体），将文字【填充】更改为黄色（R：200，G：138，B：0），如图20.60所示。

STEP 04 选择金币图形，将其复制数份并分别放在图形适当位置，如图20.61所示。

图20.60 输入文字

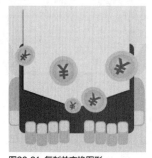
图20.61 复制并变换图形

STEP 05 单击工具箱中的【椭圆形工具】○按钮，在适当位置绘制1个扁长的椭圆图形，如图20.62所示。

STEP 06 选择正圆形，按Ctrl+C组合键复制，按Ctrl+V组合键粘贴，在属性栏【旋转角度】文本框中输入90，如图20.63所示。

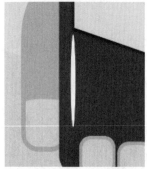
图20.62 绘制图形

图20.63 复制并旋转图形

STEP 07 单击工具箱中的【椭圆形工具】○按钮，在2个图形交叉位置按住Ctrl键绘制1个圆，如图20.64所示。

STEP 08 选择刚才绘制的3个图形，按Ctrl+G组合键将其编组，再将其复制数份分别放在适当位置，如图20.65所示。

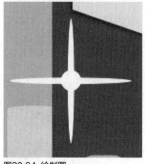
图20.64 绘制圆

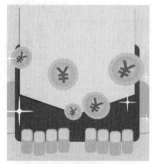
图20.65 复制并变换图形

STEP 09 单击工具箱中的【文本工具】字按钮，在适当位置输入文字（字体分别设置为方正正粗黑简体、方正正准黑简体），这样就完成了效果制作，最终效果如图20.66所示。

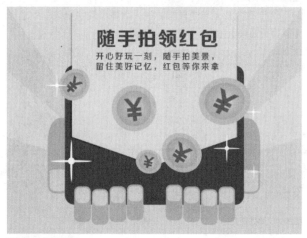
图20.66 最终效果

<table>
<tr><td rowspan="4">实战
351</td><td colspan="2">优惠购促销页设计</td></tr>
<tr><td>▶ 素材位置：</td><td>素材\第20章\优惠购促销页设计</td></tr>
<tr><td>▶ 案例位置：</td><td>效果\第20章\优惠购促销页设计.cdr</td></tr>
<tr><td>▶ 视频位置：</td><td>视频\实战351.avi</td></tr>
<tr><td></td><td>▶ 难易指数：</td><td>★★★☆☆</td></tr>
</table>

● 实例介绍 ●

本例讲解优惠购促销页设计。本例的视觉效果相当出色，以协调的色调与直观的文字信息相结合，整个促销页的信息十分易读，最终效果如图20.67所示。

图20.67 最终效果

● 操作步骤 ●

1. 制作星形背景

STEP 01 单击工具箱中的【矩形工具】□按钮，绘制1个【宽度】为200、【高度】为220的矩形，【轮廓】为无。

STEP 02 单击工具箱中的【交互式填充工具】◇按钮，再单击工具栏中的【渐变填充】▨按钮，在矩形上从右上角向左下角方向拖动填充蓝色（R：80，G：140，B：224）到紫色（R：233，G：0，B：232）的渐变，如图20.68所示。

图20.68 填充渐变

STEP 03 单击工具箱中的【星形工具】☆按钮，在矩形靠上半部分位置绘制1个星形，将【轮廓】设置为青色（R：70，G：197，B：250），【轮廓宽度】为5，在属性栏中将【锐度】更改为40。

STEP 04 单击工具箱中的【交互式填充工具】◇按钮，再单击工具栏中的【渐变填充】▨按钮，在图形上拖动填充紫色（R：67，G：0，B：98）到紫色（R：40，G：0，B：100）的线性渐变，如图20.69所示。

STEP 05 选择星形，按Ctrl+C组合键复制，再按Ctrl+V组合键粘贴，将【填充】更改为无，在【轮廓笔】面板中将【宽度】更改为0.3，选择一种虚线样式，再按住Shift键将图形等比例放大，如图20.70所示。

图20.69 绘制图形

图20.70 复制并变换图形

2. 处理主视觉

STEP 01 单击工具箱中的【文本工具】字按钮，在五角星位置输入文字（字体设置为MStiffHei PRC UltraBold），如图20.71所示。

STEP 02 单击工具箱中的【阴影工具】▢按钮，在文字上拖动为其添加阴影，如图20.72所示。

STEP 03 单击工具箱中的【贝塞尔工具】✐按钮，在文字位置绘制1个不规则图形，设置【填充】为紫色（R：147，

G：0，B：206），【轮廓】为无，如图20.73所示。

STEP 04 以同样的方法，单击工具箱中的【阴影工具】▢按钮，在图形上拖动为其添加阴影，如图20.74所示。

图20.71 输入文字

图20.72 添加阴影

图20.73 绘制图形

图20.74 添加阴影

STEP 05 执行菜单栏中的【文件】|【导入】命令，导入"炫光.jpg"文件，在文字右侧位置单击添加素材，如图20.75所示。

STEP 06 选择炫光素材，单击工具箱中的【透明度工具】▨按钮，在选项栏中将【合并模式】更改为屏幕，如图20.76所示。

图20.75 导入素材

图20.76 更改合并模式

STEP 07 单击工具箱中的【矩形工具】□按钮，在文字左下角位置绘制1个矩形，如图20.77所示。

STEP 08 在矩形上单击，在出现的变形框顶部边缘中间位置拖动将矩形变形并适当旋转，如图20.78所示。

STEP 09 选择经过变形的图形，单击工具箱中的【阴影工具】▢按钮，在图形上拖动为其添加阴影，在选项栏中将【阴影不透明度】更改为20，【阴影羽化】更改为2，如图20.79所示。

STEP 10 选择经过变形的矩形，按住Shift键同时再按住鼠标

左键，向右上角方向拖动并按下鼠标右键，将图形复制，如图20.80所示。

图20.77 绘制图形

图20.78 将图形变形

图20.79 添加阴影

图20.80 复制图形

STEP 11 以同样的方法选择红色图形，为其添加相似阴影，如图20.81所示。

图20.81 添加阴影

STEP 12 单击工具箱中的【文本工具】字按钮，在左侧矩形位置输入文字（字体设置为方正兰亭中粗黑_GBK），如图20.82所示。

STEP 13 以同样的方法选择文字，将其斜切变形，如图20.83所示。

图20.82 输入文字

图20.83 将文字斜切变形

STEP 14 在红色矩形上添加相应文字信息并变形，如图20.84所示。

图20.84 添加文字并变形

STEP 15 单击工具箱中的【贝塞尔工具】✍️按钮，在文字左上角位置绘制1个三角形图形，设置【填充】为黄色（R：253，G：206，B：14），【轮廓】为无，如图20.85所示。

STEP 16 以同样的方法在三角形位置再次绘制2个三角形，将3个三角形组合成1个立体图形，如图20.86所示。

图20.85 绘制三角形

图20.86 绘制立体图形

3. 处理素材图像

STEP 01 选择立体图形，将其复制数份并适当缩放三角形大小，同时将其移至适当位置，如图20.87所示。

STEP 02 执行菜单栏中的【文件】|【导入】命令，导入"运动相机.png""相机.png"文件，在文字下方单击添加素材，如图20.88所示。

图20.87 复制并变换图形

图20.88 导入素材

STEP 03 选择运动相机，单击工具箱中的【阴影工具】🔲按钮，拖动图像为其添加阴影，在属性栏中将【阴影羽化】更改为2，如图20.89所示。

STEP 04 以同样的方法为相机添加阴影效果。

图20.89 添加阴影

STEP 05 单击工具箱中的【钢笔工具】◊按钮，在素材图像底部位置绘制2个大小不一的三角形图形，如图20.90所示。

图20.90 绘制图形

STEP 06 单击工具箱中的【文本工具】字按钮，在页面底部位置输入文字（字体设置为方正兰亭黑_GBK），这样就完成了效果制作，最终效果如图20.91所示。

图20.91 最终效果

实战 352

旅行宣传页设计

▶ 素材位置：素材\第20章\旅行宣传页设计
▶ 案例位置：效果\第20章\旅行宣传页设计.cdr
▶ 视频位置：视频\实战352.avi
▶ 难易指数：★★★☆☆

● 实例介绍 ●

本例讲解旅行宣传页设计。本例在制作过程中以突出的文字为主线，将漂亮的云朵背景与之结合，整个宣传效果相当不错，最终效果如图20.92所示。

图20.92 最终效果

● 操作步骤 ●

1. 制作主题背景

STEP 01 单击工具箱中的【矩形工具】□按钮，绘制1个【宽度】为130、【高度】为85的矩形，设置【轮廓】为无。

STEP 02 单击工具箱中的【交互式填充工具】◊按钮，再单击工具栏中的【渐变填充】◣及【椭圆形渐变填充】▨按钮，在矩形上从中心向外侧拖动填充蓝色（R：118，G：202，B：213）到蓝色（R：26，G：100，B：150）的渐变，如图20.93所示。

图20.93 填充渐变

STEP 03 执行菜单栏中的【文件】|【导入】命令，导入"球.esp"文件，在矩形中间位置单击添加素材，如图20.94所示。

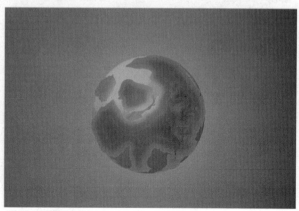

图20.94 导入素材

STEP 04 单击工具箱中的【椭圆形工具】〇按钮，在球图像的底部绘制1个椭圆图形，设置【填充】为黑色，【轮廓】为无，如图20.95所示。

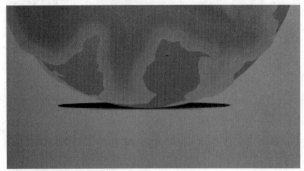

图20.95 绘制椭圆

STEP 05 选择绘制的椭圆，执行菜单栏中的【位图】|【转换为位图】命令，在弹出的对话框中分别勾选【光滑处理】及【透明背景】复选框，完成之后单击【确定】按钮。

STEP 06 执行菜单栏中的【位图】|【模糊】|【高斯式模糊】命令，在弹出的对话框中将【半径】更改为4像素，完成之后单击【确定】按钮，效果如图20.96所示。

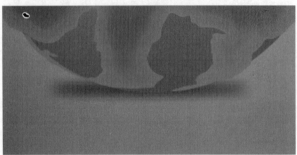

图20.96 添加高斯式模糊

STEP 07 执行菜单栏中的【位图】|【模糊】|【动态模糊】命令，在弹出的对话框中将【间距】更改为100像素，完成之后单击【确定】按钮，效果如图20.97所示。

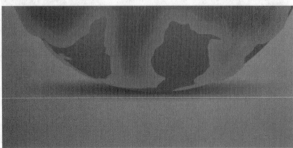

图20.97 设置动态模糊

2．制作主视觉图形

STEP 01 单击工具箱中的【钢笔工具】按钮，在球的位置绘制1个三角图形，设置【填充】为无，【轮廓】为黄色（R：255，G：233，B：0），【轮廓宽度】为5，如图20.98所示。

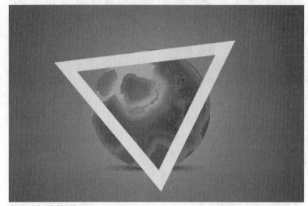

图20.98 绘制三角形

STEP 02 选择三角形，按Ctrl+C组合键复制，再按Ctrl+V组合键粘贴，如图20.99所示。

STEP 03 选择下方三角形，将【轮廓宽度】更改为6，【颜色】更改为蓝色（R：30，G：100，B：177），如图20.100所示。

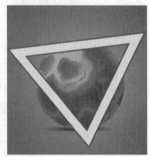

图20.99 复制图形   图20.100 更改颜色

STEP 04 单击工具箱中的【钢笔工具】按钮，在三角形内部绘制1个不规则图形，设置【填充】为蓝色（R：32，G：48，B：143），【轮廓】为无，以同样的方法分别在左右两侧再次绘制2个相似图形，如图20.101所示。

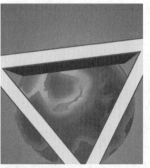
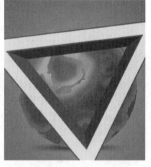

图20.101 绘制图形

STEP 05 单击工具箱中的【文本工具】字按钮，在三角形位置输入文字（字体设置为MStiffHei PRC UltraBold），如图20.102所示。

STEP 06 在文字上单击鼠标右键，从弹出的快捷菜单中选择

【转换为曲线】命令，单击工具箱中的【形状工具】 按钮拖动文字部分节点将其变形，如图20.103所示。

图20.102 添加文字

图20.103 转换为曲线并变形

STEP 07 单击工具箱中的【钢笔工具】 按钮，沿文字边缘绘制1个不规则图形，设置【填充】为蓝色（R：32，G：48，B：143），【轮廓】为无，并在空缺的位置绘制数个小三角形，如图20.104所示。

图20.104 绘制图形

STEP 08 同时选择刚才绘制的几个图形，按Ctrl+G组合键将其编组，如图20.105所示。

STEP 09 选择图形，单击工具箱中的【阴影工具】 按钮在图形上拖动为其添加阴影，如图20.106所示。

图20.105 将图形编组

图20.106 添加阴影

3. 制作装饰元素

STEP 01 执行菜单栏中的【文件】|【导入】命令，导入"椰树.esp" "飞机esp"文件，在文字右上角位置单击添加素材，如图20.107所示。

图20.107 导入素材

STEP 02 单击工具箱中的【2点线工具】 按钮，在飞机尾部绘制一条线段，将【轮廓】设置为白色，【轮廓宽度】设置为细线，如图20.108所示。

STEP 03 单击工具箱中的【透明度工具】 按钮，单击属性栏中 图标，在线段上拖动将部分线段隐藏，如图20.109所示。

图20.108 绘制线段

图20.109 隐藏线段

STEP 04 选择线段，将其复制2份，如图20.110所示。

图20.110 复制线段

4. 制作热气球

STEP 01 单击工具箱中的【钢笔工具】 按钮，设置【填充】为红色（R：226，G：60，B：42），【轮廓】为无，绘制热气球图形，如图20.111所示。

STEP 02 以同样的方法再绘制1个黄色条纹图形，如图20.112所示。

STEP 03 以同样的方法在热气球中间位置绘制条纹图形，如图20.113所示。

STEP 04 在热气球下方绘制吊篮图形，如图20.114所示。

STEP 05 单击工具箱中的【2点线工具】 按钮，在球身和吊篮之间绘制一条线段，将【轮廓】设置为深红色（R：184，G：39，B：22），【轮廓宽度】设置为细线，如图20.115所示。

STEP 06 选择线段图形，复制2份并分别放在中间和右侧位置，如图20.116所示

图20.111 绘制热气球图形

图20.112 绘制条纹图形

图20.113 绘制图形

图20.114 绘制吊篮

图20.115 绘制线段

图20.116 复制线段

STEP 07 同时选择所有和热气球相关的图形，将其等比例缩小以适合文字比例，如图20.117所示。

STEP 08 选择热气球图形按住Shift键同时再按住鼠标左键，向右侧拖动并按下鼠标右键，将图形复制并等比例缩小，如图20.118所示。

图20.117 缩小图形

图20.118 复制并缩小图形

STEP 09 单击工具箱中的【贝塞尔工具】按钮，在文字左侧位置绘制1个云朵图形，将【轮廓】为无。

STEP 10 单击工具箱中的【交互式填充工具】按钮，再单击

工具栏中的【渐变填充】图标，在图形靠上半部分区域拖动填充白色到黄色（R：135，G：207，B：230）的渐变，如图20.119所示。

STEP 11 选择云朵图形将其复制数份，将部分图形等比例缩小，如图20.120所示。

图20.119 绘制图形

图20.120 复制并变换图形

STEP 12 执行菜单栏中的【文件】|【导入】命令，导入"汽车.cdr"文件，在页面左下角位置单击添加素材，如图20.121所示。

STEP 13 单击工具箱中的【文本工具】字按钮，在页面右下角位置输入文字"乐享假期！"（字体设置为汉仪小康美术体简），如图20.122所示。

图20.121 导入素材

图20.122 添加文字

STEP 14 选择右下角文字，单击工具箱中的【阴影工具】按钮，在文字上拖动为其添加阴影，这样就完成了效果制作，最终效果如图20.123所示。

图20.123 最终效果

实战
353

手机购物页设计

▶ 素材位置：素材\第20章\手机购物页设计
▶ 案例位置：效果\第20章\手机购物页设计.cdr
▶ 视频位置：视频\实战353.avi
▶ 难易指数：★★★☆☆

● 实例介绍 ●

本例讲解手机购物页设。手机购物页的制作重点在于信

息的易读、易懂性，本例制作过程比较简单，最终效果如图20.124所示。

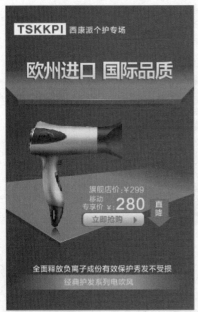

图20.124　最终效果

图20.126　添加文字　　　　图20.127　修剪图形

STEP 04 单击工具箱中的【文本工具】**字**按钮，在图形右侧位置添加文字信息（字体设置为方正兰亭中粗黑_GBK），如图20.128所示。

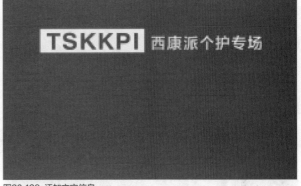

图20.128　添加文字信息

● 操作步骤 ●

1. 制作标题栏

STEP 01 单击工具箱中的【矩形工具】□按钮，绘制1个【宽度】为160、【高度】为250的矩形，设置【填充】为蓝色（R：46，G：80，B：154），【轮廓】为无，在左上角位置再次绘制1个稍小的白色矩形，如图20.125所示。

2. 绘制托盘图像

STEP 01 单击工具箱中的【矩形工具】□按钮，在页面靠顶部位置绘制1个矩形，将【填充】设置为浅红色（R：242，G：82，B：67），【轮廓】为无，如图20.129所示。

STEP 02 执行菜单栏中的【效果】|【添加透视】命令，按住Ctrl+Shift组合键将矩形透视变形，如图20.130所示。

图20.125　绘制图形

图20.129　绘制矩形　　　　图20.130　将图形变形

STEP 02 单击工具箱中的【文本工具】**字**按钮，在刚才绘制的矩形位置输入文字"TSKKPI"（字体设置为Arial），如图20.126所示。

STEP 03 同时选择矩形及文字，单击属性栏中的【修剪】□按钮，再将文字删除，如图20.127所示。

STEP 03 单击工具箱中的【透明度工具】▨按钮，单击选项栏中的【渐变不透明度】▨图标，在经过变形的矩形上拖动，降低顶部边缘不透明度，如图20.131所示。

STEP 04 选择经过隐藏的矩形，执行菜单栏中的【对象】|【PowerClip】|【置于图文框内部】命令，将图形放置到矩形内部，如图20.132所示。

图20.131 降低不透明度

图20.132 置于图文框内部

STEP 05 单击工具箱中的【矩形工具】□按钮，在经过变形的矩形底部位置绘制1个矩形，将【填充】设置为蓝色（R：0，G：100，B：190），【轮廓】为无，如图20.133所示

图20.133 绘制图形

STEP 06 在刚才绘制的矩形左侧位置再次绘制1个不规则图形以制作厚度效果，如图20.134所示。

STEP 07 选择图形，向右侧平移复制，再单击属性栏中的【垂直镜像】🔁按钮，将图形垂直镜像，如图20.135所示。

图20.134 绘制图形

图20.135 复制并变换图形

STEP 08 单击工具箱中的【椭圆形工具】○按钮，在刚才绘制的矩形底部位置绘制1个细长椭圆图形，设置【填充】为黑色，【轮廓】为无，如图20.136所示。

图20.136 绘制图形

STEP 09 执行菜单栏中的【位图】|【转换为位图】命令，在弹出的对话框中分别勾选【光滑处理】及【透明背景】复选框，完成之后单击【确定】按钮。

STEP 10 执行菜单栏中的【位图】|【模糊】|【高斯式模糊】命令，在弹出的对话框中将【半径】更改为6像素，完成后单击【确定】按钮，如图20.137所示。

图20.137 添加高斯式模糊

STEP 11 选择经过添加高斯式模糊效果的图像，单击工具箱中的【透明度工具】▨按钮，将其不透明度更改为50，如图20.138所示。

图20.138 更改不透明度

STEP 12 单击工具箱中的【2点线工具】✎按钮，沿刚才绘制的图形边缘按住Shift键绘制1条线段，设置【轮廓】为白色，【轮廓宽度】为0.5，如图20.139所示。

STEP 13 选择绘制的直线，单击工具箱中的【透明度工具】▨按钮，单击属性栏中的【渐变透明度】🖼，在线段上拖动，再将【合并模式】更改为叠加，如图20.140所示。

图20.139 绘制线段

图20.140 隐藏线段

STEP 14 选择经过隐藏后的线段，按Ctrl+C组合键复制，再按Ctrl+V组合键粘贴，再单击属性栏中的【水平镜像】⬌按钮，将其水平镜像后向右侧平移，如图20.141所示。

图20.141 复制并镜像线段

STEP 15 单击工具箱中的【文本工具】**字**按钮，在适当位置输入文字（字体设置为方正兰亭中粗黑_GBK），如图20.142所示。

STEP 16 选择文字，单击工具箱中的【交互式填充工具】按钮，再单击工具栏中的【渐变填充】按钮，从上至下垂直拖动填充浅黄色（R：255，G：250，B：180）到黄色（R：248，G：234，B：103）的线性渐变，如图20.143所示。

图20.142 输入文字　　　　图20.143 添加渐变

STEP 17 选择文字，单击工具箱中的【阴影工具】按钮，在文字位置拖动添加阴影效果，在属性栏中将【阴影羽化】更改为2，【不透明度】更改为30，如图20.144所示。

图20.144 添加阴影

3．处理素材区域

STEP 01 单击工具箱中的【矩形工具】□按钮，在页面中间位置绘制1个矩形，设置【填充】为蓝色（R：28，G：158，B：246），【轮廓】为无，在矩形上单击鼠标右键，从弹出的快捷菜单中选择【转换为曲线】命令，如图20.145所示。

STEP 02 单击工具箱中的【形状工具】按钮，拖动矩形节点将其变形，如图20.146所示。

图20.145 绘制矩形并转换曲线　　　图20.146 将矩形变形

STEP 03 选择绘制的直线，单击工具箱中的【透明度工具】按钮，单击属性栏中的【渐变透明度】，将【合并模式】更改为叠加，如图20.147所示。

STEP 04 选择经过变形的矩形，执行菜单栏中的【对象】|【PowerClip】|【置于图文框内部】命令，将图形放置到最大矩形内部，如图20.148所示。

图20.147 降低不透明度效果　　　图20.148 置于图文框内部

STEP 05 单击工具箱中的【钢笔工具】按钮，在经过变形的矩形底部左右两侧位置绘制图形制作厚度效果，如图20.149所示。

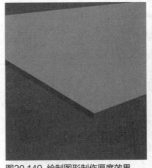

图20.149 绘制图形制作厚度效果

STEP 06 单击工具箱中的【钢笔工具】按钮，在图形顶端位置绘制1条线段，设置【轮廓】为白色，【轮廓宽度】为0.5，如图20.150所示。

STEP 07 选择绘制的线段，单击工具箱中的【透明度工具】

按钮，单击属性栏中的【渐变透明度】及【椭圆形渐变透明度】，在线段上拖动，再将【合并模式】更改为叠加，如图20.151所示。

图20.150 绘制线段

图20.151 隐藏线段

4．添加商品信息

STEP 01 执行菜单栏中的【文件】|【导入】命令，导入"吹风机.png"文件，在刚才绘制的图形位置单击添加素材，如图20.152所示。

STEP 02 选择吹风机图像，按Ctrl+C组合键复制，再按Ctrl+V组合键粘贴，单击属性栏中的【垂直镜像】按钮，将图像垂直镜像，如图20.153所示。

图20.152 导入素材

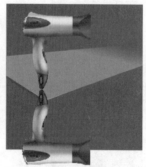
图20.153 复制并变换图像

STEP 03 选择下方吹风机图像，单击工具箱中的【透明度工具】按钮，单击属性栏中的【渐变透明度】，在图像上拖动降低不透明度，如图20.154所示。

STEP 04 单击工具箱中的【文本工具】字按钮，在素材图像右侧位置输入文字（字体分别设置为方正兰亭黑_GBK、方正兰亭中粗黑_GBK），如图20.155所示。

图20.154 降低不透明度

图20.155 输入文字

5．制作购买按钮

STEP 01 单击工具箱中的【矩形工具】□按钮，绘制1个矩

形，设置【轮廓】为无，单击工具箱中的【交互式填充工具】按钮，再单击工具栏中的【渐变填充】按钮，在矩形上拖动填充黄色（R：250，G：252，B：135）到黄色（R：240，G：137，B：50）的线性渐变，如图20.156所示。

STEP 02 单击工具箱中的【形状工具】按钮，拖动矩形锚点转换成圆角矩形，如图20.157所示。

图20.156 绘制矩形

图20.157 转换圆角矩形

STEP 03 选择圆角矩形，单击工具箱中的【阴影工具】按钮，在图形上拖动添加阴影效果，在属性栏中将【阴影羽化】更改为10，【不透明度】更改为30，如图20.158所示。

STEP 04 单击工具箱中的【文本工具】字按钮，在圆角矩形位置输入文字（字体设置为方正兰亭中粗黑_GBK），如图20.159所示。

图20.158 添加阴影

图20.159 绘制矩形

STEP 05 单击工具箱中的【矩形工具】□按钮，在圆角矩形右侧按住Ctrl键绘制1个矩形，设置【填充】为橙色（R：233，G：87，B：10），【轮廓】为无，在矩形上单击鼠标右键，从弹出的快捷菜单中选择【转换为曲线】命令，如图20.160所示。

STEP 06 选择矩形，在属性栏【旋转角度】文本框中输入45，再单击工具箱中的【形状工具】按钮，单击矩形左侧节点将其删除，如图20.161所示。

图20.160 绘制矩形

图20.161 删除节点

6. 绘制降低标签

STEP 01 在价格文字右侧位置再次绘制1个橙色（R：233，G：87，B：10）矩形，如图20.162所示。

STEP 02 单击工具箱中的【钢笔工具】按钮，在矩形底部位置绘制1个三角形图形，如图20.163所示。

图20.162　绘制矩形　　　　图20.163　绘制三角形

STEP 03 单击工具箱中的【文本工具】**字**按钮，在绘制的图形位置输入文字（字体设置为方正兰亭中粗黑_GBK），如图20.164所示。

图20.164　输入文字

STEP 04 单击工具箱中的【矩形工具】□按钮，在页面左下角绘制1个矩形，设置【填充】为青色（R：17，G：189，B：237），【轮廓】为无，如图20.165所示。

STEP 05 选择绘制的矩形，单击工具箱中的【透明度工具】按钮，单击属性栏中的【渐变透明度】，在矩形上拖动降低矩形左侧一端不透明度，如图20.166所示。

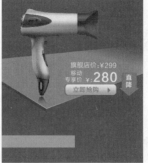

图20.165　绘制矩形　　　　图20.166　隐藏部分矩形

STEP 06 选择经过隐藏的矩形，按Ctrl+C组合键复制，再按Ctrl+V组合键粘贴，再单击属性栏中的【水平镜像】按钮，将其水平镜像后向右侧平移，如图20.167所示。

STEP 07 单击工具箱中的【文本工具】**字**按钮，在绘制的图形位置输入文字（字体设置为方正兰亭中粗黑_GBK），这样就完成了效果制作，最终效果如图20.168所示。

图20.167　复制图形并镜像　　图20.168　最终效果

商业
实战篇

第 **21** 章

商业名片设计

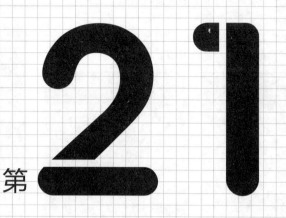

本章导读

本章讲解商业名片的设计制作。名片是标示姓名及其所属组织、公司单位和联系方法的卡片，是结识新朋友的一种最为直接、有效的方法，通过这种承载有效信息的介质，给双方带来结识上的便利。个人的信息可通过名片的介质来传播，因此名片在设计制作过程中的实用性及美感尤为重要。通过本章的学习可以掌握商业名片的制作。

要点索引

● 学会制作玛岚科技名片
● 学习制作印刷工厂名片
● 学会制作清新绿名片
● 了解美桦工作室名片制作过程
● 学会制作文娱公司名片
● 了解城市名片的制作

实战
354

玛岚科技名片正面设计

▶ 素材位置：素材\第21章\玛岚科技名片
▶ 案例位置：效果\第21章\玛岚科技名片正面设计.cdr
▶ 视频位置：视频\实战354.avi
▶ 难易指数：★☆☆☆☆

● 实例介绍 ●

　　本例讲解玛岚科技名片正面设计。本例的制作过程十分简单，整体版面设计感很强，给人一种简洁、舒适的视觉感受。

● 操作步骤 ●

STEP 01 单击工具箱中的【矩形工具】□按钮，绘制1个【宽度】为90、【高度】为54的矩形，设置【填充】为浅红色（R：242，G：82，B：67），【轮廓】为无，如图21.1所示。

STEP 02 执行菜单栏中的【文件】|【打开】命令，打开"玛岚科技logo.cdr"文件，将其拖至适当位置，如图21.2所示。

图21.1 绘制矩形　　　　　图21.2 导入素材

STEP 03 单击工具箱中的【文本工具】字按钮，在矩形适当位置输入文字（字体设置的Arial），这样就完成了效果制作，最终效果如图21.3所示。

图21.3 最终效果

实战
355

玛岚科技名片背面设计

▶ 素材位置：素材\第21章\玛岚科技名片
▶ 案例位置：效果\第21章\玛岚科技名片背面设计.cdr
▶ 视频位置：视频\实战355.avi
▶ 难易指数：★☆☆☆☆

● 实例介绍 ●

　　本例讲解玛岚科技名片背面效果制作。此款名片背面效果

制作过程比较简单，以反白的形式将logo直观地表现出来。

● 操作步骤 ●

STEP 01 单击工具箱中的【矩形工具】□按钮，绘制1个矩形，设置【填充】为浅红色（R：242，G：82，B：67），【轮廓】为无，如图21.4所示。

STEP 02 执行菜单栏中的【文件】|【打开】命令，打开"玛岚科技logo.cdr"文件，在矩形中间位置单击并缩小，如图21.5所示。

图21.4 绘制矩形　　　　　图21.5 导入图像

STEP 03 选择六边形将其【填充】更改为白色，选择字母，将其颜色更改为深灰色（R：80，G：87，B：92），这样就完成了效果制作，最终效果如图21.6所示。

图21.6 最终效果

实战
356

印刷工厂名片正面设计

▶ 素材位置：素材\第21章\印刷工厂名片
▶ 案例位置：效果\第21章\印刷工厂名片正面设计.cdr
▶ 视频位置：视频\实战356.avi
▶ 难易指数：★★☆☆☆

● 实例介绍 ●

　　本例讲解印刷工厂名片正面效果制作。本例中的名片制作比较简单，整个名片的视觉效果相当不错，在制作过程中注意图形与文字的位置摆放。

● 操作步骤 ●

STEP 01 单击工具箱中的【矩形工具】□按钮，绘制1个【宽度】为54、【高度】为90的矩形，设置【填充】为红色（R：180，G：50，B：43），【轮廓】为无，如图21.7所示。

STEP 02 执行菜单栏中的【文件】|【打开】命令，打开"印刷工厂logo.cdr"文件，将素材拖入图形位置并放大，如图21.8所示。

图21.7 绘制矩形　　　图21.8 添加素材

STEP 03 选择logo图形将其旋转，执行菜单栏中的【对象】|【PowerClip】|【置于图文框内部】命令，将图形放置到矩形内部，如图21.9所示。

图21.9 置于图文框内部

STEP 04 单击工具箱中的【文本工具】**字**按钮，在适当位置输入文字（字体分别设置为Arial 粗体、Arial），这样就完成了效果制作，最终效果如图21.10所示。

图21.10 最终效果

实战 357

印刷工厂名片背面设计

▶ 素材位置：　素材\第21章\印刷工厂名片
▶ 案例位置：　效果\第21章\印刷工厂名片背面设计.cdr
▶ 视频位置：　视频\实战357.avi
▶ 难易指数：　★☆☆☆☆

● 实例介绍 ●

本例讲解印刷工厂名片背面效果制作。此款名片的背面效

果制作过程比较简单，以突出名片的简洁感为主。

● 操作步骤 ●

STEP 01 单击工具箱中的【矩形工具】□按钮，绘制1个【宽度】为54、【高度】为90的矩形，设置【填充】为红色（R：180，G：50，B：43），【轮廓】为无，如图21.11所示。

STEP 02 执行菜单栏中的【文件】|【打开】命令，打开"印刷工厂logo.cdr"文件，将素材拖入图形位置。

STEP 03 选择logo图形，执行菜单栏中的【对象】|【将轮廓转换为对象】命令，再将其适当缩小，如图21.12所示。

图21.11 绘制矩形　　　图21.12 添加素材

STEP 04 单击工具箱中的【文本工具】**字**按钮，在logo下方位置输入文字（字体设置为Arial），这样就完成了效果制作，最终效果如图21.13所示。

图21.13 最终效果

实战 358

清新绿名片正面设计

▶ 素材位置：　无
▶ 案例位置：　效果\第21章\清新绿名片正面设计.cdr
▶ 视频位置：　视频\实战358.avi
▶ 难易指数：　★★☆☆☆

● 实例介绍 ●

本例讲解清新绿名片正面效果制作。本例中的名片是一款

简洁、直观的名片，其制作过程比较简单，整个名片的视觉焦点在于清新绿配色，最终效果如图21.14所示。

图21.14　最终效果

● 操作步骤 ●

STEP 01 单击工具箱中的【矩形工具】□按钮，绘制1个【宽度】为90、【高度】为54的矩形，设置【填充】为浅绿色（R：240，G：248，B：212），【轮廓】为无，如图21.15所示。

图21.15　绘制矩形

STEP 02 单击工具箱中的【椭圆形工具】◯按钮，按住Ctrl键绘制1个圆，设置【填充】为绿色（R：180，G：220，B：30），【轮廓】为无。

STEP 03 在圆上单击鼠标右键，从弹出的快捷菜单中选择【转换为曲线】命令，单击工具箱中的【形状工具】按钮，拖动节点将圆变形，如图21.16所示。

图21.16　绘制圆并变形

STEP 04 单击工具箱中的【钢笔工具】按钮，在圆的左侧绘制1个不规则图形，设置【填充】为绿色（R：180，G：220，B：30），【轮廓】为无。

STEP 05 以同样的方法绘制多个相似图形，如图21.17所示。

图21.17　绘制图形

STEP 06 单击工具箱中的【文本工具】**字**按钮，在适当位置输入文字（字体设置为方正兰亭黑_GBK），这样就完成了效果制作，最终效果如图21.18所示。

图21.18　最终效果

实战 359

清新绿名片背面设计

▶ 素材位置： 素材\第21章\清新绿名片
▶ 案例位置： 效果\第21章\清新绿名片背面设计.cdr
▶ 视频位置： 视频\实战359.avi
▶ 难易指数： ★☆☆☆☆

● 实例介绍 ●

本例讲解清新绿名片背面效果制作。在制作名片背面效果时应当注意与名片的正面效果相呼应，通过绘制山丘及添加小树素材，使名片的背景整体视觉与正面相对应。

● 操作步骤 ●

STEP 01 单击工具箱中的【矩形工具】□按钮，绘制1个【宽度】为90、【高度】为54的矩形，设置【填充】为黑色，【轮廓】为无。

STEP 02 单击工具箱中的【钢笔工具】按钮，在矩形右下角绘制1个不规则图形，设置【填充】为绿色（R：180，G：220，B：30），【轮廓】为无，如图21.19所示。

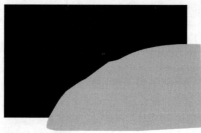

图21.19　绘制图形

STEP 03 选择刚才绘制的绿色图形，执行菜单栏中的【对象】|【PowerClip】|【置于图文框内部】命令，将图形放置到矩形内部，如图21.20所示。

STEP 04 以同样的方法再次绘制2个不规则图形并将其置于图文框内部，如图21.21所示。

图21.20 置于图文框内部

图21.21 绘制图形

STEP 05 执行菜单栏中的【文件】|【打开】命令，打开"松树.cdr"文件，将打开的素材拖入对应的图形位置并更改颜色，如图21.22所示。

STEP 06 选择松树图像，将其复制数份并移至其他位置，如图21.23所示。

图21.22 添加素材

图21.23 复制图像

STEP 07 单击工具箱中的【文本工具】**字**按钮，在位置输入文字（字体设置为方正兰亭黑_GBK），这样就完成了效果制作，最终效果如图21.24所示。

图21.24 最终效果

实战 **360**

文娱公司名片正面设计

▶ 素材位置：素材\第21章\文娱公司名片
▶ 案例位置：效果\第21章\文娱公司名片正面设计.cdr
▶ 视频位置：视频\实战360.avi
▶ 难易指数：★★★☆☆

● 实例介绍 ●

本例讲解文娱公司名片正面设计。本例中的名片以多边形为主，将图形结合形成1种立体图形效果，制作过程比较简单，最终效果如图21.25所示。

图21.25 最终效果

● 操作步骤 ●

1. 制作名片轮廓

STEP 01 单击工具箱中的【矩形工具】□按钮，绘制1个【宽度】为90、【高度】为54的矩形，设置【填充】为深灰色（R：44，G：45，B：48），【轮廓】为无，如图21.26所示。

图21.26 绘制矩形

STEP 02 单击工具箱中的【钢笔工具】✎按钮，在矩形左侧位置绘制1个不规则图形，设置【填充】为红色（R：210，G：68，B：80），【轮廓】为无。

STEP 03 以同样的方法在其下方位置再次绘制2个相似图形，如图21.27所示。

图21.27 绘制图形

STEP 04 以同样的方法在矩形右上角位置绘制数个相似图形，如图21.28所示。

图21.28 绘制图形

2. 添加名片信息

STEP 01 执行菜单栏中的【文件】|【导入】命令，导入"二维码.png"文件，在名片中间位置单击，如图21.29所示。

图21.29 导入素材

STEP 02 单击工具箱中的【矩形工具】□按钮，在二维码图像左上角绘制1个矩形，设置【填充】为红色（R：160，G：45，B：50），【轮廓】为无，如图21.30所示。

STEP 03 选择矩形，将其移至右上角，复制一份后移至左下角，如图21.31所示。

图21.30 绘制矩形　　　　图21.31 复制矩形

STEP 04 单击工具箱中的【文本工具】字按钮，在适当位置输入文字（字体设置为方正兰亭黑_GBK），这样就完成了效果制作，最终效果如图21.32所示。

图21.32 最终效果

实战 361	文娱公司名片背面设计

▶ 素材位置：无
▶ 案例位置：效果\第21章\文娱公司名片背面设计.cdr
▶ 视频位置：视频\实战361.avi
▶ 难易指数：★★☆☆☆

● 实例介绍 ●

本例讲解文娱公司名片背面设计。此款名片背面效果比较漂亮，将多边形图形组合成立体图形，整个视觉上比较有冲击力。

● 操作步骤 ●

STEP 01 单击工具箱中的【矩形工具】□按钮，绘制1个【宽度】为90、【高度】为54的矩形，设置【填充】为深灰色（R：44，G：45，B：48），【轮廓】为无，如图21.33所示。

图21.33 绘制矩形

STEP 02 单击工具箱中的【钢笔工具】 按钮，在矩形左下角位置绘制1个不规则图形，设置【填充】为红色（R：210，G：68，B：80），【轮廓】为无。

STEP 03 以同样的方法在其下方位置再次绘制2个相似图形，如图21.34所示。

图21.34 绘制图形

STEP 04 单击工具箱中的【文本工具】字按钮，在矩形中间位置输入文字（字体设置为方正兰亭黑_GBK），这样就完成了效果制作，最终效果如图21.35所示。

图21.35 最终效果

实战 362	城市名片正面设计

▶ 素材位置：素材\第21章\城市名片
▶ 案例位置：效果\第21章\城市名片正面设计.cdr
▶ 视频位置：视频\实战362.avi
▶ 难易指数：★★★☆☆

● 实例介绍 ●

本例讲解城市名片正面设计。本例中的名片正面效果相当出色，以城市图像作为主视觉，将二维码图像与之相结合，简洁而实用，最终效果如图21.36所示。

图21.36 最终效果

● 操作步骤 ●

1. 制作名片主视觉

STEP 01 单击工具箱中的【矩形工具】□按钮，绘制1个【宽度】为90、【高度】为54的矩形，设置【填充】为深灰色（R：43，G：44，B：46），【轮廓】为无，如图21.37所示。

图21.37 绘制矩形

STEP 02 选择矩形，按Ctrl+C组合键复制，按Ctrl+V组合键粘贴，将粘贴的矩形适当缩小移至左上角位置将【填充】更改为任意颜色，【轮廓】更改为黄色（R：255，G：206，B：0），【轮廓宽度】更改为2，如图21.38所示。

图21.38 复制并变换图形

STEP 03 执行菜单栏中的【文件】|【导入】命令，导入"城市.jpg"文件，在适当位置单击导入图像，如图21.39所示。

图21.39 导入图像

STEP 04 选择城市图像，执行菜单栏中的【对象】|【PowerClip】|【置于图文框内部】命令，将图形放置到黄色边框矩形内部并等比例缩小，如图21.40所示。

图21.40 置于图文框内部

2. 添加主信息

STEP 01 执行菜单栏中的【文件】|【导入】命令，导入"二维码.jpg"文件，在图像右下角位置单击导入图像，如图21.41所示。

STEP 02 单击工具箱中的【矩形工具】□按钮，在二维码图像位置绘制1个矩形，设置【填充】为黄色（R：255，G：206，B：0），【轮廓】为无，并将其移至二维码下方位置，如图21.42所示。

图21.41 导入图像

图21.42 绘制矩形

STEP 03 单击工具箱中的【文本工具】字按钮，在二维码下方输入文字（字体设置为Arial），如图21.43所示。

图21.43 输入文字

STEP 04 单击工具箱中的【钢笔工具】 按钮，在黄色矩形右下角位置绘制1个三角形图形，设置【填充】为黄色（R：255，G：206，B：0），【轮廓】为无，这样就完成了效果制作，最终效果如图21.44所示。

图21.44 最终效果

<table>
<tr><td>实战
363</td><td>城市名片背面设计
▶ 素材位置：素材\第21章\城市名片
▶ 案例位置：效果\第21章\城市名片背面设计.cdr
▶ 视频位置：视频\实战363.avi
▶ 难易指数：★★☆☆☆</td></tr>
</table>

● 实例介绍 ●

本例讲解城市名片背面设计。名片的背面在制作过程中通常以突出的标志作为主视觉，而本例中名片以详细的信息作为名片背面给人一种耳目一新的视觉感受，最终效果如图21.45所示。

图21.45 最终效果

● 操作步骤 ●

1. 制作背景

STEP 01 单击工具箱中的【矩形工具】□按钮，绘制1个【宽度】为90、【高度】为54的矩形，设置【填充】为深灰色（R：43，G：44，B：46），【轮廓】为无，如图21.46所示。

图21.46 绘制矩形

STEP 02 执行菜单栏中的【文件】|【导入】命令，导入"城市.jpg"文件，在适当位置单击导入图像。

STEP 03 选择城市图像，执行菜单栏中的【对象】|【PowerClip】|【置于图文框内部】命令，将图形放置到黄色边框矩形内部并等比例缩小，如图21.47所示。

图21.47 置于图文框内部

STEP 04 选择图形，按Ctrl+C组合键复制，按Ctrl+V组合键粘贴，在图像上单击鼠标右键，从弹出的快捷菜单中选择【框类型】|【无】命令，如图21.48所示。

STEP 05 选择矩形，单击工具箱中的【透明度工具】▦按钮，将【不透明度】更改为40，如图21.49所示。

图21.48 复制图形

图21.49 降低透明度

2. 添加条目信息

STEP 01 单击工具箱中的【矩形工具】□按钮，在名片靠左侧绘制1个矩形，设置【填充】为黄色（R：255，G：206，B：0），【轮廓】为无，如图21.50所示。

STEP 02 选择矩形，将其向下移动复制2份，如图21.51所示。

图21.50 绘制矩形

图21.51 复制矩形

STEP 03 执行菜单栏中的【文件】|【打开】命令，打开"图标.cdr"文件，将打开的图标拖入当前页面黄色矩形位置，如图21.52所示。

STEP 04 单击工具箱中的【文本工具】**字**按钮，在矩形框内输入文字（字体设置为Arial），这样就完成了效果制作，最终效果如图21.53所示。

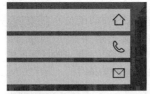
图21.52 添加素材

图21.53 最终效果

实战 364 设计公司名片正面设计

▶ 素材位置：素材\第21章\设计公司名片
▶ 案例位置：效果\第21章\设计公司名片正面设计.cdr
▶ 视频位置：视频\实战364.avi
▶ 难易指数：★★☆☆☆

● 实例介绍 ●

本例讲解设计公司名片正面设计。设计公司名片的设计风格一般比较简洁，偶尔会加入一些色彩、图形及与设计相关的元素，最终效果如图21.54所示。

图21.54 最终效果

● 操作步骤 ●

1. 绘制名片主视觉

STEP 01 单击工具箱中的【矩形工具】□按钮，绘制1个【宽度】为90、【高度】为54的矩形，设置【填充】为灰色（R：

170，G：170，B：170），【轮廓】为无，如图21.55所示。

STEP 02 选择矩形，按Ctrl+C组合键复制，按Ctrl+V组合键粘贴，将粘贴的图形高度缩小并将【填充】更改为深灰色（R：77，G：77，B：77），如图21.56所示。

图21.55 绘制矩形

图21.56 缩小图形

STEP 03 单击工具箱中的【矩形工具】□按钮，绘制1个矩形，设置【填充】为紫色（R：254，G：90，B：186），【轮廓】为无，如图21.57所示。

图21.57 绘制矩形

STEP 04 选择紫色矩形将其适当旋转后复制3份，如图21.58所示。

图21.58 旋转并复制图形

STEP 05 分别选择复制生成的3个图形，将其更改为不同的颜色，如图21.59所示。

STEP 06 同时选择4个倾斜矩形，执行菜单栏中的【对象】|【PowerClip】|【置于图文框内部】命令，将图形放置到下方深灰色矩形内部，如图21.60所示。

图21.59 更改颜色

图21.60 置于图文框内部

2．添加信息

STEP 01 单击工具箱中的【文本工具】**字**按钮，在名片适当位置输入文字（字体设置为Arial），如图21.61所示。

图21.61 输入文字

STEP 02 执行菜单栏中的【文件】|【打开】命令，打开"图标.cdr"文件，将打开的文件拖入当前页面名片文字前方位置，这样就完成了效果制作，最终效果如图21.62所示。

图21.62 最终效果

	设计公司名片背面设计
实战 **365**	▶ 素材位置：无 ▶ 案例位置：效果\第21章\设计公司名片背面设计.cdr ▶ 视频位置：视频\实战365.avi ▶ 难易指数：★★☆☆☆

● 实例介绍 ●

本例讲解设计公司名片背面设计。设计公司名片的背面在制作过程中以辅助正面信息为主，在图形化处理上尽量保持与正面的协调性。

● 操作步骤 ●

STEP 01 单击工具箱中的【矩形工具】□按钮，绘制1个【宽度】为90、【高度】为54的矩形，设置【填充】为灰色（R：170，G：170，B：170），【轮廓】为无，如图21.63所示。

STEP 02 选择矩形，按Ctrl+C组合键复制，按Ctrl+V组合键粘贴，将粘贴的图形高度缩小并将【填充】更改为深灰色

（R：77，G：77，B：77），如图21.64所示。

图21.63 绘制矩形 　　图21.64 缩小图形

STEP 03 单击工具箱中的【矩形工具】□按钮，绘制1个矩形并适当旋转，设置【填充】为黄色（R：250，G：190，B：68），【轮廓】为无，如图21.65所示。

图21.65 绘制矩形

STEP 04 选择黄色矩形将其复制3份并分别更改不同颜色，如图21.66所示。

STEP 05 同时选择4个倾斜矩形，执行菜单栏中的【对象】|【PowerClip】|【置于图文框内部】命令，将图形放置到下方深灰色矩形内部，如图21.67所示。

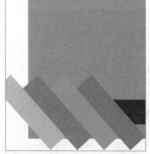

图21.66 复制图形 　　图21.67 置于图文框内部

STEP 06 单击工具箱中的【文本工具】**字**按钮，在名片适当位置输入文字（字体设置为Arial），这样就完成了效果制作，最终效果如图21.68所示。

图21.68 最终效果

实战 366　贸易公司名片正面设计

▶ 素材位置：素材\第21章\贸易公司名片
▶ 案例位置：效果\第21章\贸易公司名片正面设计.cdr
▶ 视频位置：视频\实战366.avi
▶ 难易指数：★★☆☆☆

● 实例介绍 ●

本例讲解贸易公司名片正面设计。本例中名片效果十分简洁，通过双色分隔形式将名片信息区域一分为二，制作过程比较简单，最终效果如图21.69所示。

图21.69　最终效果

● 操作步骤 ●

1. 制作双色背景

STEP 01　单击工具箱中的【矩形工具】□按钮，绘制1个【宽度】为90、【高度】为54的矩形，设置【填充】为灰色（R：170，G：170，B：170），【轮廓】为无，如图21.70所示。

STEP 02　选择矩形，按Ctrl+C组合键复制，按Ctrl+V组合键粘贴，将粘贴的矩形【填充】更改为灰色（R：128，G：128，B：128），如图21.71所示。

图21.70　绘制矩形　　　　图21.71　复制并图形

STEP 03　在深灰色矩形上单击鼠标右键，从弹出的快捷菜单中选择【转换为曲线】命令。

STEP 04　单击工具箱中的【形状工具】按钮，拖动深灰色矩形左侧2个节点缩短矩形宽度，如图21.72所示。

图21.72　缩短宽度

STEP 05　选择深灰色矩形，按Ctrl+C组合键复制，按Ctrl+V组合键粘贴，将粘贴的矩形【填充】更改为青色（R：153，G：204，B：204），【轮廓】为无，将其向左侧稍微移动，再将其移至深灰色矩形下方，如图21.73所示。

图21.73　更改图形颜色及顺序

2. 处理名片信息

STEP 01　单击工具箱中的【矩形工具】□按钮，在名片靠左侧按住Ctrl键绘制1个矩形，设置【填充】为灰色（R：128，G：128，B：128），【轮廓】为无，如图21.74所示。

STEP 02　选择矩形，将其向右侧平移复制并增加其宽度，如图21.75所示。

图21.74　绘制矩形　　　　图21.75　复制矩形

STEP 03　选择复制生成的矩形，将其【填充】更改为青色（R：153，G：204，B：204），如图21.76所示。

STEP 04　同时选择2个矩形，向下移动复制2份，如图21.77所示。

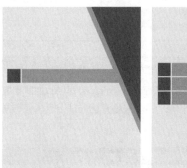

图21.76　更改颜色　　　　图21.77　复制矩形

STEP 05　执行菜单栏中的【文件】|【打开】命令，打开"图标.cdr"文件，将打开的文件拖入名片刚才绘制的灰色矩形位置，如图21.78所示。

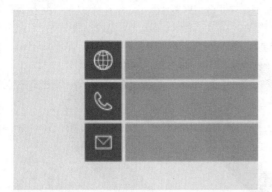

图21.78　添加素材

STEP 06　单击工具箱中的【文本工具】**字**按钮，在名片适当位置输入文字（字体分别设置为方正兰亭黑_GBK、Arial），这样就完成了效果制作，最终效果如图21.79所示。

图21.79　最终效果

实战 367	贸易公司名片背面设计

▶ 素材位置：无
▶ 案例位置：效果\第21章\贸易公司名片背面设计.cdr
▶ 视频位置：视频\实战367.avi
▶ 难易指数：★★☆☆☆

● 实例介绍 ●

　　本例讲解贸易公司名片背面设计。本例中名片背面效果制作过程十分简单，将公司名称直接置于名片中间位置即可。

● 操作步骤 ●

STEP 01　单击工具箱中的【矩形工具】□按钮，绘制1个【宽度】为90、【高度】为54的矩形，设置【填充】为灰色（R：170，G：170，B：170），【轮廓】为无，如图21.80所示。

图21.80　绘制矩形

STEP 02　单击工具箱中的【文本工具】**字**按钮，在名片中间位置输入文字（字体分别设置为方正兰亭黑_GBK、Arial），这样就完成了效果制作，最终效果如图21.81所示。

图21.81　最终效果

第 **22** 章

宣传单设计

本章导读

本章讲解宣传单设计。宣传单又称为宣传单页，是商家或者公司为宣传所属商品或者产品的一种印刷介质，它具有较高的流通性，具有不错的实用性，在商业传播过程中宣传单可以全面提升传播者的信息。宣传单在设计过程中需要对产品的特点及信息做出准确而有效的描述，通过本章的学习可以很好地掌握不同风格的宣传单设计。

要点索引

● 学会制作菜品宣传单
● 学习制作足球运动宣传单
● 学会制作美食宣传单

实战 368　菜品宣传单设计

▶ **素材位置：** 素材\第22章\菜品宣传单设计
▶ **案例位置：** 效果\第22章\菜品宣传单设计.cdr
▶ **视频位置：** 视频\实战368.avi
▶ **难易指数：** ★★☆☆☆

● 实例介绍 ●

本例讲解菜品宣传单设计。此款宣传单在设计过程中以花纹图案作为底纹，封面采用高清菜品图像，整个菜谱令人过目不忘，最终效果如图22.1所示。

图22.1　最终效果

● 操作步骤 ●

1. 绘制宣传单轮廓

STEP 01 单击工具箱中的【矩形工具】□按钮，绘制1个【宽度】为250、【高度】为160的矩形，设置【填充】为浅黄色（R：252，G：250，B：237），【轮廓】为无，如图22.2所示。

图22.2　绘制图形

STEP 02 在顶部和左侧标尺相交的左上角图标位置，单击并按住鼠标左键将其拖至矩形左上角位置，将标尺位置归零，再从左侧标尺处按住鼠标左键拖动拉出一条辅助线，在选项栏中【对象位置】文本框中输入120，如图22.3所示。

图22.3　添加辅助线

STEP 03 以同样的方法再拖出一条辅助线，并在选项栏中【对象位置】文本框中输入130，如图22.4所示。

图22.4　添加辅助线

2. 处理封面图像

STEP 01 单击工具箱中的【矩形工具】□按钮，在刚才绘制的矩形右侧辅助线边缘，再次绘制1个【宽度】为120、【高度】为160的矩形，设置【填充】为无，【轮廓】为0.2，如图22.5所示。

STEP 02 执行菜单栏中的【文件】|【导入】命令，导入"烤肉.jpg"文件，在刚才绘制的矩形位置单击，如图22.6所示。

图22.5　绘制矩形　　　　图22.6　添加素材

STEP 03 选择刚才导入的素材图像，执行菜单栏中的【对象】|【PowerClip】|【置于图文框内部】命令，将图形放置到矩形内部，如图22.7所示。

STEP 04 单击工具箱中的【文本工具】**字**按钮，在素材图像右上角位置输入文字（字体分别设置为方正兰亭中粗黑_GBK、叶根友毛笔行书），并单击属性栏中的【将文字更改为垂直方向】图标，如图22.8所示。

图22.7　置于图文框内部　　　　图22.8　输入文字

STEP 05 同时选择刚才添加的2个文字，单击工具箱中的【阴影工具】□按钮，在文字位置拖动添加阴影效果，在属性栏中将【阴影羽化】更改为5，如图22.9所示。

STEP 06 执行菜单栏中的【文件】|【导入】命令，导入"花

纹.cdr"文件，在菜谱左侧区域单击，如图22.10所示。

图22.9 添加阴影　　　　　　图22.10 添加素材

STEP 07 选择花纹图像，将【轮廓】颜色更改为深黄色
（R：150，G：45，B：0），再单击工具箱中的【透明度工
具】▨按钮，将【不透明度】更改为85，如图22.11所示。

图22.11 更改颜色并降低不透明度

STEP 08 选择经过降低不透明度的花纹，按Ctrl+C组合键复
制，再按Ctrl+V组合键粘贴，再单击属性栏中的【水平镜像】
▨按钮镜像，如图22.12所示。

图22.12 复制并变换花纹

3．添加信息

STEP 01 以同样的方法再将花纹复制2份并适当减小其轮廓宽
度，如图22.13所示。

STEP 02 单击工具箱中的【文本工具】**字**按钮，在花纹图案
位置输入文字（字体分别设置为方正兰亭中粗黑_GBK、方正
兰亭黑_GBK），如图22.14所示。

图22.13 复制并变换花纹　　　图22.14 输入文字

STEP 03 单击工具箱中的【矩形工具】□按钮，在文字下方
绘制1个矩形，设置【填充】为无，【轮廓】为0.2，如图
22.15所示。

STEP 04 选择矩形按住Shift键同时再按住鼠标左键，向右侧
平移拖动并按下鼠标右键，将图形复制，如图22.16所示。

图22.15 绘制矩形　　　　　　图22.16 复制矩形

STEP 05 执行菜单栏中的【文件】|【导入】命令，导入"烤
肉2.jpg"文件，在左侧矩形位置单击添加素材并适当缩小，如
图22.17所示。

STEP 06 选择图像，执行菜单栏中的【对象】|【PowerClip】|
【置于图文框内部】命令，如图22.18所示。

图22.17 添加素材　　　　　　图22.18 置于图文框内部

STEP 07 执行菜单栏中的【对象】|【PowerClip】|【编辑
PowerClip】命令，适当移动及缩小图像，如图22.19所示。

STEP 08 选择图像，在属性栏中将【轮廓】更改为无，如图
22.20所示。

图22.19 调整图像　　　　　　图22.20 取消轮廓

STEP 09 执行菜单栏中的【文件】|【导入】命令，导入"烤
肉3.jpg"文件，在右侧矩形位置单击添加素材并适当缩小。

STEP 10 以同样的方法调整图像，将多余的图像部分隐藏，如
图22.21所示。

烤全全品拼 ￥196

烤深海银鳕鱼 ￥58

图22.21 添加素材图像

STEP 11 单击工具箱中的【矩形工具】□按钮，在菜谱位置绘制1个矩形，将【宽度】设置为240、【高度】更改为150，设置【填充】为无，【轮廓】为0.2，同时选择2个最大矩形，在【对齐与分布】面板中，分别单击【水平居中对齐】□及【垂直居中对齐】□，将矩形对齐，如图22.22所示。

图22.22 绘制矩形并对齐

提示

在对齐矩形时，无论选择何种对齐形式，对象总是以先选择的对象为基准图形进行对齐。

STEP 12 单击工具箱中的【矩形工具】□按钮，在刚才绘制的矩形左上角位置，再次绘制1个稍小的矩形，设置【填充】为深黄色（R：150，G：45，B：0），【轮廓】为无，如图22.23所示。

STEP 13 选择刚才绘制的深黄色矩形，按Ctrl+C组合键复制，再按Ctrl+V组合键粘贴，在选项栏中【旋转角度】后方文本框中输入90，将经过旋转的矩形与原矩形对齐，如图22.24所示。

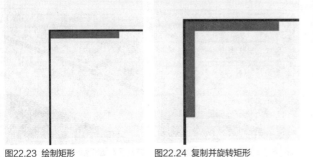

图22.23 绘制矩形   图22.24 复制并旋转矩形

STEP 14 同时选择刚才绘制的2个矩形，按住Shift键同时再按住鼠标左键，向下方垂直拖动并按下鼠标右键，将图形平移复制，再单击属性栏中的【垂直镜像】□按钮，将图形垂直镜像，如图22.25所示。

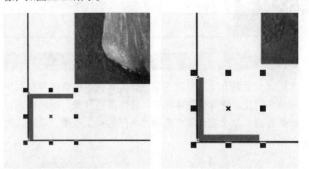

图22.25 复制图形并镜像

STEP 15 同时选择刚才绘制的左上角及左下角2部分矩形，将其复制并平移至右侧相对位置后水平镜像，如图22.26所示。

图22.26 复制矩形并镜像

STEP 16 选择黑色矩形框将其删除，这样就完成了效果制作，最终效果如图22.27所示。

图22.27 最终效果

实战 369

足球运动宣传单设计

- ▶ 素材位置：素材\第22章\足球运动宣传单
- ▶ 案例位置：效果\第22章\足球运动宣传单设计.cdr
- ▶ 视频位置：视频\实战369.avi
- ▶ 难易指数：★★★★☆

● 实例介绍 ●

本例讲解足球运动宣传单设计。本例中的宣传单在制作过程中以足球文化为主体元素，将绚丽的背景、动感的装饰元素整合，整个宣传单具有相当出色的视觉效果，最终效果如图22.28所示。

图22.28 最终效果

● 操作步骤 ●

1. 制作放射背景

STEP 01 单击工具箱中的【矩形工具】□按钮，绘制1个矩形，设置【填充】为黄色（R：232，G：226，B：207），【轮廓】为无，如图22.29所示。

STEP 02 按Ctrl+C组合键将矩形复制，按Ctrl+V组合键粘贴，将粘贴的矩形【填充】更改为绿色（R：38，G：147，B：19）并适当缩小，如图22.30所示。

图22.29 绘制矩形

图22.30 粘贴矩形

STEP 03 选择绿色矩形，按Ctrl+C组合键复制，按Ctrl+V组合键粘贴，将原矩形【填充】更改为无，【轮廓】更改为绿色（R：38，G：147，B：19），【轮廓宽度】为2，再将粘贴的矩形等比例缩小，如图22.31所示。

STEP 04 执行菜单栏中的【文件】|【打开】命令，打开"放射背景.cdr"文件，在打开的素材文档中选择放射图形，将其拖入图形中间位置，如图22.32所示。

图22.31 变换图形

图22.32 添加素材

STEP 05 选中放射图形，单击工具箱中的【透明度工具】▨按钮，再单击属性栏中【无透明度】▨按钮，如图22.33所示。

STEP 06 选中放射图形，执行菜单栏中的【对象】|【PowerClip】|【置于图文框内部】命令，将图形放置到下方矩形内部，如图22.34所示。

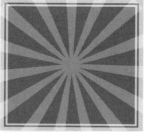

图22.33 清除透明度

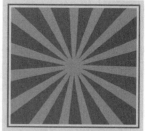

图22.34 置于图文框内部

STEP 07 选择矩形在中间位置单击，将光标移至变形框右侧控制点拖动将矩形斜切变形，如图22.35所示。

图22.35 绘制矩形并变形

STEP 08 单击工具箱中的【矩形工具】□按钮，在经过变形的矩形下方位置绘制1个矩形，设置【填充】为深灰色（R：36，G：33，B：26），【轮廓】为无，如图22.36所示。

STEP 09 在刚才斜切变形的矩形顶部绘制1个细长深灰色（R：36，G：33，B：26）矩形并将其斜切变形，如图22.37所示。

图22.36 绘制图形

图22.37 绘制矩形并变形

STEP 10 将经过变形的细长矩形向下移动并将其【填充】更改为绿色（R：38，G：147，B：19），如图22.38所示。

图22.38 复制图形

2．制作波点图像

STEP 01 单击工具箱中的【椭圆形工具】○按钮，在图形右下角按住Ctrl键绘制1个圆，设置【轮廓】为无。

STEP 02 单击工具箱中的【交互式填充工具】◇按钮，再单击属性栏中的【渐变填充】■按钮，在图形上拖动填充灰色（R：140，G：140，B：140）到白色的椭圆渐变，如图22.39所示。

图22.39 绘制圆

STEP 03 执行菜单栏中的【位图】|【转换为位图】命令，在弹出的对话框中分别勾选【光滑处理】及【透明背景】复选框，完成之后单击【确定】按钮。

STEP 04 执行菜单栏中的【位图】|【颜色转换】|【半色调】命令，在弹出的对话框中将所有数值调至最大，完成之后单击【确定】按钮，如图22.40所示。

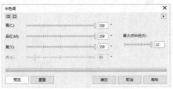

图22.40 设置半色调

STEP 05 在点状图形上单击鼠标右键，从弹出的快捷菜单中选择【快速描摹】，将原图像删除，并将描摹生成的图形颜色更改为绿色（R：38，G：147，B：19），如图22.41所示。

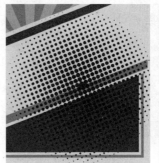

图22.41 描摹图像并更改颜色

3．处理足球素材

STEP 01 执行菜单栏中的【文件】|【打开】命令，打开"足球.cdr"文件，将打开的素材拖入图形适当位置，如图22.42所示。

STEP 02 单击工具箱中的【椭圆形工具】○按钮，在足球位置按住Ctrl键绘制1个圆，设置【填充】为黄色（R：232，G：226，B：207），【轮廓】为无，将其移至足球图形下方并将2个图形组合，如图22.43所示。

图22.42 添加素材　　　　图22.43 绘制图形

STEP 03 执行菜单栏中的【文件】|【打开】命令，打开"运动员.cdr"文件，将打开的素材拖入足球右上角位置将其颜色更改为绿色（R：38，G：147，B：19），如图22.44所示。

STEP 04 单击工具箱中的【形状工具】按钮，选择运动员图像周围的部分圆点将其删除，如图22.45所示。

图22.44 添加素材　　　　图22.45 删除图形

STEP 05 单击工具箱中的【钢笔工具】按钮，在足球图像左侧位置绘制1个细长图形，设置【填充】为（R：36，G：33，B：26），【轮廓】为无。

STEP 06 将绘制的图形复制1份并适当缩小，如图22.46所示。

图22.46 绘制及复制图形

4. 制作变形字

STEP 01 单击工具箱中的【形状工具】按钮，以同样的方法选择部分圆点图形将其删除，如图22.47所示。

STEP 02 单击工具箱中的【文本工具】**字**按钮，在宣传单左上角位置输入文字"SPORT"（字体设置为Chaparral Pro 粗体），如图22.48所示。

图22.47 删除图形　　　　图22.48 添加文字

STEP 03 选择文字，执行菜单栏中的【效果】|【封套】命令，在出现的【封套】面板中，单击【添加新封套】按钮，拖动文字边缘封套控制点将其变形，如图22.49所示。

STEP 04 同时选择文字及其下方图形，单击属性栏中的【修剪】按钮，对图形进行修剪，再将文字向上稍微移动，如图22.50所示。

图22.49 将文字变形　　　图22.50 修剪图形

STEP 05 单击工具箱中的【文本工具】**字**按钮，在宣传单适当位置输入文字（字体设置为Arial 粗体），如图22.51所示。

STEP 06 分别选择超出绿色矩形部分的图形，执行菜单栏中的【对象】|【PowerClip】|【置于图文框内部】命令，将图形放置到下方绿色矩形内部，这样就完成了效果制作，最终效果如图22.52所示。

图22.51 添加文字　　　　图22.52 最终效果

实战 370	美食宣传单设计

▶ 素材位置：素材\第22章\美食宣传单设计
▶ 案例位置：效果\第22章\美食宣传单设计.cdr
▶ 视频位置：视频\实战370.avi
▶ 难易指数：★★★☆☆

● 实例介绍 ●

本例讲解美食宣传单设计。本例的制作比较简单，重点突出了宣传单的特点，以略带夸张的手法将文字信息与配图相结合，使人过目不忘，最终效果如图22.53所示。

图22.53 最终效果

● 操作步骤 ●

1. 制作双色背景

STEP 01 单击工具箱中的【矩形工具】□按钮，绘制1个矩形，设置【填充】为白色，【轮廓】为无，如图22.54所示。

STEP 02 单击工具箱中的【钢笔工具】按钮，在矩形下半部分绘制1个不规则图形，设置【填充】为深黄色（R：85，G：45，B：20），【轮廓】为无，如图22.55所示。

图22.54 绘制矩形　　　　图22.55 绘制图形

STEP 03 选择图形，向下移动复制，将复制生成的图形【填充】更改为黄色（R：250，G：197，B：13），如图22.56所示。

STEP 04 单击工具箱中的【形状工具】按钮，拖动图形左侧节点将其稍微变形，如图22.57所示。

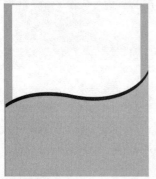
图22.56 复制图形

图22.57 拖动节点

STEP 05 同时选择2个图形，执行菜单栏中的【对象】|【PowerClip】|【置于图文框内部】命令，将图形放置到矩形内部，如图22.58所示。

STEP 06 单击工具箱中的【文本工具】字按钮，输入文字"疯狂吃货"（字体设置为方正兰亭中粗黑_GBK），如图22.59所示。

图22.58 置于图文框内部

图22.59 输入文字

2. 制作标签字

STEP 01 单击工具箱中的【椭圆形工具】○按钮，绘制1个圆，设置【填充】为黄色（R：250，G：197，B：13），【轮廓】为无，在【吃】字位置绘制1个圆，如图22.60所示。

STEP 02 单击工具箱中的【钢笔工具】按钮，在圆的左下角绘制1个三角形，设置【填充】为黄色（R：250，G：197，B：13），【轮廓】为无，如图22.61所示。

图22.60 绘制圆

图22.61 绘制三角形

STEP 03 选择文字下方的圆，按Ctrl+C组合键复制，按Ctrl+V组合键粘贴，将粘贴的图形在【轮廓笔】面板中，将【轮廓】更改为白色，【宽度】更改为0.5，【样式】更改为一种虚线，如图22.62所示。

STEP 04 选择文字，执行菜单栏中的【对象】|【PowerClip】|【置于图文框内部】命令，将图形放置到圆内部，如图22.63所示。

图22.62 复制并变换图形

图22.63 置于图文框内部

STEP 05 执行菜单栏中的【文件】|【导入】命令，导入"棒棒糖.cdr"文件，在适当位置单击，如图22.64所示。

STEP 06 单击工具箱中的【文本工具】字按钮，在适当位置输入文字（字体设置为YagiUhfNo2），如图22.65所示。

图22.64 导入素材

图22.65 输入文字

3. 绘制丝带标签

STEP 01 单击工具箱中的【矩形工具】□按钮，在适当位置绘制1个矩形，设置【填充】为红色（R：170，G：13，B：22），【轮廓】为无，如图22.66所示。

STEP 02 单击工具箱中的【变形工具】按钮，再单击属性栏中的【扭曲变形】按钮，将矩形变形，如图22.67所示。

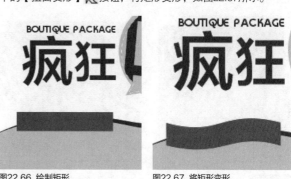
图22.66 绘制矩形　　　　　　图22.67 将矩形变形

STEP 03 单击工具箱中的【文本工具】字按钮，输入文字（字体设置为微软雅黑），如图22.68所示。

STEP 04 选择文字，以同样的方法将其变形，如图22.69所示。

图22.68 输入文字　　　　　图22.69 将文字变形

STEP 05 选择红色矩形，按Ctrl+C组合键复制，按Ctrl+V组合键粘贴。

STEP 06 单击工具箱中的【交互式填充工具】◇按钮，再单击属性栏中的【渐变填充】■按钮，在图形上拖曳填充黑色到白色再到黑色的线性渐变，如图22.70所示。

STEP 07 选择矩形，单击工具箱中的【透明度工具】■按钮，在属性栏中将【合并模式】更改为叠加，如图22.71所示。

图22.70 填充渐变　　　　　图22.71 更改合并模式

STEP 08 单击工具箱中的【矩形工具】□按钮，在刚才绘制的图形左侧位置绘制1个矩形，设置【填充】为红色（R：170，G：13，B：22），【轮廓】为无，如图22.72所示。

STEP 09 再单击鼠标右键，从弹出的快捷菜单中选择【转换为曲线】命令。

STEP 10 单击工具箱中的【钢笔工具】◊按钮，在矩形左侧边缘位置单击添加节点，单击工具箱中的【形状工具】↖按钮，拖动节点将其变形，如图22.73所示。

图22.72 绘制矩形　　　　　图22.73 将矩形变形

STEP 11 选择经过变形的矩形，单击工具箱中的【变形工具】▨按钮，将其扭曲变形，如图22.74所示。

STEP 12 选择经过变形的矩形将其移至右侧相对位置并适当旋转，如图22.75所示。

图22.74 将矩形变形　　　　　图22.75 复制图形

STEP 13 单击工具箱中的【钢笔工具】◊按钮，在左侧2个图形之间绘制1个不规则图形制作折叠效果，设置【填充】为深红色（R：87，G：26，B：30），【轮廓】为无。

STEP 14 以同样的方法在右侧相对位置再次绘制1个相似图形，如图22.76所示。

图22.76 绘制折叠图形

STEP 15 单击工具箱中的【矩形工具】□按钮，在页面靠底部位置绘制1个矩形，设置【填充】为无，【轮廓】为深黄色（R：85，G：45，B：20），【轮廓宽度】为0.5，如图22.77所示。

STEP 16 单击工具箱中的【形状工具】↖按钮，拖动矩形右上角节点将其转换为圆角矩形，如图22.78所示。

图22.77 绘制矩形　　　　　图22.78 转换为圆角矩形

STEP 17 单击工具箱中的【文本工具】字按钮，在圆角矩形左上角位置输入文字（字体设置为方正兰亭黑_GBK），如图22.79所示。

图22.79 输入文字

STEP 18 选中圆角矩形，执行菜单栏中的【对象】|【将轮廓转换为对象】命令。

STEP 19 单击工具箱中的【矩形工具】□按钮，在文字位置绘制1个矩形，如图22.80所示。

STEP 20 同时选中矩形及其下方圆角矩形，单击属性栏中的【修剪】按钮，对图形进行修剪，完成之后将上方矩形删除，如图22.81所示。

图22.80 绘制矩形

图22.81 修剪图形

4．处理素材图像

STEP 01 单击工具箱中的【矩形工具】□按钮，绘制1个矩形，设置【填充】为白色，【轮廓】为白色，在【轮廓笔】面板中，将【宽度】更改为1，【位置】更改为内部轮廓，如图22.82所示。

STEP 02 选择矩形将其复制3份，如图22.83所示。

图22.82 绘制矩形

图22.83 复制矩形

STEP 03 执行菜单栏中的【文件】|【导入】命令，导入"美食.jpg"文件，在最左侧矩形位置单击，如图22.84所示。

STEP 04 选择图像，执行菜单栏中的【对象】|【PowerClip】|【置于图文框内部】命令，将图形放置到矩形内部并等比例缩小，如图22.85所示。

图22.84 导入素材

图22.85 置于图文框内部

STEP 05 以同样的方法导入"美食2.jpg""美食3.jpg""美食4.jpg"图像，并为其执行置于图文框内部命令将不需要部分隐藏，如图22.86所示。

图22.86 导入素材

STEP 06 单击工具箱中的【文本工具】字按钮，在素材图像底部输入文字（字体设置为方正兰亭黑_GBK），如图22.87所示。

STEP 07 执行菜单栏中的【文件】|【导入】命令，导入"logo.cdr"文件，在左上角单击并适当缩小，这样就完成了效果制作，最终效果如图22.88所示。

图22.87 输入文字

图22.88 最终效果

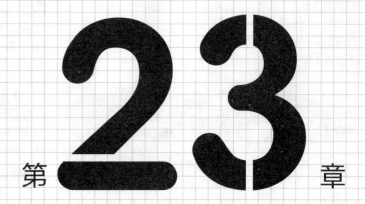

第**23**章

海报招贴设计

本章导读

本章讲解海报招贴设计。海报设计是视觉传达的表现形式之一，通过对版面构成的理解，在第一时间内吸引人们的目光，并通过图文的传播得到良好的反馈。在海报制作过程中需要理解所要传播的内容及对视觉传达效应的要求，同时保证海报完稿之后的质量。通过本章的学习可以掌握海报招贴设计的制作方法。

要点索引

● 学会制作电子音乐节海报
● 学习新秀时装海报制作过程
● 了解专车服务海报制作规范
● 掌握创意策划海报制作形式

电子音乐节海报设计

▶ 素材位置：素材\第23章\电子音乐节海报设计
▶ 案例位置：效果\第23章\电子音乐节海报设计.cdr
▶ 视频位置：视频\实战371.avi
▶ 难易指数：★★★☆☆

● 实例介绍 ●

　　本例讲解电子音乐节海报设计。音乐节海报在制作过程中要注意突出音乐主题，本例的制作过程比较简单，注意版面的布局，最终效果如图23.1所示。

图23.1 最终效果

● 操作步骤 ●

1. 制作场景图像

STEP 01　单击工具箱中的【矩形工具】□按钮，绘制1个【宽度】为500、【高度】为700的矩形，设置【轮廓】为无。

STEP 02　选择图形，单击工具箱中的【交互式填充工具】◆按钮，为图形填充白色到黄色（R：224，G：210，B：183）的椭圆渐变，如图23.2所示。

STEP 03　执行菜单栏中的【文件】|【导入】命令，导入"音乐节现场.jpg"，在矩形中间位置单击添加素材图像，如图23.3所示。

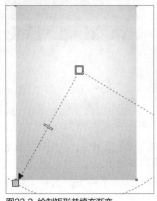

图23.2 绘制矩形并填充渐变

图23.3 添加素材

STEP 04　单击工具箱中的【矩形工具】□按钮，在素材图像中间位置绘制1个矩形，如图23.4所示。

STEP 05　选择刚才绘制的轮廓图，执行菜单栏中的【对象】|【PowerClip】|【置于图文框内部】命令，将图形放置到矩形内部，再选择矩形，在选项栏中将【轮廓宽度】更改为无，如图23.5所示。

图23.4 绘制矩形

图23.5 置于图文框内部

STEP 06　执行菜单栏中的【文件】|【导入】命令，导入"电吉他.eps"文件，在矩形靠右侧位置单击添加素材图像，如图23.6所示。

STEP 07　选择所有图形，执行菜单栏中的【对象】|【组合】|【组合对象】命令，单击工具箱中的【阴影工具】□按钮，选择吉他从右向左侧拖动添加阴影效果，在属性栏中将【合并模式】更改为柔光，如图23.7所示。

图23.6 添加素材

图23.7 添加阴影

STEP 08　选择海报矩形按Ctrl+C组合键复制，再按Ctrl+V组合键粘贴，如图23.8所示。

STEP 09　选择吉他图像，执行菜单栏中的【对象】|【PowerClip】|【置于图文框内部】命令，将图形放置到矩形内部，再选择矩形，在选项栏中将【轮廓宽度】更改为无，如图23.9所示。

图23.8 复制图形

图23.9 添加投影

STEP 10 选择吉他图像，执行菜单栏中的【对象】|【PowerClip】|【置于图文框内部】命令，将图形放置到合适的位置，如图23.10所示。

STEP 11 单击工具箱中的【文本工具】**字**按钮，在海报顶部位置输入文字（字体设置为方正兰亭中粗黑_GBK），如图23.11所示。

图23.10 置于图文框内部　　　　图23.11 输入文字

STEP 12 单击工具箱中的【星形】☆图标，在刚才添加的文字顶部位置绘制1个星形，设置【填充】为红色（R：255，G：0，B：0），【轮廓】为无，如图23.12所示。

图23.12 绘制图形

STEP 13 单击工具箱中的【矩形工具】□按钮，在文字左侧位置绘制1个深灰色（R：51，G：51，B：51）的细长矩形，如图23.13所示。

STEP 14 选择矩形按住Shift键同时再按住鼠标左键，向右侧平移拖动并按下鼠标右键，将图形复制，再适当缩小矩形宽度，如图23.14所示。

图23.13 绘制矩形　　　　　　　图23.14 复制矩形

STEP 15 单击工具箱中的【矩形工具】□按钮，在刚才绘制的矩形下方位置再次绘制1个矩形并单击鼠标右键，从弹出的快捷菜单中选择【转换为曲线】命令，如图23.15所示。

STEP 16 单击工具箱中的【形状工具】按钮，选择矩形左下角节点向右侧拖动将矩形变形，如图23.16所示。

图23.15 绘制矩形并转曲　　　　图23.16 拖动节点

STEP 17 选择矩形按住Shift键同时再按住鼠标左键，向右侧平移拖动并按下鼠标右键，将图形复制，如图23.17所示。

STEP 18 单击属性栏中的【水平镜像】按钮，将图形水平镜像，如图23.18所示。

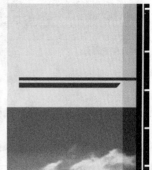

图23.17 复制图形　　　　　　　图23.18 将图形镜像

2．绘制燕尾标签

STEP 01 单击工具箱中的【矩形工具】□按钮，在吉他图像左侧位置绘制1个矩形，设置【填充】为深灰色（R：80，G：80，B：80），【轮廓】为无，如图23.19所示。

STEP 02 在绘制的矩形上单击鼠标右键，从弹出的快捷菜单中选择【转换为曲线】命令，如图23.20所示。

图23.19 绘制矩形　　　　　　　图23.20 转换为曲线

STEP 03 单击工具箱中的【钢笔工具】按钮，在矩形左侧边缘中间位置单击添加节点，如图23.21所示。

STEP 04 单击工具箱中的【形状工具】按钮，选择添加的节点向右侧拖动将矩形变形，如图23.22所示。

图23.21 添加节点　　　　图23.22 拖动节点

STEP 05 以同样的方法在矩形右侧相对位置添加节点,并将矩形变形,如图23.23所示。

图23.23 将矩形变形

STEP 06 单击工具箱中的【椭圆形工具】○按钮,在经过变形的矩形左侧位置,按住Ctrl键绘制1个圆,设置【填充】为白色,【轮廓】为无,如图23.24所示。

STEP 07 选择圆按住Shift键同时再按住鼠标左键,向右侧平移拖动并按下鼠标右键,将图形复制,如图23.25所示。

图23.24 绘制图形　　　　图23.25 复制图形

STEP 08 同时选择2个椭圆及其下方图形,单击属性栏中的【修剪】🖵按钮,对图形进行修剪,如图23.26所示。

STEP 09 同时选择2个椭圆,按Delete键删除,如图23.27所示。

图23.26 修剪图形　　　　图23.27 删除图形

STEP 10 单击工具箱中的【文本工具】字按钮,在刚才绘制的图形位置输入文字(字体设置为方正兰亭中粗黑_GBK),如图23.28所示。

图23.28 输入文字

STEP 11 单击工具箱中的【矩形工具】□按钮,在吉他图像左侧位置绘制1个矩形,设置【填充】为深灰色(R:80,G:80,B:80),【轮廓】为无,在刚才绘制的图形下方位置绘制1条与之相同宽度的细长矩形,如图23.29所示。

STEP 12 选择细长矩形,按住Shift键同时再按住鼠标左键,向右侧平移拖动并按下鼠标右键,将图形复制,如图23.30所示。

图23.29 绘制矩形　　　　图23.30 复制矩形

STEP 13 执行菜单栏中的【文件】|【导入】命令,导入"耳机.eps"文件,在海报左下角位置单击添加素材图像,如图23.31所示。

STEP 14 单击工具箱中的【文本工具】字按钮,在适当位置输入文字(字体分别设置为Arial、方正兰亭黑_GBK、方正兰亭细黑_GBK),这样就完成了效果制作,最终效果如图23.32所示。

图23.31 添加素材　　　　图23.32 最终效果

实战 372　新秀时装海报设计

▶ 素材位置: 素材\第23章\新秀时装海报设计
▶ 案例位置: 效果\第23章\新秀时装传海报设计.cdr
▶ 视频位置: 视频\实战372.avi
▶ 难易指数: ★★★☆☆

● 实例介绍 ●

本例讲解新秀时装海报设计。本例海报以紫色调为主,整个版式规范，以主题文字信息作为主线贯穿整个海报，最终效果如图23.33所示。

图23.33 最终效果

● 操作步骤 ●

1. 制作多边形背景

STEP 01 单击工具箱中的【矩形工具】□按钮，绘制1个【宽度】为500、【高度】为700的矩形，设置【轮廓】为无。

STEP 02 单击工具箱中的【交互式填充工具】◆按钮，再单击属性栏中的【渐变填充】█及【椭圆形渐变填充】▒按钮，在矩形靠上半部分区域拖动填充黄色（R：255，G：200，B：173）到黄色（R：240，G：160，B：115）的渐变，如图23.34所示。

STEP 03 单击工具箱中的【矩形工具】□按钮，在刚才绘制的矩形右侧边缘再次绘制1个矩形，设置【填充】为黄色（R：252，G：204，B：166），【轮廓】为无，如图23.35所示。

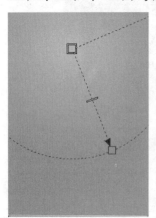

图23.34 填充渐变　　　　图23.35 绘制矩形

STEP 04 选择最下方矩形，按Ctrl+C组合键复制，再按Ctrl+V组合键粘贴，将其高度适当缩小，如图23.36所示。

STEP 05 在矩形单击鼠标右键，从弹出的快捷菜单中选择【转换为曲线】命令。

STEP 06 单击工具箱中的【钢笔工具】◊按钮，分别在矩形顶部边缘靠左侧及靠右侧位置单击添加节点，如图23.37所示。

图23.36 复制并变换图形　　图23.37 添加节点

STEP 07 单击工具箱中的【形状工具】⌐按钮，分别拖动刚才添加的节点，将图形变形，如图23.38所示。

STEP 08 选择经过变形的图形，单击工具箱中的【交互式填充工具】◆按钮，再单击属性栏中的【渐变填充】█及【线性渐变填充】▒按钮，在矩形上拖动填充紫色（R：192，G：142，B：215）到紫色（R：212，G：180，B：242）的渐变，如图23.39所示。

图23.38 将图形变形　　　图23.39 填充渐变

2. 制作主体内容

STEP 01 单击工具箱中的【矩形工具】□按钮，在海报中间位置绘制1个矩形，设置【填充】为无，【轮廓】为白色，【轮廓宽度】为20，如图23.40所示。

STEP 02 执行菜单栏中的【文件】|【导入】命令，导入"高跟鞋.psd"文件，在矩形右上角位置单击添加素材，如图23.41所示。

图23.40 绘制矩形　　　　图23.41 导入素材

STEP 03 选择素材，执行菜单栏中的【对象】|【图框精确剪裁】|【置于图文框内部】命令，将图形放置到白色矩形内部，如图23.42所示。

STEP 04 执行菜单栏中的【对象】|【PowerClip】|【编辑PowerClip】命令，选择素材图像，按住Shift键同时再按住鼠标左键，向下方拖动并按下鼠标右键，将图像复制，再单击属性栏中的【水平镜像】按钮，将其水平镜像，如图23.43所示。

图23.42 置于图文框内部　　图23.43 复制并镜像图像

STEP 05 选择镜像后图像，单击工具箱中的【透明度工具】按钮，单击属性栏中的【渐变透明度】，在图像上拖动降低不透明度，如图23.44所示。

STEP 06 单击工具箱中的【文本工具】字按钮，在适当位置输入文字（字体分别设置为Arial、方正兰亭黑_GBK、Bodoni Bd BT常规斜体），如图23.45所示。

图23.44 降低不透明度　　图23.45 输入文字

STEP 07 选择文字"2"，按住Shift键同时再按住鼠标左键，向下方拖动并按下鼠标右键，将图像复制，再单击属性栏中的【水平镜像】按钮，将其水平镜像，如图23.46所示。

STEP 08 选择镜像后图像，单击工具箱中的【透明度工具】按钮，单击属性栏中的【渐变透明度】，在图像上拖动降低不透明度，如图23.47所示。

图23.46 复制并镜像图像　　图23.47 降低不透明度

STEP 09 单击工具箱中的【矩形工具】□按钮，在文字左下角位置绘制1个矩形，设置【填充】为紫色（R：130，G：84，B：177），【轮廓】为无，如图23.48所示。

STEP 10 选择矩形按住Shift键同时再按住鼠标左键，向右侧拖动至相对位置并按下鼠标右键，将图形复制，如图23.49所示。

图23.48 绘制图形　　图23.49 复制图形

STEP 11 在2个矩形之间位置再次绘制1个紫色（R：162，G：111，B：206）矩形，如图23.50所示。

图23.50 绘制矩形

STEP 12 单击工具箱中的【钢笔工具】按钮，在刚才绘制的矩形左上角位置绘制1个不规则图形，将【填充】设置为紫色（R：102，G：102，B：102），【轮廓】为无，如图23.51所示。

STEP 13 选择图形，向右侧平移复制，再单击属性栏中的【水平镜像】按钮，将图形垂直镜像，如图23.52所示。

图23.51 绘制图形　　图23.52 复制并镜像图形

STEP 14 单击工具箱中的【2点线工具】按钮，在之前绘制的矩形靠底部位置按住Shift键绘制1条水平线段，设置【填充】为无，【轮廓】为白色，【轮廓宽度】为1，如图23.53所示。

STEP 15 选择线段，单击工具箱中的【透明度工具】按钮，将线段不透明度更改为50，如图23.54所示。

图23.53 绘制线段　　　图23.54 降低不透明度

3. 添加详情信息

STEP 01 执行菜单栏中的【文件】|【导入】命令，导入"牛仔裤.psd"文件，在刚才绘制的线段靠左侧位置单击并适当缩小素材，如图23.55所示。

STEP 02 选择素材图像，单击工具箱中的【阴影工具】按钮，在图像上拖动添加阴影效果，在属性栏中将【阴影羽化】更改为5，【不透明度】更改为30，如图23.56所示。

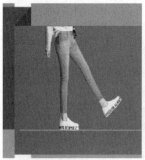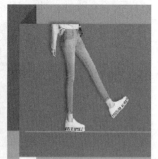

图23.55 添加素材　　　图23.56 添加阴影

STEP 03 选择素材图像，执行菜单栏中的【对象】|【PowerClip】|【置于图文框内部】命令，将图形放置到其下方矩形内部，如图23.57所示。

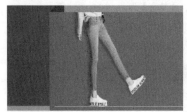

图23.57 置于图文框内部

STEP 04 单击工具箱中的【椭圆形工具】按钮，在素材图像右侧位置按住Ctrl键绘制1个圆，设置【填充】为白色，【轮廓】为无，并将其复制数份，如图23.58所示。

图23.58 绘制及复制图形

STEP 05 分别选择其中的3个图形更改其颜色，如图23.59所示。

STEP 06 执行菜单栏中的【文件】|【打开】命令，打开"图标.cdr"文件，将打开的素材图标移至椭圆图形位置，并更改部分图标颜色，如图23.60所示。

图23.59 复制图形　　　图23.60 添加素材

STEP 07 单击工具箱中的【文本工具】按钮，在页面底部适当位置输入文字（字体设置为方正兰亭黑_GBK），这样就完成了效果制作，最终效果如图23.61所示。

图23.61 最终效果

实战 373

专车服务海报设计

▶ 素材位置：素材\第23章\专车服务海报设计
▶ 案例位置：效果\第23章\专车服务海报设计.cdr
▶ 视频位置：视频\实战373.avi
▶ 难易指数：★★★☆☆

● 实例介绍 ●

本例讲解专车服务海报设计。本例信息十分直观，以柔和的粉色作为背景色，将素材及文字信息完美结合，最终效果如图23.62所示。

图23.62 最终效果

● 操作步骤 ●

1. 处理素材

STEP 01 单击工具箱中的【矩形工具】□按钮，绘制1个【宽度】为500、【高度】为700的矩形，设置【填充】为浅红色（R：238，G：172，B：200），【轮廓】为无，如图23.63所示。

STEP 02 执行菜单栏中的【文件】|【导入】命令，导入"汽车.esp""手机.psd"文件，在靠上半部分位置单击添加素材，如图23.64所示。

图23.63 绘制图形　　　　　　图23.64 添加素材

STEP 03 单击工具箱中的【椭圆形工具】◯按钮，在汽车底部绘制1个椭圆，如图23.65所示。

图23.65 绘制椭圆

STEP 04 选择椭圆图形，执行菜单栏中的【位图】|【转换为位图】命令，在弹出的对话框中分别勾选【光滑处理】及【透明背景】复选框，完成之后单击【确定】按钮。

STEP 05 执行菜单栏中的【位图】|【模糊】|【高斯式模糊】命令，在弹出的对话框中将【半径】更改为15像素，完成之后单击【确定】按钮，如图23.66所示。

图23.66 添加高斯式模糊

STEP 06 执行菜单栏中的【位图】|【模糊】|【动态模糊】命令，在弹出的对话框中将【半径】更改为450像素，完成之后单击【确定】按钮，如图23.67所示。

图23.67 设置动态模糊

STEP 07 选择阴影图像，单击工具箱中的【透明度工具】▨按钮，将【不透明度】更改为50，如图23.68所示。

STEP 08 选择阴影图像，按住Shift键同时再按住鼠标左键，向右侧拖动并按下鼠标右键，将图形复制，再适当缩小图像高度，如图23.69所示。

图23.68 降低不透明度　　　　图23.69 复制并变换图像

2. 绘制对话图形

STEP 01 单击工具箱中的【钢笔工具】✎按钮，在汽车图像左上角位置绘制1个云朵对话图形，将【填充】设置为白色，【轮廓】为无，如图23.70所示。

STEP 02 在云朵图形右下角位置再绘制1个弧形线条，如图23.71所示。

图23.70 绘制图形　　　　　　图23.71 绘制线段

STEP 03 单击工具箱中的【文本工具】字按钮，在云朵图形位置输入文字（字体设置为Calibri常规斜体），如图23.72所示。

图23.72 输入文字

STEP 04 单击工具箱中的【2点线工具】 ✏ 按钮，在手机图像顶部位置按住Shift键拖动绘制1条线段，设置【轮廓】为白色，【轮廓宽度】为1。

STEP 05 以同样的方法在其左侧位置再次绘制数条相似线段，如图23.73所示。

图23.73 绘制线段

STEP 06 单击工具箱中的【文本工具】 **字** 按钮，在海报靠顶部位置输入文字（字体分别设置为方正兰亭黑_GBK、方正兰亭中粗黑_GBK），如图23.74所示。

图23.74 输入文字

STEP 07 单击工具箱中的【矩形工具】 □ 按钮，在上行文字左侧按住Ctrl键绘制1个矩形，设置【填充】为白色，【轮廓】为无，如图23.75所示。

STEP 08 选择矩形，在选项栏中【旋转】后方文本框中输入45，如图23.76所示。

图23.75 绘制矩形　　　　　　图23.76 旋转矩形

STEP 09 选择矩形，单击鼠标右键，从弹出的快捷菜单中选择【转换为曲线】命令，如图23.77所示。

STEP 10 单击工具箱中的【形状工具】 ↖ 按钮，选择图形右侧节点将其删除，再将图形高度适当缩小，如图23.78所示。

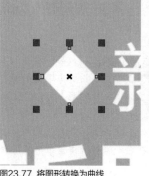 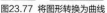 

图23.77 将图形转换为曲线　　　　图23.78 删除节点

STEP 11 选择图形，向右侧平移复制，再单击属性栏中【水平镜像】 ⧉ 按钮，将图形水平镜像，如图23.79所示。

图23.79 复制图形并镜像

3.处理细节信息

STEP 01 单击工具箱中的【文本工具】 **字** 按钮，在素材图像下方位置输入文字（字体设置为方正兰亭黑_GBK），如图23.80所示。

图23.80 输入文字

STEP 02 单击工具箱中的【2点线工具】 ✏ 按钮，在文字位置按住Shift键拖动绘制1条水平线段，设置【轮廓】为白色，【轮廓宽度】为1，如图23.81所示。

STEP 03 单击工具箱中的【矩形工具】 □ 按钮，在线段中间绘制1个比文字稍宽的矩形，【填充】和【轮廓】均为默认，如图23.82所示。

图23.81 绘制线段　　　　　　图23.82 绘制矩形

STEP 04 同时选择矩形及线段，单击属性栏中的【修剪】按钮，对图形进行修剪，如图23.83所示。

STEP 05 选择矩形将其删除，如图23.84所示。

图23.83 修剪图形   图23.84 删除矩形

STEP 06 单击工具箱中的【椭圆形工具】按钮，在左侧线段右侧顶端位置绘制1个圆，设置【填充】为白色，【轮廓】为无。

STEP 07 选择圆形按住Shift键同时再按住鼠标左键，向右侧平移拖动并按下鼠标右键，将其复制，如图23.85所示。

图23.85 绘制及复制圆

STEP 08 单击工具箱中的【椭圆形工具】按钮，在海报下方位置绘制1个圆，设置【填充】为白色，【轮廓】为无。

STEP 09 选择圆形，按住Shift键同时再按住鼠标左键，向右侧平移拖动并按下鼠标右键，将其复制，再将其复制2份，如图23.86所示。

图23.86 绘制及复制圆

提示

绘制圆之后，可以同时选择圆，在【对齐与分布】面板中，单击【水平分散排列中心】图标。

STEP 10 执行菜单栏中的【文件】|【导入】命令，导入"图标.cdr"文件，将打开的素材图像移至刚才绘制正圆位置，如图23.87所示。

STEP 11 单击工具箱中的【文本工具】**字**按钮，在页面底部适当位置输入文字（字体分别设置为方正兰亭中粗黑_GBK、Candara粗体-斜体），这样这就完成了效果制作，最终效果如图23.88所示。

图23.87 导入素材   图23.88 最终效果

实战 374

创意策划海报设计

- 素材位置：素材\第23章\创意策划海报设计
- 案例位置：效果\第23章\创意策划海报设计.cdr
- 视频位置：视频\实战374.avi
- 难易指数：★★★★☆

● 实例介绍 ●

本例讲解创意策划海报设计。此款创意海报以文笔元素为主线，将各类元素完美结合很好地表现出海报主题，最终效果如图23.89所示。

图23.89 最终效果

● 操作步骤 ●

1. 制作网格背景

STEP 01 单击工具箱中的【矩形工具】□按钮，绘制1个【宽度】为90、【高度】为120的矩形，设置【填充】为蓝色（R：25，G：148，B：218），【轮廓】为无，如图23.90所示。

图23.90 绘制矩形

STEP 02 执行菜单栏中的【表格】|【创建新表格】命令，在弹出的对话框中将【行数】更改为26，【栏数】更改为20，【高度】更改为120，【宽度】更改为90，完成之后单击【确定】按钮，如图23.91所示。

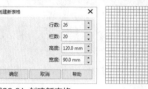

图23.91 创建新表格

STEP 03 同时选择表格及矩形，在【对齐与分布】面板中，分别单击【水平居中对齐】□及【垂直居中对齐】□，如图23.92所示。

STEP 04 在表格上单击鼠标右键，从弹出的快捷菜单中选择【转换为曲线】命令，如图23.93所示。

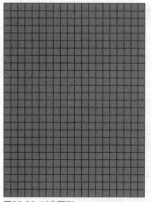 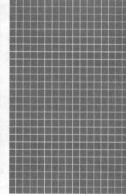

图23.92 对齐图形　　　图23.93 转换为曲线

STEP 05 选择表格图形，单击工具箱中的【透明度工具】▦按钮，在选项栏中将【合并模式】更改为柔光，再将【不透明度】更改为90，如图23.94所示。

图23.94 更改合并模式并降低不透明度

2. 绘制公告板

STEP 01 单击工具箱中的【矩形工具】□按钮，绘制1个矩形，设置【填充】为浅灰色（R：248，G：248，B：248），【轮廓】为无，并将矩形适当旋转，如图23.95所示。

图23.95 绘制矩形

STEP 02 执行菜单栏中的【位图】|【转换为位图】命令，在弹出的对话框中分别勾选【光滑处理】及【透明背景】复选框，完成之后单击【确定】按钮。

STEP 03 执行菜单栏中的【位图】|【杂点】|【添加杂点】命令，在弹出的对话框中分别勾选【高斯式】及【单一】单选按钮，将【层次】和【密度】更改为10，完成之后单击【确定】按钮，如图23.96所示。

图23.96 设置添加杂点

STEP 04 选择矩形，单击工具箱中的【阴影工具】□按钮，在矩形上拖动添加阴影，在属性栏中将【阴影的不透明度】更改为20，【阴影羽化】更改为1，如图23.97所示。

图23.97 添加阴影

STEP 05 单击工具箱中的【2点线工具】✎按钮，在矩形左上角位置按住Shift键绘制一条水平线段，将【轮廓宽度】更改为0.2，如图23.98所示。

STEP 06 选择绘制的直线，单击工具箱中的【透明度工具】▦按钮，单击属性栏中的【渐变透明度】▦，将不透明度设置为从100到0，如图23.99所示。

图23.98 绘制直线　　　图23.99 降低不透明度

STEP 07 选择线段，按Ctrl+C组合键复制，再按Ctrl+V组合键粘贴，在属性栏中【旋转角度】后方文本框中输入90度，如图23.100所示。

图23.100 复制并旋转线段

STEP 08 同时选择2个线段，按住Shift键同时再按住鼠标左键，向下方垂直拖动并按下鼠标右键，将图形复制，在属性栏中【旋转角度】后方文本框中输入90度，如图23.101所示。

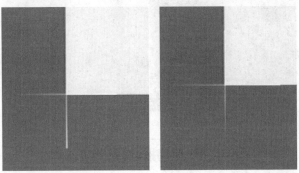

图23.101 复制并旋转线段

STEP 09 同时选择左上角和右下角的线段，按住Shift键同时再按住鼠标左键，向右侧平移拖动并按下鼠标右键，将图形复制，再单击属性栏中的【水平镜像】按钮，将图形水平镜像，如图23.102所示。

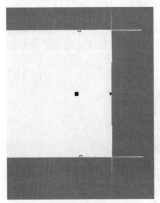 

图23.102 复制并变换图形

3．添加主视觉信息

STEP 01 单击工具箱中的【文本工具】字按钮，在矩形位置输入文字（字体设置为MStiffHei PRC UltraBold），如图23.103所示。

图23.103 输入文字

STEP 02 执行菜单栏中的【文件】|【导入】命令，导入"曲别针.png""idea.esp""铅笔.png"文件，在图形适当位置单击添加素材图像，如图23.104所示。

图23.104 添加图像

STEP 03 选择曲别针图像，单击工具箱中的【阴影工具】按钮，在其图像上拖动为其添加阴影，在属性栏中将【阴影的不透明度】更改为30，【阴影羽化】更改为5，以同样的方法为铅笔图像添加阴影，如图23.105所示。

图23.105 添加阴影

提示 _____

　　为铅笔图像添加阴影时需要注意阴影的数值设置。

STEP 04 单击工具箱中的【椭圆形工具】○按钮，在idea素材图像位置按住Shift键绘制1个圆形，设置【填充】为浅红色（R：242，G：82，B：67），【轮廓】为无，如图23.106所示。

STEP 05 执行菜单栏中的【位图】|【转换为位图】命令，在弹出的对话框中分别勾选【光滑处理】及【透明背景】复选框，完成之后单击【确定】按钮。

STEP 06 选择圆形，执行菜单栏中的【位图】|【模糊】|【高斯式模糊】命令，在弹出的对话框中将【半径】更改为12像

素，完成之后单击【确定】按钮，如图23.107所示。

图23.106 绘制圆　　　　　　图23.107 添加高斯式模糊

STEP 07 单击工具箱中的【手绘工具】按钮，在铅笔尖位置绘制1条弯曲线条，将【轮廓宽度】设置为0.01，【颜色】设置为灰色（R：140，G：140，B：140），如图23.108所示。

图23.108 绘制线条

STEP 08 单击工具箱中的【文本工具】**字**按钮，在适当位置输入文字（字体设置为方正兰亭黑_GBK），如图23.109所示。

STEP 09 以同样的方法在文字位置绘制相似线条，如图23.110所示。

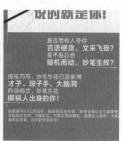

图23.109 输入文字　　　　　图23.110 绘制线条

4.添加素材图像

STEP 01 执行菜单栏中的【文件】|【导入】命令，导入"商务小人.cdr""手机.png""加湿器.png""相机.png"文件，在海报适当位置单击添加素材图像，如图23.111所示。

图23.111 添加素材

STEP 02 选择手机图像，单击工具箱中的【阴影工具】按钮，在图像底部位置拖动添加阴影，以同样的方法分别为其他2个素材图像添加阴影，如图23.112所示。

图23.112 添加阴影

STEP 03 单击工具箱中的【文本工具】**字**按钮，在素材图像顶部位置输入文字（字体设置为方正兰亭黑_GBK），这样就完成了效果制作，最终效果如图23.113所示。

图23.113 最终效果

> **实战 375** | **全民红包海报设计**
> ▶ 素材位置：素材\第23章\全民红包海报设计
> ▶ 案例位置：效果\第23章\全民红包海报设计.cdr
> ▶ 视频位置：视频\实战375.avi
> ▶ 难易指数：★★★☆☆

● **实例介绍** ●

本例讲解全民红包海报设计。本例在制作过程中以红色作为背景，整个海报呈现喜庆的视觉感受，最终效果如图23.114所示。

图23.114 最终效果

● 操作步骤 ●

1．制作主题艺术字

STEP 01 单击工具箱中的【矩形工具】□按钮，绘制1个【宽度】为320、【高度】为430的矩形，设置【填充】为红色（R：188，G：43，B：58），【轮廓】为无，如图23.115所示。

STEP 02 单击工具箱中的【文本工具】字按钮，在矩形顶部的位置输入文字（字体设置为MStiffHei PRC UltraBold），如图23.116所示。

图23.115 绘制图形　　　　图23.116 输入文字

STEP 03 在文字位置单击鼠标右键，从弹出的快捷菜单中选择【转换为曲线】命令，单击工具箱中的【形状工具】 ┗ 按钮，拖动文字部分节点将其变形，如图23.117所示。

图23.117 将文字变形

STEP 04 选择文字，将【轮廓宽度】更改为2，【颜色】更改为黄色（R：250，G：230，B：200），如图23.118所示。

图23.118 添加轮廓

STEP 05 单击工具箱中的【贝塞尔工具】 ✐ 按钮，在文字位置绘制1个不规则图形，设置【填充】为黄色（R：250，G：230，B：200），【轮廓】为无，如图23.119所示。

图23.119 绘制图形

STEP 06 同时选择文字及刚才绘制的图形，按Ctrl+G组合键将其组合，再单击工具箱中的【阴影工具】□按钮，在对象上拖动为其添加阴影，在属性栏中将【不透明度】更改为30，【阴影羽化】更改为5，如图23.120所示。

图23.120 添加阴影

2．绘制装饰图形

STEP 01 单击工具箱中的【贝塞尔工具】 ✐ 按钮，在文字左上角位置绘制1个不规则图形，设置【填充】为红色（R：150，G：19，B：32），【轮廓】为无。

STEP 02 以同样的方法在旁边位置再次绘制1个不规则图形，设置【填充】为黄色（R：254，G：167，B：26），如图23.121所示。

图23.121 绘制图形

STEP 03 分别选择2个图形，将其复制数份并移至文字适当位置后缩小及旋转，如图23.122所示。

图23.122 复制并变换图形

STEP 04 单击工具箱中的【文本工具】**字**按钮，在刚才添加的文字下方位置输入文字（字体设置为汉仪小康美术体简），设置【填充】黄色（R：250，G：230，B：200），【轮廓】为红色（R：150，G：20，B：32），如图23.123所示。

图23.123 输入文字

STEP 05 单击工具箱中的【贝塞尔工具】按钮，在文字左上角位置绘制1个不规则图形，设置【填充】为红色（R：150，G：19，B：32），【轮廓】为无，如图23.124所示。

STEP 06 选择绘制的图形，按住鼠标左键，向文字右下角位置拖动并按下鼠标右键，将图形复制后并适当旋转，如图23.125所示。

图23.124 绘制图形　　图23.125 复制并变换图形

3．处理奖品素材

STEP 01 执行菜单栏中的【文件】|【导入】命令，导入"红包.jpg""手机.jpg""平板电脑.jpg"文件，在刚才添加的文字下方位置单击添加素材，如图23.126所示。

图23.126 添加素材

STEP 02 单击工具箱中的【钢笔工具】按钮，沿红包边缘绘制图形，设置【填充】无，【轮廓】为默认，如图23.127所示。

STEP 03 选择红包图像，执行菜单栏中的【对象】|【PowerClip】|【置于图文框内部】命令，将图形放置到矩形内部，如图23.128所示。

图23.127 绘制图形　　图23.128 置于图文框内部

STEP 04 选择红包图像，按Ctrl+C组合键复制，再按Ctrl+V组合键粘贴，单击属性栏中的【垂直镜像】按钮，将图形垂直镜像，如图23.129所示。

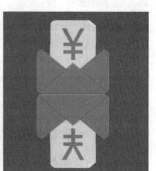

图23.129 复制、粘贴并镜像图像

STEP 05 执行菜单栏中的【对象】|【PowerClip】|【编辑PowerClip】命令。

STEP 06 单击工具箱中的【透明度工具】按钮，在图像上拖动降低图像不透明度制作倒影效果，如图23.130所示。

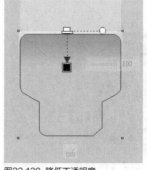

图23.130 降低不透明度

STEP 07 单击工具箱中的【矩形工具】按钮，沿平板电脑边缘绘制1个矩形，如图23.131所示。

STEP 08 单击工具箱中的【形状工具】按钮，选择左上角节点向内侧拖动将直角变成圆角，如图23.132所示。

图23.131 绘制矩形　　　　　图23.132 将直角变成圆角

STEP 09 以同样的方法为平板电脑及手机制作相同的倒影效果，如图23.133所示。

图23.133 制作倒影

4．制作详情信息

STEP 01 单击工具箱中的【文本工具】字按钮，在位置输入文字（字体设置为方正兰亭黑），如图23.344所示。

STEP 02 单击工具箱中的【椭圆形工具】○按钮，在海报左下角位置绘制1个椭圆，设置【填充】为红色（R：150，G：19，B：32），【轮廓】为无，如图23.135所示。

图23.134 输入文字　　　　　图23.135 绘制图形

STEP 03 以同样的方法在椭圆图形右侧位置再次绘制数个椭圆图形，同时选择所有椭圆图形，单击属性栏中【合并】按钮将图形合并，如图23.136所示。

图23.136 绘制椭圆

STEP 04 选择最大矩形，按Ctrl+C组合键复制，再按Ctrl+V组合键粘贴，如图23.137所示。

STEP 05 在粘贴的矩形上单击鼠标右键，从弹出的快捷菜单中选择【转换为曲线】命令，再将【填充】更改为无，如图23.138所示。

图23.137 复制并粘贴矩形　　　　图23.138 将矩形转曲

STEP 06 选择刚才绘制的轮廓图，执行菜单栏中的【对象】|【PowerClip】|【置于图文框内部】命令，将图形放置到矩形内部，如图23.139所示。

STEP 07 单击工具箱中的【文本工具】字按钮，在左下角位置输入文字（字体设置为方正兰亭黑_GBK），如图23.140所示。

图23.139 置于图文框内部　　　　图23.140 输入文字

STEP 08 单击工具箱中的【矩形工具】□按钮，在海报靠右下角位置绘制1个矩形，设置【填充】为红色（R：150，G：19，B：32），【轮廓】为无，如图23.141所示。

STEP 09 单击工具箱中的【贝塞尔工具】✐按钮，在矩形顶部位置绘制1个三角形，设置【填充】为红色（R：150，G：19，B：32），【轮廓】为细线，如图23.142所示。

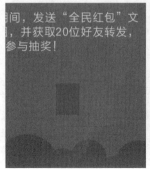

图23.141 绘制矩形　　　　　图23.142 绘制三角形

提示

　　设置轮廓为细线的目的是方便观察绘制的三角形大小。

STEP 10 选择绘制的三角形图形，在属性栏中将【轮廓宽度】更改为无，同时选择三角形及其下方矩形，单击属性栏中的【修剪】🔲按钮，对图形进行修剪，再适当缩小三角形高度，如图23.143所示。

STEP 11 同时选择三角形及其下方矩形，适当旋转后并复制1份移至右侧位置再适当旋转，这样就完成了效果制作，最终效果如图23.144所示。

图23.143 修剪图形

图23.144 最终效果

第**24**章

工业产品设计

本章导读

本章讲解工业产品设计。工业产品设计是指以工学、美学、经济学为基础对工业产品进行设计，在视觉设计中占有相对独立的地位。工业产品设计区别于平面类视觉传播，通常以立体形式来呈现完美的设计作品。从针对性角度来讲，工业产品设计的存在就是服务于人们的生活，其所传递的美感往往占有较高的比重，通过本章的学习可以认识工业产品设计的重点。

要点索引

- 学会制作手绘鼠标
- 学会制作一体机
- 掌握精致播放器绘制方法

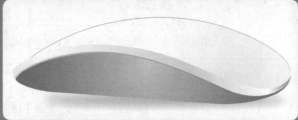

实战 376 手绘鼠标设计

▶ 素材位置：无
▶ 案例位置：效果\第24章\手绘鼠标设计.cdr
▶ 视频位置：视频\实战376.avi
▶ 难易指数：★★★★☆

● 实例介绍 ●

本例讲解手绘鼠标设计。本例中的鼠标造型十分时尚，科技感十足，看似简单，在绘制过程中需要对整体的造型具有一定认识，通过在脑海中刻画轮廓从而进行鼠标的绘制，同时需要注意渐变的使用。

● 操作步骤 ●

STEP 01 单击工具箱中的【钢笔工具】按钮，绘制1个不规则图形，设置【填充】为无，【轮廓】为黑色，【轮廓宽度】为细线。

STEP 02 单击工具箱中的【交互式填充工具】按钮，再单击属性栏中的【渐变填充】按钮，在图形上拖动填充灰色（R：236，G：236，B：236）到白色的线性渐变，如图24.1所示。

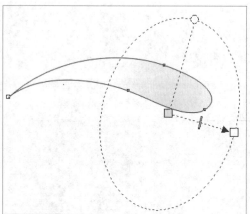

图24.1 绘制图形

STEP 03 将图形【轮廓】更改为无，如图24.2所示。

图24.2 去除轮廓

技巧

为图形添加渐变时在轮廓的辅助下可以更精准地控制好渐变效果。

STEP 04 单击工具箱中的【钢笔工具】按钮，绘制1个曲线样式的边缘图形，设置【填充】为灰色（R：166，G：166，B：166），【轮廓】为无，如图24.3所示。

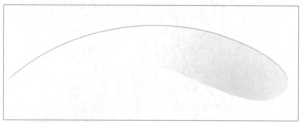

图24.3 绘制边缘图形

提示

因边缘图形细长，较难控制，在绘制过程中可以将视图放大绘制。

STEP 05 以同样的方法在下半部分位置绘制图形并为其填充渐变，如图24.4所示。

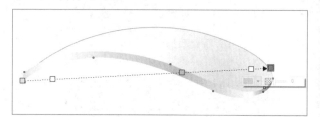

图24.4 绘制图形

STEP 06 单击工具箱中的【钢笔工具】按钮，在刚才绘制的图形底部绘制鼠标主体图形，设置【轮廓】为无。

STEP 07 单击工具箱中的【交互式填充工具】按钮，再单击属性栏中的【渐变填充】按钮，在图形上拖动填充灰色系线性渐变，如图24.5所示。

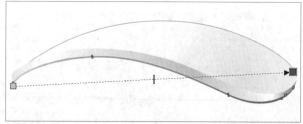

图24.5 填充渐变

提示

渐变的颜色数值并非固定不变，可以根据实际的高光阴影需要进行颜色数值更改。

STEP 08 单击工具箱中的【椭圆形工具】按钮，在鼠标底部绘制1个椭圆，设置【填充】为灰色（R：206，G：206，B：206），【轮廓】为无，如图24.6所示。

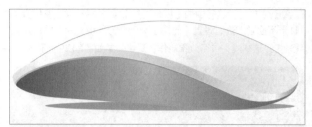

图24.6　绘制椭圆

STEP 09　执行菜单栏中的【位图】|【转换为位图】命令，在弹出的对话框中分别勾选【光滑处理】及【透明背景】复选框。

STEP 10　执行菜单栏中的【位图】|【模糊】|【高斯式模糊】命令，在弹出的对话框中将【半径】更改为15像素，完成之后单击【确定】按钮，这样就完成了效果制作，最终效果如图24.7所示。

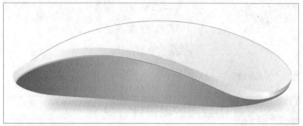

图24.7　最终效果

实战 377　一体机设计

▶ 素材位置：素材\第24章\一体机设计
▶ 案例位置：效果\第24章\一体机设计.cdr
▶ 视频位置：视频\实战377.avi
▶ 难易指数：★★★☆☆

● 实例介绍 ●

本例讲解一体机设计。此款一体机在工业设计领域具有较高知名度，机身设计十分优雅、简洁，在绘制过程中注意机身质感的制作，最终效果如图24.8所示。

图24.8　最终效果

● 操作步骤 ●

1. 绘制显示屏

STEP 01　单击工具箱中的【矩形工具】□按钮，绘制1个矩形，设置【轮廓】为无。

STEP 02　单击工具箱中的【交互式填充工具】◇按钮，再单击属性栏中的【渐变填充】▓按钮，在图形上拖动填充灰色（R：102，G：102，B：102）到灰色（R：226，G：226，B：226）再到灰色（R：102，G：102，B：102）的线性渐变，如图24.9所示。

STEP 03　单击工具箱中的【形状工具】↖按钮，拖动矩形右上角节点，将其转换为圆角矩形，如图24.10所示。

图24.9　填充渐变　　　　图24.10　转换为圆角矩形

STEP 04　单击工具箱中的【矩形工具】□按钮，绘制1个矩形，设置【填充】为黑色，【轮廓】为无，如图24.11所示。

STEP 05　选择黑色矩形，执行菜单栏中的【对象】|【PowerClip】|【置于图文框内部】命令，将图形放置到矩形内部，如图24.12所示。

图24.11　绘制矩形　　　　　　图24.12　置于图文框内部

STEP 06　执行菜单栏中的【文件】|【导入】命令，导入"截图.jpg""标志cdr"文件，单击【导入】按钮，在适当位置单击添加素材，如图24.13所示。

图24.13　导入素材

2．制作底座

STEP 01 单击工具箱中的【钢笔工具】🖊️按钮，在屏幕底部绘制1个不规则图形，设置【轮廓】为无，如图24.14所示。

STEP 02 单击工具箱中的【交互式填充工具】◇按钮，再单击属性栏中的【渐变填充】▇按钮，在图形上拖动填充灰色系线性渐变，按Ctrl+C组合键将图形复制。

STEP 03 按Ctrl+V组合键将图形粘贴，更改粘贴的图形渐变，如图24.15所示。

图24.14 填充渐变　　　　图24.15 粘贴图形并更改渐变

提示

　　渐变的色彩可以根据实际的需求随意设置，只需要表现出电脑的机身质感即可。

STEP 04 单击工具箱中的【椭圆形工具】〇按钮，在机身左下角位置绘制1个椭圆，设置【填充】为白色，【轮廓】为无，如图24.16所示。

STEP 05 选择椭圆，单击工具箱中的【透明度工具】▦按钮，在图形上拖动降低部分区域不透明度，如图24.17所示。

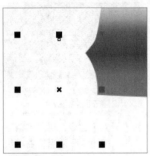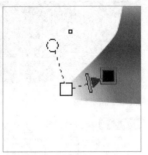

图24.16 绘制椭圆　　　　图24.17 降低不透明度

STEP 06 选择图形将其复制1份并平移至右侧相对位置，单击属性栏中的【水平镜像】◱按钮，将图形水平镜像，如图24.18所示。

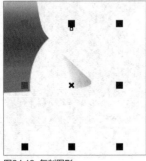

图24.18 复制图形

STEP 07 单击工具箱中的【钢笔工具】🖊️按钮，在底座位置绘制1个不规则图形，设置【轮廓】为无，为其填充相对的白灰色系渐变，这样就完成了效果制作，最终效果如图24.19所示。

图24.19 最终效果

实战 378	精致播放器设计

▶ 素材位置：素材\第24章\精致播放器设计
▶ 案例位置：效果\第24章\精致播放器设计.cdr
▶ 视频位置：视频\实战378.avi
▶ 难易指数：★★★☆☆

● 实例介绍 ●

　　本例讲解精致播放器设计。ipod播放器是一款前卫的工业设计产品，它拥有十分精致的机身，在绘制过程中注意高光及阴影的变化，最终效果如图24.20所示。

图24.20 最终效果

● 操作步骤 ●

1．绘制播放器轮廓

STEP 01 单击工具箱中的【矩形工具】▢按钮，绘制1个矩形，设置【轮廓】为无。

STEP 02 单击工具箱中的【交互式填充工具】◇按钮，再单击属性栏中的【渐变填充】▇按钮，在图形上拖动填充灰色

（R：102，G：102，B：102）到灰色（R：226，G：226，B：226）再到灰色（R：102，G：102，B：102）的线性渐变，如图24.21所示。

STEP 03 单击工具箱中的【钢笔工具】 按钮，分别在矩形顶部及底部边缘中间位置单击添加节点，如图24.22所示。

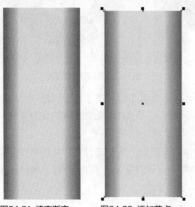

图24.21 填充渐变　　图24.22 添加节点

STEP 04 单击工具箱中的【形状工具】 按钮，分别拖动刚才添加的2个节点将图形变形，如图24.23所示。

STEP 05 单击工具箱中的【矩形工具】 按钮，绘制1个矩形，设置【填充】【轮廓】为无，以同样的方法为其添加渐变，如图24.24所示。

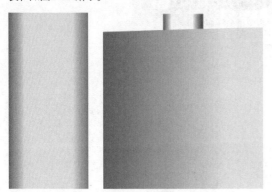

图24.23 将图形变形　　图24.24 绘制图形

2．处理播放器轮廓

STEP 01 单击工具箱中的【矩形工具】 按钮，在图形上半部分位置绘制1个矩形，设置【填充】为白色，【轮廓】为无，如图24.25所示。

STEP 02 单击工具箱中的【形状工具】 按钮，拖动矩形右上角节点，将其转换为圆角矩形，如图24.26所示。

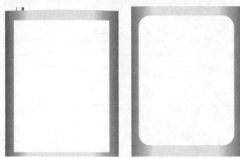

图24.25 绘制矩形　　图24.26 转换为圆角矩形

STEP 03 执行菜单栏中的【位图】|【转换为位图】命令，在弹出的对话框中分别勾选【光滑处理】及【透明背景】复选框，完成之后单击【确定】按钮。

STEP 04 执行菜单栏中的【位图】|【模糊】|【高斯式模糊】命令，在弹出的对话框中将【半径】更改为15像素，完成之后单击【确定】按钮，如图24.27所示。

STEP 05 单击工具箱中的【矩形工具】 按钮，绘制1个矩形，设置【填充】【轮廓】为无，以同样的方法将其转换为圆角矩形并为其添加深色线性渐变，如图24.28所示。

图24.27 添加高斯模糊　　图24.28 绘制图形

STEP 06 单击工具箱中的【矩形工具】 按钮，在刚才绘制的图形位置位置绘制1个矩形，设置【填充】为白色，【轮廓】为无，如图24.29所示。

STEP 07 执行菜单栏中的【文件】|【导入】命令，导入"专辑封面.jpg"文件，在刚才绘制的矩形位置单击添加图像洋并适当缩小，如图24.30所示。

图24.29 绘制矩形　　图24.30 导入素材

STEP 08 选择专辑封面图像，执行菜单栏中的【对象】|【PowerClip】|【置于图文框内部】命令，将图形放置到矩形内部，如图24.31所示。

图24.31 置于图文框内部

STEP 09 单击工具箱中的【矩形工具】□按钮，在专辑封面图像左下角位置绘制1个矩形，设置【填充】为粉蓝色（R：204，G：204，B：255），【轮廓】为无。

STEP 10 选择矩形，将其复制2份并分别更改其颜色，如图24.32所示。

图24.32 绘制及复制图形

3. 绘制控件

STEP 01 单击工具箱中的【椭圆形工具】○按钮，在播放器下半部分位置按住Ctrl键绘制1个圆，设置【填充】为深灰色（R：43，G：43，B：43），【轮廓】为浅灰色（R：230，G：230，B：230），【轮廓宽度】为0.5，如图24.33所示。

STEP 02 选择圆形，按Ctrl+C组合键复制，按Ctrl+V组合键粘贴，将粘贴的圆的【填充】更改为浅灰色（R：230，G：230，B：230），【轮廓】为白色，【轮廓宽度】为0.5，再将其等比例缩小，如图24.34所示。

图24.33 绘制圆　　　　　　　　图24.34 复制并变换图形

STEP 03 执行菜单栏中的【文件】|【打开】命令，打开"控制按钮.cdr"文件，将打开的素材拖入刚才绘制的圆的适当位置，如图24.35所示。

STEP 04 单击工具箱中的【文本工具】**字**按钮，在适当位置输入文字（字体设置为Arial），这样就完成了效果制作，最终效果如图24.36所示。

图24.35 添加素材　　　　　图24.36 最终效果

第25章

产品包装设计

本章导读

本章讲解产品包装设计。产品包装就是为商品添加外衣，通过包装来体现出产品的特性、卖点、功能、效果等。同时产品包装也可以是一种商业营销手段，从战略角度来讲，出色的产品包装能为企业带来非凡的效益，因此包装设计在视觉设计中也占有相当重要的地位。通过本章的学习可以掌握多种风格产品包装的设计。

要点索引

- 学会制作坚果包装
- 学习制作食品手提袋
- 学会制作CD包装盒
- 了解茶叶包装制作过程
- 学会制作饼干包装

实战 379

坚果包装平面设计

▶ 素材位置：素材\第25章\坚果包装平面设计
▶ 案例位置：效果\第25章\坚果包装平面设计.cdr
▶ 视频位置：视频\实战379.avi
▶ 难易指数：★★☆☆☆

● 实例介绍 ●

本例讲解坚果包装平面效果设计。本例中的包装设计感极强，信息清晰明了，整体的色彩与图案结合很好，最终效果如图25.1所示。

图25.1 最终效果

● 操作步骤 ●

1. 制作包装轮廓

STEP 01 单击工具箱中的【矩形工具】□按钮，绘制1个矩形，设置【填充】为白色，【轮廓】为无，如图25.2所示。

STEP 02 单击工具箱中的【文本工具】字按钮，在适当位置输入文字（字体分别设置为Humnst777 BlkCn BT、Humnst777 Lt BT），如图25.3所示。

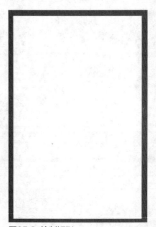

图25.2 绘制矩形

图25.3 输入文字

STEP 03 选择上半部分文字，执行菜单栏中的【对象】|【PowerClip】|【置于图文框内部】命令，将图形放置到矩形内部，如图25.4所示。

STEP 04 执行菜单栏中的【文件】|【导入】命令，导入"坚果.png"文件，在文字中间位置单击并适当缩小，如图25.5所示。

图25.4 置于图文框内部

图25.5 导入素材

2. 绘制包装标志

STEP 01 单击工具箱中的【椭圆形工具】○按钮，在包装右上角位置按住Ctrl键绘制1个圆，设置【填充】为红色（R：200，G：42，B：24），【轮廓】为无，如图25.6所示。

STEP 02 单击工具箱中的【钢笔工具】✒按钮，在圆位置绘制1个不规则图形，设置【填充】为白色，【轮廓】为无，如图25.7所示。

图25.6 绘制圆

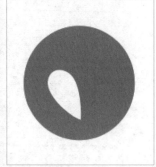

图25.7 绘制图形

STEP 03 选择图形，将其向右平移复制，再单击属性栏中的【水平镜像】◨按钮，将图形水平镜像并适当移动，如图25.8所示。

STEP 04 单击工具箱中的【文本工具】字按钮，在包装适当位置输入文字（字体分别设置为方正兰亭细黑_GBK、方正兰亭黑_GBK），这样就完成了效果制作，最终效果如图25.9所示。

图25.8 绘制图形

图25.9 最终效果

坚果包装立体设计

实战 380

▶ 素材位置：素材\第25章\坚果包装立体设计
▶ 案例位置：效果\第25章\坚果包装立体设计.cdr
▶ 视频位置：视频\实战380.avi
▶ 难易指数：★★★☆☆

● 实例介绍 ●

本例讲解坚果包装立体设计。包装的立体效果直接地展示了包装的设计感，通过一种模拟的手法将包装以真实的状态进行展示，是一种很好的表现形式，最终效果如图25.10所示。

图25.10　最终效果

● 操作步骤 ●

1. 处理立体轮廓

STEP 01 执行菜单栏中的【文件】|【打开】命令，打开"坚果包装平面.cdr"文件，将打开的文件按Ctrl+G组合键组合对象并拖入当前页面。

STEP 02 单击工具箱中的【钢笔工具】⬥按钮，在包装左侧边缘位置绘制1个不规则图形，设置【填充】为任意颜色，【轮廓】为无，如图25.11所示。

STEP 03 选择图形，将其向右平移复制至与原图形相对位置，再单击属性栏中的【水平镜像】⬚按钮，将图形水平镜像，如图25.12所示。

图25.11　绘制图形

图25.12　复制图形

STEP 04 同时选择2个图形及包装平面图形，单击属性栏中的【修剪】⬚按钮，对图形进行修剪，完成之后将2个图形删除，如图25.13所示。

STEP 05 单击工具箱中的【钢笔工具】⬥按钮，在包装左上角位置绘制1个稍小的不规则图形，设置【填充】为任意颜色，【轮廓】为无，如图25.14所示。

图25.13　修剪图形

图25.14　绘制图形

STEP 06 以同样的方法将包装图形修剪，如图25.15所示。

图25.15　修剪图形

2. 添加立体阴影

STEP 01 单击工具箱中的【矩形工具】□按钮，绘制1个矩形，设置【填充】为灰色（R：204，G：204，B：204），【轮廓】为无，在包装上半部分位置绘制1个矩形，如图25.16所示。

STEP 02 选择矩形，单击工具箱中的【透明度工具】▧按钮，将【合并模式】更改为"如果更暗"，如图25.17所示。

图25.16　绘制矩形

图25.17　设置合并模式

STEP 03 在图形上拖动降低下半部分区域不透明度，如图25.18所示。

图25.18　降低不透明度

STEP 04 选择图形，将其向包装底部移动复制，再单击属性栏中的【水平镜像】❚按钮，将图形水平镜像，如图25.19所示。

图25.19 复制图形

STEP 05 同时选择2个更暗图形，执行菜单栏中的【对象】|【PowerClip】|【置于图文框内部】命令，将图形放置到包装图形内部，如图25.20所示。

STEP 06 单击工具箱中的【钢笔工具】✒按钮，在包装顶部位置绘制1个不规则图形制作细节图像，设置【填充】为白色，【轮廓】为无，如图25.21所示。

图25.20 置于图文框内部　　　图25.21 绘制细节图像

STEP 07 在包装右上角缺口位置绘制1个图形，将刚才绘制的多余细节图形修剪去除，如图25.22所示。

图25.22 修剪图形

STEP 08 单击工具箱中的【椭圆形工具】◯按钮，在包装底部绘制1个圆，设置【填充】为深灰色（R：26，G：26，B：26），【轮廓】为无，如图25.23所示。

STEP 09 执行菜单栏中的【位图】|【转换为位图】命令，在弹出的对话框中分别勾选【光滑处理】及【透明背景】复选框，完成之后单击【确定】按钮。

STEP 10 执行菜单栏中的【位图】|【模糊】|【高斯式模糊】命令，在弹出的对话框中将【半径】更改为10像素，完成之后单击【确定】按钮，这样就完成了效果制作，最终效果如图25.24所示。

图25.23 绘制椭圆　　　　　　　图25.24 最终效果

食品手提袋平面设计

实战 **381**

▶ 素材位置：素材\第25章\食品手提袋平面设计
▶ 案例位置：效果\第25章\食品手提袋平面设计.cdr
▶ 视频位置：视频\实战381.avi
▶ 难易指数：★☆☆☆☆

● 实例介绍 ●

　　本例讲解食品手提袋平面设计。本例中的手提袋图案比较简洁，突出了食品的特点，最终效果如图25.25所示。

图25.25 最终效果

● 操作步骤 ●

1. 绘制手提袋轮廓

STEP 01 单击工具箱中的【矩形工具】□按钮，绘制1个【宽度】为400、【高度】为285的矩形，如图25.26所示。

STEP 02 在顶部和左侧标尺相交的左上角图标 位置单击并按住鼠标左键将其拖至矩形左上角位置，将标尺位置归零，再从左侧标尺处按住鼠标左键拖动拉出一条辅助线，在选项栏中【对象位置】文本框中输入80，如图25.27所示。

图25.26 绘制矩形

图25.27 添加辅助线

STEP 03 以同样的方法再拖出一条辅助线，并在选项栏中【对象位置】文本框中输入320，如图25.28所示。

图25.28 添加辅助线

STEP 04 将刚才绘制的矩形左侧位置绘制1个与其高度相同的矩形，宽度为80，设置【填充】为浅绿色（R：236，G：247，B：230），【轮廓】为无，以同样的方法分别在中间和右侧位置绘制相似矩形，如图25.29所示。

图25.29 绘制矩形

2．处理素材及细节

STEP 01 选择刚才绘制的最大矩形，按Delete键删除，单击工具箱中的【矩形工具】□按钮，绘制1个【宽度】为240、适当高度的矩形，设置【填充】为橙色（R：250，G：170，B：24），【轮廓】为无，如图25.30所示。

STEP 02 执行菜单栏中的【文件】|【导入】命令，导入"图案.ai"文件，在矩形中间位置单击添加素材，如图25.31所示。

图25.30 绘制矩形

图25.31 添加素材

STEP 03 单击工具箱中的【文本工具】**字**按钮，在矩形位置输入文字"绿色牧牛食品"（字体设置为方正兰亭黑），如图25.32所示。

STEP 04 执行菜单栏中的【文件】|【导入】命令，导入"牛.eps"文件，在刚才添加的文字右侧位置单击添加素材并将颜色更改为白色，如图25.33所示。

图25.32 输入文字　　　　　图25.33 添加素材

STEP 05 选择图形，向右侧平移复制，再单击属性栏中的【水平镜像】◻按钮，将图形水平镜像，如图25.34所示。

图25.34 复制并镜像图形

STEP 06 单击工具箱中的【文本工具】**字**按钮，在适当位置输入文字（字体设置为方正兰亭黑_GBK），这样就完成了效果制作，最终效果如图25.35所示。

图25.35 最终效果

实战 382 食品手提袋立体设计

▶ 素材位置：素材\第25章\食品手提袋立体设计
▶ 案例位置：效果\第25章\食品手提袋立体设计.cdr
▶ 视频位置：视频\实战382.avi
▶ 难易指数：★★★☆☆

● 实例介绍 ●

本例讲解食品手提袋立体设计。本例中的手提袋立体效果在制作过程中要注意图形的透视变化，最终效果如图25.36所示。

图25.36 最终效果

● 操作步骤 ●

1. 绘制立体轮廓

STEP 01 单击工具箱中的【矩形工具】□按钮，绘制1个【宽度】为800、【高度】为550的矩形。

STEP 02 选择图形，单击工具箱中的【交互式填充工具】◇按钮，再单击工具栏中的【渐变填充】，在图形上拖动填充灰色（R：168，G：168，B：168）到灰色（R：227，G：227，B：227）的线性渐变，如图25.37所示。

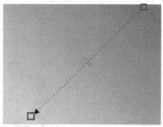

图25.37 绘制矩形并填充渐变

STEP 03 执行菜单栏中的【文件】|【导入】命令，导入"食品手提袋.cdr"文件，在矩形位置单击添加素材图像并适当放大，如图25.38所示。

STEP 04 选择素材左侧部分图形将其删除，如图25.39所示。

图25.38 添加素材

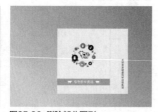

图25.39 删除部分图形

STEP 05 选择中间部分图形，单击鼠标右键，从弹出的快捷菜单中选择【组合对象】命令。

STEP 06 执行菜单栏中的【效果】|【封套】命令，在弹出的面板中，单击【添加新封套】，再单击【直线条】◁，将图形变形，以同样的方法将右侧图形组合并变形，如图25.40所示。

图25.40 将图形变形

2. 处理立体折痕

STEP 01 单击工具箱中的【贝塞尔工具】✏按钮，在右侧位置绘制1个不规则图形，设置【填充】为灰色（R：204，G：204，B：204），【轮廓】为无，如图25.41所示。

图25.41 绘制图形

STEP 02 单击工具箱中的【透明度工具】▒按钮，在刚才绘制的图形上拖动，将部分图形隐藏，并在属性栏中将【合并模式】更改为减少，如图25.42所示。

图25.42 降低不透明度

STEP 03 以同样的方法在刚才绘制的图形底部位置再次绘制1个相似的图形，制作阴影效果，如图25.43所示。

图25.43　制作阴影

STEP 04 单击工具箱中的【贝塞尔工具】 按钮，在手提袋底部位置绘制1个不规则图形，如图25.44所示。

图25.44　绘制图形

STEP 05 执行菜单栏中的【位图】|【转换为位图】命令，在弹出的对话框中分别勾选【光滑处理】及【透明背景】复选框，完成之后单击【确定】按钮。

STEP 06 执行菜单栏中的【位图】|【模糊】|【高斯式模糊】命令，在弹出的对话框中将【半径】更改为4像素，完成之后单击【确定】按钮，如图25.45所示。

图25.45　设置高斯式模糊

STEP 07 选择添加高斯式模糊效果的图像，单击工具箱中的【透明度工具】 按钮，将【不透明度】更改为50，如图25.46所示。

图25.46　更改不透明度

3．制作细节部分

STEP 01 执行菜单栏中的【文件】|【导入】命令，导入"绳子.png"，在手提袋靠顶部位置单击添加素材，如图25.47所示。

STEP 02 在素材图像中间位置单击，再将光标移至左侧边缘位置向上拖动将图像斜切变形，如图25.48所示。

图25.47　添加素材　　　　　图25.48　将图像变形

STEP 03 单击工具箱中的【阴影工具】 按钮，在绳子图像上向右侧拖动为其添加投影，如图25.49所示。

STEP 04 单击工具箱中的【贝塞尔工具】 按钮，在手提袋右侧位置绘制1个不规则图形，设置【填充】为深灰色（R：102，G：102，B：102），【轮廓】为无，如图25.50所示。

图25.49　添加投影　　　　　图25.50　绘制图形

STEP 05 单击工具箱中的【透明度工具】 按钮，在刚才绘制的图形位置拖动，制作投影效果，这样就完成了效果制作，最终效果如图25.51所示。

图25.51　最终效果

CD包装盒平面设计

实战 383

▶ 素材位置：素材\第25章\CD包装盒平面设计
▶ 案例位置：效果\第25章\CD包装盒平面设计.cdr
▶ 视频位置：视频\实战383.avi
▶ 难易指数：★★☆☆☆

● 实例介绍 ●

本例讲解CD包装盒平面设计。CD包装盒在制作过程要注意为厚度、开口图形预留出足够的位置，最终效果如图25.52所示。

图25.52 最终效果

● 操作步骤 ●

1. 绘制包装盒轮廓

STEP 01 单击工具箱中的【矩形工具】□按钮，绘制1个【宽度】为148、【高度】为125的矩形，如图25.53所示。

图25.53 绘制矩形

STEP 02 选择矩形向右侧平移，如图25.54所示。

图25.54 复制图形

STEP 03 单击工具箱中的【矩形工具】□按钮，在2个矩形中间位置绘制1个【宽度】为5、【高度】为125的矩形，设置【填充】为灰色（R：102，G：102，B：102），【轮廓】为无，如图25.55所示。

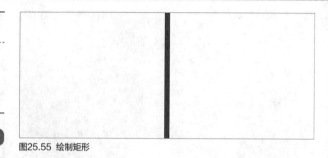

图25.55 绘制矩形

2. 制作包装图案

STEP 01 执行菜单栏中的【文件】|【导入】命令，导入"图案.jpg"文件，在刚才绘制的右侧矩形位置单击并适当缩小素材大小，如图25.56所示。

图25.56 添加素材

STEP 02 选择素材图像，执行菜单栏中的【对象】|【PowerClip】|【置于图文框内部】命令，将图形放置到大圆内部，如图25.57所示。

STEP 03 执行菜单栏中的【对象】|【PowerClip】|【编辑PowerClip】命令，适当移动图案位置，完成之后单击其底部的【停止编辑内容】按钮，如图25.58所示。

图25.57 置于图文框内部　　　图25.58 变换图像

STEP 04 单击工具箱中的【文本工具】字按钮，在适当位置输入文字（字体设置为CommercialScript BT），如图25.59所示。

图25.59 输入文字

STEP 05 选择文字单击工具箱中的【阴影】□按钮，在文字上拖动为其添加阴影，最终效果如图25.60所示。

图25.60 添加投影

3. 处理包装盒细节

STEP 01 单击工具箱中的【矩形工具】□按钮，在矩形右侧位置绘制1个【高度】为125的矩形，宽度随意并尽量往矩形内部延伸，设置【填充】为灰色（R：204，G：204，B：204），【轮廓】为无，如图25.61所示。

STEP 02 单击工具箱中的【形状工具】✎按钮，选择刚才绘制的矩形右下角锚点向里侧拖动将直角变成圆角，如图25.62所示。

图25.61 绘制矩形

图25.62 将直角转换为圆角

STEP 03 单击工具箱中的【椭圆形工具】○按钮，在刚才绘制的矩形中间靠右侧位置绘制1个椭圆图形，如图25.63所示。

STEP 04 同时选择矩形及椭圆图形，单击属性栏中的【合并】□按钮，对图形进行修剪，如图25.64所示。

图25.63 绘制图形

图25.64 修剪图形

STEP 05 选择椭圆图形将其删除，这样就完成了效果制作，最终效果如图25.65所示。

图25.65 最终效果

实战
384

CD包装盒立体设计

▶ 素材位置：素材\第25章\CD包装盒立体设计
▶ 案例位置：效果\第25章\CD包装盒立体设计.cdr
▶ 视频位置：视频\实战384.avi
▶ 难易指数：★★☆☆☆

● 实例介绍 ●

　　本例讲解CD包装盒立体设计。立体效果在制作过程中要注意图形图像的透视及投影，漂亮的立体效果是完美展示包装不可少的组成部分，最终效果如图25.66所示。

图25.66 最终效果

● 操作步骤 ●

1. 制作立体包装盒

STEP 01 执行菜单栏中的【文件】|【导入】命令，导入"CD包装盒平面.cdr"文件，在图形左侧位置单击并适当缩放素材大小，如图25.67所示。

图25.67 添加素材

STEP 02 在素材图像上单击鼠标右键，从弹出的快捷菜单中选择【取消组合对象】命令。

STEP 03 同时选择左侧封底图形及文字，按Ctrl+G组合键群组，如图25.68所示。

STEP 04 在封底图形中心位置单击，再将光标移至左侧边缘位置向上拖动将封底斜切变形，如图25.69所示。

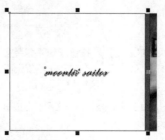
图25.68 编组

图25.69 将封底斜切

STEP 05 以同样的方法，同时选择封面图文编组并将其斜切，如图25.70所示。

图25.70 将封面斜切

提示

为了保持与封底图文对应的合理透视，将封面图文斜切时注意稍微斜切即可。

STEP 06 单击工具箱中的【贝塞尔工具】 ✐ 按钮，在封底顶部位置绘制1个不规则图形，设置【填充】为灰色（R：179，G：179，B：179），【轮廓】为无，制作出厚度效果，以同样的方法在封面位置绘制出相似的图形，如图25.71所示。

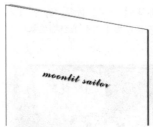

图25.71 绘制图形

STEP 07 执行菜单栏中的【文件】|【导入】命令，导入"音乐光盘装帧.cdr"文件，在包装盒左侧位置单击，如图25.72所示。

图25.72 添加素材

2.添加投影

STEP 01 单击工具箱中的【贝塞尔工具】 ✐ 按钮，在CD包装盒右侧位置绘制1个灰色（R：179，G：179，B：179）不规则图形，如图25.73所示。

STEP 02 单击工具箱中的【透明度工具】 ▨ 按钮，在图形上拖动降低其不透明度，如图25.74所示。

图25.73 绘制图形

图25.74 降低不透明度

STEP 03 单击工具箱中的【贝塞尔工具】 ✐ 按钮，在音乐光盘图像右下角位置绘制1个灰色（R：179，G：179，B：179）不规则图形，为其添加投影效果，这样就完成了效果制作，最终效果如图25.75所示。

图25.75 最终效果

实战 385	**茶叶包装平面正面设计**
	▶ 素材位置： 素材\第25章\茶叶包装平面设计
	▶ 案例位置： 效果\第25章\茶叶包装平面正面设计.cdr
	▶ 视频位置： 视频\实战385.avi
	▶ 难易指数： ★★★☆☆

● **实例介绍** ●

本例讲解茶叶包装平面正面设计。茶叶包装通常以茶叶文化为视觉焦点，将茶叶图像与包装相结合，整体的包装效果相当出色，最终效果如图25.76所示。

图25.76 最终效果

● **操作步骤** ●

1.处理贴图

STEP 01 单击工具箱中的【矩形工具】 ☐ 按钮，绘制1个矩形，设置【填充】为黄色（R：242，G：82，B：67），【轮廓】为无，如图25.77所示。

STEP 02 执行菜单栏中的【文件】|【导入】命令，导入"茶园.jpg"文件，在图形左侧位置单击并适当缩放素材大小，如图25.78所示。

图25.77 绘制矩形　　　　　图25.78 导入素材

STEP 03 执行菜单栏中的【效果】|【调整】|【色度/饱和度/亮度】命令，在弹出的对话框中将【色度】更改为−10，【饱和度】更改为−35，完成之后单击确定按钮，如图25.79所示。

图25.79 调整色度/饱和度

STEP 04 执行菜单栏中的【效果】|【调整】|【调和曲线】命令，在弹出的对话框中调整曲线，完成之后单击确定按钮，如图25.80所示。

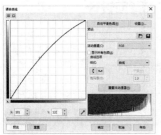

图25.80 调整调和曲线

STEP 05 选择图像，单击工具箱中的【透明度工具】▩按钮，在图像上拖动降低顶部区域不透明度，如图25.81所示。

STEP 06 选择图像，执行菜单栏中的【对象】|【PowerClip】|【置于图文框内部】命令，将图形放置到矩形内部，如图25.82所示。

图25.81 降低不透明度　　　　图25.82 置于图文框内部

STEP 07 单击工具箱中的【文本工具】**字**按钮。输入文字（字体分别设置为方正清刻本悦宋简体、Sourcc Sans Pro），如图25.83所示

图25.83 输入文字

2. 绘制多边形标签

STEP 01 单击工具箱中的【星形工具】☆按钮，在属性栏中将【边数】更改为30，【锐度】更改为10。

STEP 02 在文字左侧按住Ctrl键绘制图形，设置【填充】为深黄色（R：80，G：65，B：56），【轮廓】为无，如图25.84所示。

STEP 03 单击工具箱中的【椭圆形工具】〇按钮，在多边形位置绘制1个圆，设置【填充】为无，【轮廓】为白色，【轮廓宽度】为1，按Ctrl+C组合键复制，如图25.85所示。

图25.84 绘制多边形　　　　图25.85 绘制圆

STEP 04 选择圆形，执行菜单栏中的【对象】|【将轮廓转换为对象】命令。

STEP 05 同时选择轮廓及下方多边形，单击属性栏中的【修剪】▣按钮，对图形进行修剪，完成之后将圆删除，如图25.86所示。

图25.86 修剪图形

STEP 06 按Ctrl+V组合键将圆粘贴，将粘贴的圆的【填充】更改为白色，【轮廓】为无，并等比例缩小，如图25.87所示。

STEP 07 单击工具箱中的【文本工具】**字**按钮，在圆的位置输入文字（字体设置为Tekton Pro），如图25.88所示。

图25.87 粘贴图形

图25.93 导入素材

图25.88 输入文字

STEP 08 单击工具箱中的【矩形工具】□按钮，在多边形左侧绘制1个矩形，设置【填充】为深绿色（R：0，G：50，B：50），【轮廓】为无，如图25.89所示。

STEP 09 在矩形上单击鼠标右键，从弹出的快捷菜单中选择【转换为曲线】命令。

STEP 10 单击工具箱中的【钢笔工具】▲按钮，在矩形左侧边缘单击添加节点，如图25.90所示。

图25.94 复制图像

STEP 03 选择最下方茶叶，执行菜单栏中的【位图】|【模糊】|【动态模糊】命令，在弹出的对话框中将【间距】更改为20像素，完成之后单击确定按钮，如图25.95所示。

STEP 04 分别为其他几个茶叶图像添加相似的模糊效果，这样就完成了效果制作，最终效果如图25.96所示。

图25.89 绘制矩形

图25.90 添加节点

STEP 11 单击工具箱中的【形状工具】┡按钮，拖动节点将其变形，如图25.91所示。

STEP 12 选择矩形，向右侧平移复制，如图25.92所示。

图25.95 添加模糊效果

图25.96 最终效果

实战 386	**茶叶包装平面背面设计**
	▶ 素材位置：素材\第25章\茶叶包装平面设计
	▶ 案例位置：效果\第25章\茶叶包装平面背面设计.cdr
	▶ 视频位置：视频\实战386.avi
	▶ 难易指数：★★★☆☆

● **实例介绍** ●

本例讲解茶叶包装平面背面设计。此款茶叶包装的背面在制作过程中以茶叶的详情信息与表格相结合，整体的包装效果十分实用，最终效果如图25.97所示。

图25.91 将图形变形

图25.92 复制图形

3．制作装饰元素

STEP 01 执行菜单栏中的【文件】|【导入】命令，导入"茶叶.png"文件，在标签右下角位置单击，如图25.93所示。

STEP 02 选择茶叶图像，将其移动复制数份并适当缩小，如图25.94所示。

图25.97 最终效果

● 操作步骤 ●

1. 制作背面主视觉

STEP 01 单击工具箱中的【矩形工具】□按钮，绘制1个与开始相同大小的矩形，设置【轮廓】为无，如图25.98所示。

STEP 02 选中矩形，按Ctrl+C组合键复制，按Ctrl+V组合键粘贴，将粘贴的矩形缩小并将【填充】更改为白色，如图25.99所示。

图25.98 绘制矩形　　　　图25.99 复制变换图形

STEP 03 执行菜单栏中的【文件】|【导入】命令，导入"干茶叶.jpg"文件，在白色矩形位置单击，如图25.100所示。

STEP 04 选择茶叶，执行菜单栏中的【对象】|【PowerClip】|【置于图文框内部】命令，将图像放置到下方矩形内部，如图25.101所示。

图25.100 导入素材　　　图25.101 置于图文框内部

STEP 05 单击工具箱中的【形状工具】按钮，拖动矩形右上角节点，将其转换为圆角矩形，如图25.102所示。

STEP 06 单击工具箱中的【文本工具】字按钮，在图像上方输入文字（字体设置为方正清刻本悦宋简体），如图25.103所示。

图25.102 转换为圆角矩形　　图25.103 输入文字

2. 绘制镂空标签

STEP 01 单击工具箱中的【矩形工具】□按钮，绘制1个矩形，设置【填充】为深黄色（R：46，G：36，B：30），【轮廓】为无，如图25.104所示。

STEP 02 选择矩形，按Ctrl+C组合键复制，按Ctrl+V组合键粘贴，将粘贴的矩形缩小移至靠左侧位置，并将【填充】更改为白色，如图25.105所示。

图25.104 绘制矩形　　图25.105 复制并变换矩形

STEP 03 单击工具箱中的【形状工具】按钮，拖动矩形右上角节点，将其转换为圆角矩形，如图25.106所示。

图25.106 转换为圆角矩形

STEP 04 在深黄色矩形上单击鼠标右键，从弹出的快捷菜单中选择【转换为曲线】命令。

STEP 05 单击工具箱中的【钢笔工具】按钮，在矩形右侧边缘单击添加节点，单击工具箱中的【形状工具】

图25.107 转曲并将其变形

按钮，向内侧拖动节点将其变形，如图25.107所示。

STEP 06 单击工具箱中的【文本工具】字按钮在标签位置输入文字（字体设置为方正兰亭细黑_GBK），如图25.108所示。

STEP 07 执行菜单栏中的【对象】|【插入条码】命令，将插入的条码移至标签下方，如图25.109所示。

图25.108 输入文字　　　图25.109 插入条码

3. 创建表格

STEP 01 执行菜单栏中的【表格】|【创建新表格】命令，在弹出的对话框中将【行数】更改为6，【栏数】更改为2，完成之后单击【确定】按钮，如图25.110所示。

图25.110 创建新表格

提示

在创建表格时可以不用输入高度和宽度值，当创建好之后可以手动拖动表格将其放大或者缩小以适应版面的要求。

STEP 02 单击工具箱中的【文本工具】**字**按钮，在表格中输入文字（字体设置为方正兰亭细黑_GBK），这样就完成了效果制作，最终效果如图25.111所示。

图25.111 最终效果

实战 387	茶叶包装立体设计

▶ 素材位置：素材\第25章\茶叶包装立体设计
▶ 案例位置：效果\第25章\茶叶包装立体设计.cdr
▶ 视频位置：视频\实战387.avi
▶ 难易指数：★★★★☆

● 实例介绍 ●

　　本例讲解茶叶包装立体设计，本例立体效果制作过程比较简单，以模拟塑料袋效果为手法，将阴影和高光完美表现，最终效果如图25.112所示。

图25.112 最终效果

● 操作步骤 ●

1. 制作包装轮廓

STEP 01 执行菜单栏中的【文件】|【导入】命令，导入"茶叶包装平面正面.cdr"文件，在页面中单击，如图25.113所示。

STEP 02 单击工具箱中的【钢笔工具】按钮，沿包装边缘绘制1个不规则图形，设置【填充】为无，【轮廓】为黑色，【轮廓宽度】为0.2，如图25.114所示。

图25.113 导入素材　　图25.114 绘制图形

STEP 03 选择包装图像，执行菜单栏中的【对象】|【PowerClip】|【置于图文框内部】命令，将图形放置到不规则图形内部，如图25.115所示。

STEP 04 选择图像，将【轮廓】更改为无，如图25.116所示。

图25.115 置于图文框内部　　图25.116 更改轮廓

STEP 05 单击工具箱中的【矩形工具】□按钮，在包装左上角绘制1个小矩形并适当旋转，如图25.117所示。

STEP 06 选择矩形向右侧移动复制，并单击属性栏中的【水平镜像】按钮，将图形水平镜像，如图25.118所示。

图25.117 绘制矩形　　图25.118 复制图形

STEP 07 同时选择2个矩形及包装图形，单击属性栏中的【修剪】按钮，对图形进行修剪，再将2个矩形删除，如图25.119所示。

图25.119 修剪图形

2. 绘制折痕

STEP 01 单击工具箱中的【钢笔工具】按钮，沿2个缺口图形绘制1条线段，设置【填充】为无，【轮廓】为深黄色（R：117，G：97，B：84），【轮廓宽度】为0.5，如图25.120所示。

STEP 02 选择线段，执行菜单栏中的【位图】|【转换为位图】命令，在弹出的对话框中分别勾选【光滑处理】及【透明背景】复选框，完成之后单击【确定】按钮。

STEP 03 执行菜单栏中的【位图】|【模糊】|【高斯式模糊】命令，在弹出的对话框中将【半径】更改为3像素，完成之后单击【确定】按钮，如图25.121所示。

图25.120 绘制线段　　图25.121 添加模糊

3．制作立体质感

STEP 01 单击工具箱中的【钢笔工具】 🖋 按钮，在包装左上角位置绘制1个不规则图形，设置【填充】为灰色（R：168，G：155，B：148），【轮廓】为无，如图25.122所示。

STEP 02 选择线段，执行菜单栏中的【位图】|【转换为位图】命令，在弹出的对话框中分别勾选【光滑处理】及【透明背景】复选框，完成之后单击【确定】按钮。

STEP 03 执行菜单栏中的【位图】|【模糊】|【高斯式模糊】命令，在弹出的对话框中将【半径】更改为20像素，完成之后单击【确定】按钮，如图25.123所示。

图25.122 绘制图形　　　图25.123 添加模糊

STEP 04 选择包装图像，执行菜单栏中的【对象】|【PowerClip】|【置于图文框内部】命令，将阴影图像放置到包装内部，如图25.124所示。

STEP 05 以同样的方法制作相似的阴影和高光效果，如图25.125所示。

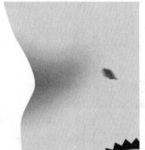

图25.124 置于图文框内部　　　图25.125 添加阴影高光

STEP 06 选择包装将其复制2份并适当缩小，这样就完成了效果制作，最终效果如图25.126所示。

图25.126 最终效果

实战 388

威化饼干包装平面设计

▶ 素材位置：素材\第25章\威化饼干包装平面设计
▶ 案例位置：效果\第25章\威化饼干包装平面设计.cdr
▶ 视频位置：视频\实战388.avi
▶ 难易指数：★★★☆☆

● **实例介绍** ●

　　本例讲解饼干包装平面设计。饼干包装的材质通常使用塑料或者纸质，因此在包装设计上一定要有出色的设计感。在本例中以形象的饼干周边元素将整个包装完美展示，最终效果如图25.127所示。

图25.127 最终效果

● **操作步骤** ●

1．绘制包装图形

STEP 01 单击工具箱中的【矩形工具】 □ 按钮，绘制1个矩形，设置【轮廓】为无。

STEP 02 单击工具箱中的【交互式填充工具】 ◇ 按钮，再单击属性栏中的【渐变填充】 ▉ 按钮，在图形上拖动填充黄色（R：255，G：236，B：157）到黄色（R：243，G：214，B：120）的线性渐变，如图25.128所示。

图25.128 填充渐变

STEP 03 单击工具箱中的【钢笔工具】 🖋 按钮，绘制1个不规则图形，设置【填充】为绿色（R：140，G：190，B：63），【轮廓】为无，如图25.129所示。

图25.129 绘制图形

STEP 04 选择图形向下移动复制，将复制生成的图形适当变形，将其【填充】更改为绿色（R：7，G：73，B：37），如图25.130所示。

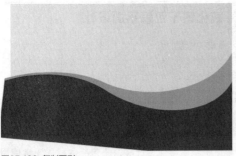

图25.130 复制图形

STEP 05 同时选择2个不规则图形，执行菜单栏中的【对象】|【PowerClip】|【置于图文框内部】命令，将图形放置到矩形内部，如图25.131所示。

图25.131 置于图文框内部

2．处理素材图像

STEP 01 执行菜单栏中的【文件】|【导入】命令，导入"威化.png"文件，在图形左侧位置单击并缩小图像，如图25.132所示。

STEP 02 选择复制生成的图像，按Ctrl+C组合键复制，按Ctrl+V组合键粘贴，在属性栏中将【合并模式】更改为柔光，如图25.133所示。

图25.132 导入素材

图25.133 复制图像

STEP 03 同时选择2个威化图像，按Ctrl+G组合键将图像群组，单击工具箱中的【阴影工具】按钮，拖动添加阴影效果，如图25.134所示。

STEP 04 单击工具箱中的【椭圆形工具】按钮，在威化饼干靠下半部分位置绘制1个椭圆，设置【填充】为白色，【轮廓】为无，如图25.135所示。

图25.134 添加阴影

图25.135 绘制椭圆

STEP 05 选择椭圆，执行菜单栏中的【位图】|【转换为位图】命令，在弹出的对话框中分别勾选【光滑处理】及【透明背景】复选框，完成之后单击【确定】按钮。

STEP 06 执行菜单栏中的【位图】|【模糊】|【高斯式模糊】命令，在弹出的对话框中将【半径】更改为80像素，完成之后单击【确定】按钮，如图25.136所示。

STEP 07 选择椭圆，在属性栏中将【合并模式】更改为叠加，如图25.137所示。

图25.136 添加模糊　　　　　图25.137 更改合并模式

3．制作花纹文字

STEP 01 单击工具箱中的【文本工具】字按钮，输入文字（字体设置为Nueva Std 粗体），如图25.138所示。

STEP 02 选择文字，在【封套】面板中，单击【添加新封套】选项，再单击【单弧线】按钮，将文字变形，如图25.139所示。

图25.138 输入文字　　　　　图25.139 将文字变形

STEP 03 执行菜单栏中的【文件】|【导入】命令，导入"花纹.cdr"文件，在文字下方单击，如图25.140所示。

图25.140 导入素材

STEP 04 单击工具箱中的【文本工具】字按钮，在适当位置输入文字（字体设置为Nueva Std 常规斜体），为花纹下方文字添加封套并将其变形，这样就完成了效果制作，最终效果如图25.141所示。

图25.141　最终效果

实战 389	**威化饼干包装立体设计**

▶ 素材位置：素材\第25章\威化饼干包装立体设计
▶ 案例位置：效果\第25章\威化饼干包装立体设计.cdr
▶ 视频位置：视频\实战389.avi
▶ 难易指数：★★★★☆

● 实例介绍 ●

本例讲解威化饼干包装立体设计。本例中立体效果十分明显，整体的立体很强，在制作过程中注意立体效果中的高光及阴影，最终效果如图25.142所示。

图25.142　最终效果

● 操作步骤 ●

1．制作包装轮廓

STEP 01 执行菜单栏中的【文件】|【打开】命令，打开"威化饼干包装平面.cdr"文件，在页面中单击，如图25.143所示。

图25.143　打开素材

STEP 02 单击工具箱中的【钢笔工具】 按钮，在包装顶部区域绘制1个不规则图形，设置【填充】为无，【轮廓】为黑色，【轮廓宽度】为0.2，如图25.144所示。

图25.144　绘制图形

STEP 03 选择图形，向下移动复制，单击属性栏中【垂直镜像】 按钮，将图形垂直镜像，如图25.145所示。

图25.145　复制变换图形

STEP 04 同时选择3个图形，单击属性栏中的【修剪】 按钮，对图形进行修剪，完成之后将上、下2个图形删除，如图25.146所示。

图25.146　修剪图形

2．制作锯齿效果

STEP 01 单击工具箱中的【矩形工具】 按钮，在包装左上角按住Ctrl键绘制1个矩形，设置【填充】为无，【轮廓】为默认，如图25.147所示。

STEP 02 选择矩形，将其向下复制多份使其完全覆盖包装图形，如图25.148所示。

图25.147 绘制矩形

图25.148 复制图形

STEP 03 同时选择所有小矩形及包装图形，单击属性栏中的【修剪】凸按钮，对图形进行修剪。

STEP 04 将所有小矩形平移至包装右侧边缘将其修剪，如图25.149所示。

图25.149 修剪图形

3．制作质感

STEP 01 单击工具箱中的【钢笔工具】 按钮，在包装顶部区域绘制1个不规则图形，设置【填充】为深黄色（R：40，G：17，B：14），【轮廓】为无，如图25.150所示。

图25.150 绘制图形

STEP 02 执行菜单栏中的【位图】|【转换为位图】命令，在弹出的对话框中分别勾选【光滑处理】及【透明背景】复选框，完成之后单击【确定】按钮。

STEP 03 执行菜单栏中的【位图】|【模糊】|【高斯式模糊】命令，在弹出的对话框中将【半径】更改为18像素，完成之后单击【确定】按钮，如图25.151所示。

图25.151 添加模糊

STEP 04 选择模糊图像，将其向下移动复制，并单击属性栏中【垂直镜像】 按钮，将图形垂直镜像，如图25.152所示。

图25.152 复制图像

STEP 05 以同样的方法为包装添加相似阴影或者高光质感效果，如图25.153所示。

图25.153 添加质感效果

STEP 06 同时选择所有图形，单击鼠标右键，从弹出的快捷菜单中选择【组合对象】命令。

STEP 07 将图像复制1份并移至原图像后方适当缩小旋转，如图25.154所示。

图25.154 复制图形

STEP 08 选择前方图像，单击工具箱中的【阴影工具】 按钮，拖动添加阴影效果，这样就完成了效果制作，最终效果如图25.155所示。

图25.155　最终效果

第 26 章

典型商业实战设计

本章导读

本章主要讲解典型商业实战设计。本章汇聚了以上几章中具有代表意义的案例，以几大视觉设计范畴为蓝本，将几个具有特色的商业设计案例进行精选，通过对这些案例的全面讲解，让读者更加了解商业设计的重要性，并向读者传递了设计的方法及制作过程。通过本章的学习可以掌握所有列举的商业实战案例，使读者有足够的信心面对各类商业设计。

要点索引

● 学会华尚集团系列设计
● 学习制作音乐光盘装帧
● 掌握三折页设计
● 学会制作创意口香糖包装
● 了解纸杯的设计过程
● 学会饮料瓶身设计

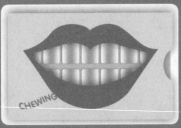

实战 390　华尚集团名片正面设计

- ▶ **素材位置：** 素材\第26章\华尚集团
- ▶ **案例位置：** 效果\第26章\华尚集团名片正面设计.cdr
- ▶ **视频位置：** 视频\实战390.avi
- ▶ **难易指数：** ★☆☆☆☆

● 实例介绍 ●

本例讲解华尚集团名片正面效果设计。此款名片十分简洁，文字信息直观易读。

● 操作步骤 ●

STEP 01 单击工具箱中的【矩形工具】□按钮，绘制1个【宽度】为90、【高度】为54的矩形，设置【填充】为白色，【轮廓】为黑色，【轮廓宽度】为0.2，如图26.1所示。

STEP 02 执行菜单栏中的【文件】|【导入】命令，导入"华尚集团标志.cdr"文件，在矩形左上角位置单击。

STEP 03 单击鼠标右键，从弹出的快捷菜单中选择【取消组合对象】命令，再选中右侧文字部分，将其移至图形部分下方位置并适当缩小，如图26.2所示。

图26.1 绘制矩形　　　　　　图26.2 添加素材

STEP 04 单击工具箱中的【文本工具】字按钮，在适当的位置输入文字（字体设置为方正兰亭黑），如图26.3所示。

图26.3 最终效果

实战 391　华尚集团名片背面设计

- ▶ **素材位置：** 素材\第26章\华尚集团
- ▶ **案例位置：** 效果\第26章\华尚集团名片背面设计.cdr
- ▶ **视频位置：** 视频\实战391.avi
- ▶ **难易指数：** ★☆☆☆☆

● 实例介绍 ●

本例讲解华尚集团名片背面设计。此款名片的背景效果图形简洁，通过反白的形式将logo图形置于中心比较醒目的位置。

● 操作步骤 ●

STEP 01 单击工具箱中的【矩形工具】□按钮，绘制1个【宽度】为90、【高度】为55的矩形，设置【填充】为浅红色（R：242，G：82，B：67），【轮廓】为无，如图26.4所示。

STEP 02 执行菜单栏中的【文件】|【导入】命令，导入"华尚集团标志.cdr"文件，在矩形中间位置单击，选择标志中文字部分将其删除，如图26.5所示。

图26.4 绘制矩形　　　　　　图26.5 添加素材

STEP 03 选择标志图形，单击鼠标右键，从弹出的快捷菜单中选择【组合对象】命令。

STEP 04 同时选择经过组合的标志及矩形，在【对齐与分布】面板中，分别单击【水平居中对齐】及【垂直居中对齐】，如图26.6所示。

STEP 05 选择标志，将【填充】更改为白色，这样就完成了效果制作，最终效果如图26.7所示。

图26.6 将标志与矩形对齐　　　图26.7 最终效果

实战 392　华尚集团T恤效果设计

- ▶ **素材位置：** 素材\第26章\华尚集团
- ▶ **案例位置：** 效果\第26章\华尚集团T恤效果设计.cdr
- ▶ **视频位置：** 视频\实战392.avi
- ▶ **难易指数：** ★★☆☆☆

● 实例介绍 ●

本例讲解华尚集团T恤效果设计。本例中的效果制作比较简单，只需要绘制出T恤效果图再为其添加标识即可。

● 操作步骤 ●

STEP 01 单击工具箱中的【钢笔工具】按钮，绘制半个T恤轮廓效果，设置【填充】为浅灰色（R：230，G：230，B：230），【轮廓】为无，如图26.8所示。

图26.8 绘制T恤轮廓

STEP 02 选择图形，向右侧平移复制，再单击属性栏中的【水平镜像】◖◗按钮，将图形水平镜像，如图26.9所示。

图26.9 复制图形

STEP 03 选择图形，单击属性栏中的【合并】□按钮，将2个图形合并。

STEP 04 单击工具箱中的【钢笔工具】◈按钮，在衣领位置绘制1个浅红色图形（R：242，G：82，B：67），如图26.10所示。

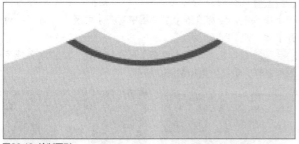

图26.10 绘制图形

STEP 05 执行菜单栏中的【文件】|【导入】命令，导入"华尚集团标志.cdr"文件，在T恤靠右侧位置单击。

STEP 06 单击鼠标右键，从弹出的快捷菜单中选择【取消组合对象】命令，再选择右侧文字部分，将其移至图形部分下方位置并适当缩小，这样就完成了效果制作，最终效果如图26.11所示。

图26.11 最终效果

实战 393

华尚集团胸卡设计

▶ 素材位置：素材\第26章\华尚集团
▶ 案例位置：效果\第26章\华尚集团胸卡设计.cdr
▶ 视频位置：视频\实战393.avi
▶ 难易指数：★★☆☆☆

● 实例介绍 ●

本例讲解华尚集团胸卡设计。胸卡是在胸前显示工作身份的卡片，胸卡主要起到一种介绍的作用，最终效果如图26.12所示。

图26.12 最终效果

● 操作步骤 ●

1．绘制胸卡轮廓

STEP 01 单击工具箱中的【矩形工具】□按钮，绘制1个【宽度】为88、【高度】为57的矩形，如图26.13所示。

STEP 02 选择矩形，按Ctrl+C组合键复制，再按Ctrl+V组合键粘贴，将粘贴的矩形【填充】更改为浅红色（R：242，G：82，B：67），【轮廓】为无，再适当缩小矩形高度，如图26.14所示。

图26.13 绘制矩形   图26.14 复制并粘贴矩形

STEP 03 选择浅红色矩形，执行菜单栏中的【对象】|【PowerClip】|【置于图文框内部】命令，将光标移至后方矩形区域单击，将其放置到矩形内部，如图26.15所示。

STEP 04 单击工具箱中的【形状工具】◣按钮，选择后方矩形左上角节点向内侧拖动，将直角转换为圆角，如图26.16所示。

图26.15 置于图文框内部   图26.16 将直角转换为圆角

2．制作细节

STEP 01 执行菜单栏中的【文件】|【导入】命令，导入"华尚集团标志.cdr"文件，在矩形左上角位置单击，如图26.17所示。

STEP 02 单击工具箱中的【矩形工具】□按钮，在胸卡左下角绘制1个矩形，如图26.18所示。

图26.17 添加素材   图26.18 绘制矩形

STEP 03 单击工具箱中的【2点线工具】◢按钮，在刚才绘制的矩形中的对角线位置绘制1条倾斜线段，将【轮廓】更改为细线，如图26.19所示。

STEP 04 选择线段按Ctrl+C组合键复制，再按Ctrl+V组合键粘贴，再单击属性栏中的【水平镜像】按钮将线段镜像，如图26.20所示。

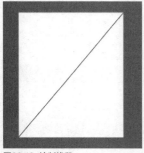
图26.19　绘制线段

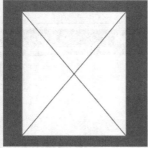
图26.20　复制并变换线段

STEP 05 单击工具箱中的【文本工具】**字**按钮，在适当的位置输入文字（方正兰亭黑），如图26.21所示。

STEP 06 单击工具箱中的【2点线工具】按钮，在右侧文字位置按住Shift键绘制1条线段，将【轮廓宽度】更改为细线，【颜色】更改为白色，如图26.22所示。

图26.21　输入文字

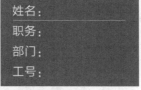
图26.22　绘制线段

STEP 07 选择线段将其复制3份并分别放在对应的文字信息底部位置，这样就完成了效果制作，最终效果如图26.23所示。

图26.23　最终效果

实战 394

华尚集团信笺设计

▶ 素材位置：素材\第26章\华尚集团
▶ 案例位置：效果\第26章\华尚集团信笺设计.cdr
▶ 视频位置：视频\实战394.avi
▶ 难易指数：★★☆☆☆

● 实例介绍 ●

　　本例讲解华尚集团信笺设计。信笺作为VI系统中必不可少的组成部分，主要在局部区域突出当前VI的标识，最终效果如图26.24所示。

图26.24　最终效果

● 操作步骤 ●

1. 绘制抬头图形

STEP 01 单击工具箱中的【矩形工具】□按钮，绘制1个【宽度】为210、【高度】为297的矩形，设置【填充】为白色，【轮廓】为黑色，【轮廓宽度】为0.2，如图26.25所示。

STEP 02 执行菜单栏中的【文件】|【导入】命令，导入"华尚集团标志.cdr"文件，在矩形左上角位置单击并适当缩小素材大小，如图26.26所示。

图26.25　绘制矩形

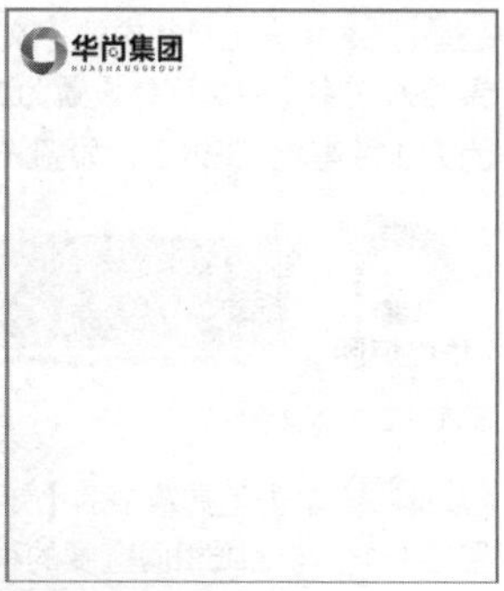

图26.26　添加素材

STEP 03 选择标志中的右侧文字部分，将其移至图形部分下方位置，如图26.27所示。

图26.27　移动文字

STEP 04 单击工具箱中的【矩形工具】□按钮，在标志右侧位置绘制1个矩形，设置【填充】为浅红色（R：242，G：82，B：67），【轮廓】为无，如图26.28所示。

图26.28　绘制矩形

STEP 05 选择浅红色矩形将其复制1份再适当降低其高度，并移至靠底部位置，再同时选择2个图形，执行菜单栏中的【对象】|【组合】|【组合对象】命令，如图26.29所示。

图26.29　复制变换及组合图形

STEP 06 单击工具箱中的【椭圆形工具】○按钮，在刚才绘制的图形左侧位置按住Ctrl键及Shift键绘制1个圆，如图26.30所示。

图26.30　绘制图形

STEP 07 同时选择椭圆及矩形，单击属性栏中的【修剪】 按钮，再选择椭圆图形将其删除，如图26.31所示。

图26.31 修剪图形

STEP 08 单击工具箱中的【文本工具】**字**按钮，在矩形右侧位置输入文字（中文字体设置为方正兰亭黑_GBK；英文字体设置为方正兰亭黑_GBK），如图26.32所示。

图26.32 输入文字

STEP 09 单击工具箱中的【矩形工具】□按钮，在标志下方位置绘制1个与信纸相同宽度的稍细矩形，设置【填充】为浅红色（R：242，G：82，B：67），【轮廓】为无，如图26.33所示。

图26.33 绘制矩形

STEP 10 选择矩形将其复制并向下移动后适当增加图形高度，如图26.34所示。

图26.34 复制并变换图形

STEP 11 以同样的方法再次复制1个矩形并适当增加其高度后缩短其宽度，如图26.35所示。

图26.35 复制并变换图形

STEP 12 选择最下方矩形，单击鼠标右键，从弹出的快捷菜单中选择【转换为曲线】命令，再单击工具箱中的【形状工具】 按钮，选择矩形左下角节点向右侧拖动将图形变形，如图26.36所示。

图26.36 将图形变形

2. 处理信笺页面

STEP 01 执行菜单栏中的【文件】|【导入】命令，导入"华尚集团.cdr"文件，在信纸中间位置单击并适当将素材放大，如图26.37所示。

图26.37 添加素材

STEP 02 选择添加的素材，执行菜单栏中的【效果】|【调整】|【色度\亮度\饱和度】命令，在弹出的对话框中将【饱和度】更改为−100，完成之后单击【确定】按钮，如图26.38所示。

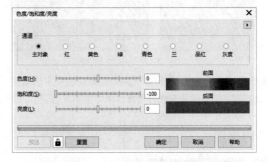

图26.38 调整饱和度

STEP 03 选择导入的标志，单击工具箱中的【透明度工具】 按钮，将其【不透明度】更改80，再将最外侧矩形框删除，这样就完成了效果制作，最终效果如图26.39所示。

图26.39 最终效果

华尚集团标志设计

实战	
395	▸ 素材位置：无
	▸ 案例位置：效果\第26章\华尚集团标志设计.cdr
	▸ 视频位置：视频\实战395.avi
	▸ 难易指数：★★☆☆☆

● 实例介绍 ●

本例讲解华尚集团标志设计。本例中的标志在绘制过程中以4种彩色为主色调，同时将文字信息与图形进行结合，整个标志具有不错的实用效果，最终效果如图26.40所示。

图26.40 最终效果

● 操作步骤 ●

1. 绘制标志图形

STEP 01 单击工具箱中的【椭圆形工具】○按钮，绘制1个【宽度】为30、【高度】为30的圆，如图26.41所示。

STEP 02 单击工具箱中的【矩形工具】□按钮，绘制1个【宽度】为13、【高度】为13的矩形并放置在圆的中心，如图26.42所示。

 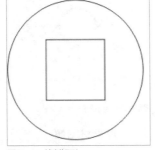

图26.41 绘制圆　　　　　　图26.42 绘制矩形

STEP 03 从左侧与上方的标尺处，拖动鼠标指针各拉出1条辅助线，分别相交与圆心与正方形的中心点，如图26.43所示。

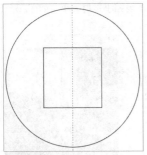 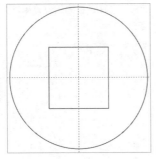

图26.43 添加辅助线

STEP 04 单击工具箱中的【贝塞尔工具】✎按钮，在上方圆形与辅助线相交的地方单击，然后在正方形左下角单击并按住鼠标左键

拖动，使其完成一条曲线的绘制，并穿过正方形左上角的顶点。

STEP 05 用同样的方法，再次利用【贝塞尔工具】✎绘制三条曲线，连接其他3个顶角与编辑点，如图26.44所示。

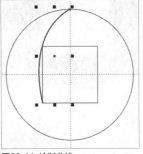 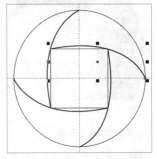

图26.44 绘制曲线

STEP 06 选择所有曲线，执行菜单栏中的【对象】|【将轮廓转换为对象】命令，将线条转换为图形，选择全部图形，单击属性栏中的【合并】🗗按钮，如图26.45所示。

STEP 07 选择图形，执行菜单栏中的【对象】|【拆分曲线】命令，将图形拆分，使其变成由4个不规则图像组合而成的图形，如图26.46所示。

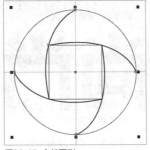 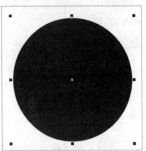

图26.45 合并图形　　　　　图26.46 拆分曲线

提示

完成图形创建之后，可以将辅助线删除，以方便观察图形编辑效果。

STEP 08 选择多余图形删除，只保留所需要的标志部分的4个不规则图形，如图26.47所示。

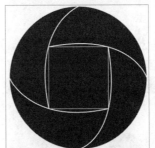 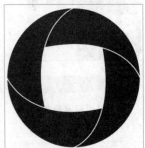

图26.47 删除多余图形

STEP 09 选择其中任意1个不规则图形，单击工具箱中的【交互式填充工具】◇按钮，再选择工具栏中的【渐变填充】■，在图形上拖动填充浅红色（R：255，G：180，B：180）到红色（R：233，G：80，B：64）的线性渐变。

STEP 10 分别为其他3个不规则图形填充不同的线性渐变，如图26.48所示。

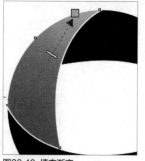

图26.48 填充渐变

2. 制作标志字体

STEP 01 单击工具箱中的【文本工具】**字**按钮，在标志右侧位置输入文字（字体分别设置为微软雅黑、Khmer UI），字体颜色为（R：70，G：68，B：67），如图26.49所示。

STEP 02 在【华尚集团】文字上单击鼠标右键，从弹出的快捷菜单中选择【转换为曲线】命令，如图26.50所示。

图26.49 输入文字

图26.50 转换为曲线

STEP 03 单击工具箱中的【形状工具】按钮，选择【尚】字中间的部分结构，按Delete键将其删除，如图26.51所示。

图26.51 删除文字结构

STEP 04 同时选择标志图形部分，将其复制1份并缩小后放在刚才删除图形后的空缺位置，这样就完成了效果制作，最终效果如图26.52所示。

图26.52 最终效果

实战 396

▶ 素材位置：素材\第26章\音乐光盘装帧设计
▶ 案例位置：效果\第26章\音乐光盘装帧设计.cdr
▶ 视频位置：视频\实战396.avi
▶ 难易指数：★★☆☆☆

● 实例介绍 ●

本例讲解音乐光盘装帧设计。音乐光盘作为传统娱乐文化媒介的组成部分，主要以突出当前音乐光盘的主题为主，例如，采用音乐专辑封面，最终效果如图26.53所示。

图26.53 最终效果

● 操作步骤 ●

1. 绘制光盘轮廓

STEP 01 单击工具箱中的【椭圆形工具】○按钮，按住Ctrl键绘制1个圆，设置【填充】为灰色（R：230，G：230，B：230），【轮廓】为无，绘制1个直径为120的圆，如图26.54所示。

STEP 02 选择圆并按Ctrl+C组合键复制，再按Ctrl+V组合键粘贴，再将粘贴后的圆的【填充】更改为无，【轮廓】更改为黑色，【轮廓宽度】更改为2，如图26.55所示。

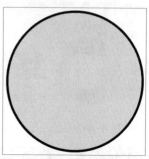

图26.54 绘制圆

图26.55 复制并粘贴图形

STEP 03 选择粘贴后的圆，按住Shift键等比例缩小，如图26.56所示。

STEP 04 同时选择2个圆，单击属性栏中的【合并】按钮，对图形进行修剪，如图26.57所示。

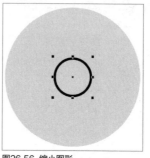
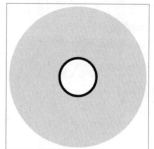

图26.56 缩小图形

图26.57 修剪图形

2. 处理素材图像

STEP 01 选择内部的圆，将【轮廓】更改为灰色（R：230，G：230，B：230），再按住Shift键等比例缩小，如图26.58所示。

STEP 02 执行菜单栏中的【文件】|【导入】命令，导入"图案.jpg"文件，在圆的位置单击并适当缩小素材大小，如图26.59所示。

图26.58 缩小圆

图26.59 添加素材

STEP 03 选择素材图像，执行菜单栏中的【对象】|【PowerClip】|【置于图文框内部】命令，将图形放置到大圆内部，如图26.60所示。

STEP 04 执行菜单栏中的【对象】|【PowerClip】|【编辑PowerClip】命令，适当移动图案位置，如图26.61所示。

图26.60 置于图文框内部

图26.61 变换图像

STEP 05 选择素材图像，将【轮廓】更改为灰色（R：230，G：230，B：230），【轮廓宽度】更改为2，如图26.62所示。

STEP 06 单击工具箱中的【文本工具】**字**按钮，在适当位置输入文字（字体设置为CommercialScript BT），如图26.63所示。

图26.62 添加边缘图形

图26.63 输入文字

STEP 07 选择文字，单击工具箱中的【阴影】□按钮，在文字上拖动为其添加阴影，这样就完成了效果制作，最终效果如图26.64所示。

图26.64 最终效果

实战 397

潮流城市三折页设计

▶ 素材位置：素材\第26章\潮流城市三折页设计
▶ 案例位置：效果\第26章\潮流城市三折页设计.cdr
▶ 视频位置：视频\实战397.avi
▶ 难易指数：★★☆☆☆

● 实例介绍 ●

本例讲解潮流城市三折页设计。折页可以在较小的纸上传递更为丰富有效的信息，其中三折页比较常见，其制作形式有多种，最终效果如图26.65所示。

图26.65 最终效果

● 操作步骤 ●

1. 绘制折页轮廓

STEP 01 单击工具箱中的【矩形工具】□按钮，绘制1个【宽度】为285、【高度】为210的矩形，设置【填充】为无，【轮廓】为黑色，【轮廓宽度】为细线，如图26.66所示。

图26.66 绘制矩形

STEP 02 在顶部和左侧标尺相交的左上角图标ㄥ位置，单击并按住鼠标左键拖至矩形左上角位置，将标尺位置归零，再从左侧标尺处按住鼠标左键拖动拉出一条辅助线，在选项栏中【对象位置】文本框中输入95，如图26.67所示。

STEP 03 以同样的方法再拖出一条辅助线，并在选项栏中【对象位置】文本框中输入190，如图26.68所示。

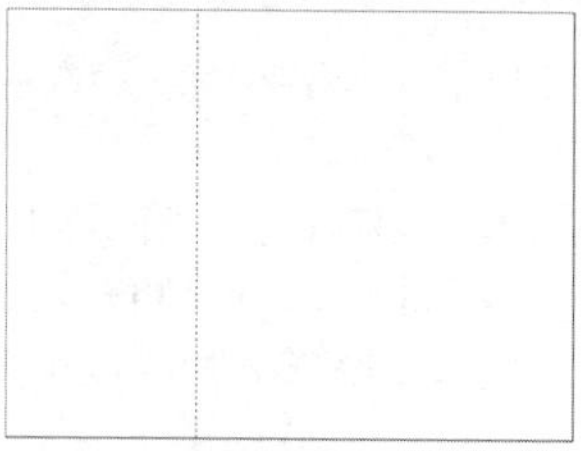

图26.67 添加辅助线

图26.68 添加辅助线

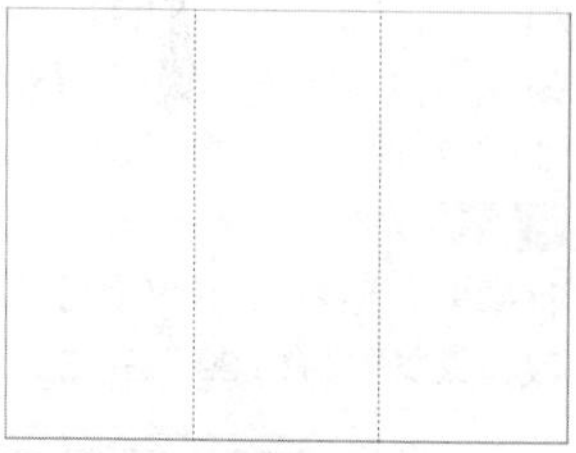

2. 处理素材

STEP 01 单击工具箱中的【矩形工具】□按钮，在折页左侧位置绘制1个矩形，设置【填充】为浅红色（R：234，G：106，B：121），【轮廓】为无，如图26.69所示。

STEP 02 执行菜单栏中的【文件】|【导入】命令，导入"街道夜景.jpg"文件，在矩形中间位置单击，如图26.70所示。

图26.69 绘制矩形

图26.70 添加素材

STEP 03 选择刚才添加的素材图像，执行菜单栏中的【对象】|【PowerClip】|【置于图文框内部】命令，将图形放置到矩形内部，如图26.71所示。

STEP 04 单击工具箱中的【矩形工具】□按钮，在2个辅助线中间位置绘制1个矩形，设置【填充】为深灰色（R：39，G：38，B：36），【轮廓】为无，如图26.72所示。

图26.71 置于图文框内部　　图26.72 绘制矩形

STEP 05 选择图形，向右侧平移复制，如图26.73所示。

图26.73 复制图像

STEP 06 执行菜单栏中的【文件】|【导入】命令，导入"汽车.jpg"文件，在右侧位置单击，如图26.74所示。

STEP 07 选择红色矩形，在图像上单击鼠标右键，从弹出的快捷菜单中选择【PowerClip】|【框类型】|【无】，将【填充】更改为深灰色（R：39，G：38，B：36），如图26.75所示。

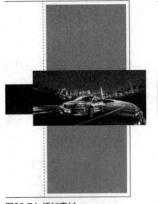

图26.74 添加素材　　图26.75 删除图像并更改图形颜色

提示

选择【框类型】为无，在弹出的面板中直接单击【确定】按钮即可。

STEP 08 选择刚才添加的素材图像，执行菜单栏中的【对象】|【PowerClip】|【置于图文框内部】命令，将图形放置到矩形内部，如图26.76所示。

STEP 09 单击工具箱中的【矩形工具】□按钮，在汽车图像右下角位置绘制1个矩形，设置【填充】为浅灰色（R：182，G：182，B：182），【轮廓】为无，如图26.77所示。

图26.76 置于图文框内部　　图26.77 绘制矩形

STEP 10 单击工具箱中的【文本工具】**字**按钮，在折页适当位置输入文字（字体分别设置为Corbel、Century Gothic），如图26.78所示。

STEP 11 单击工具箱中的【贝塞尔工具】按钮，在折页左侧部分靠底部位置绘制1个三角形图形，设置【填充】为无，【轮廓】为黑色，【轮廓宽度】为细线，如图26.79所示。

图26.78 输入文字　　图26.79 绘制图形

STEP 12 以同样的方法在折页其他位置绘制相似图形，将最外侧矩形框删除，这样就完成了效果制作，最终效果如图26.80所示。

图26.80 最终效果

<table>
<tr><td>

实战
398

</td><td>

创意口香糖包装设计

▶ 素材位置：无
▶ 案例位置：效果\第26章\创意口香糖包装设计.cdr
▶ 视频位置：视频\实战398.avi
▶ 难易指数：★★★☆☆

</td></tr>
</table>

● 实例介绍 ●

本例讲解创意口香糖包装设计。此款包装具有十足的创意，通过镂空的设计手法将商品的本质表现出来，思路清晰，整体的设计感十分出彩，最终效果如图26.81所示。

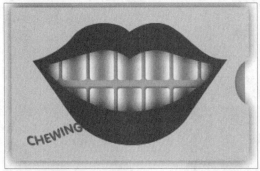

图26.81　最终效果

● 操作步骤 ●

1. 绘制口香糖图像

STEP 01 单击工具箱中的【矩形工具】□按钮，绘制1个矩形，设置【填充】为粉红色（R：234，G：192，B：214），【轮廓】为无，绘制1个矩形，按Ctrl+C组合键复制，如图26.82所示。

STEP 02 在左上角位置再次绘制1个稍小矩形，单击工具箱中的【交互式填充工具】◆按钮，再单击属性栏中的【渐变填充】▇按钮，在图形上拖动填充白色到灰色（R：180，G：180，B：180）再到白色的线性渐变，如图26.83所示。

图26.82　绘制矩形　　　　　图26.83　绘制口香糖

STEP 03 单击工具箱中的【形状工具】⬚按钮，拖动口香糖图形右上角节点制作圆角效果，如图26.84所示。

STEP 04 单击工具箱中的【阴影工具】▢按钮，在口香糖上拖动为其添加阴影，如图26.85所示。

图26.84　制作圆角　　图26.85　添加阴影

STEP 05 选择口香糖，按Ctrl+C组合键复制，按Ctrl+V组合键粘贴，按住鼠标左键同时按住Shift键向右侧平移，再按下鼠标右键将图形平移。

STEP 06 按Ctrl+D组合键将图形复制多份，如图26.86所示。

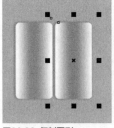　

图26.86　复制图形

STEP 07 同时选择所有口香糖将其向下复制1份，如图26.87所示。

图26.87　复制口香糖

2. 制作包装轮廓

STEP 01 按Ctrl+V组合键将刚才复制的矩形粘贴，将粘贴的矩形【填充】更改为黄色（R：241，G：223，B：177），再适当增加矩形的长度和高度，如图26.88所示。

STEP 02 单击工具箱中的【钢笔工具】✒按钮，在矩形位置绘制1个嘴唇图形，设置【填充】为红色（R：254，G：40，B：36），【轮廓】为无，如图26.89所示。

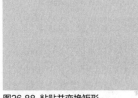

图26.88　粘贴并变换矩形　　图26.89　绘制嘴唇图形

STEP 03 在嘴唇图形位置再次绘制1个嘴巴图形，设置【填充】为任意颜色，【轮廓】为无，如图26.90所示。

STEP 04 同时选择刚才绘制的嘴巴图形其嘴唇图形，单击属性栏中的【修剪】☐按钮，对图形进行修剪，再同时选择嘴巴及黄色图形再次单击属性栏中的【修剪】☐按钮，对图形再次进行修剪，完成之后将嘴巴图形删除，如图26.91所示。

图26.90　绘制图形　　　图26.91　制作镂空效果

STEP 05 单击工具箱中的【椭圆形工具】◯按钮，在包装右侧边缘位置绘制1个椭圆，设置【填充】为任意颜色，【轮廓】为无，如图26.92所示。

STEP 06 同时选择椭圆及黄色图形，单击属性栏中的【修剪】按钮，对图形进行修剪，完成之后将椭圆图形删除，如图26.93所示。

图26.92 绘制椭圆　　　　　图26.93 修剪图形

STEP 07 选择包装，单击工具箱中的【阴影工具】按钮，拖动添加阴影效果，在属性栏中将【阴影羽化】更改为50，【不透明度】更改为15，【阴影颜色】更改为深红色（R：82，G：12，B：12），如图26.94所示。

STEP 08 单击工具箱中的【文本工具】字按钮，在包装左下角位置输入文字（字体设置为VAGRounded BT）并适当旋转，如图26.95所示。

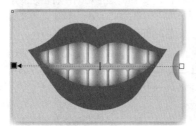

图26.94 添加阴影　　　　　图26.95 添加文字

STEP 09 选择文字，单击工具箱中的【变形工具】按钮，再单击属性栏中的【扭曲变形】按钮，在文字上按住鼠标左键稍微旋转将文字变形，这样就完成了效果制作，最终效果如图26.96所示。

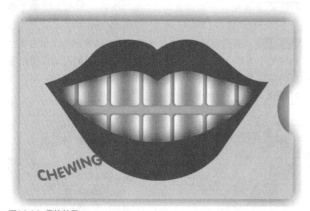

图26.96 最终效果

实战 399　茶水纸杯设计

▶ 素材位置：素材\第26章\茶水纸杯设计
▶ 案例位置：效果\第26章\茶水纸杯设计.cdr
▶ 视频位置：视频\实战399.avi
▶ 难易指数：★★★☆☆

• 实例介绍 •

本例讲解茶水纸杯设计。此款纸杯的设计偏简洁，整体的视觉感觉十分舒适，最终效果如图26.97所示。

图26.97 最终效果

• 操作步骤 •

1. 绘制纸杯轮廓

STEP 01 单击工具箱中的【矩形工具】按钮，绘制1个矩形，设置【填充】为白色，【轮廓】为无，如图26.98所示。

STEP 02 选择矩形，执行菜单栏中的【效果】|【添加透视】命令，按住Ctrl+Shift组合键将矩形透视变形，如图26.99所示。

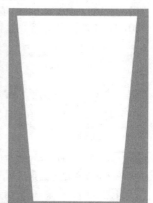

图26.98 绘制矩形　　　　　图26.99 将矩形变形

STEP 03 单击工具箱中的【椭圆形工具】按钮，在矩形底部绘制1个椭圆，设置【填充】为白色，【轮廓】为无，如图26.100所示。

STEP 04 同时选择2个图形，单击属性栏中的【合并】按钮，将图形合并。

STEP 05 单击工具箱中的【矩形工具】按钮，在杯子靠上半部分位置绘制1个矩形，设置【填充】为灰色（R：170，G：168，B：166），【轮廓】为无，如图26.101所示。

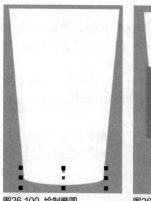
图26.100　绘制椭圆

图26.101　绘制矩形

STEP 06 选择矩形，执行菜单栏中的【效果】|【添加透视】命令，按住Ctrl+Shift组合键将矩形透视变形，如图26.102所示。

STEP 07 选中，单击工具箱中的【阴影工具】按钮，拖动添加阴影效果，在属性栏中将【阴影羽化】更改为10，【不透明度】更改为30，如图26.103所示。

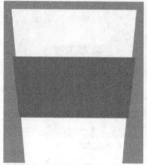
图26.102　将矩形变形

图26.103　添加阴影

STEP 08 选择矩形，在【对象管理器】面板中，在其名称上单击鼠标右键，从弹出的快捷菜单中选择【拆化阴影群组】命令，如图26.104所示。

图26.104　拆分阴影群组

STEP 09 单击工具箱中的【钢笔工具】按钮，在阴影左侧区域绘制1个不规则图形，设置【填充】为白色，【轮廓】为无，如图26.105所示。

STEP 10 选择图形向右侧平移复制，单击属性栏中的【水平镜像】按钮，将图形水平镜像，如图26.106所示。

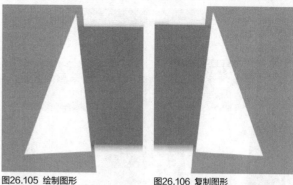
图26.105　绘制图形　　　　　图26.106　复制图形

STEP 11 同时选择2个白色图形及阴影，单击属性栏中的【修剪】按钮，对多余阴影进行修剪，完成之后将白色图形删除，如图26.107所示。

图26.107　修剪阴影

STEP 12 执行菜单栏中的【文件】|【打开】命令，打开"茶logo.cdr"文件，将其拖入适当位置，如图26.108所示。

STEP 13 单击工具箱中的【文本工具】字按钮，在logo下方输入文字（字体设置为Arial），如图26.109所示。

图26.108　导入素材　　　　　图26.109　添加文字

2. 处理纸杯阴影

STEP 01 单击工具箱中的【钢笔工具】按钮，在阴影左侧区域绘制1个不规则图形，设置【填充】为灰色（R：50，G：50，B：50），【轮廓】为无，如图26.110所示。

STEP 02 选择灰色图形，执行菜单栏中的【位图】|【转换为位图】命令，在弹出的对话框中分别勾选【光滑处理】及【透明背景】复选框，完成之后单击【确定】按钮。

STEP 03 执行菜单栏中的【位图】|【模糊】|【高斯式模糊】命令，在弹出的对话框中将【半径】更改为40像素，完成之后单击【确定】按钮，如图26.111所示。

图26.110 绘制图形

图26.111 添加高斯式模糊

STEP 04 选择图像向右侧平移复制，单击属性栏中的【水平镜像】按钮，将其水平镜像，如图26.112所示。

STEP 05 选择左右2个灰色图像，单击工具箱中的【透明度工具】按钮，将【不透明度】更改为30，在属性栏中将【合并模式】更改为乘，如图26.113所示。

图26.112 复制图像

图26.113 更改合并模式

STEP 06 选择左右2个灰色图像，执行菜单栏中的【对象】|【PowerClip】|【置于图文框内部】命令，将图形放置到杯身图形内部，如图26.114所示。

STEP 07 单击工具箱中的【钢笔工具】按钮，在杯子顶部绘制1个不规则图形。

STEP 08 单击工具箱中的【交互式填充工具】按钮，再单击属性栏中的【渐变填充】按钮，在图形上拖动填充灰色系线性渐变，如图26.115所示。

图26.114 置于图文框内部

图26.115 绘制图形

STEP 09 单击工具箱中的【椭圆形工具】按钮，按住Ctrl键绘制1个圆，设置【填充】为色（R：242，G：82，B：67），【轮廓】为无，如图26.116所示。

STEP 10 选择椭圆，执行菜单栏中的【位图】|【转换为位图】命令，在弹出的对话框中分别勾选【光滑处理】及【透明背景】复选框，完成之后单击【确定】按钮。

STEP 11 执行菜单栏中的【位图】|【模糊】|【高斯式模糊】命令，在弹出的对话框中将【半径】更改为10像素，完成之后单击【确定】按钮，如图26.117所示。

图26.116 绘制椭圆

图26.117 添加高斯式模糊

STEP 12 选择椭圆图像，单击工具箱中的【透明度工具】按钮，在属性栏中将【合并模式】更改为乘，【透明度】更改为50，这样就完成了效果制作，最终效果如图26.118所示。

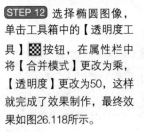

图26.118 最终效果

实战 400 樱桃饮料瓶设计

▶ 素材位置：素材\第26章\樱桃饮料瓶设计
▶ 案例位置：效果\第26章\樱桃饮料瓶设计.cdr
▶ 视频位置：视频\实战400.avi
▶ 难易指数：★★★☆☆

● 实例介绍 ●

本例讲解樱桃饮料瓶设计。此款饮料瓶的视觉感十分简洁，设计感十分突出，通过简洁的樱桃图像与瓶身搭配，整体的瓶身设计十分出色，最终效果如图26.119所示。

图26.119 最终效果

● 操作步骤 ●

1. 绘制瓶身

STEP 01 单击工具箱中的【钢笔工具】🖊按钮，绘制1个不规则图形，设置【填充】为深红色（R：100，G：32，B：35），【轮廓】为无，如图26.120所示。

STEP 02 选择图形向右侧平移复制，如图26.121所示。

图26.120 绘制图形

图26.121 复制图形

STEP 03 单击工具箱中的【椭圆形工具】⭕按钮，在图形底部绘制1个椭圆，设置【填充】为深红色（R：100，G：32，B：35），【轮廓】为无，如图26.122所示。

STEP 04 选择所有图形，单击属性栏中的【合并】🔧按钮，将图形合并，按Ctrl+C组合键复制，按Ctrl+V组合键粘贴。

STEP 05 单击工具箱中的【交互式填充工具】◇按钮，再单击属性栏中的【渐变填充】▦按钮，在图形上拖动填充红色（R：100，G：45，B：47）到红色（R：100，G：32，B：35）的线性渐变，如图26.123所示。

图26.122 绘制椭圆

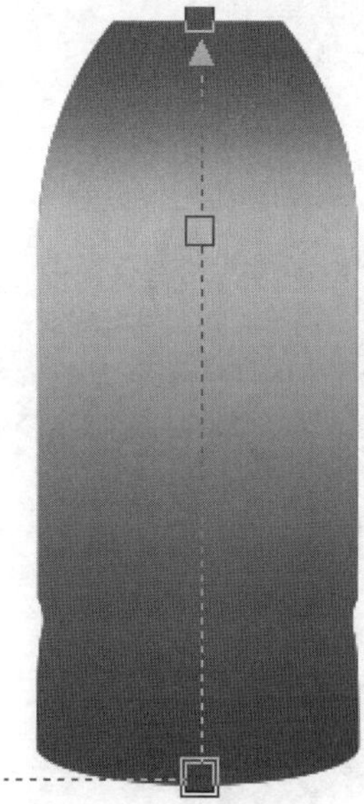

图26.123 复制图形并填充渐变

STEP 06 选择渐变图形，在属性栏中将【合并模式】更改为柔光，如图26.124所示。

STEP 07 单击工具箱中的【矩形工具】▢按钮，绘制1个矩形，设置【轮廓】为无。

STEP 08 单击工具箱中的【交互式填充工具】◇按钮，再单击属性栏中的【渐变填充】▦按钮，在图形上拖动填充浅黄色（R：222，G：218，B：206）到白色再到浅黄色（R：222，G：218，B：206）的线性渐变，如图26.125所示。

图26.124 更改合并模式

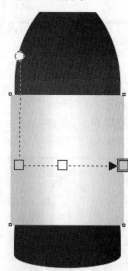

图26.125 填充渐变

STEP 09 选择渐变图形，执行菜单栏中的【对象】|【PowerClip】|【置于图文框内部】命令，将图形放置到矩形内部，如图26.126所示。

STEP 10 执行菜单栏中的【文件】|【导入】命令，导入"樱桃.jpg"文件，在瓶身中间位置单击，如图26.127所示。

图26.126 置于图文框内部

图26.127 导入素材

2. 为图像调色

STEP 01 选择樱桃图像，执行菜单栏中的【效果】|【调整】|【色度/饱和度/亮度】命令，在弹出的对话框中将【饱和度】更改为−40，完成之后单击【确定】按钮，如图26.128所示。

图26.128 降低饱和度

STEP 02 执行菜单栏中的【效果】|【调整】|【调和曲线】命令，在弹出的对话框中拖动曲线提高图像亮度，完成之后单击【确定】按钮，如图26.129所示。

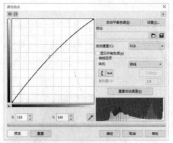

图26.129 调整调和曲线

STEP 03 选择樱桃图像，在属性栏中将【合并模式】更改为乘，如图26.130所示。

STEP 04 单击工具箱中的【文本工具】**字**按钮，在樱桃图像下方位置输入文字（字体设置为Arial），如图26.131所示。

图26.130 更改合并模式

图26.131 添加文字

3. 绘制瓶盖

STEP 01 单击工具箱中的【矩形工具】□按钮，在瓶口绘制1个矩形，设置【填充】为灰色（R：230，G：230，B：230），【轮廓】为无，如图26.132所示。

STEP 02 选择矩形向上移动复制，将复制生成的矩形等比例放大，如图26.133所示。

图26.132 绘制矩形

图26.133 复制变换矩形

STEP 03 单击工具箱中的【形状工具】↖按钮，拖动上方矩形右上角节点，将其转换为圆角矩形，如图26.134所示。

STEP 04 单击工具箱中的【交互式填充工具】◇按钮，再单击属性栏中的【渐变填充】▇按钮，在图形上拖动填充灰色

（R：214，G：214，B：214）到灰色（R：242，G：242，B：242）再到灰色（R：214，G：214，B：214）的线性渐变，如图26.135所示。

图26.134 转换为圆角矩形

图26.135 填充渐变

4. 制作阴影效果

STEP 01 单击工具箱中的【椭圆形工具】○按钮，绘制1个圆，设置【填充】为灰色（R：102，G：102，B：102），【轮廓】为无，在瓶身底部绘制1个椭圆，如图26.136所示。

STEP 02 选择灰色椭圆，执行菜单栏中的【位图】|【转换为位图】命令，在弹出的对话框中分别勾选【光滑处理】及【透明背景】复选框，完成之后单击【确定】按钮。

STEP 03 执行菜单栏中的【位图】|【模糊】|【高斯式模糊】命令，在弹出的对话框中将【半径】更改为5像素，这样就完成了效果制作，最终效果如图26.137所示。

图26.136 绘制椭圆

图26.137 最终效果